中国科研信息化蓝皮书2024

数据与智能驱动的科研范式变革

中国科学院
中华人民共和国教育部
中国社会科学院
中国工程院
国家数据局
中国科学技术协会
国家自然科学基金委员会
中国农业科学院

编

电子工业出版社
Publishing House of Electronics Industry
北京·BEIJING

内 容 简 介

《中国科研信息化蓝皮书2024——数据与智能驱动的科研范式变革》由中国科学院联合中华人民共和国教育部、中国社会科学院、中国工程院、国家数据局、中国科学技术协会、国家自然科学基金委员会和中国农业科学院共同编撰而成。本书得到了参与单位相关领导的高度重视和大力支持，邀请了国内科研信息化领域的权威专家围绕我国科研信息化的前沿态势、基础能力及应用实践等内容编撰了19篇文章，从不同角度总结和展示我国近两年来科研信息化基础设施建设成效和应用实践经验，探讨了我国"大数据＋人工智能"驱动的科研范式变革以及新型科研信息化基础平台发展建设的前沿态势，旨在进一步推动和指引我国科研信息化的未来发展。

全书内容丰富、案例翔实，可供政府部门、科研机构、高等院校和相关企事业单位从事信息化领域工作的管理和科研人员阅读和参考。

未经许可，不得以任何方式复制或抄袭本书之部分或全部内容。
版权所有，侵权必究。

图书在版编目（CIP）数据

中国科研信息化蓝皮书：数据与智能驱动的科研范式变革. 2024 / 中国科学院等编. -- 北京：电子工业出版社, 2025.6. -- ISBN 978-7-121-50306-1

Ⅰ. G322-39

中国国家版本馆CIP数据核字第202520G0V5号

责任编辑：桑　昀　　文字编辑：赵　娜
印　　刷：天津千鹤文化传播有限公司
装　　订：天津千鹤文化传播有限公司
出版发行：电子工业出版社
　　　　　北京市海淀区万寿路173信箱　　邮编：100036
开　　本：787×1092　1/16　印张：21　字数：538千字
版　　次：2025年6月第1版
印　　次：2025年6月第1次印刷
定　　价：298.00元

凡所购买电子工业出版社图书有缺损问题，请向购买书店调换。若书店售缺，请与本社发行部联系，联系及邮购电话：（010）88254888，88258888。
质量投诉请发邮件至 zlts@phei.com.cn，盗版侵权举报请发邮件至 dbqq@phei.com.cn。
本书咨询联系方式：xuqw@phei.com.cn。

《中国科研信息化蓝皮书 2024——数据与智能驱动的科研范式变革》

编写委员会名单

主　任：郭华东　中国科学院院士

副主任：（以联合编撰单位为序）

　　　　曾大军　中国科学院科技基础能力局副局长、院网信办副主任

　　　　周大旺　教育部科学技术与信息化司司长

　　　　王　岚　中国社会科学院网信办主任、图书馆党委书记、馆长

　　　　樊新岩　中国工程院二局局长

　　　　栾　婕　国家数据局政策和规划司副司长（主持工作）

　　　　王　婷　中国科协信息中心主任

　　　　李　东　国家自然科学基金委员会信息中心主任、科学传播与成果转化中心（科学基金杂志社）副主任（副社长）

　　　　周清波　中国农业科学院农业信息研究所所长

　　　　孙德刚　中国科学院计算机网络信息中心党委书记

　　　　龙　春　中国科学院计算机网络信息中心副主任

成　员：（以联合编撰单位为序）

　　　　褚大伟　中国科学院网信办执行副主任、科技基础能力局网络与信息化处处长

郑晓欢	中国科学院科技基础能力局网络与信息化处副处长
罗　宁	教育部科学技术与信息化司规划与综合处副处长
刘　阳	中国社会科学院图书馆信息化综合业务处处长
张　宇	中国工程院办公厅信息化建设处一级调研员
李　潇	国家数据局政策和规划司一级主任科员
蔡　钢	中国科协信息中心联络协调处副处长
姚　畅	国家自然科学基金委员会信息中心应用系统与数据服务处处长
赵瑞雪	中国农业科学院农业信息研究所副所长
洪学海	中国科学院计算技术研究所研究员
孔丽华	中国科学院计算机网络信息中心战略中心副主任
班　艳	中国科学院计算机网络信息中心高级工程师
杜　贺	中国科学院计算机网络信息中心工程师

前　言

党的二十大报告明确指出，世界正经历百年未有之大变局，新一轮科技革命和产业变革深入推进，我国发展迎来新的战略机遇。在此背景下，2023年9月，习近平总书记在黑龙江考察时首次提出"新质生产力"概念，12月中央经济工作会议上进一步强调以科技创新推动产业创新，催生新产业、新模式、新动能，发展新质生产力。新质生产力以科技创新为核心驱动力，引领我国生产力发展方向，推动经济社会高质量发展。科研信息化作为新质生产力的重要实现路径，借助现代信息技术优化科研活动全流程，能提高科研效率、促进跨学科合作、加速科学发现，是推动科技创新、发展新质生产力的有力支撑。

我国科研信息化建设与互联网发展同频共振，取得了举世瞩目的成就。1994年4月20日，中国全功能接入国际互联网，开启了中国互联网发展的新纪元。历经30年发展，中国互联网实现了从无到有、从小到大、从依赖到自立自强的跨越，我国也步入信息化全面发展新时代。特别是党的十八大以来，以习近平同志为核心的党中央高度重视网络安全和信息化工作，在建设网络强国、数字中国等思想指引下，我国探索出具有中国特色的信息化发展道路。

如今，信息化已成为支撑我国经济转型、社会发展、国家治理及可持续发展的关键动力。大数据、人工智能等新兴信息技术飞速发展，科研信息化在推动科技创新中的先导作用愈发凸显，引领科学研究活动向数字化、智能化迈进。2024年诺贝尔自然科学三大奖项中有两项与人工智能紧密相关，凸显"人工智能驱动的科学研究"（AI for Science）成为全球科研前沿热点。同时，数据作为数字经济时代的新型生产要素，贯穿科学研究全流程，也是人工智能技术应用的基础，二者相辅相成，共同推动科研范式与技术创新。

在全球科研领域，"大数据+人工智能"已在多个研究领域取得重要突破。从蛋白质结构预测到天文数据自动化处理，从极端天气预测到新材料发现与优化，从医药研发与疾病诊断到生态环境监测,"大数据+人工智能"正驱动新一轮科研范式变革,推动科技和产业深刻转型与创新发展。为顺应这一变革需求,科研信息化将构建新型科研信息化基础平台,支持科学研究全过程数字化、智能化和网络化,实现数据、网络和算力资源高效供给与科技资源智能调度。该平台是传统平台的升级,更是面向未来的综合性平台,为科研活动提供安全、高效、灵活的数字化环境。

为总结和展示我国近两年科研信息化基础能力建设成效与应用实践经验,探讨"大数据+人工智能"驱动的科研范式变革及新型科研信息化基础平台建设前沿态势,推动我国科研信息化未来发展,中国科学院联合多部门共同编撰出版《中国科研信息化蓝皮书2024——数据与智能驱动的科研范式变革》。本书得到了各参与单位领导和同志的高度重视与大力支持,邀请了国内权威专家围绕前沿态势、基础能力、应用实践等主题撰写了19篇文章。本书内容丰富、案例翔实,兼具理论深度与实践参考价值,可供政府部门、科研机构、高等院校及相关企业从事信息化或科研工作的人员阅读参考。

最后,鉴于科研信息化领域的高度跨学科性与技术动态性,本书内容可能无法全面反映中国科研信息化建设的所有工作与成效。在此,编撰团队欢迎大家提出宝贵意见和建议,以便在后续工作中不断改进完善,为我国科研信息化发展贡献更多力量。

《中国科研信息化蓝皮书2024——数据
与智能驱动的科研范式变革》
编写委员会
2025年5月

目　　录

第一篇　前沿态势篇 ……………………………………………………………（1）

面向科学研究的人工智能大模型发展现状、挑战与路径 ………… 高　文等（3）

人工智能时代下的网络架构变革 …………………………… 刘韵洁等（19）

数据要素赋能新质生产力 …………………………………… 汤　珂等（37）

新型科研信息化基础平台推动智能化科研范式变革 ……… 廖方宇等（56）

人工智能赋能科学研究的发展趋势及治理建议 …………… 潘教峰等（67）

第二篇　基础能力篇 …………………………………………………………（81）

AI 算力网——人工智能赋能科学研究的能力平台 ………… 孙凝晖等（83）

面向科研智能的科学知识自主发现平台 …………………… 周伯文等（95）

支撑 AI for Science 的科技文献知识底座构建 ……………… 张智雄等（109）

科技资源标识服务平台建设成效及创新应用探索 ………… 周园春等（131）

第三篇　应用实践篇 …………………………………………………………（147）

人工智能驱动的现代民用飞机设计 ………………………… 吴光辉等（149）

"气候智慧林业"——数智驱动的林业科学科研范式变革 ……… 朱教君等（170）

大模型助力理实交融的机器化学家探索 …………………… 江　俊等（190）

"大数据＋人工智能"助力 FAST 科学发现 ………………… 李　菂等（208）

"大数据＋人工智能"驱动的生命科学范式变革及应用实践 …… 李　鑫等（235）

材料科学领域数据与人工智能模型发展与创新应用 ……… 刘　淼等（252）

紫东太初多模态大模型的探索与实践 ……………………… 王金桥等（268）

盘古气象大模型的探索和实践 ……………………………… 谢凌曦等（280）

知识图谱技术在农作物基因知识发现中的应用研究 ……… 赵瑞雪等（296）

人工智能时代的社会科学转向 ……………………………… 彭绪庶等（311）

第一篇
前沿态势篇

面向科学研究的人工智能大模型发展现状、挑战与路径

高 文[1,2]，刘 姝[1]，杨建坤[1]，张 伟[1]，李 戈[2]

（1. 鹏城实验室；2. 北京大学）

摘 要

人工智能技术正在成为新一代科技革命和产业革命的核心驱动力，大模型技术开启了迈向通用人工智能的新路径，同时也为科学研究的发展模式带来重大变革与机遇。人工智能驱动的科学研究作为一种新的科研范式，正在以前所未有的速度加速发展，已成为全球前沿热点并取得令人瞩目的成就。本文首先梳理了人工智能的发展历程与人工智能大模型的技术演进脉络，阐述了"大数据＋人工智能"驱动的科学研究范式的变革。然后系统地呈现人工智能大模型应用在数学、生物医药、化学与材料科学、地球科学等典型领域的前沿进展，分析人工智能大模型赋能科学研究面临的挑战。最后提出面向科学研究的人工智能大模型发展路径。

关键词

人工智能驱动的科学研究；大模型；第五范式

Artificial Intelligence Large Models for Scientific Research: Developments, Challenges and Paths

Wen Gao[1,2], Shu Liu[1], Jiankun Yang[1], Wei Zhang[1], Ge Li[2]

(1. Pengcheng Laboratory; 2. Peking University)

Abstract

Artificial intelligence is becoming the core driving force of the new generation of technological and industrial revolutions. And the large models have marked the beginning of a new path towards artificial general intelligence. Meanwhile, the rapid development of artificial intelligence has brought significant changes and opportunities to scientific research. AI for science as a new paradigm, has more potential to accelerate the pace of innovation than ever before, and has become a frontier hotspot with remarkable achievements. In this article, it is elaborated in the first chapter that the development history of artificial intelligence and the technological evolution of large models, as well as the transformation of scientific paradigms driven by "big data + AI". Then the state of the art in large models for science is systematically presented, including mathematics, biomedicine, chemistry and materials science, and earth science. Furthermore, the challenges faced by artificial intelligence large models for science is analyzed. Finally, the recommended development path of artificial intelligence large models for science is proposed.

Keywords

AI for Science; Large Models; The Fifth Paradigm

近年来，人工智能加速发展，特别是人工智能大模型赋能各行各业，开启了迈向通用人工智能的新阶段。"人工智能驱动的科学研究"（AI for Science，AI4S）已成为全球人工智能前沿热点。2023 年，科技部会同国家自然科学基金委启动"人工智能驱动的科学研究"专项部署工作，紧密结合数学、物理、化学、天文等基础学科关键问题，围绕药物研发、基因研究、生物育种、新材料研发等重点领域科研需求展开，布局"人工智能驱动的科学研究"前沿科技研发体系。科技创新 2030——"新一代人工智能重大项目"也面向地球科学、空间科学、化学和材料科学、生物医药科学等领域部署了"面向重大科学问题研究的人工智能范式"任务。把握人工智能技术发展趋势及其赋能科学研究的机遇与挑战，对我国科技创新发展具有重要意义。

1　人工智能驱动科学研究范式变革

科学研究的目的是发现基本原理和解决实际问题。近年来，得益于大数据、大算力和大模型的发展，人工智能为科学研究提供了新工具、新模式，推动科学研究范式革新，加速科学创新进程。

1.1　人工智能发展迈入新阶段

人工智能是研究开发用于模拟、延伸和扩展人类智能的理论、方法、技术及应用系统的一门技术科学。人工智能概念从 1956 年在达特茅斯会议正式提出以来，逐步经历了以符号主义逻辑推理证明为核心、以人工规则的专家系统为核心、以数据驱动的深度学习为核心的三个浪潮。2006 年，加拿大多伦多大学杰弗里·辛顿（Geoffrey E. Hinton）教授提出"深度学习算法"，为新一轮人工智能的发展奠定了理论和方法基础。2012 年，深度学习神经网络模型 AlexNet 在 ImageNet 图像识别挑战赛上以巨大的优势击败了其他非神经网络模型，成为深度学习兴起的标志。数据驱动的深度学习有效整合数据、算法、算力，推动人工智能的研究重心从如何"制造"智能转移到如何"习得"智能。卷积神经网络（Convolutional Neural Network，CNN）、循环神经网络（Recurrent Neural Network，RNN）、图神经网络（Graph Neural Network，GNN）等深度学习模型被广泛应用。2022 年，以 ChatGPT 为代表的人工智能大模型展现出像人类一样执行各类任务的能力，开启了迈向通用人工智能的新阶段。

大模型也被称为大规模预训练模型或基础模型，是在大规模数据上训练的、参数规模大、具备泛化能力的深度学习模型。2017 年，谷歌提出的 Transformer 架构，奠定了大模型的主流算法基础。2018 年，谷歌和 OpenAI 分别发布了 BERT 和 GPT-1（生成式预训练 Transformer），大模型由此成为自然语言处理领域的主流。2020 年，OpenAI 推出 GPT-3，模型参数规模达到了 1750 亿个，成为当时最大的语言模型，并且在零样本学习任务中实现了巨大性能提升，入选 2021 年《麻省理工科技评论》的"全球十大突破性技术"，引发了人工智能大模型研究热潮。2022 年 11 月，搭载 GPT-3.5 的 ChatGPT 发布，仅两个月就积累了 1 亿活跃用户，成为有史以来用户数增长最快的应用之一，在自然语言生成、代码生成和逻辑推理等多种任务中都表现出了卓越的能力。以此为起点，人工智能大模型进入突破发展阶段。其应用从自然语言处理向视觉、听觉等其他通用智能领域迅速扩展，并朝多模态方向发展，如 Gemini、GPT-4、GPT4o 等多模态大模型能够处理文本、图像、音频等多种类型数据，在实时对话、图文分析等方面实现了质的飞跃。大模型的"预训练+微调"范式可以很好地适应不同下游任务，展现出强大的通用性。在自监督预训练阶段，基于大规模数据的自监督学习获得对数据的"理解"；在监督微调阶段，根据具体任务的标注数据优化模型，以适应特定任务需求，通过对齐使大模型的行为符合人类意图和价值观（见图1）。

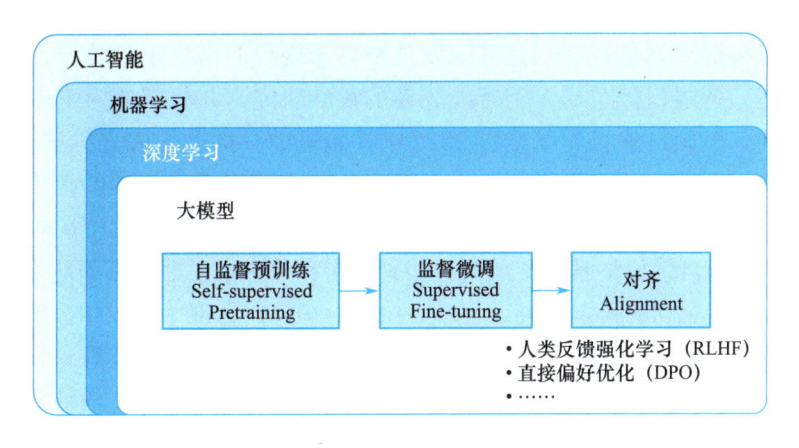

图 1 人工智能技术演进及大模型典型训练过程

我国人工智能大模型呈现蓬勃发展态势，系列大模型相继涌现，包括智源"悟道·天鹰"、百度"文心"、华为"盘古"、"鹏城·脑海"、阿里"通义"等，不仅智能化程度大幅提升，而且应用场景不断扩展。2023年通用大模型迅速发展，2024年行业大模型落地应用提速，大模型对各行各业的赋能正在释放新的经济增长动力，成为驱动新质生产力的重要引擎。

1.2 人工智能驱动的科学研究新范式

人工智能的突破性进展在众多学科领域引起科研范式变革。图灵奖获得者吉姆·格雷（Jim Gray）曾用经验科学、理论科学、计算科学以及数据密集型科学四种范式描述了科学发现的历史演变[1]。2018年起，很多科学研究者提出了第五范式，即人工智能驱动的科学研究或称为科学智能[2]，标志着将人工智能全面融入科学、技术和工程研究的新阶段。第五范式实现了前四种范式的融合，发挥了经验和理论的特长，又将人工智能与计算科学融合，通过"科学大数据＋大规模算力＋高性能模型"，为科学研究提供资源要素和工具要素。其中，"数据"是科研的重要因素，人工智能模型基于数据"学习"得到机器智能，进而将机器智能作为工具助力科学研究与科学发现。典型案例是 DeepMind 的 AlphaFold2 对蛋白质新结构的预测分析，该成果被视为人工智能在科学研究领域应用的革命性进展，同时被《自然》和《科学》期刊评为 2021 年最重要的科学突破之一[3]。AlphaFold2 利用多序列比对（Multiple Sequence Alignment，MSA），将蛋白质的结构和生物信息整合到了深度学习算法中，它可以通过输入一个蛋白质的氨基酸序列，输出其三维结构。过去普通研究人员曾经需要花数年时间才能破解的蛋白质结构，用AlphaFold2数小时就能算出来，且准确率和速度极高，极大地提高新药研发的效率。2024年诺贝尔自然科学三大奖项中的两项与人工智能相关，化学奖获得者大卫·贝克（David Baker）、戴密斯·哈萨比斯（Demis Hassabis）和约翰·乔普（John M. Jumper）在计算蛋白质设计和蛋白质结构预测领域作出贡献，物理学奖获得者约翰·霍普菲尔德（John J. Hopfield）和杰弗里·辛顿（Geoffrey E. Hinton）通过人工神经网络实现机器学习的基础性发现和发明，这既凸显了人工智能在科学研究中的重要性，也标志着开启了科学智能的新纪元。

人工智能在解决复杂科学问题甚至发现新科学规律等潜力受到政府、科研和产业界的广泛关注。各国积极布局人工智能驱动的科学研究，并将其作为未来科技创新的重要发展方向。美国自然科学基金自2021年开始资助一批大学成立科学智能研究所，美国能源部于2023年5月发布有关科学智能前沿方向以及资助议程的政策报告。我国"十四五"规划明确指出"加强信息科学与生命科学、材料等基础学科的交叉创新"，科学技术部、国家自然科学基金委员会等国家机构和北京市、上海市等地方政府都出台政策支持人工智能驱动的科学研究。谷歌、微软、华为、百度等企业积极推动全球科学智能发展。微软研究院科学智能中心、北京科学智能研究院等很多专注科学智能的研究团队成立。同时，我国一批人工智能优势研究单位，如鹏城实验室、浦江实验室、北京智源人工智能研究院等，也在科学智能领域持续创新。2024年1月出版的《中国科学院院刊》以"大力推进科研范式变革"为专题，探讨人工智能驱动的科学研究。人工智能驱动的科学研究是新兴且快速发展的领域[4]，研究成果日益丰富，在《自然》和《科学》等顶级期刊发布的成果斐然，该领域全球论文数量、专利数量显著增长，我国论文发表数量位居榜首。

2 人工智能大模型赋能科学研究的发展现状

人工智能驱动的科学研究新范式正以一种前所未有的方式加速科研创新和成果转化。在过去的近十年间，机器学习、深度学习等人工智能技术在科学研究领域取得很多应用，已经从辅助科学家减轻重复劳动、解决"维度灾难"、辅助科学研究，扩展到促进科学发现，且在2023年以来诞生了更多影响深远的研究成果[5,6]。人工智能大模型的快速发展成为科学研究新的驱动力，在数学、生物医药、化学与材料科学、地球科学等领域形成了很多值得关注的进展，除了能理解科学数据，还展现出通过生成、规划等方式加速科学发现的潜力。

2.1 数学

数学问题类型包括算术、数学文字题、几何、自动定理证明和视觉内容中的数学等。求解数学问题需要提高人工智能大模型的数学推理能力，这涉及语言理解、图像解释、表格分析、符号操作、逻辑运算以及对数学原理的理解等。

通过构造高质量专业语料库、改进微调策略等方式，人工智能大模型执行数学任务的能力显著提升。2023年，上海交通大学生成式人工智能研究组开发的数学计算大模型"阿贝尔"（Abel）采用精心设计的语料模式进行有监督微调，在GSM8K、MATH等数学推理方面权威评测榜单上位居开源模型第一，准确率高达83.6%。2024年，阿里千问大模型团队发布专门用于数学解题的大模型Qwen2-Math，使用数学专用语料库进行了预训练，包含大规模高质量的数学网络文本、书籍、代码、考试题目以及由Qwen2模型合成的数学预训练数据，其数学能力在同类大模型中位居前列。

人工智能大模型结合知识库和外部工具，能有效开展形式化定理证明。基于学习的定理证明器架构从经典的机器学习算法（如KNN）、显式编码形式表达式语法的图神经网络，发展到将表达式视为字符串的基于Transformer的大模型。加州理工学院、英伟达等构建的开源定理证明器LeanDojo[7]，通过从定理证明工具Lean的Mathlib数据库提取定理和证明、策略、前提等数据构建数据集，训练检索增强大模型，使得大模型能够学习如何有效地选择和应用数学库中的前提，结合当前证明状态生成下一个证明策略，以编程方式与Lean交互完成定理证明。

人工智能大模型能够与数学家协同合作，通过提示工程、思维链等方式改进大模型的推理能力，有效辅助求解复杂数学问题。微软亚洲研究院、北京大学、北京航空航天大学等机构的研究人员提出名为"苏格拉底式"推理的通用问题解决框架，通过持续对话引导大语言模型递归地发现、解决和整合问题，促进自我评估和完善，激励大模型在解决高度复杂任务时协调各种子问题，建立高层次推理路径，在广阔的解空间找到答案，通过97轮对话的严格推理，GPT-4得出了"P ≠ NP"的结论[8]，显示了大模型与人类合作探索复杂问题的能力。

人工智能大模型在提出数学解决方案、产生新的数学发现方面呈现了巨大潜力。2023年，《自然》杂志发表了DeepMind团队利用大模型程序搜索的数学发现成果。该研究开发的FunSearch将多模态大模型PaLM2与自动化"评估器"配合，大模型以计算机代码的形式生成创造性解决方案，"评估器"检查解决方案是否优于已知解决方案并向大模型提供反馈，两者迭代将初始解决方案"进化"为新知识。FunSearch成功地为"帽子集"（Cap Set）、"装箱"（Bin Packing）等经典数学难题找到了全新且性能更好的解决方案，还能给出解题过程，展示了大模型用于数学解决方案和新知识发现方面的可行性[9]。

2.2 生物医药

生物医药是综合生命科学、生物学、医学、药学等多个领域的前沿交叉科学。基因组学、蛋白质组学等生命科学组学数据及医学影像、文献数据等为人工智能大模型提供了丰富的语料库。人工智能大模型在生物医药领域的赋能成效显著，跨模态建立文本、图像、蛋白质、分子、基因组等表征模型，既能够提升对生物医学知识的理解，还可以通过分析不同的数据模式（包括图像和序列）创建小分子药物和蛋白质等设计。

人工智能大模型有效应用于医学问答、临床诊断等。微软研究团队开发的GPT-4 Medprompt，采用动态少样本选择、自动生成思维链等多种提示策略的组合，在MedQA数据集（美国医师执照考试题）上准确率超过90%，性能超过当时最先进的

Med-PaLM2[10]。瑞士洛桑联邦理工学院开发的MediTron-70B基于开源大模型LLaMA2构建，采用PubMed上的文章以及国际公认的医学指南进行预训练，并通过在医学推理基准数据集上的监督微调，提高模型在医学知识理解和推理任务上的性能。清华大学与水木分子公司合作构建了多模态生物医药领域的基础模型——BioMedGPT[11]，整合了基因、分子、细胞、蛋白、文献、专利、知识库等多源异构的数据，构造对齐自然语言与生物分子表示的数据集，基于LLaMA2在大规模生物医学语料库上微调，把分子语言中蕴含的知识和长期通过湿实验总结的文本、知识图谱等融合，增强了模型的泛化能力和可解释性，支持自然语言、分子、蛋白质跨模态问答。

人工智能大模型在药物研发、基因预测等方面取得突破进展，能够有效进行蛋白质结构预测、药物靶点识别、药物–靶标结合预测以及合成路径规划等。鹏城实验室发布了面向生物医学领域的人工智能大模型"鹏城脑海·神农"生物信息研究平台，基于"鹏城云脑Ⅱ"超大规模算力集群和昇思MindSpore AI框架，依托生物大数据、计算生物学理论和技术、人工智能算法和计算集群，实现新型药物的筛选与创制、病毒演化预测、蛋白质结构预测、小分子生成、靶点与小分子相互作用预测、新抗菌多肽设计与效果评价。以抗菌肽为例，借助"鹏城脑海·神农"强大的氨基酸序列生成能力，结合现有抗菌肽数据集，可在短时间内产生数万种候选肽的氨基酸序列，再经过生物实验和临床验证，便可极大加速新型抗菌肽的发现。鹏城实验室联合北京大学、山东大学在"鹏城脑海·神农"生物信息研究平台上完成的"领先于病毒的进化——通过人工智能模拟预测未来高风险新冠病毒变异株"研究项目，成功入围2022年度戈登贝尔新冠特别奖。水木分子公司发布了千亿个参数多模态生物医药对话大模型ChatDD-FM，能够对小分子、大分子、DNA、单细胞测序数据以及自然语言文本等多模态数据进行融合理解，经过生物医药专业知识增强、专业领域指令微调和基于人类反馈的强化学习，能够与研究人员进行自然交互和人机协作，提升药物研发效率。华为与上海药物研究所共同训练的盘古药物分子大模型，可以实现针对小分子药物全流程的人工智能辅助药物设计。

2.3 化学与材料科学

化学与材料科学也是人工智能大模型聚焦的重点领域，训练语料通常来自文献资料、工具书以及专业数据库。化学与材料科学大模型在实验自动化、科研助手、材料发现等方面开始应用。

基于领域语料训练的专用大模型在化学相关任务上表现出色。上海人工智能实验室开源发布的科学大模型浦科化学ChemLLM，基于书生·浦语2.0基座模型进行两阶段指令调优，第一阶段使用开源的通用数据集训练，第二阶段使用通用+化学领域数据进行训练，化学领域语料包括基于模板合成的各种化学指令数据、互联网获取的化学相关数据（包括PubChem、USPTO数据库、化学课本等），在化学名称转换、分析标题、反应条件预测任务上的表现超过GPT-3.5。思必驰–上海交大智能人机交互联合实验室、苏州实验室共同发布了针对化学科学的百亿级专业化大模型ChemDFM[12]，基于开源大模型LLaMA，使用近400万篇化学及相关学科的论文、大量化学课本与工具书等数据构建了 340 亿个词元的语料库进行领域预训练。为了充分学习并掌握化学科学的专有语言与表达方式，从 PubChem 分子数据库以及 USPTO 化学反应数据库中收集了大量的数据，围绕最常用的序列化表达三维分子的语法——SMILES，构建了 170 余万条的数据用于指令微调训练。领域预训练和指令微调的语料库中均引入了相当数量相应格式的通用数据以保持 ChemDFM 的自然语言能力，最终形成 130 亿个参数量的模型，在大多数化学相关任务的能力上超越了 GPT-4。清华大学提出 ChatMol，通过结合实验属性信息、分子空间知识以及自然语言和化学语言之间的联系，使研究人员可以利用自然描述和编辑目标分子的语言进行对话式分子设计[13]。

人工智能在材料发现、材料生成、材料性质预测、材料合成路径优化等方面有很多显著成果，如 DeepMind 的 GNoME 发现了 220 万种潜在化合物[14]，微软的 MatterGen 可以生成具有目标化学成分、对称性或标量属性（如磁密度）的材料[15]。人工智能大模型在材料科学领域呈现出很大潜力。北京科学智能研究院、深势科技将自然科学大模型 Uni-Mol 用于有机发光分子的性质预测，实现了二代 OLED 分子 lr(III)配合物的高效筛选，并发现了具备优良光学性质的潜在专利分子，助力 OLED 新材料发现[16]。中国科学院计算机网络信息中心人工智能部和物理研究所 SF10 组合作，通过使用来自 400 多万篇论文中提取的 35675 个无机材料固相反应合成过程，将数据处理为 13878 条高可信度的合成路径描述数据，并对开源大模型 LLaMA2-7B 进行微调训练，研发了专注于无机材料合成路径预测任务的大模型——MatChat[17]，基本具备材料合成领域知识的生成和推理能力，展现出大模型在材料领域的创新潜力和应用空间。

2.4 地球科学

地球科学研究岩石、矿物和土地的性质以及地球的气候、海洋、大气、生态系统等多个方面的现象和原理。地球科学数据涉及科研文献数据、地质数据、气象数据、遥感数据、地理知识库、新闻、兴趣点等。

基于地球科学数据集训练的专用大模型能够为地学研究提供新的视角和工具，提升研究效率。2023 年 5 月，上海交通大学推出拥有 70 亿个参数的地球科学大语言模型 K2[18]，并于 7 月完成了 300 亿个参数的地学大语言模型 GeoGalactica。K2 基于初代 LLaMA-7B 模型，并使用了 100 万余篇地球科学文献以及和地球科学相关的维基百科的文章进行二次训练；同时，设计了地球科学领域的微调数据集 GeoSignal（包含文章内容、类别、参考文献、提到的实体等），进行了大模型微调；该模型适用于解答地球科学方面的专业问题、完成命名实体提取、地学概念上下位关系判断等任务。GeoGalactica 大模型则扩展了 600 万篇地球科学研究论文以及基于 K2 的 GeoSignal 数据集，以更贴近地球科学专业知识的特色，支持地球科学研究。该团队为了评估模型在地学知识的理解和应用方面的能力，还建立了地球科学语言模型的基准。

遥感大模型能够处理光学遥感数据、雷达遥感数据、高光谱遥感数据等，并结合地理知识、专家经验和领域知识有效地提升泛化能力，促进遥感技术的创新应用。2023 年 5 月，鹏城实验室、国家遥感中心、广东省科技厅、广州大学、香港大学共同发布了鹏城·星云系统和星方数据集，助力推动我国在遥感、天文领域积极参与和牵头组织国际大科学计划和大科学工程。鹏城·星云系统作为面向遥感和天文的科研云平台，依托具有 E 级人工智能算力的大型科学基础设施——"鹏城·云脑Ⅱ"构建，以"鹏城·脑海"大模型为基座，能提供多域多模态数据智能生产服务、多域 AI+ 学科算法研究服务和跨学科协同研究交流服务三大功能。星方数据集是基于该系统生产的就绪数据，可直接应用于科学研究。自鹏城·星云系统上线以来，已有来自 74 个国家和地区的近 6000 名独立用户注册，累计响应了超过 30 万次数据下载请求，下载数据超过 70 万条，总数据量近 60TB。平台用户来自剑桥大学、牛津大学、清华大学、武汉大学等国际著名高校，以及国家发展改革委、中国地质调查局、中国农业科学院等所属国内科研机构。同时，美国地质调查局、谷歌、英国生态水文中心等国际知名科研单位和政府机构也积极使用该平台。鹏城·星云系统和星方数据集将发挥人工智能技术在数据科研应用方面的优势，围绕水循环、碳循环、城市可持续发展等理念，致力于突破关键技术，开展基于宇宙起源、星系演化等领域的研究；同时也将促进学科交叉融合，推动科学智能向前迈进，对助推我国牵头组织国际大科学计划和大科学工程，开拓知识前沿、探索未知世界、解决全球性重大问题具有重大意义。

人工智能大模型在气象预测领域的发展也很迅速，特别在中短期天气预测效果显著。谷歌 DeepMind 发布的 GraphCast 天气预报系统有 3670 万个参数，能够以 0.25°经纬度（28km×28km）的高分辨率预测未来 10 天全球天气[19]。2023 年 4 月，上海人工智能实验室联合国家气象中心、国家气象信息中心、南京信息工程大学、香港科技大学等单位发布了人工智能大模型"风乌"，实现了在高分辨率上对核心大气变量进行超过 10 天的有效预报，据报道其误差率相较于谷歌的人工智能大模型降低了 10.87%，30 秒即可生成未来 10 天全球高精度预报结果，优于传统气象预报方法。2024 年 3 月，升级版"风乌 GHR"大模型发布，利用大数据、高算力等技术与气象预测的深度结合，形成智能跨域、多尺度、精准的气象体系，预报分辨率提升至 0.09°经纬度（9km×9km），比第一代"风乌"的精确预报范围大 7 倍。另外，华为盘古气象大模型努力提供全球气象秒级预报，其气象预测结果包括位势、湿度、风速、温度、海平面气压等，可以直接应用于多个气象研究细分场景。2024 年盘古气象大模型再升级，此次升级的目标在于将盘古气象模型推进至更高难度的千米级区域预报，希望实现从全球 25 千米模型向 1 千米、3 千米、5 千米区域预报精度的跨越，包含气温、降雨、风速等气象要素。2024 年 6 月，中国气象局发布人工智能全球中短期预报系统"风清"、人工智能临近预报系统"风雷"和人工智能全球次季节—季节预测系统"风顺"三个大模型。气象大模型的应用范围正在延伸至行业服务，扩展到污染物预测、农业生产指导等多个领域，成为支持各行各业决策的重要工具。

3 面向科学研究的人工智能大模型面临的挑战

虽然人工智能在科学领域取得了诸多突破，获得政府、科研和产业界的认可，但仍面临科学数据获取及其质量、人工智能大模型关键技术、大规模智能算力供给、跨学科协作等诸多挑战。

3.1 数据：多模态科学数据汇聚与共享

数据是人工智能大模型高质量发展的关键，数据的规模、质量、多样性是影响大模型能力的关键因素。据 OpenAI 披露，此前 GPT-3.5 的文本数据多达 45TB，GPT-4 在之前训练数据集的基础上又增加了多模态数据。数据已经成为人工智能大模型最具技术壁垒的环节。科学大数据不仅能够为科学大模型提供广泛数据来源，使模型具有良好的泛化能力，而且能够扩展数据利用与数据挖掘的潜力。

科学大数据在获取、处理与应用以及管理等方面面临诸多挑战。从数据获取角度看，目前人工智能大模型的训练以公开数据集为主。现有公开数据集多为英文语料，高质量中文语料短缺的问题日益凸显，而且企业、高校、科研机构在长期的科学研究中积累的丰富知识数据、实验数据、观测数据、调查数据、模拟数据等尚未充分转换为高质量的大模型训练数据语料，书籍期刊等版权数据、互联网平台数据等高质量数据割裂、封闭、不易获取。有的科学研究所需数据获取难度大、成本高，成为制约技术迭代和优化的重要因素。从数据处理与应用角度看，科学研究涉及的数据规模、类型和处理要求与通用领域有所不同。各学科科学数据有一定特殊性，例如遥感图像通过飞机、卫星或其他遥感平台从远距离获取，包含多个光谱波段以提供关于地表特征的详细信息，幅面较大、地物尺寸多样；基因数据是多维的，包括时间序列数据、空间数据等。如何有效地存储、处理和分析利用各学科数据成为关键问题。从数据管理角度看，科学研究数据涉及所有权和使用权，数据标准化和规范化有待提升，还需要采取适当的技术和管理措施来推进数据开放共享、保障数据安全，遵守相关的法律法规和伦理标准，确保数据的合法合规使用。我国一直在大力推动科学数据共享平台的建设，例如，国家基础科学数据共享服务平台，开放共享物理、化学、天文、空间与生物等领域数据达 431TB。虽然科研大数据平台建设取得一定成效，但人工智能技术的发展要求更大规模的高质量数据、更广泛的知识源和更开放便捷的数据与信息交互，推进跨学科、跨领域协同创新，以数据驱动发现新规律，创造新知识，加速科学研究范式变革。

3.2 算力：高性能智能算力灵活供给

人工智能大模型的快速发展和持续迭代对算力的需求呈爆发式增长。据统计，训练 ChatGPT 所需的算力如果按每秒计算 1000 万亿次，需要计算 3640 天，约等于 64 个英伟达 A100 GPU 训练 1 年的时间。科学研究数据处理通常规模庞大，需要进行大规模高精度科学计算，对高性能计算和人工智能的融合提出了更高的要求。

大模型研发所需的算力资源主要来自智算中心、超算中心和云计算中心。一方面，算力受 GPU 等人工智能芯片供给影响；另一方面，智算中心、超算中心的智能算力规模不能满足广泛的科学研究需求，需统筹通用算力、智能算力、超级算力等协同计算，切实为科学研究解决普惠易用的算力灵活供给、海量数据高效共享与传输、设施的绿色低碳等问题。2022 年 2 月，我国"东数西算"工程正式全面启动，以推动全国一体化算力网建设。由鹏城实验室牵头的"中国算力网"一期已经上线，但推动我国算力网快速发展仍面临一些挑战[20]。在技术层面，需要尽快突破各种异构资源的兼容互连程度不够强、算力节点之间的网络传输时延不够低以及数据交换带宽不够大等障碍；在组织层面，迫切需要进一步强化全国一盘棋，加强统筹协调、优化资源配置，为更广泛的人工智能大模型赋能科学研究提供算力支撑。

3.3 算法：人工智能模型的适用性

从经典的机器学习到深度学习再到大模型，人工智能在自然语言处理、计算机视觉、多模态处理等领域取得显著成果。这些领域通常有明确的数据集、信息编码方式和优化目标，而科学领域的任务更复杂，研究者需要理解科学问题的本质，使人工智能模型适应科学任务的研究目标和方法。如何将人工智能技术与科学研究融合面临巨大挑战。

从信息表示看，科学领域的知识（如蛋白质、基因、分子等结构及性质等）要构建科学语言表征才可以转换为计算机能处理的信息，进而被模型学习。从模型架构方面看，尽管多数大模型基于 Transformer 架构进行预训练学习语言中的语义相关性，并且通过微调等能很好地适应下游任务，但采用的方法和策略在科学研究领域可能不是最优的，需要结合科学任务的特点进行优化。人工智能大模型的伦理、安全等问题也在其应用于科学研究领域时带来了一定的挑战。与常规大模型类似，数据驱动的科学大模型可能加剧训练数据中存在的偏见、有时会出现"幻觉"，生成与用户上下文或已知世界知识不一致的内容，从而导致科学研究产生误差；也会面临恶意攻击、数据泄露等风险，特别是在处理敏感的生物信息等数据时，需要更严格的控制措施。另外，模型的有效评估也是难点之一。科学知识和科学任务具有更强的专业性和复杂性，常规的大模型评测基准缺乏针对其考察指标的深入考量，迫切需要针对科学研究领域复杂任务的基准测试。值得注意的是，当前人工智能大模型表现出的强大智能主要得益于当模型的参数达到一定程度时的能力"涌现"，但仍然是一个"黑盒"，存在不可解释性，复杂的因果推理、逻辑思维等高级认知能力是目前大模型所缺乏的关键要素，对人工智能发展新路径的探索一直在持续。

3.4 生态：跨学科科研与工程协作

人工智能驱动的科学研究是一个学科与知识体系重构的过程，既需要计算机、数据科学、材料、化学、生物等学科的交叉融合，也需要数学、物理等基础学科进行更深入的理论构建和算法设计。人工智能驱动的科学研究也是对科研组织方式的变革，特别在大模型时代，需要通过数据、算力、模型等基础设施和平台支撑，需要科研机构、企业等主体共同参与，将多个学科的前沿研究交叉融合，产生新的思路和方法，并经过工程实现进行验证和转化应用。这种跨学科跨领域的协作需要良好的机制和技术保障，从新型科研机构设置、人才培养、产学研协同等维度构建持续发展的科研和产业新生态。同时，在人工智能驱动的科学研究背景下，研究诚信、研究技能和伦理等也面临新要求。

4 面向科学研究的人工智能大模型发展路径

为推动面向科学研究的人工智能大模型健康发展，需加强数据、算力等基础设施建设、多模态科学大模型和平台建设、跨学科创新生态体系建设，将科学研究与人工智能创新融合，推动人工智能助力科学研究和科学发现。

4.1 加强科学智能基础设施建设

面向科学研究的人工智能基础设施建设是推动人工智能赋能科学研究的基本保障。近几年来，人工智能大模型的发展验证了"规模法则"（Scaling Law），即随着模型规模、训练数据和计算量的增加，模型性能会相应提升。数据和算力是科学大模型发展的重要前提。

数据方面，要推进高质量语料库和科学数据库的建设，为通用大模型和科学大模型提供坚实支撑。一是加强数据资源体系建设，提升语料库的数据量、内容多样性和质量，促进开放共享。我国数据资源总量丰富，2022 年我国数据产量达 8.1ZB，截至 2022 年年底数据存储量达 724.5EB，同比增长 21.1%，占全球数据总存储量的 14.4%[21]。各机构持续推进高质量数据集共享，例如，2023 年北京发布人工智能大模型高质量数据集总量规模超 600TB，包括人民日报语料数据集、国家法律法规语料数据集等；2024 年 5 月中国气象局首次发布《人工智能气象大模型训练专题数据目录》，共包含 3 类 6 种气象数据和产品。二是建设和汇聚科学数据库、知识库。各科学领域的国际知名数据库、项目科研过程形成的科学数据、技术转化过程的实验数据、各学科知识等，要通过有效的机制和技术形成高质量科学数据库、知识库，逐步推进共享。合成数据也是科学研究重要的数据资源，在自然科学领域，基于科学规律可以计算生成数据，例如通过求解薛定谔方程获得电子结构和分子体系的微观属性。另外，通过建设科学大数据平台推动数据的多层次共享与应用，例如当前对地观测数据共享，从原始的卫星数据共享，发展到分析就绪数据共享、数据信息产品共享和数据分析定制共享。数据管理方面，中共中央、国务院已于 2022 年印发了《关于构建数据基础制度更好发挥数据要素作用的意见》，从数据产权、流通交易、安全治理等方面加快构建数据基础制度体系。

算力方面，高性能人工智能芯片的迭代为大模型提供计算支持，也会研发出更多针对大模型训练和推理的软硬件方案。以大规模异构算力为基础的智能计算平台，将成为科研的重要支撑力量。鹏城实验室牵头推进"中国算力网"研发与建设，该算力网作为支撑数字经济高质量发展的关键基础设施，可通过网络连接多源异构、海量泛在算力，实现资源高效调度、设施绿色低碳、算力灵活供给、服务智能随需。"中国算力网"一期工程已于 2022 年 6 月正式上线，以"鹏城云脑"为枢纽节点，跨域纳管了 20 余个异构算力中心，目前已汇聚算力规模超 5EFlops，已建成全国智能算力互联体系与人工智能开源开放平台，实现算力与人工智能开源服务向全国用户开放。2023 年 12 月，国家发展改革委等部门联合印发《关于深入实施"东数西算"工程 加快构建全国一体化算力网的实施意见》，继续推进全国算力网、城市算力网建设。科技企业与高校、科研机构也联合开展专用算力平台建设以促进科学智能研究，如阿里巴巴集团和复旦大学联合打造的云上科研智算平台，建成面向多学科融合创新的智能计算集群"切问"和专用高性能计算集群"近思"，通过公共云模式提供超千卡智能计算，支持超千亿个参数的大模型训练。

4.2 构建多模态科学基础模型和平台

人工智能从以专用小模型定制训练为主的"手工作坊时代"，迈入以通用大模型预训练为主的"工业化时代"，从单模态到多模态，能够从无标注大数据中持续学习知识，产生智能涌现。通常认为大模型的训练方法加上行业大数据就可以形成高质量的行业大模型，实际上过于单一领域的知识反而会降低大模型涌现出新能力的水平。

目前，科学大模型的研究与应用尚处于初级阶段，可以借鉴通用领域大模型的发展思路，通过构建多模态基础模型，从各种科学文献中学习人类历史上积累的科学知识及其推理能力，融合多学科科学语言，打破不同科学之间的壁垒，推动科学研究从单点突破加速迈向平台化。微软研究院科学智能团队提出了构建统一的科学基座模型，实现通过一个模型解决众多科学难题的目标。我国推出了"鹏城·脑海"、华为"盘古"、百度"文心"等通用大模型，并逐步形成多项具有国际影响力的科学大模型，为多模态科学基础模型和平台建设奠定了良好基础。科学大模型需要针对科学研究的特点，将数据驱动与物理模型驱动相融合，将科学规律、专家经验等巧妙融入模型的构建和训练过程中，结合其他人工智能技术或者专业工具，为求解科学问题设计有效策略、评估标准，形成多种科研范式融合、人机协同的科研模式。另外，大模型还需要加深对于道德伦理、社会准则的理解，与人类价值对齐，应对更加复杂的伦理问题。

4.3 拓展科学智能的理论与实践

人工智能算法的迭代更新，为科学研究不断提供新工具。目前，深度学习技术在科学研究领域应用较广泛。虽然大模型作为人工智能发展的一个阶段性里程碑技术，在加速科学研究、促进科学发现等方面已经展现出一定潜力，但其在应用场景、关键技术研究方面与通用领域相比还不够深入。大模型可能不是通用人工智能的最佳路径，但人工智能技术的发展会持续赋能科学研究。

人工智能可以融入科学研究的各个环节。2023年《自然》杂志刊文探讨了人工智能在假设构建、实验设计、数据分析等科学研究过程的全面赋能[6]。研究人员可以利用人工智能建模和挖掘高维科研数据、捕捉多模态数据背后的科学规律；借助数据生成的方式，突破实验观测数据的有限性与数值模拟的理论限制，扩展科学假设的空间并生成设计；也可以发挥大模型与人类自然交互的优势，构建自然语言与科学语言的桥梁，使机器更好地理解人的意图，执行科学操作。充分挖掘人工智能大模型从辅助提出科学假设到计算仿真、实验验证全过程的潜力，形成科学研究的闭环，能使人类科学发现的能力发生根本性变革。当前人工智能大模型的智能程度尚未达到类似人类"思维"的阶段，人工智能驱动的科学研究并不是将所有的复杂任务都依赖机器去完成，而是要发挥人、机器智能和其他计算工具的优势，人机协同是当前阶段科学智能的一个特征。人工智能大模型在科学领域将有更丰富的应用场景。

面向科学研究的人工智能模型要针对学科和应用领域进行优化，更精确地学习特定科学领域的规律和特征。当前大模型 Transformer 架构的标记化、位置嵌入和注意力机制等非常灵活，能够联合建立不同模态和任务。研究者从蛋白质、基因、分子、化学表达式等科学语言表示，以及模型架构、多模态融合、大模型与外部知识协同、使用专业工具和智能体增强等方面不断探索求解科学问题的更优方案。人工智能技术仍在快速迭代，可以借鉴自然语言处理、计算机视觉、多模态大模型等领域的技术方法和思路解决科学问题。以蛋白质预测为例，在深度学习兴起之前，科学家通过马尔可夫随机场、经典的神经网络等机器学习方法基于共进化信息进行推理。AlphaFold 采用类似计算机视觉中 ResNet 的残差卷积网络，AlphaFold2 采用 Transformer 架构并提出了不变点注意力机制等新的设计，大量网络细节在人工智能技术和工程中蕴含着生物学考量，蛋白质预测精度大幅提高。2024 年提出的 AlphaFold3 采用扩散模型等创新模块，将预测范围扩展到蛋白质、DNA、RNA 及一系列配体、离子等更多生物分子结构[22]。人工智能领域的技术发展能为科学研究提供新方法、新思路。面向科学研究的大模型技术结合各学科数据和任务特点，有很大的探索和优化空间。需要注意的是，人工智能大模型仍被视为"黑盒"，面向科学研究的大模型要谨慎地设计和验证，以确保科学研究的客观性和准确性。

4.4 构建科学智能创新生态体系

人工智能驱动的科学研究既涉及人工智能技术，又需要解决科学研究问题，还涉及科研成果的转化应用，是一个极具挑战性、复杂性的交叉领域。如果说算力、模型、数据是人工智能驱动科学研究发展的必要条件，那么创新的生态体系建设则是关键要素。

首先，要充分发挥企业、科研院所与高校等各方优势，推进构建产学研用相融合、上中下游产业相关联的协同创新体系，围绕重点领域设置新型研究机构，搭建跨学科平台，加强跨学科团队建设，推动交叉学科人才培养。其次，要加大人工智能驱动的科学研究投入，构建相适应的科技金融体制，加强科学研究成果的转换和产业应用，推动科技创新和产业创新融合发展。历次科技和产业革命产生的新技术、新要素、新产业，都推动生产力产生了质的飞跃。2023 年我国提出发展"新质生产力"，人工智能驱动的科学研究将重塑生产力和生产关系。生物医药、新材料等是国家战略性新兴产业的重要组成部分、未来产业重点布局的领域，要切实解决基础科学的关键科学问题，进而解决这些科学原理映射的产业问题，推动产业核心技术瓶颈的突破和应用落地。国际合作和开源技术生态建设也是一个重要方面。开源是促进人工智能快速创新的重要因素，开源大模型已经为各学科科学研究提供了重要支撑。要按照开放科学原则，做出有益的人工智能驱动的科学贡献，同时为资源共享和合作创造机会，推进人工智能驱动的科学研究开放协作，共同开展全球性人工智能前沿科学问题的研究，通过知识、技术、模型、数据等共享，加速科学研究进程。

5　结语

世界科技发展日新月异，人工智能驱动的科学研究从概念走向现实，从求解薛定谔方程到加速分子模拟，从预测蛋白质结构到赋能药物设计，一大批优秀应用加速涌现，已成为未来科技创新的重要方向，将重塑科学研究到产业发展的进程。我国已将人工智能驱动的科学研究上升到重要的国家战略地位。2022年以来，人工智能大模型持续取得突破，推动人工智能进入从感知到认识，从分析到生成，从专用到通用的快速发展新阶段。药物研发、材料科学、地球遥感等领域的应用需求，引领面向科学研究的人工智能大模型不断突破创新。与此同时，大模型技术在科学研究领域的应用潜力尚未得到充分开发，并且面临数据、算力、算法、生态等诸多挑战，需要从基础设施建设、模型和平台构建、创新生态体系建设等方面持续发力，在深入理解科学规律的基础上，对人工智能进行创新应用，进而推动科学发现和成果转换。在不远的将来，人类将共同见证人工智能技术的更多创新，并助力科学研究取得更有影响力的成果。

参 考 文 献

[1] HEY T, TANSLEY S, TOLLE K. The Fourth Paradigm: Data-Intensive Scientific Discovery[M]. Washington: Microsoft Research, 2009.

[2] 孙九林，洪学海，汪洋，等. 科研信息化——促进科研范式变革的关键驱动力 [M]. 北京：电子工业出版社，2022.

[3] JUMPER J, EVANS R, PRITZEL A, et al. Highly Accurate Protein Structure Prediction with AlphaFold [J]. Nature, 2021, 596: 583-589.

[4] World Economic Forum. Top 10 Emerging Technologies in 2024[R]. 2024.

[5] Stanford Institute for Human-Centered Artificial Intelligence. AI Index Report [R]. 2024.

[6] WANG H, FU T, DU Y, et al. Scientific Discovery in the Age of Artificial Intelligence[J]. Nature, 2023, 620: 47-60.

[7] YANG K, SWOPE A M, GU A, et al. LeanDojo: Theorem Proving with Retrieval-Augmented Language Models[C]. In Proceedings of the 37th NeurIPS. New York: Curran Associates Inc, 2023.

[8] DONG Q, DONG L, XU K, et al. Large Language Model for Science: A Study on P vs. NP[J/OL]. arXiv: 2309.05689, 2023.

[9] ROMERA-PAREDES B, BAREKATAIN M, NOVIKOV A, et al. Mathematical Discoveries from Program Search with Large Language Models[J]. Nature, 2024, 625:468-475.

[10] NORI H, LEE Y T, ZHANG S, et al. Can Generalist Foundation Models Outcompete Special-Purpose Tuning? Case Study in Medicine[J]. arXiv: 2306.05064, 2023.

[11] LUO Y, ZHANG J, FAN S, et al. BioMedGPT: Open Multimodal Generative Pre-trained Transformer for BioMedicine[J]. IEEE Journal of Biomedical and Health Informatics, 2024:1-12.

[12] ZHAO Z, MA D, CHEN L, et al. ChemDFM: A Large Language Foundation Model for Chemistry [J/OL]. arXiv: 2401.14818, 2024.

[13] ZENG Z, YIN B, WANG S, et al. ChatMol: Interactive Molecular Discovery with Natural Language[J].

Bioinformatics, 2024, 40(9): btae534.

[14] MERCHANT A, BATZNER S, SCHOENHOLZ S S, et al. Scaling Deep Learning for Materials Discovery[J/OL]. Nature, 2023, 624:80-85.

[15] ZENI C, PINSLER R, ZUGNER D, et al. MatterGen: A Generative Model for Inorganic Materials Design[J/OL]. arXiv: 2312.03687, 2023.

[16] CHENG Z, LIU J, JIANG T, et al. Automatic Screen-out of Ir(III) Complex Emitters by Combined Machine Learning and Computational Analysis[J]. Advanced Optical Materials, 2023,11(18):1-21.

[17] CHEN Z, XIE F, WAN M, et al. MatChat: A Large Language Model and Application Service Platform for Materials Science[J]. Chinese Physics B, 2023, 32:118104.

[18] DENG C, ZHANG T, HE Z, et al. K2: A Foundation Language Model for Geoscience Knowledge Understanding and Utilization[C]. In Proceedings of the 17th ACM International Conference on Web Search and Data Mining. New York: Association for Computing Machinery, 2024.

[19] LAM R, SANCHEZ-GONZALEZ A, WILLSON M, et al. Learning Skillful Medium-Range Global Weather Forecasting[J]. Science, 2023, 382:1416-1421.

[20] 高文. 以算力网建设促进产业创新 [N]. 人民日报, 2024-4-12(9).

[21] 国家互联网信息办公室. 数字中国发展报告（2022）[R]. 2023.

[22] ABRAMSON J, ADLET J, DUNGER J, et al. Accurate Structure Prediction of Biomolecular Interactions with AlphaFold3[J]. Nature, 2024,630: 493-500.

作 者 简 介

高文，中国工程院院士，鹏城实验室主任，北京大学信息与工程科学部主任、博雅讲席教授，国际电气和电子工程师协会会士，美国计算机协会会士。现任第十四届全国人大代表，曾任第十届、第十一届、第十二届全国政协委员，国家自然科学基金委副主任，中国计算机学会理事长，计算机学报主编等。以第一完成人获得国家技术发明一等奖 1 项、国家技术发明二等奖 1 项、国家科学技术进步奖二等奖 5 项。荣获全国五一劳动奖章（2023 年）、吴文俊人工智能最高成就奖（2023 年）、何梁何利基金科学与技术进步奖（2022 年）、广东省南粤突出贡献奖（2021 年）、"2005 中国十大教育英才"称号和中国计算机学会王选奖。主要从事人工智能应用和多媒体技术、计算机视觉、模式识别与图像处理、虚拟现实方面的研究，在国际期刊上发表论文 300 余篇。

刘姝，鹏城实验室科研部战略研究专家组成员。2010 年获北京大学理学博士学位，主持和参与国家核高基重大专项、国家重点研发计划专项、科技部战略研究项目等多项课题。主要从事人工智能、系统软件等方面的研究，发表学术论文 10 余篇，出版著作 5 部。

杨建坤，鹏城实验室主任助理，西安交通大学特聘教授，鹏城实验室科学技术协会副主席，深圳市鹏城实验室科教基金会理事长，第八届国家机械工业科学技术奖智能制造与机器人专业评审组专家，广东省人工智能科技专项专家组成员。主要从事康复工程、智能假肢、人工智能等方面的研究，发表学术论文 20 余篇。

张伟，鹏城实验室智能部数据所所长，曾任浙江大华技术股份有限公司副总裁、中国区总裁，公安部 TC100 标准委员会专家委员，公安部视频领域特聘专家，住建部智慧城市副理事，国家智能交通工程实验室专家等，曾作为首席中国技术专家参与援建欧盟边界防控系统建设。主要从事人工智能技术系统及数据赋能、计算机视觉与多媒体编码技术、智慧城市等方面的研究，发表学术论文 10 余篇。

李革，北京大学教授、博士生导师，广东省人工智能与机器人协会常务理事，中国数字音视频标准工作组（AVS）时空编码组组长。主要从事多模态大模型、三维时空数据处理与分析等方面的研究，发表高水平学术论文 150 余篇，申请国内外发明专利 100 余项。

人工智能时代下的网络架构变革

刘韵洁[1,2]，孙政洁[2]，汪 硕[1,2]，黄 韬[1,2]

（1. 北京邮电大学网络与交换国家重点实验室；2. 紫金山实验室）

摘 要

在数字化浪潮的推动下，人工智能技术的兴起正在重塑网络架构的未来，引领着一场以智能化为核心的变革浪潮。人工智能技术的蓬勃发展带动了终端连接密度和网络规模的迅速扩张。传统的网络架构无法适应其发展，亟须利用人工智能技术来实现大规模网络自动化管理。因此，网络架构以自动化、智能化和高效化为核心目标变革，不仅能够支撑现有的网络服务，还能够适应未来新兴技术的需求。本文系统阐述了网络架构的发展历程，概述了服务定制网络、确定性网络、智能算力网络以及自智网络的关键特征，以及网络架构的设计和关键技术的分析。从国家政策和发展需求两个方面梳理了未来网络的发展方向——服务生成网络，介绍其架构设计、关键技术及应用场景，进一步研判其发展趋势与挑战。研究表明，服务生成网络是未来网络发展的基石，将与其他新兴技术如 6G、物联网和边缘计算等相结合，共同构建智能化的数字社会和智能互联世界。

关键词

网络架构变革；服务定制网络；确定性网络；智能算力网络；自智网络；服务生成网络

The Transformation of Network Architecture in the Era of Artificial Intelligence

Yunjie Liu[1,2], Zhengjie Sun[2], Shuo Wang[1,2], Tao Huang[1,2]

(1. State Key Laboratory of Networking and Switching Technology, Beijing University of Posts and Telecommunications; 2. Purple Mountain Laboratories)

Abstract

Under the impetus of the digital wave, the rise of artificial intelligence technology is reshaping the future of network architecture, leading a wave of change centered on intelligence. The booming development of AI technology has driven the rapid expansion of terminal connection density and network scale, and traditional network architectures are unable to adapt to its development, and there is an urgent need to utilize AI technology to automate the management of large-scale networks. Consequently, the network architecture is changing with automation, intelligence and efficiency as the core objectives to not only support existing network services, but also to adapt to the future needs of emerging technologies. This paper systematically describes the development history of network architectures, outlines the key features of service customized network, deterministic network, intelligent computing power network and self-intelligent network, as well as the design of network architectures and the analysis of key technologies. From the aspects of national policy and development needs, the development direction of future networks—service generation networks is sorted out, and its architectural design, key technologies and application scenarios are introduced, and the development trends and challenges are further examined. The research shows that service-generation network is the cornerstone of future network development, and will be combined with other emerging technologies such as 6G, IoT and edge computing to build an intelligent digital society and a smart connected world.

Keywords

Network Architecture Transformation; Service Customized Network; Deterministic Network; Intelligent Computing Power Network; Self-intelligent Network; Service Generation Network

1　引言

在当代数字化信息时代，基于人工智能（Artificial Intelligence，AI）的应用和服务正在蓬勃发展，如机器学习和深度学习在面部识别[1]、自然语言处理[2]、计算机视觉[3]、流量预测[4]、异常检测[5]等各个领域都取得了最先进的性能。随着人工智能技术的深入发展，信息社会正快速向着数字化、智能化的方向迈进，使得终端连接密度和流量密度呈现指数级增长。种类繁多且持续增添的网络协议、拓扑和接入方式使得网络的复杂性不断增加，静态、单一传输通道的网络架构无法适应网络规模的扩大，亟须实现大规模网络自动化管理，以适应频繁的网络动态[6]。同时，在应对多样化服务需求、异构基础设施以及网络高度复杂性等问题方面，人工智能展现出优于传统人工数学模型的显著优势[7]。因此，人工智能技术成为网络架构变革的重要驱动力。

网络架构的发展主要包含将人工智能技术应用于当前网络的"演进式"发展和重新设计全新网络架构的"革命式"发展两种模式。发展的核心在于设计一个智能高效，能够支持异构网络技术融合的通用网络平台，满足 AI 时代对计算和数据处理的严格要求，为通信产业的发展提供新的动力[8]。新型网络架构的设计范式朝着动态、智能、自学习和自适应方向演进，逐步实现从单一的数据处理中心向智能决策中心的转变[9]。这种转变将打破每一网络层级的边界，形成集成感知、计算、能力、安全、人工智能等多方面的通信设计，兼容固定、移动、卫星等多种接入模式，管理公众、工业、数字网络等多种类型网络，利用接入网、传输网、核心网等不同网域的协作，不仅能够提高网络的运行效率，还能够增强网络的安全性、可靠性和服务质量，为用户提供更加个性化和智能化的服务体验。

本文首先阐述了人工智能时代下网络体系结构发展历程，包括服务定制网络、确定性网络、智能算力网络以及自智网络的关键特征，以及网络架构的设计和关键技术的分析，并对未来网络架构的发展重点——服务生成网络的设计要求和挑战展开了详细研究。人工智能时代下的网络架构变革正在重新定义未来人类与数字世界的互动方式，为各行各业的数字化转型提供了动力。未来网络架构正向着开放化、白盒化、云化、可编程化快速发展，为未来全球通信网络的发展铺平道路。

2 智能互联网发展需求

（1）国家政策的支撑与推进

2021年，中央网络安全和信息化委员会印发《"十四五"国家信息化规划》，强调了应用新一代信息技术对传统基础设施进行数字化、智能化改造，加快构建泛在智联的数字基础设施，表明建设智能互联网，为用户提供更高速、更高质、更可靠、更广泛、更智能的信息连接是增强网络供给和服务能力的重要支撑。

2023年，中共中央、国务院印发《数字中国建设整体布局规划》，提出加快5G网络与千兆光网协同建设，深入推进IPv6规模部署和应用，推进移动物联网全面发展，大力推进北斗规模应用。系统优化算力基础设施布局，促进东西部算力高效互补和协同联动，引导通用数据中心、超算中心、智能计算中心、边缘数据中心等合理梯次布局。这表明智能互联网的发展已成为全国各产业领域研究的重要方向。

2024年，工业和信息化部等七部门印发《关于推动未来产业创新发展的实施意见》，提出支持新型网络架构、GPU芯片集群互联网络、超大规模新型智算中心的创新发展，推动关键核心技术突破，促进未来产业技术创新和成果转化，明确为智能互联网络提供技术支持是重要发展目标。

（2）智能网络治理框架的构建

我国将持续参与全球人工智能合作，将其作为重点科学领域纳入国家法治体系的框架之内，促进构建广泛共识的人工智能治理框架和标准规范，推动技术的创新和应用的拓展，为智能互联网的发展提供健全的治理体系支撑[10]。

（3）技术融合的支持

人工智能技术与互联网、物联网和算力网络的深度整合，涉及数据、算法和算力硬件软件的协同工作，广泛地连接人、机器和物体，传输和交换智能资源，为智能互联网的发展提供强大的技术支撑和智能化的决策支持[11]。

（4）智能终端的迅猛发展

受深度学习、计算机视觉等技术发展的驱动，互联网终端与AI大模型融合加速，例如华为、vivo等国产手机厂商相继发布搭载AI大模型的手机产品，联想等厂商积极研发推出搭载专用AI处理器和AI软件的个人计算机，AI手机、AI个人计算机初步商用落地[12]。智能终端的迅猛发展不仅推动了智能互联网技术的进步，也促进了整个产业链的成熟和新业态的形成，为智能互联网的未来发展奠定了坚实的基础。

（5）智能化垂直应用的加速落地

随着智慧办公、智慧医疗、智慧教育等智能化垂直应用的落地，各大产业领域企业积极布局开发，驱动构建以AI为支撑的应用产业新模式，不仅推动了智能互联网的发展，也促进了相关产业的创新和转型，增强智能互联网在促进经济社会发展中的作用[13]。

3 热点网络技术进展

网络架构变革正从传统的硬件依赖转变为软件化和可编程化来适应不断增长的流量和服务需求。在人工智能时代，网络架构的发展迎来了一系列创新和变革。服务定制网络能够根据不同的业务需求提供个性化的网络服务，满足特定场景的网络性能要求。确定性网络通过精确控制网络数据的转发行为，为关键业务提供可预测的时延、抖动和丢包率，这对工业自动化、自动驾驶等对网络性能要求极高的应用至关重要。智能算力网络将计算资源与网络资源深度融合，实现资源的优化配置和高效利用，支持从云到边缘的广泛计算需求，为新兴的计算密集型应用提供强大的支持。自智网络利用人工智能技术理解网络配置的意图，并自动执行满足这些意图的操作，简化网络管理并提高效率。这些网络架构的发展历程表明，未来的网络将更加智能、灵活和高效，既能够满足日益复杂的业务需求和不断增长的数据流量，也能为用户带来更加丰富和个性化的网络服务体验。下面将从各个网络架构的关键技术及架构设计方面进行详细的阐述和分析。

3.1 服务定制网络架构

传统网络"同一服务对所有人"和"尽力而为"的服务模式难以保障多样化业务的服务质量。服务定制网络（Service Customized Network，SCN）以差异化的服务质量为主要目标，成为下一代主流集成网络框架之一[14]。SCN 依赖于软件定义网络（Software Defined Networking，SDN）、数据面与控制面解耦技术、网络功能虚拟化（Network Function Virtualization，NFV）、网络切片等先进技术，通过将功能与底层网络解耦，提供差异化的网络功能和大规模业务的按需服务[15]。通过采用创新的网络架构，SCN 在提供差异化与确定性服务的能力方面，突破了传统的微服务化网络操作系统的限制，解决了广域网络由"可管不可控"向"全网可管控"的目标转变难题，为重大科技基础设施、超级计算中心、科学数据中心等提供了强有力的技术支撑。

SCN 网络架构的设计面向服务、以内容为中心，为异构网络提供定制化服务，利用大数据分析和人工智能技术，优化信息调度和网络管理来应对数据流量的爆炸式增长，为每个用户提供灵活可定制的服务，满足用户对服务的个性化需求。SCN 网络体系架构由基础设施平面、控制平面、分发平面、感知平面和管理平面 5 个平面构成，如图 1 所示。基础设施平面由支撑网络功能虚拟化等功能的计算资源、存储网络中传输信息的存储资源和网络资源组成。位于架构中间的控制平面，由 SDN 控制器、NFV 管理模块和缓存资源管理器组成，通过为不同用户构建不同的网络切片来满足差异化用户的 QoS 保障需求。架构的两侧分别是分发平面与感知平面。分发平面通过向控制平面下发指令来完成对信息资源的智能控制、调度、分发等操作。感知平面通过对收集到的网络参数利用大数据技术进行分析，并及时反馈给分发平面和控制平面。最上面的管理平面作为整个网络的管理者，通过调用其他平面所开放的北向接口进行自定义开发。SCN 的发展为网络技术的升级和产业应用的创新提供了强有力的支撑，推动了网络性能提升、资源利用优化，并为数字经济和产业数字化转型升级奠定坚实的基础。SCN 通过提供有限延迟、最小抖动、零丢包等确定性保证,以隔离、灵活和高可靠的方式完成业务的及时交互,减少因资源竞争造成的性能损失。

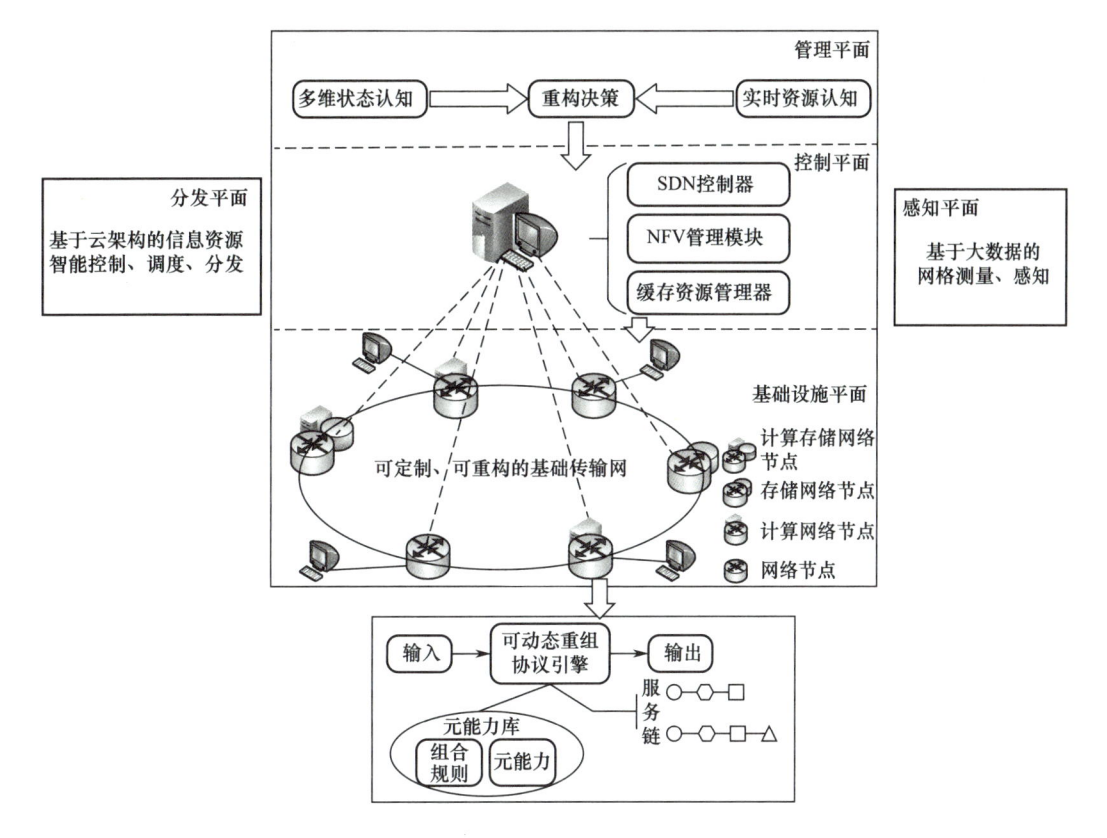

图 1　SCN 网络体系架构

3.2　确定性网络技术

在新一代信息技术产业体系政策的推动及人工智能技术的蓬勃发展和应用场景的不断扩展下,万物互联、安全可控的体系架构成为网络转型的重要驱动力[16]。确定性网络(Deterministic Network,DetNet)凭借"准时、准确"的数据传输服务,提供极低的丢包率和有限的端到端延迟交付能力,成为新一代网络架构重要发展方向之一,以适应未来数字化转型的需求[17]。DetNet 支持长距离、广域的通信,提供各种级别的 URLLC 服务,以更高的连接性、安全性和可靠性实现高级通信。确定性网络在构建重大网络基础设施过程中发挥重要作用,为占领信息技术发展的制高点提供新的机遇。作为新一代网络通信体系发展方向,确定性网络全面赋能产业升级,成为推动网络、工业、农业和服务业强国的关键动力,形成"确定性网络+"的技术产业格局,对促进各行各业朝着数字化、网络化、智能化的高质量发展转型具有重要的意义。

确定性网络组网模型架构如图 2 所示,整个确定性网络架构由终端系统、边缘节点、传输节点和中继节点组成。终端系统作为确定网络流的源或目的端,提供确定网络流封装服务。边缘节点在服务子层充当源头或目的节点，具备启动或终止在转发子层的资源分配功能，同时完成应用流和确定网络流之间的映射，用于一个或多个终端系统的服务保护（如添加或删除数据包排序信息）。确定网络流是一系列含有唯一流标识符的数据包。端到端服务将为这些数据包提供计算支持。转发子层可以选择性地为底层网络路径上的确定网络流提供明确的路由和资源预留与分配功能。传输节点利用链路层实现跨多个链路子网的交换，为业务子层功能提供路径进行资源分配。中继节点负责将不同的转发子层路径互联来提供服务保护，通过将数据分散在多条不相交的转发路径上来减轻或消除由于设备故障（包括随机介质、内存故障）造成的丢包。服务子层向协议栈和应用程序提供服务，例如根据报文的序号删除重复的报文的服务保护服务。链路作为两个节点之间的连接，为确定网络流提供适当的流量交付。确定性网络采用了灵活以太网（Flexible Ethernet，FlexE）技术，在链路层和物理层直接增加 FlexE 垫片层。FlexE 垫片层能够基于精确的时隙交换机制来确保数据传输的低时延特性，能够有效地解耦业务数据的传输速率与物理通道的速率。同时引入了时间敏感网络（Time-Sensitive Networking，TSN）标准，要求网络中所有设备必须实现精确的时间同步，利用先进的调度和流量整形门控技术实现高效的流量调度。确定性网络的实现涉及流量工程、资源预留和队列调度等关键技术。随着人工智能技术和网络架构的进一步融合，确定性网络将在全球范围内得到更广泛的应用和实践，推动新业务模式和应用的发展，成为数字化转型的关键驱动力。

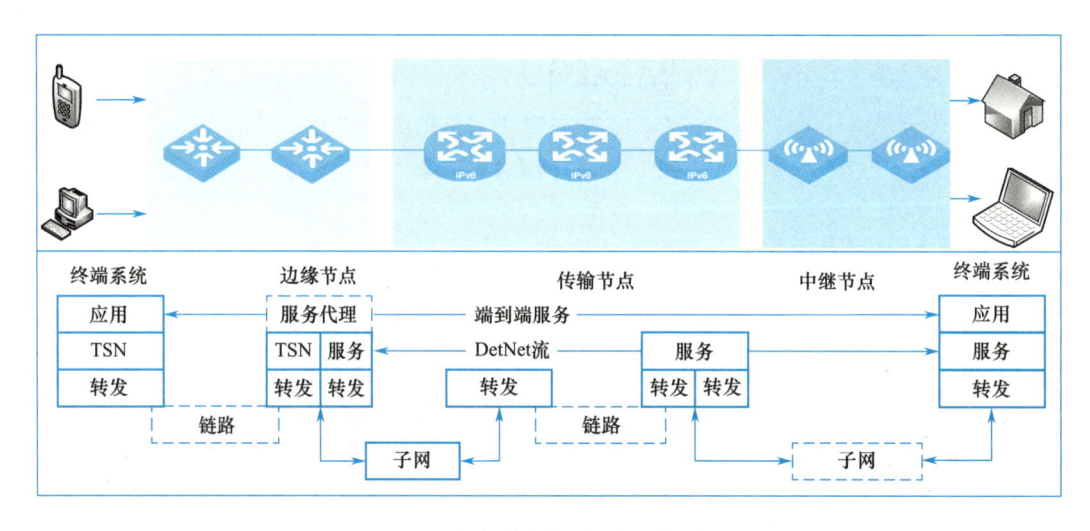

图 2 确定性网络组网模型架构

3.3 智能算力网络技术

在"东数西算"和国家新型基础设施建设战略的推动下，加快信息网络基础设施的协同化、服务化、智能化进程，深化国家新型基础设施建设已成为新一代信息网络重要发展方向。在建设过程中，催生了大量具有高并发、高精度计算需求的新型应用，特别是 AI 业务与 6G、边缘计算的深度融合，AI 应用的计算量和算法模型的参数规模向巨量化发展，可达到千亿甚至万亿的级别[18]。为了满足数字基础设施的发展需求，基于"计算+网络"深度融合的智能算力网络，为提升国家整体的信息化和智能化提供坚实的支撑和保障[19]。算力作为数字经济时代的重要生产力，突破传统仅针对计算能力的狭隘定义，构建一个多维度量的综合体系，包含计算、存储、输入/输出（I/O）、软件、平台、算法等。这种新型智能、高效、按需的算力服务体系，正积极推动天地一体化、数字孪生等新型业务模式的发展，为"东数西算"奠定坚实的技术基础，推动数字经济时代的持续创新。

　　智能算力网络是根据计算业务需求完成在云、边、端之间按需分配和灵活调度的网络组织架构。算力网络激发了网络寻址协议的创新，在仅根据网络索引寻址的基础上，扩展了算力索引，即"数据+计算资源+算法"。为了适应未来业务的多样化需求，将传统的"以网络为中心"的供给模式转化为"以网络为基础"，算力资源的提供方不再局限于中心化的云平台，扩展到通过网络串联起下沉至用户的边缘计算节点、超算中心、数据中心等异构多样、分布式的算力节点，实现构建算网一体的新型算力网络。整个智能算力网络架构如图3所示，自下向上由基础设施层、算网管理层和业务应用层构成，与内生智能模块实时交互。基础设施层包括各种硬件设备、软件应用和数据资源，负责整个网络的计算资源、网络资源和存储资源的集中监控和管理，统计区域内算力节点资源的总和及资源占用情况，确保根据业务需求进行高效调度与资源管理。通过与内生智能的交互，一方面，加深了对自身状态的感知，包括资源状态、性能指标和潜在故障等，为上层的算网管理层提供了可靠的数据支持。另一方面，在数据源头进行即时的分析与决策，使得网络能够实现快速的业务响应、设备的智能调整，以及在毫秒内感知并修复算网故障，从而增强了系统的自响应、自修复和自优化的能力。算网管理层作为整个网络架构的核心，负责执行网络系统的具体操作和控制，通过南北向接口接收来自基础设施层的状态数据和业务需求，执行综合分析、决策制定和网络控制，包括资源状态的实时监测、资源的智能调度、算力资源的精细管理、服务流程的编排、故障的深入分析以及自动化的修复机制，确保了从信息感知分析到决策执行的全流程闭环管理。算网管理层深入融合了人工智能技术，将其应用于算力网络的各个层面，从而提升了各个功能模块的智能化学习能力和适应不同场景的能力。这种深度嵌入的AI技术支持了智能服务的持续发展，确保了网络能够满足当前业务需求，并能够适应未来新业务的发展。业务应用层是直接面向用户的服务接口，集成了各种业务功能的抽象化实现，系统能够根据用户的特定需求和意图，智能地分配和调度服务应用至最合适的执行节点，确保了资源的使用效率最大化，用户能够享受到高效、个性化的服务。内生智能模块构建了一个完整的智能闭环，涵盖了数据管理、学习训练、智能分发和持续学习等功能，为每个层级提供了智能化技术支撑，满足不同场景下的业务需求，涵盖了从设计、训练、推理验证、部署应用到迭代优化的全生命周期。智能算力网络作为统一的资源共享平台，推进算与网融合调度的新型运营模式，有效促进AI产业化和产业AI化，是支撑数字化基础建设的重要"底座"。未来的网络发展方向逐渐从基础资源建设向场景化应用倾斜，加快建设新型数据中心与东数西算，驱动算网能力协同进步。

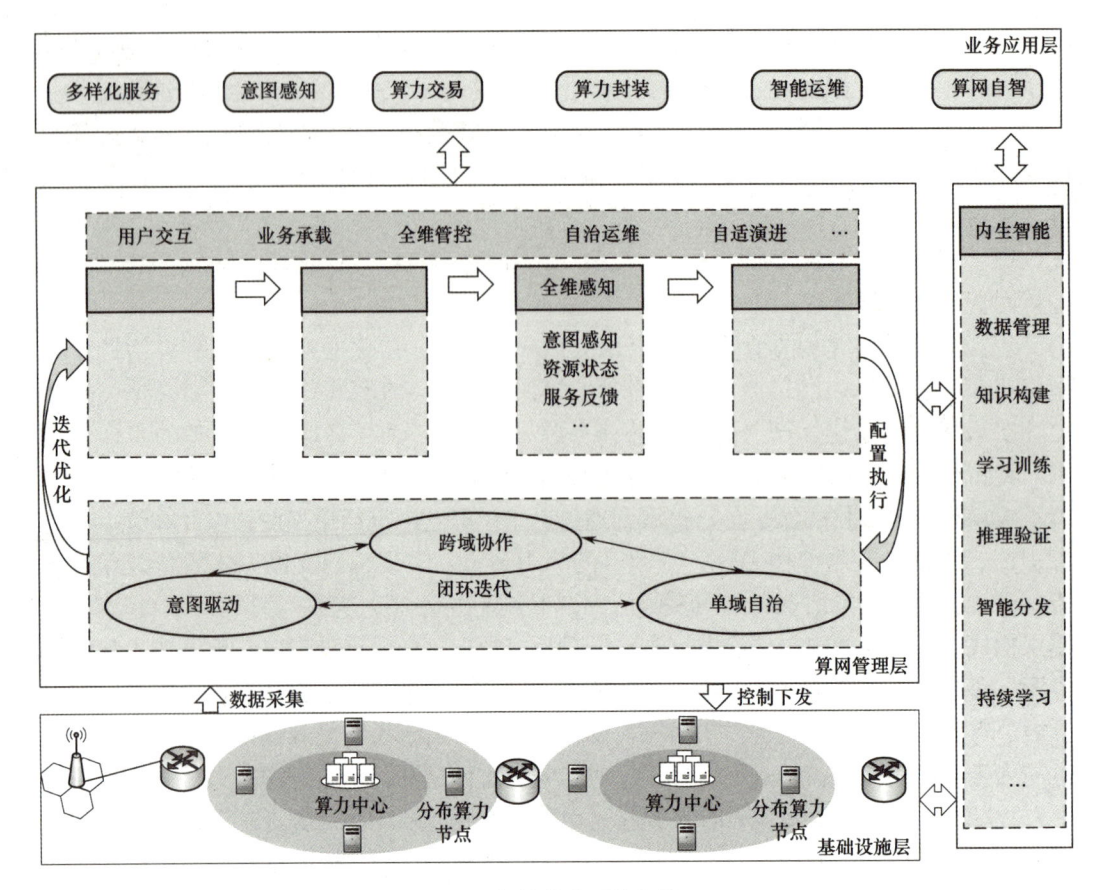

图 3 智能算力网络架构

3.4 自智网络技术

在人工智能与网络深度融合的趋势下，自智网络凭借自动化和智能化的特征提升网络服务的效率和质量，解决 AI 高速发展下带来网络结构复杂、运营管理难等问题[20]。自智网络通过深度集成 AI 计算与通信技术，增强物理层、网络层等各层级的智能化学习能力和场景适应能力，将智能面和数据面融入网络架构设计，实现网元和接口的智能化，以此提供高效、精准的场景化服务[21]。作为通信网络运维数字化转型的目标，自智网络面向用户提供"零等待""零接触""零故障"等数字化体验的创新网络服务，打造具备自配置、自修复、自优化等数字化运维能力的通信网络，引领新一轮科技革命和产业变革的战略性技术，推动 5G 和人工智能的互融互促，进一步构筑产业升级、融合、创新的基础设施体系。

自智网络架构由应用层、意图层、网络管理和编排层，以及基础设施层组成，如图 4 所示。应用层由各种垂直用例及其使用者组成，通过意图北向接口（Intent Northbound Interface，INBI）向用户提供底层网络基础设施和服务公开。意图层通过服务提供商表达的期望，遵循声明性 INBI 设计意图，为意图控制器和服务编排器提供所需的接口。意图映射使提供商能够根据特定于系统的模型来解释意图，意图控制器通过转译定义用户意图的视角，并将其与服务和运营商目录以及服务和网络规范建立映射，以查找表和目录的形式转译意图，包括网络中的可用资源，通过对生成服务进行策略评估来保证服务模型的一致性。网络管理和编排层由网络编排器、配置控制器、切片编排器、监测和评估网络状态等模块组成。网络编排由不同的域控制器和编排器组成，包括网络功能虚拟化管理和编排、SDN 和通过意图 API 与意图控制器接口的切片控制器。配置控制器接收应用的拓扑和编排规范形式的服务需求，为不同的网络设备生成基于 YANG（Yet Another Next Generation）、可扩展标记语言或非标记语言的模型，并通过开放应用程序编程接口暴露资源状态。监测和评估网络状态模块，负责与控制器和协调器进行交互，确保在更高级别上遵循传播的服务部署请求和意图，通过南向接口（Southbound Interface，SBI）和网络协调器与有关资源状态的基础设施进行交互，获取向意图控制器提供指示所需的状态信息。网络基础设施提供了所需的物理计算、存储和通信资源，通过 SBI 实现共享。资源根据特定领域的定义分布在不同提供商提供的网络中不同类型服务的访问、核心和传输部分之间。未来的自智网络将朝着自我学习和自我演进的目标发展，支持网络运维效率达到最优。此外，智能化的深入渗透将使网络系统在各个层面具备高度智能，给用户带来无缝、高效、智能的网络体验，同时为网络运营商和服务提供商提供更广阔的服务能力。

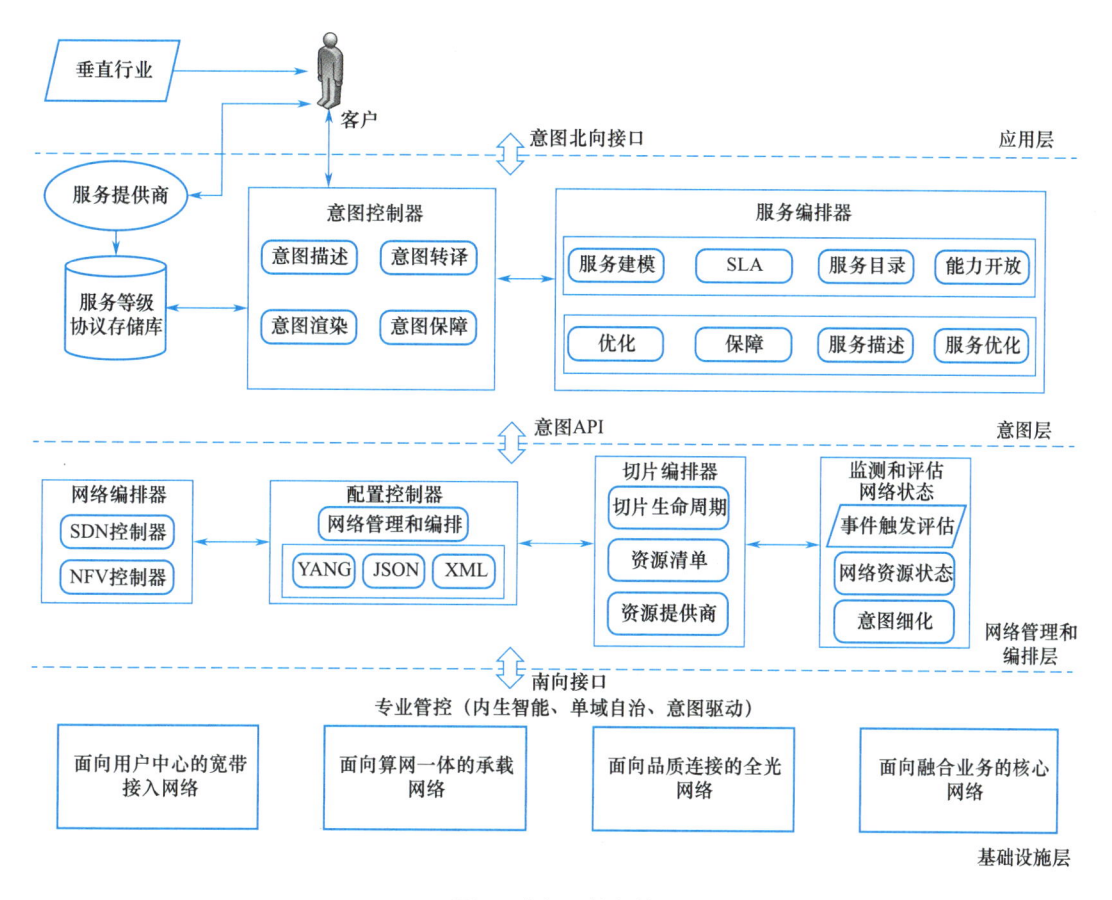

图 4 自智网络架构

综上，服务定制网络、确定性网络、智能算力网络以及自智网络凭借各自独特的优势成为网络技术领域的重要发展方向。然而，在网络架构的演进过程中，各个技术的弊端不容忽视。服务定制网络在提供个性化服务的同时会增加运营复杂性和成本。确定性网络技术依靠时间同步、资源预留、队列控制等机制提供高带宽、低延迟和高可靠性服务，在广泛应用的同时要综合考虑不同场景下的需求与性能等因素。智能算力网络在发展过程中要克服应用封装技术、数据迁移、安全保障和灵活性等问题。自智网络在 AI 与网络运维深度结合时面临标准化和互操作性、网络稳定性和可靠性等挑战。未来网络的发展趋势需要应对复杂网络环境下自动化配置、可扩展性等挑战，结合先进的人工智能等技术，提供一个更加智能、灵活、高效和安全的网络环境，以适应不断变化的业务需求，促进技术创新，推动网络资源的可持续发展。

4 面向智能互联网的服务生成网络架构

受新一轮科技革命与产业变革发展方向的启发，未来网络架构发展的趋势是利用先进的人工智能技术构建面向数字化时代的更加智能高效和安全的网络架构，从高强度数据中心、大规模网络边缘、高复杂性设备和智能编排四个方面提出了针对网络架构发展面临的设计要求和挑战，激发未来高智能化网络架构的诞生[22]。服务生成网络（Service Generation Network，SGN）是将自然语言处理、深度学习、多模态整合等领域融合的创新性的人工智能网络系统，整合了包括意图驱动网络、自动化网络配置、数字孪生网络、可编程网络和网络优化等能力，旨在实现智能化网络服务的自动生成和定制化，是未来网络架构发展的重点研究方向。未来，服务生成网络还将与其他新兴技术（如 6G、物联网和边缘计算等）相结合，共同构建智能化数字社会，促进科技创新和信息化进程。

4.1 服务生成网络架构

服务生成网络的核心在于准确理解用户需求，生成相应的智能化网络服务，涉及意图驱动网络、自动化网络配置、网络全可编程等关键技术，为用户提供个性化和智能化的解决方案。服务生成网络涵盖生成式人工智能（Generative Artificial Intelligence，GAI）赋能意图驱动层、数字孪生网络映射层、深度全可编程网络层，其架构如图 5 所示。SGN 能够理解用户意图、自动配置网络、利用数字孪生网络进行实时监控、操作可编程网络以及优化服务交付，为各种网络环境提供智能化的服务解决方案。

GAI 赋能意图驱动层的主要功能是解析用户输入的意图，包括用户对网络设计、规划、配置、运维的需求，挖掘用户的可靠性需求。通过用户意图输入进行大型决策模型（Large Decision-making Model，LDM）训练，根据网络状态与意图反馈进行标签任务的预训练、重训练以及微调，生成智能决策模型。利用映射层闭环反馈进行 GAI 优化以实现决策模型的意图保障与验证，如支持网络协议、网络切片的自动设计与遥测分析等智能管控。利用生成的智能决策方案可以在映射层内进行调整、优化和验证，以此实现数字孪生网络对实际物理网络的实时控制、反馈与优化,最终实现网络自学习、自验证、自演进的闭环[23]。

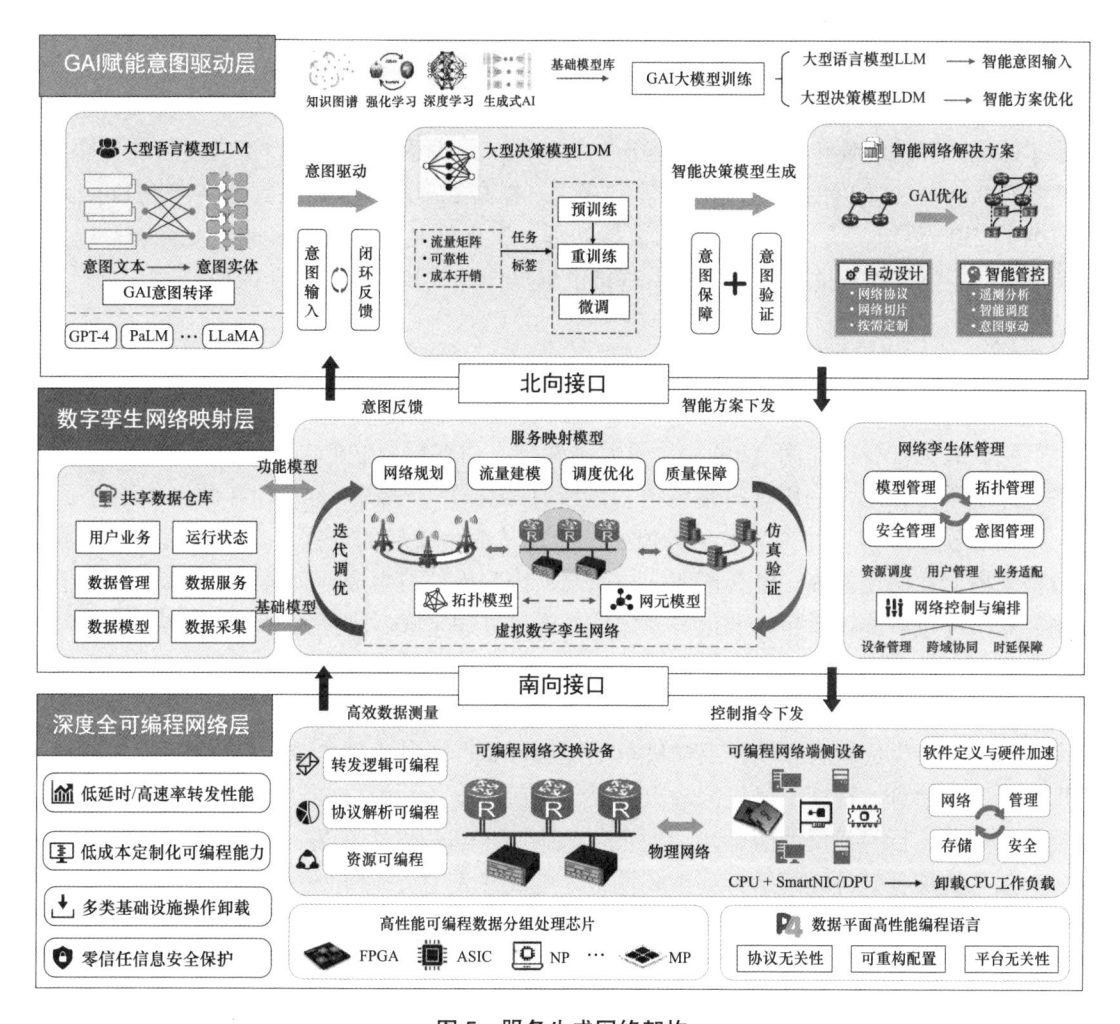

图 5 服务生成网络架构

数字孪生网络映射层提供网络状态的实时和精确表示,有助于网络监控、分析和预测,通过网络数据平面和控制平面的实时更新,对物理网络进行高效的操作和配置,实现对物理网络的低成本试错验证。同时,该层可以根据用户的具体需求,模拟不同的网络服务和应用场景,为用户定制个性化的网络服务,提高网络规划和运维的效率和质量。数字孪生网络映射层由四个子系统组成:服务映射模型、虚拟数字孪生网络、网络孪生体管理和共享数据仓库。服务映射模型根据智能方案进行数据建模,提高网络的敏捷性和可编程性。虚拟数字孪生网络基于物理网络信息创建孪生体。网络孪生体管理负责网络孪生的编排、控制和生命周期管理。共享数据仓库存储网络数据,支持服务映射和虚拟数字孪生网络。数字孪生网络映射层通过北向接口和南向接口连接GAI赋能意图驱动层和深度全可编程网络层。服务映射模型接收智能网络方案,利用共享数据仓库构建网络模型实例。虚拟数字孪生网络在虚拟环境中实现仿真验证、迭代调优等目标,共享数据仓库通过南向接口收集网络数据，为网络模型提供数据支持。网络孪生体管理系统负责网络孪生体的模型、拓扑、安全和意图管理，支持网络控制与编排，完成对网络数据平面和控制平面进行实时更新[24]。

深度全可编程网络层由可编程网络交换设备和可编程网络端侧设备组成，提供底层物理网络的开放数据处理和控制逻辑。可编程网络交换设备使用可编程芯片实现自定义报文处理，突破传统转发限制，快速开发新功能。可编程网络端侧设备通过软硬件协作卸载 CPU 任务（如网络、存储和安全任务），提高处理能力（包括智能网卡或 DPU），减少了 CPU 负担，支持快速联网和数据处理，实现低延迟、高速率的转发性能，以及低成本的定制化编程能力，同时提供基础设施操作卸载和零信任安全保护。

4.2 服务生成网络关键技术

1. 生成式人工智能

生成式人工智能作为 AI 的一个重要子领域，由多层互联的节点组成，通过神经网络与深度学习技术，利用现有输入内容的统计规律学习全新内容。GAI 的工作原理是，通过训练模型来学习并预测数据的概率分布，从而生成新的数据，具体分为三个步骤：数据采集、数据预处理、模型预训练与微调、内容推理与生成。将采集到的实时测量传输数据，经过清洗转换和标准化等操作转换为可处理格式，利用深度学习算法进行大量的迭代训练，训练完成的模型根据输入的种子数据生成符合用户需求的高质量内容，如生成新的图像、视频合成、语音合成和语言生成等。内容推理阶段的关键在于利用 AI 大模型，结合生成内容和用户反馈进行推理和补全。通过模型集成与融合技术，进一步理解上下文信息，推断出最佳的输出结果。最后，设备端用户接收并存储推理结果（包括用户偏好、行为及反馈信息），以便后续训练和改进 AI 大模型。

从传统编程到神经网络再到生成模型，生成式人工智能作为一种颠覆性的机器学习算法，逐步实现从少量的信息中学习生成全新内容、解决方案或新概念。当下，在更广泛且多样化的数据集、更好的算法和更强大的计算机硬件的支撑下，生成式人工智能的发展迅速且持续，极大地拓展了 SGN 在不同领域的应用前景。

2. 意图驱动网络技术

意图驱动网络技术专注于通过解析用户的意图和需求来优化网络服务和行为，结合了自然语言处理（NLP）和机器学习，为用户带来更加智能化和定制化的服务体验。利用 NLP 技术分析自然语言形式的用户需求，通过对关键信息的提取与映射，完成实体动作和关系的拓扑识别。将识别的用户需求在策略库中进行检索、调用功能块来执行特定的操作，完成符合用户意图的服务生成。意图驱动网络技术依据用户的个性化需求和历史行为可为每位用户提供迅速响应请求的专属即时服务，确保用户获得高效便捷的服务体验。同时，知识图谱在意图驱动网络技术的发展中提供了强有力的支撑，作为一个语义丰富、结构紧凑的数据库，其旨在存储和组织服务生成所涉及的信息和知识，连接多样化的数据源并整合多种模态的信息，建立实体和关系的映射，将不同来源的信息通过知识融合实现统一管理和有效利用。

意图驱动网络技术依据用户个性化需求和行为提供定制服务，学习并适应用户喜好，实时响应用户请求。SGN 通过意图驱动网络技术，在满足用户不断变化的多样化需求的同时改善用户体验，提高网络效率。

3. 网络自动化配置

网络自动化配置通过可编程逻辑优化网络资源和服务的管理，使网络运维能够迅速配置、扩展、保护和集成网络基础设施与应用服务，消除了手动登录设备进行配置更改的烦琐步骤，有效避免了依赖脚本编程或自动化软件在操作系统命令行界面（CLI）上执行任务的弊端。SGN 利用 LLM 来执行命令行自动化和自动化软件任务，首先配置 YANG 模型参数和状态信息，通过定义数据模型编写自动化脚本或使用自动化工具来执行网络配置任务。利用 NETCONF（Network Configuration Protocol）服务器端处理配置请求转换为网络设备相应 YANG 配置操作，完成制定自动化策略，包括变更管理、错误处理和回滚机制。网络自动化消除了管理网络所需的手动步骤，如路由器、交换机、负载均衡和防火墙等配置，将网络任务整合到预打包的程序中，用户则可以从应用的前端选择、调度和执行这些程序，实现跨服务提供商的网络配置、安全防护、编排、置备等的自动化操作。

SGN 通过网络自动化配置技术增强了网络的扩展性和一致性，降低了网络运营成本并提升了网络的可靠性和安全性，支持了行业的数字化转型，增强了网络服务的灵活性，促进了智能化网络的发展，为用户提供了更高效、更可靠的网络服务体验。

4. 数字孪生网络技术

数字孪生网络技术通过将现实世界的物理实体或系统映射到虚拟环境，创建了一个由数据、传感器输入和其他关键参数构成的虚拟模型，能够实时监控、模拟和优化实体或系统的运行状况。在创建数字孪生网络的过程中，通常需要集成来自多种传感器和数据源的数据。数据融合技术整合了不同来源的信息，以增强数字孪生网络的数据一致性和精确性，并减少数据冗余和冲突。在数字孪生网络的构建中，应用机器学习算法能够从海量数据中提炼物理实体或系统的行为与性能模式，进而增强数字孪生网络的精确度和泛化性。完成模型参数的优化和选择以更好地匹配现实世界的数据，并选择合适的模型架构，以保障数字孪生网络的稳定性和性能。此外，数字孪生网络技术对于预测、优化服务系统和预测性维护至关重要。

数字孪生网络技术可以为 SGN 提供实时网络状态的精确表示，便于对网络行为进行实时监控、分析和预测，以提供数据驱动的优化方案和决策支持，通过分析数据找到最佳资源配置和运营策略，以此提高系统性能和效率。另外，数字孪生支持远程监控和维护，通过模拟和分析网络设备的数据，SGN 可以提前预测设备的故障和维护需求，进行远程预防性维护，减少生产停机时间，提高网络的稳定性和可靠性。通过在虚拟环境中模拟网络的运行情况，SGN 可以在不直接影响实际网络的情况下测试和调整配置，从而降低成本并提高网络部署的效率。未来数字孪生网络将不仅仅局限于单个实体或系统，而是构建庞大的产业生态系统。通过数字孪生网络，不同企业、组织和个体可以进行协作和共享数据，实现更高效、智能的服务生成网络。

5. 全可编程网络基础设施

SGN 融合了可编程协议独立包处理器（Programming Protocol-Independent Packet Processors，P4）技术和其他可编程方法，支持多种网络协议的定义和处理，为网络提供了高度定制化与灵活性的全面可编程解决方案。P4 允许网络管理员自定义数据包处理流程和操作，支持多种网络协议的定义和处理，无须依赖厂商预设功能，并根据需求定制数据包转发和处理逻辑，辅助 SGN 可以随着需求的变化实现新网络技术的快速迭代和创新，提供更先进、灵活的服务。P4 的可编程性允许网络设备通过软件更新和修改处理逻辑，利用这一特性，SGN 可以根据用户请求和服务类型动态设定数据包的处理方式，实现定制化服务的快速迭代和创新。

全可编程网络基础设施允许网络管理员根据需求定制网络行为和服务，实现个性化的端到端服务生成。这种可编程性使 SGN 通过实时监控网络状态，动态调整服务生成策略，以提供更智能、更适应的服务，适用于通信、物联网、医疗、金融等多个领域，推动形成可编程的应用模板库，以供不同领域根据需求重复调用。

6. 深度强化学习网络优化

深度强化学习（DRL）是一种融合 DL 和 RL 的先进的机器学习技术，其核心在于训练一个智能体，通过智能体与环境的不断交互，学习如何在复杂环境中做出最优决策，以获得最大的累积奖励。网络优化旨在在计算机网络中寻找最佳配置，以提升性能、资源利用率，降低延迟和成本。深度强化学习通过神经网络处理高维状态和动作空间，使智能体能学习复杂网络状态与优化目标间的非线性关系，是 SGN 中实现网络优化的关键工具。DRL 通过学习在复杂网络环境中选择最优节点布局和链路连接，根据实时网络状态自主学习调整路由策略，适应网络和流量变化，并适用于不同规模网络。经过 DRL 迭代训练输出的网络优化方案，实现网络资源和性能的全面优化。

通过深度强化学习和大语言模型的网络融合优化，在自动化网络配置、负载均衡、网络拓扑优化、路径优化、网络安全优化、动态服务质量优化等多方面，SGN 实现网络性能的提高，改善用户体验，同时降低资源浪费和人工干预的成本。

4.3 服务生成网络应用场景

服务生成网络的应用场景和用例是广泛的。下面仅从网络智能规划和优化、网络智能部署和网络智能管理控制三个场景进行详细分析。

1. 网络智能规划和优化

SGN 在网络规划和优化中将用户需求转化为智能方案，通过分析需求和实时状态来确定最优网络布局和资源分配，进而提高网络性能和效率。它支持包括无线规划、性能评估和流量生成在内的多种规划优化任务。在网络规划的实践中，规划者需对环境信息、业务需求以及资源状况进行综合分析，以识别网络规划中的潜在瓶颈和性能限制。依据分析结果，通过调整网络拓扑、优化配置参数、增补网络设施等方式来增强网络的覆盖广度和承载能力。此外，通过持续监控完成路径路由的优化，以提高数据传输的效率和降低延迟，从而改善用户体验。

SGN通过生成式人工智能关键技术可以为空地协同无线网络规划全生命周期流程提供帮助，包括利用推理决策能力准确提取业务需求信息，推理给出符合用户意图的最佳建议方案，利用用户行为数据等对大模型进行训练，也可以提供精度更高的业务需求预测结果，将成为空地协同无线网络规划必不可少的工具。

在高度动态且拓扑结构复杂的空地协同网络中，预测通信需求对方案规划至关重要。服务生成网络利用业务需求、无线环境和用户行为等数据训练大模型，以提供更精确的业务需求预测。这使网络规划人员能基于预测结果设计或评估方案，减少设计时间和依据。完成规划设计后，需将方案转化为配置信息并下发至物理设备。服务生成网络为规划人员提供基站、卫星、无线网关等设备的配置信息，简化整个配置过程，降低成本，节省人力资源。

2. 网络智能部署

网络部署建设是一个涉及项目立项、设计、验收等全流程管理的工作。它以实现具体指标的交付、配置和验收为目标。在网络部署建设的各个环节中，SGN能够智能地部署和配置网络以适应服务需求，自动选择和配置设备，实现快速网络扩展，简化网络设备的配置流程，降低复杂性，并支持语义编解码、异构接入和数字孪生技术等多种服务部署。利用SGN的大语言模型和专业知识，可以加快5G专网、云网业务、边缘计算等网络的部署，增强运营商竞争力。此外，多模态技术的应用有助于自动化网络建设后的质检，节省人力。这些关键技术的应用将提高网络建设与发展的效率。

SGN支持数字孪生网络，即物理网络或其组件的虚拟镜像。这些孪生体能够实时且精确地反映网络状态，便于对网络行为进行监控、分析和预测。SGN可以基于这些信息生成适应实际网络状况的定制服务，如语义编解码和异构设备接入等。SGN的应用实例展示了其在网络部署中的潜力，不仅能够提供高度个性化和智能化的解决方案，还可提高网络的效率和可靠性。

3. 网络智能管理控制

网络智能管理控制利用先进技术和智能算法来实现网络运营和管理，包括网络监测、故障诊断、资源管理、流量优化、安全防护等。通过使用大数据分析、机器学习和人工智能等技术，网络智能管理控制可以实时监测网络状态、识别潜在问题，并自动采取相应的措施进行优化和修复。此外，通过集成大语言模型，智能网络管理控制能够对网络模型进行实时监测分析，保障网络性能和服务质量。通过模型训练和算法优化，大语言模型可以快速识别异常和潜在问题，并自动触发相应的响应措施。

SGN监控网络状况并预测潜在故障，实现智能故障处理和自动恢复功能，其智能管理控制单元能够定制网络切片服务，实现故障自我修复和异常监测。SGN基于LLM的智能切片服务满足多租户环境下多基础设施供应商的合作需求。用户通过大语言模型输入定制切片需求，模型训练后利用数字孪生体获取真实数据，最终生成管理策略，满足动态多租户环境下的服务要求，有效管理多基础设施网络供应商的多维资源。SGN新型网络架构通过软硬件解耦和分离数据平面与控制平面，提高了网络的灵活性和可管理性，使得网络设备能更灵活地适应业务需求。在SGN架构中通过数字孪生体获取实时数据，训练网络状态感知和故障预测模型，实现针对性的网络监控和维护，抵御异常流量的攻击，增强网络安全性和稳定性。

5　结论与展望

在人工智能时代，网络架构正在经历深刻的变革，以适应激增的数据流量、多样化的服务需求和不断演进的技术创新。AI 技术的融入使得网络架构朝着智能化方向发展，特别是在为 AI 智算集群设计的创新网络架构中实现高性能和高稳定性的网络互联。为了推动技术的互操作性和创新，网络架构的变革还包括对开放接口和标准化的支持，以便于不同系统和组件的集成。总之，人工智能时代下的网络架构变革提高了网络的性能和效率，为新兴应用和服务的发展提供了坚实基础。未来的服务生成网络架构将朝着"智能＋协同"方向发展，通过智能技术实现算力的统一调度和编排，实现云、网络、边缘、终端和行业之间的高效协同，积极探索新的技术和架构以适应未来多运营商共建共享信息基础设施的发展趋势，结合未来智能应用多样化的业务需求拓展更丰富的部署场景。

参 考 文 献

[1] JIA S Y, LUCKIE M, HUFFAKER B, et al. Tracking the deployment of IPv6: topology, routing and performance [J]. Computer Networks, 2019, 165: 1-15.

[2] MANSOUR M, GAMAL A, AHMED A I, et al. Internet of things: a comprehensive overview on protocols, architectures, technologies, simulation tools, and future directions[J]. Energies, 2023, 16(8): 3465.

[3] LIU Y J, HUANG T, WANG S. Thoughts on innovation of future network architecture [J]. Proceedings of the Chinese Academy of Sciences, 2022, 37(1): 38-45.

[4] YUAN X Z, PENG L, ZHANG L F. Requirement and challenge of holographic-type communication to the future network [J]. Telecommunications Science, 2020, 36(12): 59-64.

[5] CHEN J, YI C, OKEGBILE S D, et al. Networking architecture and key supporting technologies for human digital twin in personalized healthcare: a comprehensive survey[J]. IEEE Communications Surveys & Tutorials, 2023, 26(1): 706-746.

[6] SIMANI S, LAM Y P, FARSONI S, et al. Dynamic neural network architecture design for predicting remaining useful life of dynamic processes[J]. Journal of Data Science and Intelligent Systems, 2024, 2(3): 141-152.

[7] KUMAR K S, ANAND V. Underwater acoustic sensor network: architecture, challenges, future possibilities in the perspective of IoT[C]. 2023 Second International Conference on Electrical, Electronics, Information and Communication Technologies (ICEEICT)，Trichirappalli: IEEE, 2023.

[8] KAZMI S H A, QAMAR F, HASSAN R, et al. Survey on joint paradigm of 5G and SDN emerging mobile technologies: Architecture, security, challenges and research directions[J]. Wireless Personal Communications, 2023, 130(4): 2753-2800.

[9] LEE H, PARK S, BAEK H, et al. AI-Native Network Algorithms and Architectures[J]. Fundamentals of

6G Communications and Networking, 2023: 573-584.

[10] 清华大学人工智能国际治理研究院. 人工智能治理框架与实施路径 [R]. 北京：清华大学，2021.

[11] 中国移动研究院. 算力感知网络（CAN）技术白皮书 [R]. 北京：中国移动，2021.

[12] 人民网研究院. 中国智能互联网发展报告（2024）[M]. 北京：社会科学文献出版社，2024.

[13] 曹峰，李荪，樊威，等. 加速行业智能化白皮书 [R]. 北京：华为技术有限公司，2023.

[14] WEI L, SHUAI J, LIU Y, et al. Service customized space-air-ground integrated network for immersive media: Architecture, key technologies, and prospects[J]. China Communications, 2022, 19(1): 1-13.

[15] HUANG T, TAN S, TANG Q, et al. NT-SCDC: realizing service customized networking in distributed clouds with NaaS ticket[J]. IEEE Network, 2024,38(3): 236-243.

[16] VARGA B, FARKAS J, FEJES F, et al. Robustness and reliability provided by deterministic packet networks (TSN and DetNet)[J]. IEEE Transactions on Network and Service Management, 2023, 20(3): 2309-2318.

[17] LI Z, PENG C, YU G, et al. DetNet: design backbone for object detection[C]. the European conference on computer vision (ECCV), Munich: Springer, 2018.

[18] TANG X, CAO C, WANG Y, et al. Computing power network: the architecture of convergence of computing and networking towards 6G requirement[J]. China communications, 2021, 18(2): 175-185.

[19] JI M, SU C, YAN Y, et al. Adaptive provisioning in-band network telemetry at computing power network[C]. 2023 IEEE/ACM 31st International Symposium on Quality of Service (IWQoS), Orlando: IEEE, 2023.

[20] MEHMOOD K, KRALEVSKA K, PALMA D. Intent-driven autonomous network and service management in future cellular networks: a structured literature review[J]. Computer Networks, 2023, 220: 109477.

[21] FOLEY M, HICKS C, HIGHNAM K, et al. Autonomous network defence using reinforcement learning[C]. 2022 ACM on Asia Conference on Computer and Communications Security, New York：ACM, 2022.

[22] 黄韬，刘江，汪硕，等. 未来网络技术与发展趋势综述 [J]. 通信学报，2021，42（1）：130-150.

[23] MIHAI S, YAQOOB M, HUNG D V, et al. Digital twins: a survey on enabling technologies, challenges, trends and future prospects[J]. IEEE Communications Surveys & Tutorials, 2022, 24(4): 2255-2291.

[24] 刘韵洁，汪硕，王佳森，等. 服务生成网络白皮书 [R]. 南京：紫金山实验室，2023.

作者简介

刘韵洁，中国工程院院士，通信与信息系统专家，在数据网、互联网以及网络融合等方面做出了开拓性工作。主要研究方向为未来网络体系架构、网络融合与演进等，曾多次主持数据通信领域国家重点科研项目攻关，并取得多项重要成果。主持设计、建设并运营了国家公用数据网、计算机互联网、高速宽带网，为我国信息化发展打下了重要基础。主持设计、建设并运营了中国联通"多业务统一网络平台"，解决了IP网络不可控、不可管和服务质量无法保证的问题。

孙政洁，博士，紫金山实验室助理研究员，主要从事未来网络、确定性网络、边缘计算等方向的研究，探索和设计下一代网络架构，攻关大规模端到端确定性网络关键技术，突破确定性网络分层架构、接入机制和调度机制，适应未来数字化转型的需求，积极构建更加智能、高效和可靠的网络环境。

汪硕，博士，北京邮电大学副教授，入选第六届中国科协青年人才托举工程，中国通信学会高级会员，主要从事未来网络、可编程网络、确定性网络等方向的研究，主持国家自然科学基金、北京市自然基金、中国博士后科学基金、国家重点研发计划子课题等项目10余项，近五年发表SCI/EI检索论文20余篇，提交国家技术发明专利10余项，获得中国通信学会特等奖、中国电子学会创新团队奖等奖项。

黄韬，博士，北京邮电大学教授，未来网络试验设施国家大科学工程项目总工程师，主要从事未来网络架构、软件定义网络、网络2030等方面的科研工作，主持国家级科研项目累计20余项，已在重要期刊和会议发表论文100余篇，授权专利30余项，出版国内专著6部，相关技术已在电信、广电、教育等部门得到部署应用，核心成果获中国通信学会技术发明奖一等奖、中国通信学会第二届青年科技奖。

数据要素赋能新质生产力

汤 珂,陈 刚

(清华大学社会科学学院经济学研究所)

摘 要

随着数字经济的蓬勃发展,数据要素已成为推动新质生产力发展的关键驱动力。本文旨在探讨数据要素赋能新质生产力的理论基础和内在机制,并在此基础上提出相应的政策建议。首先界定了数据要素的概念边界,并分析其与传统生产要素的属性差异。接着,详细阐述了新质生产力的理论内涵,深入探讨数据要素与新质生产力的关系逻辑和赋能前提。在赋能机制分析部分,详细讨论了数据要素在技术革命性突破、生产要素创新性配置和产业深度转型升级中的驱动作用。同时,还梳理了当前数据要素市场化和数据要素赋能阶段面临的现实问题,包括数据要素场景开发滞后、经济系统转型阻力大和潜在的环境污染问题。最后,提出了推动数据要素赋能新质生产力的政策建议,以期为数字经济时代的经济发展提供理论和实践指导。

关键词

数据要素;新质生产力;要素协同;乘数效应;创新;技术革命性突破;生产要素创新性配置;产业深度转型升级

Data Factor Empowering New Quality Productivity

Ke Tang, Gang Chen

(Institute of Economics, School of Social Sciences, Tsinghua University)

Abstract

With the robust growth of the digital economy, data elements have become a key driver for the development of new quality productivity. This paper aims to explore the theoretical foundations and intrinsic mechanisms, and on this basis, proposes corresponding policy recommendations. The article first defines the conceptual boundaries of data elements and analyzes their differences in attributes with traditional factors of production. It then elaborates on the theoretical connotation of new quality productivity, and deeply explores the relationship and empowerment prerequisites between data elements and new quality productivity. In the section on the analysis of empowerment mechanisms, the paper discusses in detail the driving role of data elements in technological breakthroughs, innovative configuration of production factors, and deep industrial transformation and upgrading. At the same time, the paper also combs the practical issues faced at the current stage of data element marketization and data element empowerment, including lagging development of data element scenarios, strong resistance to the system transformation of the economy, and potential environmental pollution issues. Finally, policy recommendations are put forward to promote the empowerment of new quality productivity, providing theoretical and practical guidance for economic development in the era of the digital economy.

Keywords

Data Elements; New Quality Productivity; Factor Synergy; Multiplier Effect; Innovation; Technological Breakthrough; Innovative Configuration of Production Factors; Deep Industrial Transformation and Upgrading

1 引言

随着全球范围内工业经济向数字经济的深刻转型，生产力的发展模式正经历着前所未有的根本性变革。这一变革的核心在于，传统生产力模式已逐渐无法适应数字经济时代对高效率、高质量和高创新性的迫切需求。对此，2023 年 9 月，习近平总书记在黑龙江考察期间首次提出新质生产力概念，提出要"整合科技创新资源，引领发展战略性新兴产业和未来产业，加快形成新质生产力"[1]。同年 12 月，在中央经济工作会议上习近平总书记再次强调，"要以科技创新推动产业创新，特别是以颠覆性技术和前沿技术催生新产业、新模式、新动能，发展新质生产力"。新质生产力的崛起成为推动经济可持续健康发展的核心引擎。特别是在数字技术迅猛发展的背景下，数据要素作为数字经济时代的新型生产要素，已逐渐发展成为提升新质生产力的重要抓手。

尽管数据要素在新质生产力发展中的赋能作用已被学界广泛认可[2]，但对其内在机制的探讨仍显不足。深化理论研究，全面理解数据要素作为新型生产要素如何影响并赋能新质生产力的形成与发展，显得尤为重要。从经济学视角阐释数据要素赋能新质生产力的内在逻辑和作用机理，不仅有助于揭示数字经济时代生产力发展的新规律和新特点，还能丰富和发展现有的经济学理论。实践方面，尽管随着数字经济与实体经济的深度融合，数据要素在促进产业深度转型升级、培育新兴业态、拓展经济发展新模式新空间等方面的作用日益凸显，但实践过程仍面临多重挑战，包括"不敢、不愿、不会"导致的供给不足、信息不对称与信息悖论、价值不确定下评估和定价难、非法使用和追溯取证难、隐私安全监管难等一系列问题，这些制约因素共同阻碍了数据要素全面有效地赋能新质生产力发展。面对这些现实挑战，深入研究数据要素如何赋能新质生产力，可以为从事数据要素化和新质生产力发展实践的政策制定者和企业决策者提供理论支撑和科学依据，确保政策措施和管理决策的针对性和有效性。因此，加强数据要素赋能新质生产力的研究，不仅具有深刻的理论意义，更具有迫切的实践价值。

2 理论基础

2.1 数据要素的定义与特征属性

2.1.1 数据要素的定义

深入探究数据要素赋能新质生产力的首要前提是清晰界定"数据要素"这一关键词的概念边界。在以往实践中，数据、原始数据、数据资源、数据资产、数据产品与数据要素之间往往存在概念混淆，尤其是将数据直接等同于数据要素，这种混淆可能导致对数据要素在经济活动中赋能新质生产力的实际角色作用产生误解和偏差。从经济学理论角度，以上数据相关概念与数据要素并不直接等同，彼此之间存在清晰的概念边界。

如图 1 所示，我们通常所提到的"数据"，更接近于数据价值链的起点，即"原始数据"概念，一般被定义为记录客观事物状态及变化的载体，通常表现为原始、未经处理的信息集合，本质上是一种信息载体；本文所指数据是指"任何以电子或者其他方式对信息的记录"。在未经加工之前，原始数据本身往往不具备直接经济价值或使用价值，因作为信息载体其记录的信息可能存在错误、缺失或不一致性，且并非所有数据均可被机读使用[3]。未经处理的原始数据经过归集整理形成可被机读使用，并且经加工处理后形成可直接或间接产生经济社会价值的数据资源，这一过程即图 1 中的数据资源化过程。进一步，数据资源可依据是否满足"来源清晰无争议、合法拥有或控制、成本或价值可靠计量、能带来经济利益或社会效益"的条件来识别确认为数据资产，这一过程即狭义数据资产化过程。而确认为数据资产的数据资源又可经过加工开发形成数据产品或服务，即图 1 中的数据产品化过程，并最终投入社会化大生产活动。相对而言，数据要素化中的数据要素概念则是从生产要素的经济学含义来定义的，即市场主体在生产经营过程中能够接触到、用于投入并创造经济社会价值的数据及其衍生形态[3]。因此，如图 1 所示，从定义来看，原始数据本身并不直接产生经济社会价值，在未经处理之前，数据往往杂乱无章，难以直接作为投入品进入经济生产活动。因此，数据或原始数据并不直接等同于数据要素，即数据（原始数据）≠数据要素。数据要素之所以能被党的十九届四中全会增列为新的生产要素，正是因其经历一系列处理、分析和转化过程，包括提升数据的可用性、准确性、完整性等，涉及数据资源化、资产化和产品化等，通过数据价值链的形态演变完成数据价值的漂白凝练，最终作为生产要素投入进入社会化大生产，实现其经济社会价值的释放[3]。因此，数据资源和数据产品满足可机读使用，并可作为生产活动投入品进入社会化大生产，符合数据要素定义；而数据资产则是另一个维度的概念，强调资产价值，与强调使用价值的数据要素不能混为一谈。

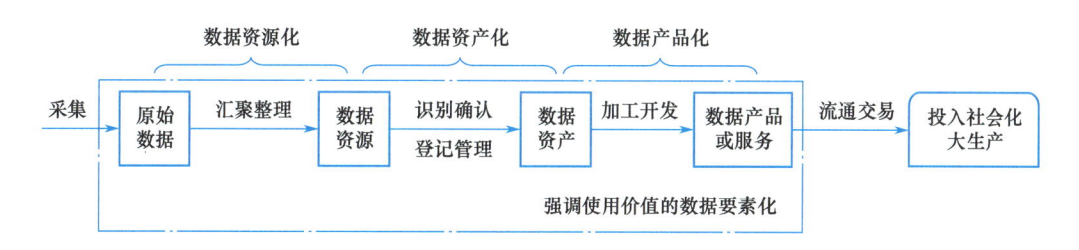

图 1 数据价值链

透过数据与数据要素概念的界定可知，数据要素区别于数据的本质是可机读并直接作为生产活动投入品的使用价值。具备投入品特征的数据要素要成为新型生产要素在经济学理论上必须满足特定的经济条件，汤珂等[4]基于数据要素区别于传统劳动力、资本的规模报酬递增特征，将贝尔齐的"六条件"标准精简为"五条件"，分别为供给、需求、与其他生产要素结合增加产出、完整的市场体系、交易价格[5]。理论上，数据增列为新型生产要素必须满足这些先决条件：第一，必须存在稳定的数据要素供给；第二，有效的需求同样必不可少；第三，数据需与其他生产要素结合以提升整体产出；第四，需建立相对完整的市场体系，以确保数据要素的可交易性，市场的缺失将阻碍其生产要素作用的发挥；第五，必须有明确的交易价格，作为市场供求关系的指引，确保数据要素的有效配置。以上条件共同构成了数据要素化的经济学基础。

2.1.2 数据要素区别于传统要素的特征属性

数据要素作为一种新型生产要素，明显区别于传统生产要素的特征属性可以概括为以下几点：首先是虚拟性和依附性[6]。数据要素的虚拟性和依附性使其依赖于特定技术与环境的结合生成，促进与信息、通信等数字技术的融合，从而显著提升其使用价值和生产效率[7]。其次是易复制性和非竞争性，包括水平非竞争性、垂直非竞争性和空间非竞争性等[8]，这使其能够被多个主体同时使用而不互相排斥，显著降低了流通使用成本。再次是正外部性，体现在正反馈效应和网络外部性，尤其是网络外部性，随着使用者和数据种类的增加，数据要素的整体价值和效用也随之显著提升[9]。此外，数据要素的场景依赖性意味着其应用价值与具体场景紧密关联，即"无场景不应用"，使同一数据在不同情境中展现出多样化的价值潜力[10]。最后是数据要素的乘数效应，即数据要素可与劳动力、资本、土地、技术等结合发挥乘数级协同作用，基于数据的场景应用和数字技术融合创新，显著提升生产效率，促进要素资源的高效配置，实现产出倍增效应[11]。

值得注意的是，数据要素乘数效应即"数据要素×"的效率倍增，不仅推动了不同行业、不同部门、不同区域间数据要素与知识的交流与碰撞，还催生了新业态和新的商业模式，为经济增长注入新质动力。这种乘数效应不仅体现在数据驱动的决策优化、协同效应增强、创新孵化、个性化服务提供，还反映在数据要素对传统产业数字化转型升级、数字科技创新以及新经济模式的赋能上[12,13]。"数据要素×"直白地阐释了数据要素在数字经济时代背景下投入经济社会大生产所蕴含的数据生产力、多维价值和巨大潜能，正是这些优势使其逐渐发展成为推动中国式现代化建设与数字经济高质量发展的关键引擎[12]。

2.2 新质生产力的理论内涵

2024年1月，习近平总书记在中共中央政治局第十一次集体学习时提出新质生产力概念内涵和发展新质生产力的重大任务，会上总书记提出新质生产力权威定义："新质生产力是创新起主导作用，摆脱传统经济增长方式、生产力发展路径，具有高科技、高效能、高质量特征，符合新发展理念的先进生产力质态。它由技术革命性突破、生产要素创新性配置、产业深度转型升级而催生，以劳动者、劳动资料、劳动对象及其优化组合的跃升为基本内涵，以全要素生产率大幅提升为核心标志，特点是创新，关键在质优，本质是先进生产力。"[14]同年3月，习近平总书记参加十四届全国人大二次会议江苏代表团审议时再次强调，要牢牢把握高质量发展这个首要任务，因地制宜发展新质生产力。

在马克思主义生产力理论的视角下，新质生产力是经典马克思主义生产力理论在新时代背景下的创新延伸与拓展。经典理论认为，生产力是人类改造自然以获取物质生活资料的能力，是推动社会进步的决定性因素，其核心在于劳动者、劳动资料和劳动对象三要素的有效结合[15]。在数字经济背景下，新质生产力不断强化技术革命性突破、生产要素创新性配置及产业深度转型升级的核心动力作用，这不仅是生产力质态的跃迁，更是对生产力三要素内涵的深刻延展。例如，在总书记定义的新质生产力中，劳动者不再是简单的体力或简单技能供给方，而是具备高度专业知识技能，有能力驾驭高科技设备、进行复杂创新活动的新型劳动者[14]。劳动资料也不再局限于传统的机器设备和原材料，而是融入了新一代信息技术、人工智能、新材料等高科技元素，形成更加智能、高效、环保的生产工具。劳动对象同样得到了极大的丰富和扩展，从传统的自然资源扩展到数据、信息、知识产权等非物质资源，进一步拓宽了生产活动的领域和边界。新质生产力以创新为引领，通过技术革命性突破不断推动生产力三要素的优化组合和协同升级，摆脱了传统经济增长模式对资源高消耗、环境高污染的依赖，追求高科技、高效能、高质量的生产方式。这种生产方式不仅能够显著提升生产效率和质量，还能够促进经济社会的可持续发展，成为推动经济社会发展的新引擎。因此，新质生产力不仅是生产力质态的飞跃，更是对生产力三要素内涵的深刻拓展和丰富。

从经济学角度看，全要素生产率（Total Factor Productivity，TFP）的提升是新质生产力形成和发展的核心目标。传统的经济增长模式往往依赖劳动力、资本等传统要素的投入增加来驱动产出增长，典型的例子如资本密集型产业和劳动密集型产业。然而，随着资源瓶颈和边际收益递减规律的作用，单纯依赖资本或劳动力投入的方式逐渐难以为继。TFP衡量的是在综合考虑所有生产要素（包括劳动力、资本和技术）投入的情况下，单位投入所产生的产出水平，这一过程强调质量而非数量的增长，符合现代经济对可持续性和高效能的要求。首先，新质生产力强调通过技术革命性突破、生产要素创新性配置、产业深度转型升级提升全要素生产率，不仅实现了要素资源的高效配置，还推动了生产效率的质变。这种转变意味着经济不再仅依赖传统的劳动力和资本投入，而是通过智能化、数字化等新技术手段，实现了生产方式的根本变革和质态跃迁。其次，新质生产力的核心推动力是技术创新，这不仅包括现有技术的改良，还涉及颠覆性技术的应用，本质上是技术革命性突破。这种技术革命性突破与熊彼特的"创造性破坏"理论高度契合，该理论为理解新质生产力的动态过程提供了深刻视角。熊彼特的"创造性破坏"是指在经济发展过程中，通过对旧有生产结构的破坏，创造新的生产结构和经济模式。新质生产力正是在这种"破坏"与"创造"的循环革命性改造革新中发展而来的，技术创新和新商业模式的出现常常意味着对传统市场和行业的颠覆，进一步促进高效能、高质量生产体系的形成。同时，这种"破坏"过程并不是负面的，而是为新质经济增长点的出现提供了可能。新质生产力在这一过程中，不断推动产业结构的升级和资源的重新配置，完成生产力的飞跃式提升，最终加速整个经济的高质量转型和可持续发展。最后，新发展理念为新质生产力的发展实践提供重要方向指引。新发展理念强调创新、协调、绿色、开放、共享的新发展目标，这些目标相互联系，相辅相成，共同构成完整的新经济发展政策框架。创新发展作为首要目标，促进生产力的提升与结构的优化；协调发展要求因地制宜推进新质生产力形成发展，即不同区域发展不同生产力能级和质量水平的新质生产力，同时关注区域间的均衡与社会的公平，避免产生发展不平衡的问题；绿色发展则强调在推动经济增长的同时，要兼顾和重视生态环境，实现经济和自然的和谐共生；开放发展鼓励国内外资源要素的空间优化配置，提高国际竞争力；共享发展确保生产力发展的成果能够惠及更广泛的社会群体，促进社会的公平正义。

2.3 数据要素与新质生产力的关系逻辑与赋能前提

2.3.1 关系逻辑

如图 2 所示，数据要素与新质生产力的关系逻辑可以概括为以下三个方面。

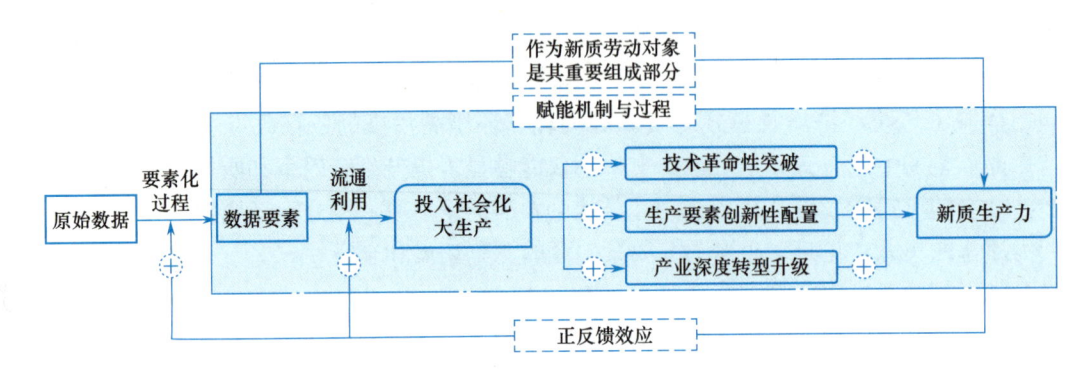

图 2　数据要素与新质生产力的关系逻辑

一是数据要素是新质生产力的重要组成部分。在马克思主义生产力理论框架中，劳动对象是指人类在劳动过程中进行加工和改造以形成满足劳动者需要的生活资料的所有物质资料。随着科技的迅速发展，数据要素已成为现代社会不可或缺的重要资源，其地位和价值愈发突出。习近平总书记对新质生产力的定义是对经典马克思主义生产力理论的重要延伸和拓展，新定义强调新质生产力是以劳动者、劳动资料、劳动对象及其优化组合的跃升为基本内涵。因此，如图 2 所示，作为一种新质劳动对象，数据要素经过加工改造投入社会化大生产，不仅拓展了生产活动的边界，还深刻改变了价值创造的方式，是新质生产力的重要组成部分。将数据要素纳入生产过程，使得信息资源的利用更加高效，从而推动技术创新与产业升级，提升整体生产力水平。

二是数据要素是新质生产力形成与发展的关键驱动力。数据要素作为新型生产要素，是赋能新质生产力形成和发展的重要抓手和关键生产要素，可通过推动技术革命性突破、生产要素创新性配置、产业深度转型升级来实现赋能新质生产力，如图 2 所示。通过对海量数据要素的整合、分析、处理以及场景开发和应用，企业能够精准识别市场需求、技术进步路径趋势和新业态、新商业模式，从而引领技术革命性突破，催生新产品和服务的同时还促使生产方式的根本性变革和生产力质态跃迁。作为新型生产要素，数据要素能够与传统生产要素深度结合，通过要素协同实现资源优化配置，显著提升生产要素的组合效率，在产业深度转型升级过程中发挥重要作用。在数字经济时代，数据要素成为连接消费者、企业与市场的核心纽带。通过采集、整理和分析数据，企业能够精准掌握市场需求动态与消费者行为偏好，及时调整产品形态、结构和功能，持续优化供应链管理，提升服务质量。这种基于数据要素的决策模式，不仅提高了企业的市场响应速度和竞争力，也推动了整个产业的深度转型升级。

三是新质生产力发展对数据要素需求构成正反馈效应。新质生产力的形成和发展会大幅提升全要素生产率，使得经济系统从低质粗放增长向高质量可持续增长的跃迁，这必然会加大经济系统对数据要素的持续需求和依赖程度。新质生产力以高科技、高效率和高质量为特征，对生产要素的优化配置和高效利用提出了更高要求。因此，为满足新质生产力的发展需求，需加大对数据要素的投入与应用。同时，新质生产力的提升又将进一步推动数据要素化过程的不断深入。这种持续需求和依赖以及数据要素化过程的不断深入形成新质生产力发展对数据要素需求的正反馈效应（见图2）。也就是说，新质生产力的形成发展将促进数据采集、处理、分析与应用技术的不断创新与完善，而数据要素的深入发展将为新质生产力的进一步提升提供新质要素支撑。这种良性循环将推动经济系统向高科技、高效能、高质量的方向发展。

2.3.2 赋能前提

在深入理解数据要素与新质生产力的理论内涵以及两者之间关系逻辑的基础上，可以将数据要素赋能新质生产力的前提条件归纳为以下两个关键方面。

一是数据完成要素化过程。根据数据要素的概念定义可知，数据不等于数据要素，未经要素化过程的数据一般是原始数据，通常表现为原始、未经处理的信息集合，在未经加工之前，其本身往往不具备直接的经济价值或使用价值，作为信息载体其记录的信息可能存在错误、缺失或不一致性，且往往不能直接被机读使用，一般情况下不能直接作为生产要素投入社会化大生产。因此，数据要素赋能新质生产力的首要前提条件在于数据完成要素化过程形成数据要素。原始数据经过归集、清洗、加工、处理、研发等一系列形态演化和价值凝练过程逐渐转化成为可机读使用、价值密度高、可作为投入品进入经济生产活动产生经济社会价值的数据要素的过程就是数据要素化。陈松蹊院士在2024年8月贵阳市数博会"数字人才培养交流活动"上的主题报告演讲中指出：数据要素化的关键在于有效的数据分析，而数据分析的核心在于利用统计学及相关技术对数据质量进行评估，提炼出有价值的信息，进而完成相应实证任务，也就是通常说的场景应用。只有经过分析的数据，才能明确其质量和价值，从而具备赋能新质生产力的潜力。

二是数据需满足要素确认的条件。在数据完成要素化过程形成数据要素准备赋能新质生产力时，还需要完成数据市场化过程，即数据要素还必须满足要素确认的五条件法则。①必须存在稳定有效的数据要素供给，以确保市场能够持续获得数据要素来推进赋能新质生产力的具体实践活动。②需求的有效性也是不可或缺的，只有在实际需求存在的情况下，数据要素才能被有效利用并实现其经济效益。供给和需求的稳定存在和有效性对于构建健全的数据市场至关重要。③数据要素需要与其他生产要素相结合，实现整体产出的协同倍增效应，即"数据要素×"。对此，国家数据局会同有关部门制定出台《"数据要素×"三年行动计划（2024—2026年）》，以十二种发挥乘数效应场景的重点行动推进"数据要素×"的行业实践。④建立完整的市场体系是确保数据要素可交易性的基础。市场体系的健全将促进数据要素在经济活动中的畅通流动与自由配置，使得企业能够更灵活地获取和利用数据要素。此外，市场化过程还需确保数据要素的合法性和合规性，以保护数据隐私和安全。⑤明确的交易价格作为市场供求关系的指引，是确保数据要素有效配置的关键。合理的定价机制将激励数据要素的生产和流通，促使市场活跃运作。

综上所述，数据要素赋能新质生产力的前提条件不仅包括数据的要素化过程，也涉及满足特定的数据要素市场化条件。这些条件共同构成了数据要素在现代经济中实现有效赋能新质生产力的重要前提，推动数据市场的发展与成熟，进而支持新质生产力的持续提升。

3 赋能机制分析

3.1 数据要素推动技术革命性突破

根据现有研究，可将数据要素推动技术革命性突破的内在机制路径归纳为以下两种：一是数据要素纳入创新过程，即将数据作为新型生产要素纳入创新生产函数；二是数据要素纳入技术进步与知识生产过程，即将数据作为新型生产要素纳入技术进步与知识生产函数。

3.1.1 数据要素纳入创新生产函数

在探讨数据要素如何纳入创新过程发挥驱动赋能作用时，在已有研究基础上，本文从横向创新与纵向创新两个角度展开分析，揭示数据要素对创新研发过程这一主导性技术革命性突破的推动机制。首先是横向创新，Lin William Cong 等将数据要素纳入企业以 CD（Cobb-Douglas）生产函数形式开展的横向创新研发活动，得到最早的数据要素驱动横向创新的宏观分析框架[8]。随后，Lin William Cong 等[16]以及谢丹夏教授团队继续深入刻画了数据要素对横向创新的驱动作用以及对经济增长的影响机制。在数据增长的宏观经济学框架下，横向创新一般强调的是跨行业、跨领域技术的研发和创新过程。数据要素作为新型生产要素与其他传统生产要素一并被纳入企业横向 R&D（Research and Development）活动，为通用目的技术（General Purpose Technologies，GPTs）的研发创新提供了基础支撑。生成式人工智能和大语言模型等前沿 GPTs 依赖于海量数据进行训练，通过基于 Transformer 架构的深度学习算法实现对数据要素中有价值的信息和模式的提取识别。例如，OpenAI 最新推出的 o1-mini（Octavian-1 mini）和 o1-preview（Octavian-1 preview）这两个最前沿的大语言模型，数据要素都在这两项技术革命性突破中发挥了关键赋能作用。海量高质量的多模态数据要素作为基础语料喂给 ChatGPT（Chat Generative Pre-trained Transformer）等大语言模型进行训练和微调，使其实现卓越的多模态识别、语言理解、生成能力（包括文本生成、文生图和文生视频等）和推理思考能力。经综合测试，o1-mini 和 o1-preview 已经具备相当于研究生水平的推理和思考能力；持续地学习与反馈机制使其能够根据用户交互进行不断微调和优化，快速适应复杂任务。同时，跨领域的数据要素整合应用使模型能够在教育、娱乐、技术支持等多个行业中广泛应用，从而实现了深层次的横向技术创新和革命性突破。其次是纵向创新，数据要素同样深刻影响企业的纵向创新活动，相关研究也在 Lin William Cong 等[8,16]以及谢丹夏教授团队成果基础上，构建数据要素纵向创新生产函数，刻画数据要素如何通过嵌入纵向技术创新过程来赋能经济发展。不同于横向创新活动，企业的纵向创新主要关注特定领域内偏向性技术的深化改进与突破。现有文献指出，数据要素可以推动偏向性技术创新[17]。去中心化的数据存储和共享机制使得数据要素成为 Web3 平台构建的核心，推动了去中心化应用（Decentralized Application，DApp）的创新，特别是在去中心化金融（Decentralized Finance，DeFi）领域的金融科技创新。Web3 平台技术的革命性突破创新，显著改善数据透明性与交易安全性，实现用户信任度提升和经济效率倍增[18]。

3.1.2 数据要素纳入技术进步与知识生产函数

不同于 Lin William Cong 等[8,16]及谢丹夏教授团队构建的数据要素纳入横向创新的数据增长框架，Charles I. Jones 和 Christopher Tonetti 更早将数据要素作为唯一生产要素纳入数据知识生产函数构建更简洁的数据增长宏观经济模型框架，深入研究数据要素如何提升知识水平推动生产力提升[19]。Simona Abis 和 Laura Veldkamp 则构建 CD 函数形式的纳入数据要素的多要素知识生产函数来刻画数据要素推动下的知识生产过程[20]，这一过程与 1989 年 Russell Ackoff 提出的 DIKW（Data, Information, Knowledge, Wisdom）框架内涵相似，即数据可以提炼出信息来推动知识生产[21]。例如，DeepMind 的 AlphaFold，它利用大量生物蛋白质结构和基因组信息等生物信息数据推动前沿生物科学知识生产以及对应的技术进步。通过基于卷积神经网络（Convolutional Neural Network，CNN）和图神经网络（Graph Neural Network，GNN）的深度学习模型，AlphaFold 完成对样本生物信息数据要素的统计分析和深度学习，实现对"蛋白质折叠问题"的理解掌握，乃至对蛋白质的氨基酸序列和其三维结构关系等前沿生物工程知识的生产，使得"蛋白质折叠"领域取得革命性技术突破[22]。

当前，科研范式正经历着一场前所未有的深刻变革，这一变革的核心特征体现在知识创造方式的根本性转变上。以往，科研活动往往高度依赖于科学家的个人智慧、学术直觉以及长期积累的经验，通过主观能动性的发挥来创造新知识。然而，随着数字技术的飞速发展，特别是数据经济时代的到来，科研范式开始逐渐从这种传统的、依赖科学家主观创造知识的模式，向一种更加客观、量化、数据驱动的"大数据＋人工智能"的知识挖掘模式转变。在这一新的科研范式下，对数据的加工与使用不再是科研过程中的辅助手段或可选环节，而是人类开展前沿学术研究的必经途径和核心要素。数据，作为一种新的生产要素，也正在成为新的、类似"卡脖子"般关键且受限的资源。可以预见，未来科研人员将更多地依赖基于人工智能（Artificial Intelligence，AI）的规模信息获取和智能分析能力，从庞大的多源、多模态、高维数据中发现隐藏的科学规律和深刻见解，引领全新的科学理论和知识发现，这将使跨学科协作将变得更加自然、便捷和必要，多学科背景的科研人员将在共享的智能平台上直接交流碰撞想法，消除交叉合作障碍，从而生产出更多、更高质量的融合知识成果。

3.2 数据要素推动生产要素创新性配置

数据要素推动生产要素的创新性配置过程根据数据要素与其他生产要素的结合方式和创新性配置改造过程可分为三类：数据要素赋能传统生产要素的创新性配置，数据要素赋能传统生产要素的新质改造，以及数据要素赋能生产要素的高效协同配置。

3.2.1 数据要素赋能传统生产要素的创新性配置

数据要素赋能传统生产要素的创新性配置本质上是具有虚拟性和依附性的数据要素与其他生产要素结合下生产要素配置数字化优化改造的新质生产要素配置过程，是数据要素与单一生产要素结合产生的生产要素创新性配置改造。

一是数据要素与劳动力的结合。从企业角度来看，招聘就业以及任职大数据能够精准识别员工的技能与绩效，从而优化招聘和培训流程，提高人才匹配度。数据要素赋能的工作流程优化实现企业实时监控任务分配与工作进度，提升员工整体工作效率。此外，企业通过分析员工反馈数据，制订个性化激励和发展计划，提升员工满意度与留存率。从劳动力角度来看，数据要素显著提高了自身就业和选址决策的效率。劳动力可以通过数据分析工具获取详尽的就业市场信息，了解行业企业动态、薪酬水平和职位需求，辅助做出更为明智的就业选择。同时，数据要素帮助劳动力了解不同地区的就业机会、生活成本和区域发展前景，提升迁移选址决策效率。因此，数据要素与劳动力的结合，显著提升企业人力资源管理效率，劳动力就业和选址决策效率。这种双向赋能的关系推动了劳动力要素的创新性配置，助力新质生产力提升。例如，阿里巴巴运用大数据分析平台和招聘管理系统（Applicant Tracking System，ATS）综合评估应聘者的背景、技能和行为数据，以提高人才匹配度，以及分析成功员工特征来识别优秀候选人。

二是数据要素与资本的结合。在资本配置方面，数据要素通过精细化数据分析，显著提升产业资本、风险资本和金融资本等的投资效率和决策科学性。在产业资本方面，企业通过数据分析优化生产决策，提高资源利用率。在风险资本配置中，风险投资公司（Venture Capital，VC）和私募股权基金（Private Equity，PE）通过对创业企业的市场趋势、财务数据和团队背景进行深入分析，有效识别潜在投资机会和风险，如硅谷的 Sequoia Capital 通过分析初创企业的市场趋势和财务状况来降低风险。在金融资本领域，金融机构利用金融大数据评估识别借款人信用风险实现精准信贷，如蚂蚁集团利用用户行为和信用数据提高信贷决策精准度，提升资金使用效率与安全性。

三是数据要素与土地的结合。数据要素通过传感器和数据分析技术，实时监测和分析作物生长、土壤健康和气候变化信息，提高农业土地配置效率，实现农业精准管理。如华为的智能农业解决方案通过数据分析和物联网技术推动农业智能化管理，提高土地效率。数据要素还能够整合各类土地用途的需求，支持科学的城市土地空间规划和资源配置，提高土地空间规划效率。

四是数据要素与知识的结合。根据 DIKW 框架，数据要素通过提炼信息可以赋能知识生产。同时，数据要素能够通过数字化平台和社交媒体促进知识的快速传播共享，数据驱动的知识学习管理系统能够根据员工的学习习惯和知识掌握情况，个性化推荐学习资源，提高知识获取的针对性和效率。例如，字节跳动通过监测员工的学习需求和行为，分析被频繁访问的知识资源，从而优化知识要素的推荐和组织。

五是数据要素与技术的结合。数据要素在技术创新中的作用主要体现在技术的迭代与升级上。通过分析用户反馈和市场数据，企业能够迅速调整和优化现有技术，以满足不断变化的市场需求，继而保持前瞻性和灵活性。国际上，特斯拉通过实时数据收集与分析不断优化自动驾驶系统，提升车辆安全性和用户体验；国内的小米则利用用户反馈数据快速迭代产品功能，持续推动智能家居领域的技术创新。

六是数据要素与管理的结合。在管理领域，数据驱动的决策提升了管理的科学性与效率。通过数据分析，管理层能够基于事实做出更为准确的决策，降低决策中的不确定性。实时数据监测帮助管理者迅速识别问题并进行调整，提升运营效率。此外，数据分析可揭示管理流程中的低效环节，助力企业进行流程优化。例如，京东利用物流大数据分析优化物流仓储决策，提升整体管理效率与客户满意度。

七是数据要素自身的非竞争性整合。数据要素的非竞争性特征，如水平、垂直和空间非竞争性特征，显著推动数据要素的整合，形成"1+1>2"的创新性配置[23]。水平非竞争性允许数据被多个主体同时使用，促进跨行业共享与创新；垂直非竞争性使数据在生产链的不同环节多次利用，提升整体效率；空间非竞争性则突破地理限制，实现跨区域数据共享与非竞争性配置。这些特征使数据要素在新质生产力形成和发展中成为关键生产要素，提升传统生产要素的配置效率，助力各行业数字化转型与创新。

3.2.2 数据要素赋能传统生产要素的新质改造

数据要素通过自身与传统生产要素的结合，不仅可以直接提升传统生产要素的配置效率，还可以完成对传统生产要素的新质改造，形成新质生产要素，推动生产要素的创新性配置。这里需要注意的是，数据要素对知识和技术的新质改造属于技术革命性突破，不包含在此部分内容中；另外，数据要素自身的非竞争性整合，严格意义上不算新质改造，应划归为前面一类。

一是数据要素对劳动力的新质改造。数据要素与劳动力的结合催生了新质人力资本。通过实时数据分析和智能化培训，企业能够精准识别员工技能差距，从而针对性地提升劳动力的综合素质。例如，字节跳动通过分析员工学习需求，提供个性化培训方案，进而提升整体员工技能水平与工作满意度。

二是数据要素对资本的新质改造。数据要素与资本要素的创新结合完成资本的新质改造。数据要素赋能下的智能合约技术催生出了智能资本概念。例如，基于智能合约算法交易的金融工具通过实时分析市场数据自主管理和执行资金流动，实现资本智能化管理。此外，数据要素赋能下的 Web 3 代币与传统金融体系中的资本相比，具有去中心化、所有权与激励机制创新、参与性增值和社区自治等资本新质改造的特征。

三是数据要素对土地的新质改造。数据要素对土地的新质改造主要体现在通过数据要素驱动环境监测与生态治理，恢复受损土地的土壤质量和生物多样性，改善土地生态环境。例如，蚂蚁森林通过将用户碳减排行为数据转化为虚拟树木种植"绿色能量"，与线下出资并联合多方在沙漠等生态恶劣环境的土地上推进树木种植与维护，完成土地要素的新质改造，推动可持续发展与公众环保意识觉醒。

四是数据要素对管理的新质改造。通过数据要素的智能化、精细化改造，传统管理模式转变为智能化、精细化管理，形成新质管理。例如，美团基于外卖订单、用户偏好和实时交通数据，通过算法优化实现外卖配送网络的精细化管理，显著优化配送路径和时间，降低配送成本，提升用户满意度。

3.2.3 数据要素赋能生产要素的高效协同配置

从经济学理论视角出发，数据要素赋能生产要素的高效协同配置主要体现在以下三个方面。

一是降低信息不对称，优化要素资源配置。信息不对称是市场失灵的重要原因之一。数据要素的广泛应用能够显著减少市场参与者之间的信息不对称问题[24]。例如，通过传感器和物联网技术，企业能够实时监测生产线的运行状态，从而及时调整资源配置；通过市场大数据分析，企业能够更准确地掌握市场需求、供应链状况和竞争对手动态，从而制定更科学合理的资源要素配置决策。这种透明化的信息流动提高了各要素之间的协同效率，减少了因信息不对称而导致要素资源的错配和浪费。

二是促进生产要素之间的无缝连接。数据要素具有高度流通性和共享性，不受行业、部门和空间限制，能够实现生产要素之间的无缝连接。在智能数字化平台上，劳动力、资本和技术等生产要素能够快速流动和高效匹配，显著提高了生产要素的利用效率和市场响应速度。

三是推动生产组织方式的深刻变革。数据要素还推动了生产组织方式的深刻变革。传统的生产组织方式通常以企业为单位进行资源配置和生产管理，而数据要素的应用使生产组织更加灵活多样。通过构建基于数据驱动的供应链管理体系，企业能够实现从原材料采购、生产加工到产品销售的全链条数字化管理，显著提高生产效率和质量，降低生产成本和运营风险。

3.3 数据要素推动产业深度转型升级

数据要素在推动产业深度转型升级中扮演着至关重要的角色，其影响机制路径可以归纳为以下三个方面：一是数据要素推动传统产业深度数字化转型，二是数据要素推动产业深度融合升级，三是数据要素推动新业态、新模式创新。

3.3.1 数据要素推动传统产业深度数字化转型

从经济学理论视角来看，数据要素作为新型生产要素，其对于产业升级的首要作用在于促进传统产业的深度数字化转型。在传统产业发展模式中，工业化以来信息不对称、资源利用效率低下等问题长期限制了企业生产效率提升和其对市场动态的响应速度。随着数据要素的引入，传统产业企业可以通过大数据分析、物联网和云计算等数字技术手段，实现对传统产业各类数据的采集、存储、处理和分析，使产业内企业能够通过深度数字化转型来精准把握市场需求、优化要素资源配置、提升生产效率，实现企业和产业层面全要素生产率的提升[25]。具体来说，企业可以利用数据收集与分析工具，实时监控生产流程、库存状态、销售渠道等多维度生产经营数据，从而实现生产过程的精细化、智能化管理。同时，基于数据要素驱动的智能化决策支持系统，企业能够快速响应市场动态需求变化，调整产品形态、结构和功能设计以及相应的生产计划，以满足个性化、多样化的市场需求。这一过程不仅推动了传统产业的数字化改造，还实现了生产方式的根本性变革，提升了传统产业的新质生产力。

3.3.2 数据要素推动产业深度融合升级

数据要素不仅仅在单一产业边界内产生数字化改造影响，更可以通过数据要素驱动的技术融合下的技术革新和革命性创新突破推动跨产业深度融合升级。根据经典产业经济学理论，产业间的协同效应往往能够带来更高的生产效率和整体效益。数据要素通过促进不同产业间的要素资源共享与技术融合互通，实现对产业深度融合的快速推进[26]。以智能制造为例，传统制造业与信息技术的结合，使得生产流程更加智能化和自动化，推动了制造业向高附加值领域的转型。例如，特斯拉的自动驾驶技术创新推动了传统汽车产业与信息产业的深度融合。特斯拉通过收集和分析海量车辆行驶数据，运用自动驾驶算法提高车辆行驶安全性和行驶效率。这种数据要素赋能的技术融合不仅深刻改变了传统汽车行业的竞争格局，也带动了新能源汽车产业链的创新发展。又如阿里云的智慧城市解决方案，阿里云依托其强大的云计算和大数据能力，为城市治理提供了全面的智慧化解决方案。通过整合城市交通、环境、公共安全等公共数据资源，实现城市治理的精准决策。这种公共数据要素赋能驱动下的跨产业跨领域技术融合不仅提升了城市治理水平，也促进了智慧城市相关产业高质量融合发展，赋能新质生产力发展，显著提升产业和城市的全要素生产率。此外，数据要素还促进了金融与产业的融合，显著提升了资本配置的效率。

3.3.3 数据要素推动新业态、新模式创新

数据要素的赋能应用还催生了许多新业态和新商业模式，为经济系统的新质增长注入全新动力，实现新质生产力发展和全要素生产率的大幅提升。根据创新经济学理论，新知识和新技术的不断涌现，推动了传统行业的变革和新兴产业的发展。数据要素为技术革命性突破提供了重要支撑。随着大数据、物联网、生成式人工智能等技术的发展和广泛应用，基于数据要素赋能的新业态不断涌现，如智能物流、智能金融等。这些新业态提高了生产效率和服务质量，推动了产业结构的深度升级。此外，数据要素还推动了商业模式的创新。在数字经济时代，数据要素已成为企业精准决策的重要赋能要素。企业通过大数据分析可以精准识别和发现新的市场机会并据此发展全新的商业模式。例如随着生成式人工智能技术的发展和成熟，以及 ChatGPT 等大模型在 ToC（To Customer）市场的成功，越来越多的企业开始探索 AI 大模型 ToB（To Business）和 ToSMB（To Small and Middle Business）的商业模式。OpenAI、Google 等科技巨头通过收集和分析客户内部运营数据、客户的用户群体行为数据等，为 ToB 和 ToSMB 的 AI 大模型提供丰富的训练样本和验证环境，实现企业需求和市场趋势的精准识别，从而提供更加个性化的客户服务和目标任务解决方案。

4 赋能现状问题

根据数据要素赋能新质生产力的内在机制及赋能前提条件叙述，本文将数据要素赋能新质生产力的现状问题，根据数据所处价值链和生命周期的位置，简单划分为两个阶段，一是数据要素市场化阶段，即数据要素化与流通交易阶段，二是数据要素赋能阶段，即数据要素投入社会化大生产释放使用价值的过程阶段。

4.1 数据要素市场化阶段

数据要素赋能新质生产力的重要前提是数据完成要素化，只有通过流通去向需要的地方才能开启后续结合场景开发应用，释放数据要素的使用价值，完成赋能新质生产力的形成和发展，因此，如果数据要素市场化不顺畅，即数据要素化过程和数据要素流通过程存在问题会直接制约后续赋能质量。据此，本文就数据要素化过程和数据要素流通前、中、后过程存在的问题梳理如下。

首先，在数据要素化阶段，目前我国缺乏统一的数据清洗、去标识化、匿名化及元数据规范的国家标准。在当下的数据要素化实践中，各企业供给的企业数据、各地方政府供给的公共数据大多质量参差不齐，导致企业及公共数据授权运营主体在数据清洗、去标识化、匿名化及格式规范整合上需要耗费大量资源。数据清洗、去标识化、匿名化标准及元数据统一标准的缺位，不仅增加了企业数据和公共数据的要素化成本，也使得不同来源的数据难以有效整合，影响数据要素化的同时严重阻碍了数据要素的流通与价值释放。

其次，数据完成要素化并确认为数据要素后，在流通阶段同样面临各种问题，我们根据陈刚等[3]的划分，按照流通前、中、后梳理流通阶段的现状问题。一是流通前，数据的确权、价值评估和定价的困难是主要现实问题。数据权属的复杂性使得确权过程充满挑战，而数据企业出于竞争保护的考虑，通常对自有数据采取垄断态度，造成高价值数据的供给严重不足。此外，数据的价值高度依赖商业逻辑、应用场景及分析精度，使其评估与定价过程充满不确定性。这种情况导致市场出现"柠檬"特征，买方由于信息不足难以判断数据的真实质量和潜在价值，这进一步加剧了信息不对称，妨碍了数据的有效流通。同时，如同公共数据一样，科学数据共享不充分、供给严重不足问题同样严峻；科学数据孤岛问题会显著制约后续数据要素赋能阶段的技术革命性突破，进而阻碍数据要素赋能新质生产力的形成和发展。二是流通过程中，数据传输的安全性和无限复制性是核心问题。数据要素的特殊性使其涉及隐私、商业秘密及国家安全等敏感信息，即便采用匿名化和加密技术处理过，依然无法完全消除潜在泄露风险。同时，数据的易复制性使其在脱离原控制环境后，可能遭到非法复制和滥用，损害原数据权属所有者的合法权益，增加追踪与取证的难度。因此，确保数据传输的安全性和维护数据权利成为流通过程中亟待解决的关键问题。三是流通后，数据使用权和监管问题尤为突出。数据获取方技术上可在未经许可的情况下，进行无限复制、分发和转卖，甚至重组数据以获取非法利益。这一过程的追踪和取证极为复杂，给流通后的监管带来了巨大的挑战。同时，由于买卖双方之间的信息不对称，数据使用的合法性及来源可靠性等争议在现有法律框架下难以快速解决，这进一步加剧了监管的复杂性[3]。

4.2 数据要素赋能阶段

数据要素化过程和流通过程结束后，数据要素流通至需求方，需求方结合使用场景进行开发利用，开启数据要素释放使用价值、赋能新质生产力的过程阶段。这个阶段主要存在以下问题。

4.2.1 数据要素场景开发严重滞后

在数据要素赋能新质生产力的过程中，数据要素场景开发严重滞后是一个显著问题。这一问题的经济学根源在于市场机制的滞后性和信息不对称。具体来说：一是市场场景需求识别不足。尽管数据要素资源丰富，但如何有效挖掘并满足市场真实场景需求成为关键。企业面对海量数据时，往往难以快速准确地识别和开发出具有商业价值的数据应用场景，这导致数据要素资源的浪费和场景开发的滞后，严重制约数据要素对新质生产力的赋能进程。二是技术适配性和创新不足。技术适配性和创新不足意味着现有技术无法满足特定场景需求的深度开发，导致现有特定数据要素应用场景的开发利用浅显化、表层化，尚未能深入挖掘数据要素的深层价值，阻止深度场景开发利用释放要素深层价值以赋能新质生产力的提升。三是数据要素价值认知不足。市场对于数据要素的真实价值认知不足，缺乏对数据要素潜力的充分认识和挖掘利用，导致场景开发严重滞后。四是创新成本高昂。场景开发创新往往需要大量的研发投入和试错成本，特别对于技术革命性突破、新业态新商业模式的探索。在缺乏明确盈利模式和稳定市场需求的情况下，企业往往不愿承担高昂的创新成本和风险。五是协同开发机制缺失。数据要素跨领域、跨行业、跨空间应用需要不同参与主体紧密协同。然而，目前缺乏有效的协同开发机制来推动各方共同参与数据要素场景开发，导致"数据孤岛"现象严重，最为典型的就是科学数据和公共数据，难以形成规模效应和协同效应。

4.2.2 经济系统转型阻力大

一是资源重新配置成本高昂。数据要素推动生产要素的创新性配置赋能新质生产力形成和发展，这就一定意味着对现有生产要素资源和生产管理经营流程的重新组织和优化。这一过程可能需要大量淘汰旧设备、大幅调整人员结构、革新生产工艺等，涉及大量沉没成本和机会成本，资源要素的重新配置成本高昂。这严重制约数据要素对生产要素创新性配置的推动作用，继而阻碍赋能新质生产力。

二是产业结构固化与转型阻力巨大。经济系统的固化还体现在产业结构上。工业化时代形成的传统制造业产业结构往往具有相当程度的稳定性和固有惯性，固定投资额巨大，难以迅速适应数据要素推动的技术革命性突破和新业态新商业模式创新。这就意味着在数据要素推动产业深度转型升级过程中，大概率会面临来自既得利益集团的重重阻力，以及消费者对新产品接受度不高等问题。

4.2.3 资源能源过度损耗与环境污染问题

一是资源能源过度损耗。生成式人工智能、大模型等是当前数据要素赋能新质生产力最热门的前沿领域之一，是数据要素释放价值的关键技术，但这些前沿数字科技和通用目的技术往往需要超量的算力支撑，这背后就是超量的电力能源需求，以及算力中心降温散热处理所消耗的巨量淡水资源[27]。与此同时，如此高的电力能源消耗和自然资源消耗所带来的巨额成本会在很大程度上阻碍中小企业在该领域参与数据要素对新质生产力的赋能探索。

二是环境污染问题。生成式人工智能、大模型等技术除了资源能源过度损耗外，还会对环境生态造成负面影响。现有电力能源消耗仍以传统化石能源为主，这类能源的过度使用会产生大量污染物排放到自然环境中。此外，在数据要素的场景开发和高效利用过程中，各类硬件设备生产、能源消耗和废弃物处理都可能对环境造成影响。算力中心、数据中心和服务器的生产可能产生有害废弃物，而过时设备（尤其是新能源电池）的处理问题同样不容忽视。以上这些问题都将加剧环境压力，不利于数据要素对新质生产力的可持续和绿色赋能。

5 政策建议

5.1 数据要素市场化政策建议

针对数据要素化和数据要素流通过程中存在的现实问题，本研究建议从以下几个方面进行改进。

一是构建数据标准化与技术认证体系。充分发挥新成立的全国数据标准化技术委员会在数据标准与技术认证体系建设方面的指导作用，构建全国范围内统一的数据标准化与技术认证体系。尽快研究和编制全国统一的涵盖公共数据和企业数据的数据清洗、去标识化、匿名化及元数据规范的国家标准，减少数据要素质量差异，提高数据要素流通效率。同时，为解决数据要素流通中的信任、隐私安全与伦理问题，应建立完善的数字技术标准与认证体系。具体包括：隐私计算标准（如多方安全计算、同态加密、差分隐私、联邦学习），确保数据流通过程中的隐私保护；区块链技术标准，保障数据一致性和智能合约安全；人工智能技术标准，强调算法透明度与伦理。

二是完善数据要素政策供给。应加快在数据产权制度、数据登记、估值定价、收益分配、可信流通与安全监管等领域的政策供给。例如，基于"数据二十条"关于数据产权制度的设想，研究制定"持有权、使用权与经营权"的三权分置产权制度，保护权利主体的合法权益，为数据要素合规高效利用提供法律基础。探索利用联邦学习、多方博弈以及机制设计等技术辅助的"按权属、按贡献"分配的机制，确保数据权利所有者合法取得与权属、投入贡献相匹配的经济收益。建议构建监管沙箱以评估新技术影响，创新智能监管工具提升效率，设立数据伦理审查委员会处理敏感数据和AI算法的伦理问题，建立数据应急响应机制以应对数据泄露事件，以及探索设立线上法院与仲裁机构，利用智能合约自动化法律程序，确保线上数据诉讼的合法性和执行效率。

三是建立受资助科学数据开放共享制度。逐步建立起国家和地方资助机构要求受资助的科研人员对科学数据进行开放共享的共识和机制，缓解"科学数据孤岛"问题。积极探索在科研城市如北京、上海、合肥等地试点推行国家公共财政支持的公益性科研活动所获取和产生的科学数据即时汇缴与开放共享政策，并渐进式由公益性科研活动向非公益性科研活动拓展，由试点城市向广大非试点城市拓展，逐步深化科学数据开放共享的实践，为推动科研信息化和科学范式转变提供坚实的科学数据供给基础。欧盟和美国等地区和国家均已建立起相关机制，如英国研究理事会（Research Councils UK，RCUK）的《RCUK数据政策共同准则》，美国的《信息自由法》和相关的通告（如A-89通告和A-130通告），欧盟的"地平线2020"计划等均对科学数据的采集、提交与公开进行规范，要求受资助科学数据开放共享。

四是探索先行先试与创新免责机制。针对前述数据登记、公共数据定价、收益分配等政策不明朗的地方，鼓励地方政府在遵循国家法律法规基础上，结合本地禀赋实际，勇于先行先试，积极探索可行路径。同时，尝试建立创新免责政策，为地方在合法合规范围内的探索性实践提供容错空间，即使未能达到预期效果，也不应追究相关责任，有效激发地方政府积极性与创造性，积累先锋经验，推动形成全国性数据要素政策体系，促进数据要素的合规高效利用。

5.2 数据要素赋能支持政策建议

针对数据要素赋能过程中存在的现实问题，本研究建议从以下三个方面进行改进。

一是加快数据要素场景开发。在现有国家和地方层面的"数据要素×"大赛、人工智能场景应用比赛等基础上，定期组织特定行业领域数据场景开发大赛，尤其是特定领域公共数据场景开发应用比赛，邀请企业、科研机构、高校等多方参与，激发创新思维，探索数据要素的创新应用场景。通过设立奖项、提供资金支持和市场对接机会等方式，激励参赛者积极投入数据场景开发，并在此基础上定期发布企业数据和公共数据的示范应用场景案例，涵盖不同行业、不同领域，展示数据要素尤其是公共数据在提升生产效率、优化业务流程、创新服务模式等方面的实际应用效果，规范和引导更多主体开展示范场景应用和再创新，推动数据要素市场的繁荣与发展。

二是完善数据领域设备更新补贴政策。在《推动大规模设备更新和消费品以旧换新行动方案》的基础上，为了加速科研信息化与数字化转型，未来可尝试推行标准化补贴政策和分阶段实施策略。具体而言，未来可明确设备更新的补贴范围与标准，针对高性能计算设备、大数据分析平台、人工智能处理单元等关键设备，制定详细的补贴目录与标准，并根据设备的技术含量、市场价值及对企业数字化转型、科研信息化的贡献度进行合理设定。同时，还应简化申请流程，建立线上补贴申请平台，实现一站式服务，以提高政策执行效率。此外，未来还可将采取分阶段实施策略，先选择部分行业或地区作为试点，评估政策效果并积累经验，然后根据试点情况调整完善政策，逐步扩大补贴范围，覆盖更多行业企业和科研机构，并最终形成长效机制，将设备更新补贴政策纳入国家中长期发展规划，持续推动科研信息化与数字化转型。

三是推动绿色数字基础设施建设。推动绿色数字基础设施建设，旨在通过集成最前沿的技术，实现信息技术领域的可持续发展。这包括利用智能数据清洗与整合技术确保数据的清洁与高效利用，采用区块链技术强化数据隐私保护。在算法层面，探索深度学习优化、并行计算及量子计算的潜力，提升算法能效。同时，构建以节能硬件、高效冷却系统、量子计算等高性能计算集群与转向风能、太阳能、可控核聚变等绿色能源为基础的绿色数据基础设施，如绿色数据中心、绿色智算中心等，结合智能调度系统优化算力资源分配。加强边缘计算与5G及下一代通信技术的应用，降低数据传输延迟与能耗。此外，建立循环经济，确保硬件设备在生命周期结束后得到有效回收和循环利用，整体降低数据要素开发应用的能源消耗、碳足迹和污染物排放。通过这些综合措施，推动形成一个高效、低碳、环保的数字生态系统，为数据要素赋能绿色生产力奠定坚实基础。

参 考 文 献

[1] 史丹. 加快形成新质生产力 [N]. 人民日报, 2023-11-24（9）.

[2] 冯永琦, 林凰锋. 数据要素赋能新质生产力：理论逻辑与实践路径 [J]. 经济学家, 2024（5）: 15-24.

[3] 陈刚, 颜斌斌, 汤珂. 数据的要素化与资产化：理论辨析与实践探索 [J]. 国际经济评论, 2024（5）: 153-176.

[4] 汤珂. 数据资产化 [M]. 北京：人民出版社, 2023.

[5] BERCZI A. Information as a factor of production[J]. Business Economics, 1981, 16(1):14-20.

[6] 蔡继明, 刘媛, 高宏, 等. 数据要素参与价值创造的途径——基于广义价值论的一般均衡分析 [J]. 管理世界, 2022, 38（7）: 108-121.

[7] 许宪春, 张钟文, 胡亚茹. 数据资产统计与核算问题研究 [J]. 管理世界, 2022, 38（2）: 16-30.

[8] CONG L W, XIE D, ZHANG L. Knowledge accumulation, privacy, and growth in a data economy[J]. Management Science, 2021, 67(10): 6480-6492.

[9] 徐翔, 厉克奥博, 田晓轩. 数据生产要素研究进展 [J]. 经济学动态, 2021（4）: 142-158.

[10] VELDKAMP L. Valuing data as an asset[J]. Review of Finance, 2023, 27(5): 1545-1562.

[11] 欧阳日辉, 刘昱宏. 数据要素倍增效应的理论机制、制约因素与政策建议 [J]. 财经问题研究, 2024（3）: 3-18.

[12] 靳晓宏, 谭晓, 李辉. 数据要素乘数效应赋能实体经济发展：作用机理及路径选择 [J]. 情报理论与实践, 2024, 47（6）: 31-38.

[13] 吴江, 陶成煦. 激活数据要素 赋能千行万业——《"数据要素×"三年行动计划（2024—2026年）》政策解读 [J]. 情报理论与实践, 2024, 47（3）: 16-19.

[14] 习近平. 发展新质生产力是推动高质量发展的内在要求和重要着力点 [J]. 求是, 2024（11）: 4-8.

[15] 李政, 廖晓东. 发展"新质生产力"的理论、历史和现实"三重"逻辑 [J]. 政治经济学评论, 2023, 14（6）: 146-159.

[16] CONG L W, WEI W, XIE D, et al. Endogenous growth under multiple uses of data[J]. Journal of Economic Dynamics and Control, 2022, 141: 104395.

[17] 刘文革, 贾卫萍. 偏向性技术进步、要素配置与经济增长 [J]. 管理现代化, 2023, 43（1）: 7-18.

[18] 吴胜, 苏琴. Web3.0数据整合流程研究 [J]. 图书情报工作, 2011, 55（24）: 112-115.

[19] JONES C I, TONETTI C. Nonrivalry and the Economics of Data[J]. American Economic Review, 2020, 110(9): 2819-2858.

[20] ABIS S, VELDKAMP L. The changing economics of knowledge production[J]. The Review of Financial Studies, 2024, 37(1): 89-118.

[21] ACKOFF R L. From data to wisdom[J]. Journal of applied systems analysis, 1989, 16(1): 3-9.

[22] 王天尧, 李剑锋. 深度学习在蛋白质结构预测中的应用及启示 [J]. 高分子学报, 2022, 53（6）: 581-591.

[23] 蔡思航, 翁翕. 一个数据要素的经济学新理论框架 [J]. 财经问题研究, 2024（5）: 33-48.

[24] AKERLOF G A. The market for "lemons": quality uncertainty and the market mechanism[J]. The Quarterly Journal of Economics, 1970, 84(3): 488-500.

[25] 史丹, 孙光林. 数据要素与新质生产力：基于企业全要素生产率视角 [J]. 经济理论与经济管理, 2024, 44（4）: 12-30.

[26] 黄先海, 高亚兴. 数实产业技术融合与企业全要素生产率——基于中国企业专利信息的研究 [J]. 中国工业经济, 2023（11）: 118-136.

[27] LI P, YANG J, ISLAM M A, et al. Making AI less "thirsty": Uncovering and addressing the secret water footprint of AI models[J/OL]. arXiv preprint arXiv:2304.03271, 2023.

作者简介

汤珂，清华大学社会科学学院经济学研究所教授，至善书院院长。2013年获得国家杰出青年科学基金，2019年获得中宣部"四个一批"暨哲学社会科学领军人才。主要研究方向为商品市场（包括数据要素市场）、金融科技和数字经济。在 Journal of Finance、Review of Financial Studies、Management Science、Proceedings of the national Academy of Sciences、《中国社会科学》、《经济研究》等杂志上发表多篇论文。目前担任国际期刊 Quantitative Finance 的执行编辑以及《管理科学学报》的领域编辑。研究成果得到美国期货管理委员会、联合国商品报告以及多家媒体的报道，入选 2020—2023 年爱思唯尔中国高被引学者。

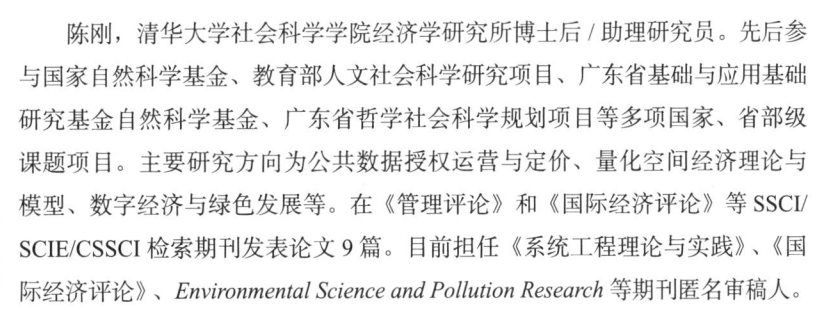

陈刚，清华大学社会科学学院经济学研究所博士后 / 助理研究员。先后参与国家自然科学基金、教育部人文社会科学研究项目、广东省基础与应用基础研究基金自然科学基金、广东省哲学社会科学规划项目等多项国家、省部级课题项目。主要研究方向为公共数据授权运营与定价、量化空间经济理论与模型、数字经济与绿色发展等。在《管理评论》和《国际经济评论》等 SSCI/SCIE/CSSCI 检索期刊发表论文 9 篇。目前担任《系统工程理论与实践》、《国际经济评论》、Environmental Science and Pollution Research 等期刊匿名审稿人。

新型科研信息化基础平台推动智能化科研范式变革

廖方宇[1*]，汪　洋[1]，曹荣强[1]，张　波[1]，李振宇[2]，王华进[1]，
陈　昕[1]，王彦棡[1]，魏　鑫[1]

（1. 中国科学院计算机网络信息中心；2. 中国科学院计算技术研究所）

摘　要

科研信息化基础平台是现代科学研究不可或缺的基座，是国家科技创新能力的重要体现。世界各国十分重视科研信息化基础平台的建设与投入，并取得一系列重大成果。信息技术和产业的飞速发展，促使科研信息化基础平台模式发生变革。新型科研信息化基础平台将进一步增强科研信息化基础设施能力，着力在跨域全局智能调度、海量数据存储和高效数据采集、智能算力、垂直领域大模型和面向 AI 的高质量科学数据等方面取得技术突破。该平台的建设和应用将实现物理世界与数字世界的无感知贯通，加速实现重大科技突破，推动智能化科研范式变革。

关键词

新型科研信息化基础平台；科研范式；智能化科研；人工智能

The New Research Informatization Infrastructure Platform Drives the Paradigm Shift in Scientific Research

Fangyu Liao[1*], Yang Wang[1], Rongqiang Cao[1], Bo Zhang[1], Zhenyu Li[2], Huajin Wang[1],
Xin Chen[1], Yangang Wang[1], Xin Wei[1]

(1. Computer Network Information Center, Chinese Academy of Sciences; 2. Institute of Computing Technology, Chinese Academy of Sciences)

Abstract

The research informatization infrastructure platform is an indispensable pedestal for modern scientific research and an important manifestation of national scientific and technological innovation capability. Countries around the world attach great importance to the construction and investment in the research informatization infrastructure platform and have achieved a series of significant results.The rapid development of information technology and industry has inspired a change in research informatization infrastructure platform model.The new research informatization infrastructure platform will further enhance the informatization infrastructure capabilities, focusing on technological breakthroughs in the areas of cross-domain global intelligent scheduling, massive data storage and efficient data collection, intelligent computity, domain-specific large artificial intelligence (AI) models, and AI-oriented high-quality scientific data, etc. The

---

* 为本文通讯作者，下同。

construction and application of the platform will realise non-perceptual coherence between the physical world and the digital world, accelerate the realisation of major scientific and technological breakthroughs, and push forward the shift of intelligent scientific research paradigm.

Keywords

New Research Informatization Infrastructure Platform; Research Paradigm; Intelligent Scientific Research; Artificial Intelligence

2024 年 1 月 31 日，习近平总书记在中共中央政治局第十一次集体学习时强调：加快发展新质生产力，扎实推进高质量发展。概括地说，新质生产力是指创新起主导作用，摆脱传统经济增长方式、生产力发展路径，具有高科技、高效能、高质量特征，符合新发展理念的先进生产力质态。近年来，人工智能（Artificial Intelligence，AI）技术快速发展，并在科学研究中得到广泛应用，引发了智能化科研（AI for Research，AI4R）范式的变革热潮[1-3]。面向新科研范式，新型科研信息化基础平台将实现机器涌现智能、人机物智能融合，推动科研范式变革，促进新质生产力发展。

本文从新型科研信息化基础平台的概念和价值入手，研究分析新型科研信息化基础平台如何推动智能化科研范式变革，并针对智能化科研范式的发展需要，提出构建新型科研信息化基础平台需要突破的关键技术，展望新型科研信息化基础平台未来发展方向。

1 新型科研信息化基础平台的内涵及科学价值

科研信息化基础平台不仅包括为科学研究提供支撑的网络、超级计算机、存储等硬件设施，还包括在硬件设施上部署的系统中间件、基础软件及与学科发展紧密结合的应用软件、科学数据资源等软环境[4-6]。

世界各国十分重视科研信息化基础平台的建设，将其视为保持全球科技领先、提升国家竞争力的关键举措。欧盟提出并建设的欧洲开放科学云（European Open Science Cloud，EOSC）[7]，将包括泛欧数据基础设施、欧洲网络基础设施、欧洲高级计算合作伙伴关系计划、泛欧研究和教育网络等在内的欧洲现有信息化基础设施联合起来，形成一体化的科研信息化基础平台，实现对科学数据资产的长期轻量型管理，为用户提供科研数据存储、管理、分析与再利用服务；美国通过能源科学网 ESnet，在能源部所有的实验室以及由能源部支持的大学之间建立高速连接，并与 100 多个其他网络进行互联，实现了高速数据传输，还完成了超高速传输实验；"中国科技云"作为国家级科研信息化基础平台，面向科技资源开放汇聚与云服务，建立了开放整体架构和技术规范体系，初步建成了网络、数据与计算融合的新型国家级科研信息化基础设施，汇聚了 315 PFlops 计算资源、150 PB 存储资源和 PB 级数据资源。集成部署综合服务平台 60 余个、科研软件 1000 余款，已成为给科研人员量身打造的、独具特色的云。

近年来，随着 AI 技术在科学研究中的广泛应用，重大科学突破越来越依赖于先进的信息化技术与手段[8]。2021 年年底，谷歌公司 DeepMind 团队采用 AlphaFold 2 算法[9]在短短 18 个月内成功预测出约 100 万个物种的超 2 亿种蛋白质结构。2024 年 5

月，AlphaFold 3 横空出世，人类能够以前所未有的原子精度预测出几乎所有重要生物分子的结构和相互作用。2024 年的诺贝尔物理学奖用以表彰科学家在使用人工神经网络进行机器学习的基础性发现和发明，化学奖用以表彰科学家在蛋白质结构预测方面的成就。诺贝尔物理学奖和化学奖的颁发，预示着人工智能技术的发展正从关键的突破期进入对社会具有更广泛影响的新阶段。

随着人工智能与科研工作的不断融合和应用，未来的重大科技基础设施将与人工智能密切结合，形成新型科研信息化基础平台。相较于传统平台，新型科研信息化基础平台将通过融合高速网络、海量存储、智能算力及人工智能模型等软硬件资源，形成支撑科学数据体系的基础设施能力，实现科研要素的泛在、跨域、高速连接与全局智能调度，支撑科学数据传输、存储、分析、计算的全生命周期活动以及要素化流通，支撑智能化科研新范式变革，促进人工智能时代的科技创新。

2　新型科研信息化基础平台推动智能化科研范式变革

2.1　科研信息化基础平台促进科研范式的历史演进

科研范式是特定历史时期科学共同体进行科学研究的方式，与科技创新的内在规律要求相适应[10]。在人类科学研究历史上，普遍认同已经经历过四次不同的科研范式。早期的科学研究主要以记录和描述自然现象为特征，如以伽利略为代表的观察自然世界的科学研究，称为"实验科学"，即第一科研范式。后来，由于条件限制，实验科学研究难以完成对自然现象更精确、更复杂的理解。于是，科学家们开始尝试去掉次要干扰因素，只留下关键因素，并尽量简化实验模型，最后通过演算进行归纳总结，科学研究进入第二科研范式——"理论科学"阶段，该科研范式一直持续到 19 世纪末。

随着验证经典和现代物理理论的难度和经济投入越来越高（需要大装置），科学研究进入"难题难解"阶段。1954 年，冯·诺依曼体系结构的计算机诞生，科研人员利用计算机的计算能力，基于大规模并行的计算机体系结构，通过设计算法并编制程序对复杂现象进行模拟计算和仿真，使复杂问题得以清晰解释和应用。随着计算机模拟越来越多地取代实验来分析和解决相关领域的科学问题，计算机逐渐在科学研究中发挥重要作用，科学研究进入第三科研范式，即"计算科学范式"阶段（见图 1）。

随着数据量与数据种类的不断增加，如何处理和利用复杂大数据，成为科研难题。为此，图灵奖得主吉姆·格雷（Jim Gray）在 2007 年 NRC-CSTB（National Research Council-Computer Science and Telecommunications Board）大会上发表了题为《科学方法的革命》的演讲，提出针对数据的爆发性增长，计算机不应局限于做模拟仿真，还应该能进行分析总结，得出理论[2]。于是，科学家开始尝试将不同信息化技术，如高速网络、先进算法算力与大数据进行结合，协同解决科研难题。以数据为中心，融合利用高速网络、强大算力与模型库的科研信息化基础平台逐渐在科学研究中发挥重要作用。过去需要牛顿、爱因斯坦等科学家通过烦琐的实验流程才能完成的工作，可以借助科研信息化基础平台的先进计算工具与分析模型实现，大大降低了人力资源消耗，科研效率也得到了显著提升。自此，基于数据密集型科学发现（Data-Intensive Scientific Discovery）的科研范式，即第四科研范式从第三科研范式中分离出来，成为一个独特的科研范式（见图2）。

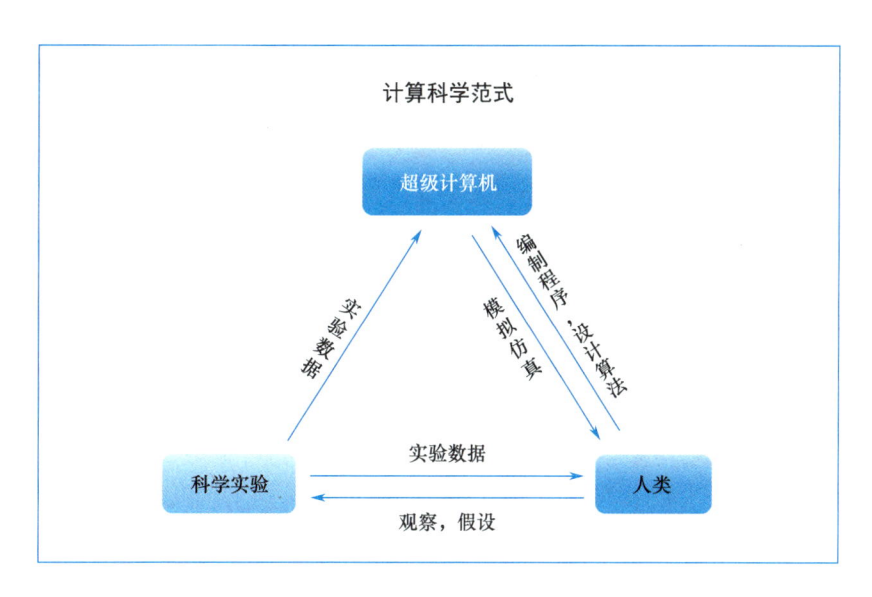

图 1　计算科学范式

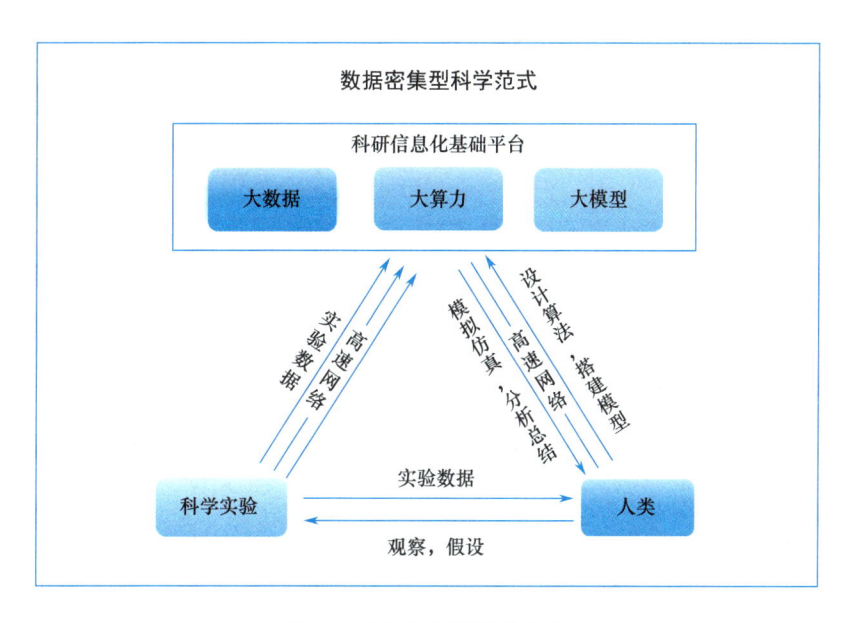

图 2　数据密集型科学范式

2.2　新型科研信息化基础平台引领智能化科研范式变革

随着大科学装置的建设部署和实验数据的不断积累，科学研究中产生的数据越来越多，数据量呈爆发式增长。在处理和应用复杂大数据的过程中，第四科研范式遇到很多问题无法解决，包括数据的不确定性和复杂性问题、数据维数爆发性增长问题以及数据尺度边界问题等[11,12]，科学家开始寻找更加有效处理大数据不确定性和复杂性等问题的解决方案。随着科技创新发展，人工智能全面融入科学、技术和工程研究，引发科研范式的变革热潮。程学旗、李国杰等将其暂时称为"智能化科研范式"[2,12]。李国杰院士在2024年《中国科学院院刊》上发表的文章指出，智能化科研范式是前四种科研范式的融合，特别是基于第一性原理的模型驱动和数据驱动的融合，跨学科合作成为主流科研方式。面向计算复杂性非常高的组合爆炸问题，智能化科研范式以复杂系统为主要研究对象，并且更加依靠以大模型为特征的大平台，科学研究与工程实践实现密切结合。

随着科学研究的不断深入，科学研究的路径与模式发生了根本性变化。重大科学发现和技术变革越来越依赖科研信息化基础平台，科研信息化基础平台成为突破科学前沿、解决经济社会发展和国家重大科技问题的关键支撑[11]。并且，随着物联网、大数据、人工智能等信息技术的快速发展，"数据和智能"正深刻影响并驱动着科学研究范式的转变。智能系统在科学研究中起到了探索和实现的作用，科学家不再单纯依靠计算机、算法来提升数据处理效能，而是将人脑与计算机进行有机融合，形成"人在回路"的人机结合科研模式（见图3）。作为引领科研范式变革的基础设施，科研信息化基础平台也将进行模式变革，形成新型科研信息化基础平台，以有效应对难解的组合爆炸问题，加速推进科研范式变革。

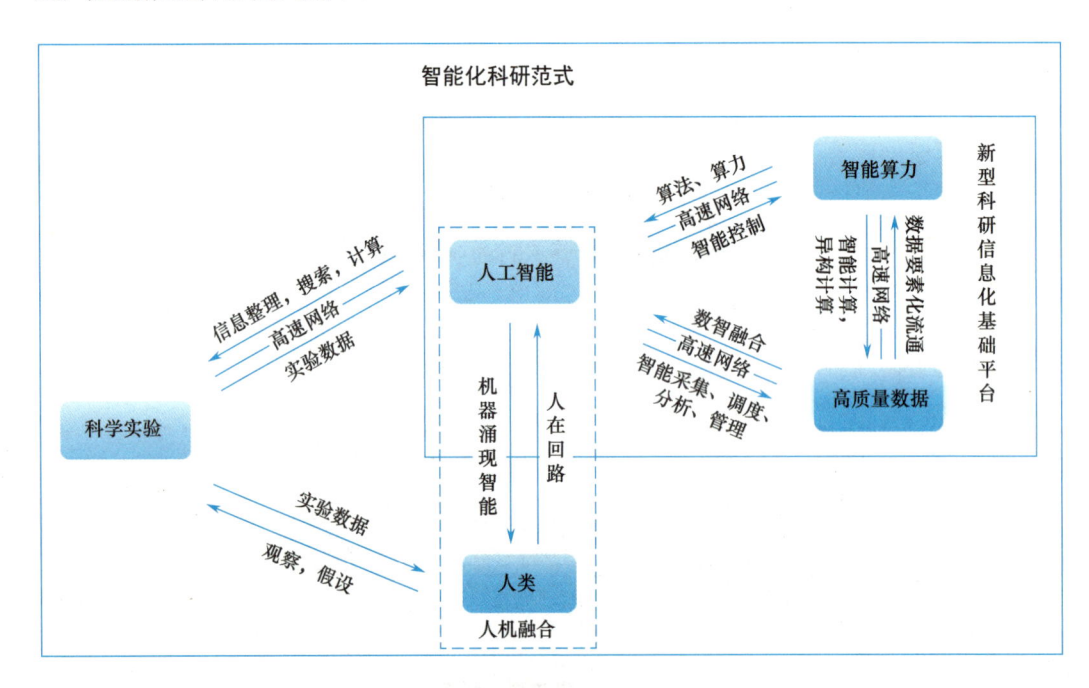

图3 智能化科研范式

3 智能化科研范式变革需要新型科研信息化基础平台支撑

2023年2月，习近平总书记在主持中共中央政治局第三次集体学习时强调："要协同构建中国特色国家实验室体系，布局建设基础学科研究中心，超前部署新型科研信息化基础平台,形成强大的基础研究骨干网络。"随着科学研究的不断深入和科研数据量的爆炸式增长,现有科研信息化平台的能力难以满足新科研范式发展带来的需求缺口。面向新科研范式,我国亟须升级现有平台的技术框架,构建符合时代发展需要的新型科研信息化基础平台,以实现全局资源的智能调度及数据、网络、算力资源的高效供给。面向新科研范式的新型科研信息化基础平台的关键技术主要包括如下几方面。

跨域全局智能调度。在第三和第四科研范式中,科学活动在科学数据产生、存储的位置展开,跨域数据传输的需求少。因此,科学数据以离线的方式传输,数据产生模式、传输需求稳定,传输时间需求以天为单位。智能化科学研究以 AI 模型为中心,需要海量数据来训练通用模型或特定领域的模型,跨域数据传输是其重要特征之一。面向科学数据大规模存储、跨域传输、高效读取等特征需求,新型科研信息化基础平台需要基于算网融合的基础平台,对数据存储、底层计算、信息通信、模型训练、知识调用各模块的系统依赖关系建模,并研发可实现和支撑全局最优数据传输路径、最优成本资源调度以及算网融合的关键技术,包括多云资源汇聚与共享调度技术、数据存储资源调度与共享技术等。通过计算任务的分解下沉以及与传输路径、软硬件平台的智能最优映射,使得科学数据在网络高速流转的过程中可同时被高效地计算处理,以弥补网络传输与数据计算间的性能鸿沟。通过智能软硬件调度和协同,突破传统高熵(多条业务流分时尽力而为共享)网络传输通量低的瓶颈,实现面向算网协同调度的低熵网络,提升网络传输的确定性,实现能效比的指数级提升。

海量数据存储和高效数据采集。大模型时代参数量从开始的百亿已增长至千亿、万亿规模,数据集由开始的文本语料,发展到加入图片、视频数据作为训练样本,数据容量规模从 TB 级增长到 PB 级。新的大模型配置千亿乃至万亿级别参数量,一个训练节点每秒就可以处理 2 万张图片,每个节点需要 8 万 IOPS,仅 GPT-5 训练数据量即达到 4PB。传统存储系统无法满足这样的需求。智能化科研范式下,智算中心的存储系统需要达到数十乃至数百 PB 级的容量,IOPS 需要达到千万级别、延时达到亚毫秒级、总读写带宽达到数十 GB/s 乃至数百 GB/s 级别。为了达到高吞吐的读写性能,智算中心计算与存储区域通过超高带宽的高速交换设备互联,并采用 RDMA 及 NVMe-oF 技术直接将数据传入存储区域,减少数据复制和交换操作,实现高性能的存储设备网络数据访问和交换。同时,存储系统通过多台配备了 NVMe 闪存介质的分布式全闪存存储节点提供多通道数据存取服务,以满足大量计算的并发访问需求。

智能算力。在第三、第四科研范式阶段,算力主要以 CPU 的高并行、高通量的高性能计算和云计算为特征。随着智能化科研范式的快速发展,以 GPU 和加速卡为代表的算力在人工智能计算技术中将占据更为重要的位置,在融合了 CPU、GPU 等异构算力的基础设施中,GPU 算力的比例预计将大大提高。因此,智能化科研范式下的智能计算将会呈现以 GPU 计算为主,且与计算软件有机融合的显著特征。这必然要求新型科研信息化基础平台能够满足科研全流程中的智能化发展需求,包括科学数据获取、大规模参数训练、模型思维推理等方面。在原创性算法、方法与理论研究方面,实现智能算力系统的突破,突破芯片内部、多卡和多节点等不同粒度的异构计算调度技术,提升科学研究通用大模型和领域专用模型的数据预处理、训练和推理效率;极大拓展基础算子库规模与大模型训练基座算力容量，提高硬件系统对 AI 计算的适配能力，以支撑 AI 模型高效研发、调试、训练和推理等关键过程；研发量子计算基础算法软件，支持量子计算与传统计算融合。

垂直领域大模型。垂直领域大模型是指用于解决特定领域科研问题的、参数量较大的人工智能模型。如用于解决蛋白质结构预测问题的 AlphaFold 2[9] 模型、用于解决短临降水预报问题的 NowCastNet[13] 模型。在模型训练方面，相较于通用大模型，垂直领域大模型的训练具有显著的定域性和端到端特点[14]：从面向特定问题的高质量训练数据（而非通用语料）出发，基于 Transformer 架构进行端到端的训练（而非多阶段的训练），从而让大模型直接拟合出蕴含在这些训练数据中的特定研究对象的相关性；在模型推理应用方面，相较于通用大模型，垂直领域大模型高度依赖专业性强的知识库，用于实现基于 RAG（检索–增强–生成）的问答式科学数据智能化分析，实现对复杂科学数据分析工作流的自动编排和调校，并通过对网络、计算、数据资源的自动化匹配调度，完成复杂科学数据分析工作流的全程自动化在线运行，从而降低对领域科学家的编程技术要求和人工介入的必要性。因此，新型科研信息化基础平台除了供给通用训练语料，还应特别加强面向特定科研问题的高质量训练数据集和专业知识库的供给能力，加强对端到端大模型训练框架的研究。其中，大规模科学文献数据获取整理、海量异构科学数据和知识表示、面向特定科研问题的领域大模型结构设计、端到端的领域大模型训练和精调框架、知识蒸馏和知识推理等关键技术的研究工作尤为重要。此外，建立面向特定科研问题的领域大模型库、问答式科学数据分析服务平台，实现 AI 模型的基础设施化，也是建设新型科研信息化基础平台的必要举措。

面向 AI 的高质量科学数据。高质量的科学数据是自然规律的真实体现，高质量的 AI-Ready 数据集是让人工智能系统能够理解、处理、发现科学新原理、新规律的基础。相比于目前主要通用人工智能模型所使用的互联网文本、语音、图像等数据，AI-Ready 科学数据模态更加多样、价值密度更高、对真实世界的描述更加充分。然而面对 AI 算法模型的应用需求，现有科学数据往往存在资源分散、知识化水平不高、标准不统一、共享不充分等问题，需要基于科学数据登记、确权、认证、评价、可信流转等关键技术，对接高质量科学数据资源，构建基于标识、区块链的科学数据要素化基础服务平台，实现科学数据可信流转、关联化组织与知识化融合，形成知识嵌入、模型融合、智能调度和流转供给的高质量 AI-Ready 科学数据供给能力，建设一批高价值、高可靠、高影响力的科学数据库，为智能化科研范式提供高质量数据供给。

通过融合高速网络、海量存储、智能算力及人工智能模型等软硬件资源，新型科研信息化基础平台将形成支撑科学数据体系的基础设施能力，实现科研要素的泛在、跨域、高速连接与全局智能调度，引领、推动并支撑智能化科研新范式变革。

4 超前部署新型科研信息化基础平台的建议

为加快落实习近平总书记关于"超前部署新型科研信息化基础平台"指示精神，面向我国 2035 年进入科技创新型国家前列和 2050 年成为世界科技强国的战略目标，我国应适度超前开展新型科研信息化基础平台建设,实现新型科研信息化基础平台的高水平自立自强,更有力地支撑科技创新和国家经济社会的发展,为人类命运共同体贡献中国科技力量。

1. 充分利用国家现有信息化资源,加强科研信息化软硬件设施共建共享

建议充分利用国家现有超算中心、智算中心、东数西算、科学数据中心等信息化基础设施资源,利用高速网络实现信息化资源的互联互通,为科学研究活动提供公益性信息化基础设施资源服务。同时,通过整合优化现有信息化资源,推动人工智能、量子计算、PB级数据存储与传输等关键技术的研发和应用,加强科研信息化软硬件设施建设;通过强化相关政策法规支持与引导,实现科研信息化软硬件设施的共建共享。

2. 加强软件、算法自主创新,提升硬件资源应用效率

我国应充分发挥硬件资源优势,面向人工智能与未来计算机体系,加强科学计算软件基础研发,依托国家超算中心、新一代人工智能开放创新平台等,联合相关国家战略科技力量,前瞻探索适配国产异构计算系统的科学计算软件,实现软件在国产异构系统的快速研发与自主创新;密切配合国产E级、10E级计算机研发计划,聚焦国家重大科技攻关任务、重大科技基础设施和事关国家发展、安全的关键领域,创新提出基于国产硬件架构的人工智能软件、算法,支撑我国高水平科技自立自强。

3. 打造面向新科研范式的科研信息化一体化平台,降低科研人员使用门槛

面向新科研范式的发展需要,我国应突破现有"传输—存储—计算"分离的信息技术体系架构,通过融合智能算力、PB级数据存储和高吞吐读写、跨域软硬件一体化调度、垂直领域大模型与面向AI的高质量数据资源等关键技术,超前部署软硬融合的新型科研信息化一体化平台,实现硬件、软件、数据等资源高效适配与一体化智能调度;面向学科领域科学研究,通过软硬件系统分布式部署与逻辑统一接入,构建专业化的学科领域AI4S平台,支持科研人员一站式、智能化使用,降低人工智能技术应用门槛。

4. 前瞻探索新技术、新方法,构建前瞻引领的AI4S试验床

建议抓住人工智能、量子计算等新技术高速发展的历史机遇,加速发展面向科学研究的新技术前沿试验平台,为我国先进信息技术创新验证与新型科研信息化基础平台创新示范构建真实试验环境,提供跨芯片、装备、算法、软件等多模态,融合人工智能、高速网络、海量存储、智能计算等全链条的AI4S试验床,为我国构建新型科研信息化基础平台提供支撑保障。

5. 创新科研信息化基础平台多元运营模式,促进良性发展

人工智能技术为各行各业带来了海量的产业发展机会,建议在国家转型发展的关键时期,优先在科学研究等公益性领域,积极创新运营模式,鼓励政府、企事业单位、科研机构等多方投入,通过多元运营模式,共同建设、经营科研信息化基础平台,共同享受新科研范式为科研活动带来的收益,实现政府与社会资本、资源间的优势互补,促进平台建设良性发展。

参 考 文 献

[1] 张婧睿，孙蒙鸽，韩涛.科研智能化趋势下科研数据研究 [J].科学观察，2023，18（4）：49-61.

[2] 李国杰.智能化科研（AI4R）：第五科研范式 [J].中国科学院院刊，2024，39（1）：1-9.

[3] 中国科学院.科技强国建设之路：中国与世界 [M].北京：科学出版社，2018：424-455.

[4] 汪洋，周园春，王彦棡，等.适度超前推动科研基础平台建设支撑我国高水平科技自立自强 [J].中国科学院院刊，2022，37（5）：652-660.

[5] 叶玉江.加强科技平台工作推进科技资源管理 [J].中国科技资源导刊，2015，47（2）：1-6.

[6] 廖方宇，洪学海，汪洋，等.数据与计算平台是驱动当代科学研究发展的重要基础设施 [J].数据与计算发展前沿，2019，1（5）：2-10.

[7] 温亮明，李洋，郭蕾.国内外开放科学的实践进展与未来探索 [J].图书情报工作，2021，65（24）：109-122.

[8] 李树深.数据与计算是科技创新的巨大驱动力 [J].数据与计算发展前沿，2019，1（5）：1.

[9] JUMPER J, EVANS R, PRITZEL A, et al. Highly accurate protein structure prediction with AlphaFold[J]. Nature, 2021, 596: 583-589.

[10] 陈套.推动科研范式升级强化国家战略科技力量 [J].中国科技奖励，2020（8）：67-68.

[11] 李亚玲，魏阙."未来实验室"数字平台驱动下的科研范式变革 [J].科技智囊，2023（4）：49-57.

[12] 程学旗，梅宏，赵伟，等.数据科学与计算智能：内涵、范式与机遇 [J].中国科学院院刊，2020，35（12）：1470-1481.

[13] ZHANG Y C, LONG M S, CHEN K Y, et al. Skilful nowcasting of extreme precipitation with NowcastNet[J]. Nature, 2023, 619 (7970): 526-532.

[14] ABRAMSON J, ADLER J, DUNGER J, et al. Accurate structure prediction of biomolecular interactions with AlphaFold 3[J]. Nature, 2024, 630(8016): 493-500.

作 者 简 介

廖方宇，中国科学院计算机网络信息中心首席科学家、研究员。主要从事管理信息化与信息化战略研究。中国科学院网信咨询专家委副主任，中国计算机学会计算机安全专业委员会副主任，中国互联网协会副理事长，中国信息协会监事会监事长，以及《中国科学数据》杂志副主编等。

汪洋，中国科学院计算机网络信息中心信息化发展战略与评估中心主任。主要从事信息化发展战略、新型科研信息化基础平台等方面研究。先后主持、参与中国科学院信息化专项、国家信息化专家咨询委员会、中国互联网发展基金会、中国科学院学部咨询等软课题20余项。在SCI/EI、中文核心等刊物上发表学术论文20余篇。

曹荣强，博士，副研究员，主要从事人工智能平台系统研究与建设工作，该平台以开放、共享和可持续计算为目标，实现跨域计算资源的协同调度和高效计算，以及模型、算法、数据和服务的共享和互通。先后承担国家重点研发计划、科技创新2030、国家自然基金委、中国科学院信息化专项、北京市自然基金委等项目与课题，主持项目课题10余项。

张波，中国科学院计算机网络信息中心科技云运行与技术发展部副主任，项目研究员。长期从事中国科学院云计算、海量数据存储、超级计算基础设施环境的规划、设计、建设和运行管理。

李振宇，中国科学院计算技术研究所研究员。主要从事网络体系结构和网络系统研究。中国科学院大学岗位教授，SIGCOMM、CoNEXT、INFOCOM等国际会议组委会成员或程序委员会成员，《计算机研究与发展》青年编委等。

王华进，博士，中国科学院计算机网络信息中心副研究员，研究领域为大数据技术、数据库技术，在DASFAA、SSDBM、DEXA、CCGrid和《软件学报》等CCF推荐学术会议和期刊上发表多篇科学数据相关论文，参与了BigFlow、PandaDB、PackOne等开源大数据软件研发，是CCF开源发展委员会执行委员、W3C RDF-DEV通讯组成员。

陈昕，博士，中国科学院计算机网络信息中心高级工程师，主要从事科学数据管理与分析处理相关研究。现任中国科学院科学数据总中心副主任、国际研究数据联盟"FAIR Digital Object Fabric"组联合主席、中国信息协会科学数据专业委员会秘书长等。

王彦棡，博士，研究员，现任中国科学院计算机网络信息中心人工智能技术与应用发展部主任。主要从事人工智能计算与数据服务平台建设，面向科学发现的人工智能应用软件与并行应用软件研究。在PPoPP，SC等国际会议/期刊上发表学术论文80余篇，授权专利30余项，出版著作3部。主持国家重点研发计划项目、中国科学院先导（B类）专项项目、中国科学院信息化专项项目等。

魏鑫，中国科学院计算机网络信息中心工程师，主要研究方向为信息化发展战略、新型科研信息化基础平台、开放科学等。先后参与了中国科学院信息化专项、烟草大数据重大专项、中国科学院学部咨询等软课题10余项。

人工智能赋能科学研究的发展趋势及治理建议

潘教峰，王圣音，吴 静

（中国科学院科技战略咨询研究院）

摘 要

人工智能（Artificial Intelligence，AI）在全球科学研究中的应用不断深化，已成为推动科技创新的重要驱动力之一。本文从前沿科学研究、科研基础设施建设、人才培养等布局方面，梳理了各国政府在"人工智能驱动的科学研究"（AI for Science，AI4S）领域的战略政策布局；分析了AI赋能科学研究带来的创新社会化趋势，剖析了AI赋能科研问题发现、科学研究实验分析、科学研究合作、科学研究成果传播以及科研管理评价的全过程。最后，本文针对AI4S发展的趋势与挑战，从以人为本、关注伦理、完善监管三个角度提出了相关问题及对策建议，以期促进AI4S的可持续创新与安全发展。

关键词

人工智能；AI4S；创新社会化；战略政策；治理

AI for Scientific Research: Development Trends and Governance Suggestions

Jiaofeng Pan, Shengyin Wang, Jing Wu

(Institutes of Science and Development, Chinese Academy of Sciences)

Abstract

The application of artificial intelligence (AI) in global scientific research is deepening and has become an important driving force for research innovation. This article outlines the strategic policy layouts of various governments in the field of "AI for Science" (AI4S) from the perspectives of frontier scientific research, research infrastructure construction, and talent cultivation. It analyzes the socialization trends of innovation brought about by AI4S and summarizes the entire process of AI's role in identifying research problems, conducting experimental analysis, fostering collaboration, disseminating research findings, and managing research evaluation. Finally, the article addresses the challenges and trends in the development of AI4S, proposing relevant questions and countermeasures from the angles of human-centered approaches, ethical considerations, and regulatory improvements, with the aim of promoting sustainable innovation and secure development in AI4S.

Keywords

Artificial Intelligence; AI for Science; Socialization of Innovative; Strategies and Policies; Governance

当前，人工智能（Artificial Intelligence，AI）浪潮席卷全球，正在深刻改变经济社会各个领域，引发颠覆式变革。在科学研究领域，人工智能正深入各领域的科研实践，带来科技创新范式变革，加速推进跨学科、跨领域的科技融合与突破。随着精确预测蛋白质结构的 AlphaFold、促进新材料发现的 GNoME 及提升排序算法效率的 AlphaDev 等模型、算法相继问世，这些成功实践表明，AI 在提升科学探索的速度、广度和精度方面具有巨大潜力，能够获得传统方法难以洞察的见解，助力科学家深入探索前沿未知领域[1-3]。"人工智能驱动的科学研究"（AI for Science，AI4S）应运而生。AI4S 旨在利用机器学习、深度学习等人工智能技术，加速科学发现、解决复杂科学问题，进而推动科技创新。

1 全球 AI 驱动科学研究的战略布局与举措

近年来，全球主要科技强国密集部署"人工智能驱动的科学研究"战略，并加快了相关政策的制定和实施，力求在快速迭代的 AI 时代保持并扩大其在国际科技竞争中的优势。各国从国家战略层面强化 AI4S 部署，具体涵盖前沿科学研究、科研基础设施建设、人才培养与储备、治理规范等多个方面，旨在消除在科研领域使用 AI 的障碍，释放其在加速科学研究、推动创新、改善科研产出质量等方面的潜力，从而提升本国的核心竞争力[4-8]。

1.1 前沿科学研究布局

AI4S 已成为人工智能发展的新前沿。随着全球科技竞争的加剧，各国意识到全面布局 AI 技术研发和垂直领域应用是实现 AI4S 潜力的关键。因此，各国纷纷加大对 AI4S 的资金投入，重点推动先进 AI 技术的研发，并积极支持垂直领域的研究与应用，以加速本国科学研究的创新与进步。

（1）关键技术：美国能源部（United States Department of Energy，DOE）在其发布的技术报告中，总结了促进科学研究的 AI 技术发展方向，具体包括以下六个方面：突破传统仿真模型的新一代 AI 代理模型（Surrogate Models）；用于科学发现的各学科 AI 基础模型；高级属性推断与逆向设计；基于 AI 的复杂系统设计、预测和控制；基于 AI 和自动化技术的机器人科学家；人工智能自主编程与软件工程实现。

（2）垂直领域应用：各国在基础科学领域（如数学、物理、化学、天文学、生物科学等）与应用领域（气象、材料、农业、能源、药物研发、社会科学等）不断加强部署，布局 AI4S 前沿科技研发体系，旨在推动科学研究的深入发展，提升各领域的创新能力。在我国，科技部与自然科学基金委于 2023 年 3 月联合启动了"AI 驱动的科学研究"专项部署工作，紧密结合数学、物理、化学、天文学等基础学科关键问题，围绕药物研发、基因研究、生物育种、新材料研发等重点领域科研需求，布局 AI4S 前沿科技研发体系。

1.2 科研基础设施建设布局

AI4S 正在深刻改变传统科研范式，这促使各国政府与科研机构不断加大对 AI4S 基础设施的投资，支持科研基础设施的建设、扩展和升级，以满足新的发展需求。这将有效降低研究成本与门槛，提升科研效率，从而释放 AI 赋能下的科研创新潜力。总体来看，AI 科研基础设施涵盖以下三大关键领域。

（1）算力基础设施：为突破数据处理能力和计算资源可访问性的限制，全球各地纷纷建设超级计算机，例如美国的 Frontier 和 Summit，芬兰的 Lumi 和德国的 Jupiter，以及日本即将建设的"泽级"（zetta，意为 10^{21} 数量级）超级计算机"富岳"（Fugaku）。这些超级计算机将在 AI 模型训练和科学模拟中发挥至关重要的作用。与此同时，我国也已在全国范围内建立了多个国家超级计算中心，包括无锡、天津、济南、深圳、长沙、广州等地，为大规模数据分析、模拟和科学计算任务提供坚实基础。特别是 2023 年科技部"人工智能驱动的科学研究"专项提出，要发展一批针对典型科研领域的"人工智能驱动的科学研究"专用平台，加快推动国家新一代人工智能公共算力开放创新平台建设。截至 2024 年 12 月，全国已布局 25 家国家新一代人工智能公共算力开放创新平台，这些平台将为人工智能赋能科学研究提供算力、软件等支撑，加速人工智能赋能科学研究的进程。

（2）数据基础设施：高质量的数据是实现人工智能赋能科学研究的前提条件。因此，各国积极部署数据中心，并加强科学数据开放力度，以改善高质量数据的供给。例如，欧盟持续推进建设的欧洲开放科学云（European Open Science Cloud，EOSC），该平台整合了欧洲现有分布式科学数据。在我国，国家层面已经布局了 20 个国家科学数据中心和 31 个国家生物种质与实验材料资源库。此外，北京大学、清华大学、复旦大学等高校也正推进建设校级科学数据中心。这些设施为科学数据的存储、共享与分析应用提供了重要支持。

（3）一体化科研服务平台：近年来，各国正在加速建设一体化科研服务平台，旨在整合 AI4S 资源并提供统一的云服务，促进数据、算法和算力资源的跨机构共享与高效调度。例如，美国的国家人工智能研究资源（National Artificial Intelligence Research Resource，NAIRR）和欧盟的欧洲人工智能（Artificial Intelligence for Europe，AI4EU）项目，均旨在建设一个集成高质量数据集、计算资源、模型、算法、软件的 AI 生态系统，为推动各自（国家和地区）的 AI 赋能科学创新提供有力支持。在我国，中国科学院持续打造的"中国科技云"和"全球开放科学云"[9]，通过高速科技专用网络，连接我国主要的科技创新要素（国家重大科技基础设施、国家实验室、国家超级计算中心、国家科学数据中心、野外台站、科研院所和高等院校等），实现资源的汇聚、流通和合作，为全国科研人员提供统一的云服务。

1.3 人才培养与储备布局

为满足对高端 AI 人才，尤其是跨学科复合型人才的迫切需求，全球主要科技强国在 AI4S 人才培养方面采取了多项政策举措，涉及基础教育、高等教育、吸引海外人才等方面。

（1）基础教育：为从源头上把握主动权，培养具有扎实 STEM（科学、技术、工程和数学）基础的科研创新人才，各国纷纷推动 AI 教育融入基础教育阶段。具体举措包括：加大从幼儿园到 12 年级（K-12）的基础教育投资，加强 STEM 课程建设，在初高中阶段增设统计学和计算机科学原理必修课，鼓励不同学科背景的学生未来在 AI 领域深造，招聘 AI 教师并加强在岗教师培训等。我国教育部于 2024 年 12 月提出了加强中小学人工智能教育的部署要求，明确了构建系统化 AI 课程体系、开发普适化 AI 教学资源、建设泛在化 AI 教学环境、推动规模化 AI 教育教师供给等一系列目标，从而提高学生的科学兴趣和数字技能，培养适应未来创新需求的人才。

（2）高等教育：在高等教育领域，各国持续强化系统化政策支持，着力推动高水平人才培养。这些政策包括：重新设计大学课程、构建人工智能学科体系、强化 AI 技能教学、激励开展跨学科人工智能研究、设立 STEM 奖学金、扩大 AI4S 人才队伍的多样性、提供暑期国家实验室实习机会、推动政产学研合作培养人才、构建多层级的人工智能人才培育体系等[10]。我国教育部早在 2018 年就推出了《高等学校人工智能创新行动计划》，提出建设人工智能领域一级学科，推进"新工科"建设以形成"人工智能+X"人才培养模式，推动教材与在线开放课程建设，完善产学研协同育人机制等人工智能人才培养举措。在此基础上，国家自然科学基金委员会和国务院学位委员会相继设立了"人工智能"与"智能科学与技术"一级学科，众多高校成立人工智能学院并扩大研究生培养规模，取得了显著成效。

（3）吸引海外人才：为吸引全球优秀 AI4S 人才，各国采取了多项措施，包括增加人才预算与项目资助、改善科研条件、消除学术生涯障碍、提供更具吸引力的职业发展路径、放宽移民政策、建设世界级 AI 研究中心、改进企业 AI 创新评估方法等。我国也积极加强国际交流与合作，设立了"丝绸之路"中国政府奖学金，支持 AI 领域来华留学人才的培养；鼓励和支持国内学生赴人工智能领域优势国家留学；依托"联合国教科文组织中国创业教育联盟"，大力推动人工智能创新创业的国际交流与合作。

（4）搭建交流互动平台：科技部人工智能专项提出支持更多数学、物理等科学领域科学家、研究人员投身于相关研究，培养与汇聚跨学科研发队伍。国内 AI4S 的交流平台陆续涌现，如由北京科学智能研究院、北京大学计算机学院等单位共同举办的科学智能峰会先后召开，汇集 AI for Science 领域"产、学、研、用"等多领域专家学者，共同思考 AI 在科学研究中的应用与未来。

1.4 治理规范布局

建立健全 AI 治理规范和监管机制，促进 AI 模型在安全性、透明度、可信度、问责制和可解释性等方面达到高标准，是促进 AI4S 可持续发展的重要保障。当前，面对 AI 算法和 AI 生成内容所带来的伦理与安全风险，各国和地区正在加速推进制定 AI 相关的法律法规、技术标准和指导文件。例如，欧盟推出的全球首部 AI 监管法律框架《欧盟 AI 法案》（EU AI Act），而我国也于 2024 年发布了《生成式人工智能服务安全基本要求》和《人工智能安全治理框架》等重要政策。这些 AI 治理措施不仅为 AI 的规范化应用提供了坚实基础，还将为科学研究领域带来显著的溢出效应。

在科研领域，针对 AI 的具体使用，欧盟于 2024 年 3 月发布了《科研领域负责任地使用生成式 AI 指南》，以确保 AI 驱动的科学研究遵循安全、透明和符合伦理的原则。相应地，我国科技部监督司发布的《负责任研究行为规范指引（2023）》中增加了对生成式 AI 的使用规范。此外，国内的高校与科研机构也相继出台了生成式 AI 使用规范。例如，中国科学院于 2024 年 9 月发布了《关于在科研活动中规范使用人工智能技术的诚信提醒》，明确科研人员使用 AI 时的原则，包括验证 AI 生成内容的真实性、全面如实申明 AI 使用情况、应使用经国家备案登记的服务工具，以及不侵犯知识产权和数据安全等。

2 创新社会化成为 AI 赋能科学研究新趋势

社会学研究指出，社会化是指个体进入新的社会环境并获得知识、技能和行为的过程，以便在该环境中行动并成为该环境的一部分[11]。当前，随着人工智能、大数据等技术的加快突破，数字世界成为人类活动的新环境、新空间；在科研领域，数字化科研基础设施、数字化协作网络、数字化模型软件、数字化资料文献等正在共同构建一个全面的科研数字环境，推动传统以物理空间和物理科研工具为载体的科学研究向数字空间拓展，甚至迁移，深刻影响科研人员在数字环境中的知识获取和科研行为模式变革，表现出 AI 赋能科学研究的创新社会化趋势。也就是说，创新社会化是科研人员依托数字技术，适应并利用数字化科研环境，进行知识获取、科研实践的过程。这一过程不仅是对技术工具的掌握，更涉及科研创新全过程的问题发现、实验分析、科研合作、成果传播、科研管理评价等多维度模式的转变，从而促进个体在数字空间中建立新型互动关系，拓展传统科研行为边界，促进知识创新与科技进步。

2.1 AI 赋能科学研究问题发现

AI 算法和工具的应用为科研问题的发现过程带来革新。AI 技术具备强大的对多模态数据分析能力，支持对海量科研文献的归纳、整合与分析，能够有效提升科研人员的文献阅读效率和跨学科思考能力，帮助其在更广泛的领域获得选题启发。此外，运用机器学习、深度学习对时空大数据进行深入挖掘，能够有效促进对社会需求、社会问题的识别与解决。

2.1.1 对话式交互提升知识获取的速度与精准度

科学文献是获取科研灵感和科学知识的主要来源，但有效利用文献资源是一项艰巨的任务。传统上，科研人员需耗费大量时间在海量信息中进行搜索、阅读与归纳总结。然而，如今随着 ChatGPT 等 AI 大语言模型（LLMs）的出现，科研人员利用文献的方式正在发生显著变化。以星火科研助手为例，该平台由中国科学院文献情报中心与科大讯飞合作研发，于 2023 年 10 月正式启用，为科研人员提供文献阅读、概要生成、论文问答、多论文对比等功能，为科技文献的研读提供强大辅助。这类 LLMs 凭借其卓越的自然语言理解能力，能够深入解析科研人员提出的复杂问题，快速整合不同来源的信息和观点，生成可能的答案，实现类似师生间的互动探讨与答疑解惑。这种对话式交互突破了传统基于关键词的知识搜索，允许科研人员随时通过与 AI 互动，持续优化答案，进而显著缩短获取关键信息的时间，并满足个性化与精准化需求。

2.1.2 文献大数据分析促进系统化、跨学科的科学选题思考

通过对海量科研文献的深入挖掘和分析，LLMs 能够高效完成文献归纳、综述生成、选题启发、态势监测快报生成、知识图谱生成等任务。这些功能可以启发科研人员在选题时进行更为全面和多维的思考。例如，通过知识图谱对文献知识进行结构化、系统化呈现，帮助科研人员在庞大的科学文献中快速掌握知识之间的关联，并高效识别当前领域内的研究热点、发展趋势和知识空白，进而找到潜在的创新选题。一项研究展示了 LLMs 如何辅助科研人员进行文献综述，并通过自动化的文献分析和整合，帮助识别相关领域中的研究空白与可能遗漏的关键点[14]。

2.1.3 时空大数据分析加快社会潜在问题的识别速度

移动设备、社交媒体、传感器和物联网的广泛应用产生了丰富的时空大数据，成为反映社会经济活动和城市运行状况的重要依据。借助机器学习、深度学习等 AI 技术对高维度数据进行建模分析，能够及时发现潜在的社会和科学问题，开展科学计算，从而推动科研需求与社会需求的有效对接与价值转化，加速对社会问题的解决。例如，在公共卫生领域，利用 AI 技术分析医疗数据、健康监测数据和社交媒体信息，可以实时预测疾病的传播趋势和潜在高风险区域，从而优化医疗资源分配；在环境监测方面，通过对空气质量数据、水质数据和气象数据的综合分析，更准确地预测未来的污染趋势和环境风险，从而辅助预防性措施的制定；在社会治理领域，分析社区安全监测数据与社交媒体舆情，可以帮助了解居民安全感和社会服务满意度，从而促进公共安全措施优化和社会服务质量提升。这些 AI 赋能的应用为决策者提供了科学依据，帮助制定更及时有效的策略，改善城市运行和提升居民生活质量。

2.2 AI 赋能科学研究实验分析

近几年的诸多研究成果表明，运用 AI 技术可以以空前的速度和精度，解决基础研究中的挑战性问题。这得益于 AI 赋能的计算机模拟与分析技术对传统科学实验的革新，加速了科学实验的探索进程。同时，AI 作为一种通用技术工具，正在成为联结不同学科、不同机构的桥梁，使科学发现更加依赖于跨领域的通力合作与开放共享，进而推动全球科研社区在科学实验领域的广泛协同与融合。

2.2.1 推动实验科学从经验试错到"数据+计算"预测的转变

近年来，AI 技术驱动科学实验的成功案例层出不穷，展示了实验科学从传统的"经验试错"方法向"数据+计算"预测模式转变的可行性，证明了 AI 赋能科学计算能够帮助科研人员高效实现突破性科学发现，拓展人类对自然及其运行机制的认知边界。以下是几个经典案例。

在生物领域，以往通过传统试验方法，需要耗时数周到数月才能获得高分辨率蛋

白质结构。然而，DeepMind 推出的 AI 系统 AlphaFold，通过计算模拟实现了蛋白质的三维结构的精确预测，并在短短五年内完成了两次重大迭代，实现了质的突破。目前，AlphaFold3 已成功预测了所有生物分子（包括蛋白质、DNA 及其他分子构成）的结构及其相互作用，这对药物研发领域具有颠覆性的推动作用。

在材料科学领域，DeepMind 推出的 GNoME 发现了多达 220 万种理论上稳定、但在实验上尚未实现的晶体结构，其中有 38 万种稳定的晶体结构在未来有望通过实验合成。该成果将人类已知的稳定材料数量增长了近 10 倍，极大加速了新材料的发现进程。

在计算物理学领域，国内的深势科技团队于 2017 年推出的 DeePMD 在保持第一性原理计算精度的前提下，成功利用超级计算机 Summit 模拟了数亿个原子的运动轨迹，首次实现了超大系统分子动力学的高精度与高性能计算。该成果将原本预计需要 60 年才能完成的模拟缩短至 1 天，打破了分子动力学模拟 35 年来局限于小型系统（千级原子）的困境，为化学、生物学、材料科学等相关领域的进一步发展奠定了基础。

以上案例均依靠跨领域协作完成。同时，它们已在不同程度上向全球科研社区开放共享，鼓励全世界的科学家共同推进研究，从而更广泛地服务于人类社会，增进人类福祉。

2.2.2 融入科研全流程的 AI 科学家出现

在化学领域，能够独立开展研究的"AI 科学家"正在逐步改变科学实验的基本形态。例如，美国劳伦斯伯克利国家实验室于 2023 年成功开发了一种自动实验室（A-Lab）系统，能够处理比人类实验员多 50~100 倍的材料样本，并在没有人为干预的情况下自主进行 24 小时不间断实验，完成文献学习、方案制定、使用机械手合成化合物、调整配方和重复试验等一系列工作，直到成功达到目标或穷尽所有的可能配方。该系统成功在 17 天内独自创建出 41 种新材料。

在我国，中国科学技术大学江俊团队在 2022 年研制出数据智能驱动的全流程机器化学家，集成了 2 台移动操作机器人和 15 台智能化学工作站，成功实现了自主读取大量化学文献、获取先验化学知识、提出科学假设、设计实验方案、操作化学实验、构建实验反馈理论预测模型、分析数据、提出新假设等一系列原本需要人类才能完成的复杂任务，实现了理论与实验数据的交融。该系统通过阅读海量文献遴选 5 种非贵金属，融合 2 万组理论数据和 207 组实验数据，建立理实交融的智能模型，指导贝叶斯优化从 55 万种金属配比中找出最佳高熵催化剂组成，将传统遍历搜索所需的 1400 年缩短为 5 周[3]。

这些案例标志着在未来将常规实验交给机器人完成，既可以节约大量的人力物力，又可以将科研人员的注意力集中到创新设计与团队协作等创意性和人性化的工作上，推动科研的社会化和开放化。

2.3 AI 赋能科学研究合作

AI 作为一种跨领域、跨学科的先进技术，其知识融合的本质特性决定了它在科研领域的应用也将推动科研合作范式的变革，促进不同学科、领域学者之间的深度融合与协作。这种合作不仅限于科研机构和大学，也为社会各界提供了参与研究的机会，鼓励公众和民间组织共同投身科学探索。

2.3.1 从"垂直宝塔式"创新向"横向聚合式"创新转变

传统科研模式分工明确，具有高度专业化的特征。然而，AI 技术在应对高度复杂和跨学科的科学问题时极具优势，这促使 AI 驱动的科学研究更加注重跨领域学者之间的深度合作。以 AlphaFold 研究团队为例，其在《自然》(Nature) 上发表的论文共有 34 位作者，其中 19 位为并列第一作者，涉及机器学习、语音与计算机视觉、自然语言处理、分子动力学、生命科学、高能物理和量子化学等领域的知名学者。AlphaFold 的成就表明，未来重大科研成果将越来越依赖多学科协同，注重多学科交叉与合作共赢的理念，而"单打独斗"或依赖单一资深专家的"1+N"创新模式将愈发难以解决日益综合、交叉、复杂的科学问题。

2.3.2 从"小作坊模式"转向"平台化模式"

当前，全球各个国家和地区正在积极推进 AI 基础设施的建设，并持续追加投资，以促进 AI 资源的整合、共享与高效利用，降低开展 AI4S 的门槛。这些基础设施包括 AI 算法、高性能计算能力、AI 赋能的自动化实验平台、高质量数据库以及一体化智能科研协作平台等，如欧盟的 EOSC 和 AI4EU，美国的 NAIRR，以及中国科学院的"中国科学云"和"全球开放科学云"等。这些平台在推动科学研究的开放性与合作性方面发挥了重要作用，使科研人员能够更便捷地访问和共享数据、文档、代码及科研成果，促进科研协作和科研成果的重用，避免重复性劳动，从而加速科研进程。

2.3.3 从"精英化"向"大众化"转变

随着平台化科研工具（如云计算平台、在线协作工具、开源机器学习框架等）的发展与普及，科学家与公众之间的壁垒正在被逐渐打破。传统的科研活动往往集中在少数具备较高专业素养的学者手中，社会大众很难参与其中。如今，公众可以通过公民科学（Citizen Science）项目、众包平台、开源平台、挑战赛等方式积极参与数据收集、实验设计和结果分析，形成"大众创新"这一新型合作模式。这不仅能够促使更多人为科学研究贡献自己的力量，还能够进一步扩大科研人才基础，充分发挥社会各界的智慧，为科学事业注入新生机。以全球最大的公民科学项目 Zooniverse 为例，该平台吸引了数百万民众参与科学研究，并通过人机协作协助科学家构建用于自动化识别研究对象的 AI 模型。其中，经典的科研项目包括 Galaxy Zoo（对数百万幅银河系中的恒星图像进行分类）和 Snapshot Serengeti（通过监测动物行为推动野生动物保护研究）。这一类公民科学项目通过将科研任务分散到广大公众中，有效减少了对专业科研人员的依赖，推动了科学研究的去中心化。

2.4 AI 赋能科学研究成果传播

AI 技术的普及加速了科学知识的传播过程，推动了从成果共享向过程共享的转化，以及解决社会实际问题的进程。

2.4.1 推动科研成果的高效呈现与传播

大语言模型在论文起草、语言优化、跨语言翻译等方面具有强大能力，能在快速生成文字的同时兼顾表达的逻辑性和流畅性，从而为科研成果的高效呈现提供了便捷的工具。斯坦福大学人工智能研究所（Human-Centered Artificial Intelligent，HAI）发布的研究报告显示，在计算机科学领域，由 LLMs 参与起草的论文和同行评议内容分别达到 17.5% 和 16.9%[15,16]。此外，LLMs 为科研新人或非英语母语研究者的科研论文发表提供助力，提升其表述复杂观点的能力，加快科学论文形成与传播速度，促进全球科学交流的效率与规模。

2.4.2 推动成果共享向过程共享转化

传统的科研成果多以论文、专利等形式共享，侧重最终研究成果的共享。随着开放获取和开源社区等模式的兴起，科研数据、代码、模型等中间过程的共享日益普及，有力推动了科研成果的广泛传播与深入应用。以开源代码托管平台 GitHub 为例，研究人员可以在平台上共享 AI 项目的代码和模型，并进行版本控制与协作开发。这种共享不仅使项目分享者能够迅速获得使用反馈和改进建议，为 AI 技术的快速迭代提供了便利，还保障了研究过程的透明性和可重复性。此外，GitHub 丰富的技术学习资源降低了入门门槛，帮助更多研究者结合 AI 技术实现快速应用转化。

2.4.3 成果共享加速解决社会问题

AI 技术通过扩大成果传播范围、促进跨学科合作、加速成果转化、提高社会影响力，使科研成果更好地服务于社会，解决社会问题。例如，在新冠疫情期间，全球科研人员通过共享数据、算法和模型，加速了疫苗和药物的研发；在气象预测领域，华为云研究团队推出了高分辨率 AI 气象预报系统"盘古气象大模型"[17]，能够以 0.25°×0.25° 的高分辨率，为 4 个地表变量和 5 个大气变量提供秒级的全球气象预报。该成果已在欧洲中期天气预报中心（European Centre for Medium-Range Weather Forecasts, ECMWF）实现业务运行，为人类应对气候变化和自然灾害提供了新的解决方案。

2.5 AI 赋能科学研究管理评价

2.5.1 科研组织架构趋向扁平化

AI 为科研管理流程的优化提供了强有力的技术支持。通过数据分析，能够精简冗余的管理环节，减少层级结构，从而赋予一线科研人员更大的自主权和决策权。这种扁平化的组织架构将有效提升管理效能，并激发科研团队的创新动力。以中国科学院资源规划项目（Academia Resource Planning，ARP）为例，该项目为超过 180 家科研单位提供人力、资金、科研基础条件等资源的一体化管理平台，以整合优化资源配置和科研管理流程。同时，借助 AI 的智能化处理能力，该平台增强了对科研管理数据的汇集与挖掘分析，并提供智能文档识别、风险防控等服务，在提升中国科学院的信息化管理水平、优化资源调配、辅助管理决策等方面发挥了关键作用。

2.5.2 科研管理精细化

AI 技术推动了科研项目全生命周期管理的精细化，能够实时追踪项目生命周期中的关键环节，包括项目进度、资源配置和风险控制。同时，借助 AI 对海量人才数据的深度挖掘，可以构建人才画像，为人才培养和选拔提供数据支持。此外，这种基于数据的精细化管理有助于提高科研活动的透明度和问责性，促进其接受社会各界的监督与评价。

2.5.3 推动以社会影响为导向的绩效评价

在 AI4S 的背景下，以社会影响为导向的绩效评价成为可能。通过综合运用引文分析（衡量学术价值）、下载量（反映应用潜力）、社交媒体互动（体现社会影响与政策贡献）等多维度指标，可实现更加全面的科研评价。与传统学术评价相比，该模式不仅关注科研成果在学术界的认可度，更强调科研成果的社会价值，鼓励科研人员更多关注社会需求和社会问题，并积极应对社会挑战，促进科研成果的社会转化。

3 AI 在科研领域应用中的治理问题及建议

在 AI4S 的引领下，创新的社会化进程不仅涉及科学知识获取、产生方式、传播途径及其应用价值的转变，还包括数字科研环境的价值观、行为规范和道德伦理的重塑。当前，随着 AI 技术在科研领域的深入应用，新技术伦理和科研伦理问题不断涌现，AI4S 正面临严峻的治理挑战。为此，在创新社会化的趋势下，AI4S 应倡导以人为本和开放共享的价值观，促使科研人员在追求创新与效率的同时，始终秉持社会责任与道德底线，确保科技发展服务于人类的共同利益，促进社会的可持续发展。

3.1 以人为本，满足多元化创新需求

人工智能的相关应用和服务平台在为研究带来深刻变化的同时，仍需要提升科研服务平台的服务化水平。促进 AI 应用平台以科研人员等用户为中心，实现从"专业型"向"用户友好型"升级是 AI4S 的大势所趋。但总体来看，目前仍存在以下问题：一是各类系统对科研人员的需求认识不足。这使得所提供的服务与科研人员的实际需求脱节。例如，服务内容与实际科研活动之间的关联性不足，以及服务形式与科研人员的使用习惯和工作流程缺乏匹配，使服务的实际应用受限。二是科研数据的深度价值尚未充分挖掘。一方面，数据仍被视为科研团队、组织的核心资产，加之缺乏数据共享激励措施，开放共享程度有限，部门、组织间的数据藩篱仍然存在；另一方面，尽管各类科研服务平台已经实现了科研数据的有效汇聚，但基于这些数据提供的服务仍然不足，数据潜在价值仍未被充分挖掘。三是科研人员之间存在数字素养差距。在新兴数字工具的使用能力上，科研人员呈现出两极化现象：一部分科研人员能够熟练掌握并有效利用这些工具来进行数据分析、文献管理和实验设计，提升科研工作的效能；然而，另一部分科研人员却由于缺乏必要的培训或对新技术存在抵触情绪，限制了他们获取和分析数据的能力。这将进一步加剧不同科研人员在科研能力、科研产出和质量上的差距，进而造成资金、项目申请及职业发展机会的不平等。

针对以上问题挑战，提出如下建议：一是提升科研管理服务平台的用户体验，支持科研人员根据自身研究特点和工作习惯对系统进行个性化配置，例如支持定制化仪表盘以符合不同领域的需求。同时，为科研人员提供智能化的辅助功能，如智能推荐、数据可视化等，帮助科研人员快速识别和获取有价值的数据与信息。二是优化领域典型场景

的服务供给，在当前领域大数据平台基础上，深入调研不同领域的典型应用场景，开发各类领域模型、软件，构建数字化、智能化科研场景，以更好地满足科研人员对领域大数据的深度使用需求。同时，进一步提升科研数据的开放共享程度，降低科研机构获取数据使用权限的门槛。三是提升科研人员数字素养，针对各科研院所的不同领域特征和科研需求，开展有针对性的数字技能培训，以更全面地发挥 AI 在科研领域的潜力，促进科研工作高效开展。

3.2 关注伦理，促进 AI 的负责任应用

当前，AI 技术的广泛应用虽然带来了诸多便利，但也存在一些问题与隐患，使科研领域面临严峻的科学信誉危机。一是 AI 的"黑箱"特性对科研透明性的挑战。AI 的"黑箱"特性是影响科研透明性的关键因素。许多 AI 模型，尤其是深度学习模型，其内部机制复杂且难以解释，导致研究者难以理解和解释其决策过程。同时，AI 模型的训练通常依赖大量数据，如果数据的来源、质量和处理方式不明确，不仅可能导致模型产生偏见或误导性结论，还可能使其他研究者难以验证和重复相关实验。因此，缺乏可解释性和透明性将直接影响研究结果的可靠性，进而引发外界对科学研究可信度的普遍质疑。二是 AI "幻觉"及其带来的依赖性对研究者构成挑战。AI 常常会生成看似真实但不准确或虚构的内容，这种"幻觉"极具误导性。然而，随着模型的优化和内容生成质量的不断提升，AI 工具的高效性可能逐渐导致科研人员对其产生过度信任，从而忽视对基础理论的深入理解与运用，降低对传统科学方法和人类判断的重视。这种"技术依赖"可能削弱科研人员的专业能力与批判性思维，并抑制对新方法和理论的探索动力，或将导致在面对挑战时缺乏适当的应对能力。三是 AI 的"深度造假"对科研真实性的挑战。科研界对 AI 传播错误信息和假研究的潜在危害普遍感到担忧，因为科学研究依赖于真实和可靠的数据与结论。然而，AI 技术可以轻易生成虚假的研究成果或伪造数据，这将误导科研人员的研究方向，导致科研资源的浪费，从而影响科学进展并损害科学公信力。四是 AI 算法与数据偏见对公平性的挑战。不当地使用 AI 技术可能导致算法偏见，主要体现在算法设计中的偏见以及数据代表性不足所带来的偏差。这种偏见可能导致严重后果，例如，在医学研究中，如果算法训练的数据未能充分代表某些少数族裔群体，可能导致对这些群体的诊断不准确和治疗延误，从而危及患者的生命健康。

针对以上问题挑战，提出如下建议。一是完善 AI 技术的使用指导原则，为维护科学信誉，需强调学术科研机构的责任，确保其严格遵守科技伦理、技术标准及法律法规。同时，引导科研人员负责任地使用 AI，鼓励研究人员使用 AI 模型时，关注可解释性、透明性、可靠性等问题。二是培养科研人员的批判性思维与技能，教育机构和科研单位可通过加强对学生和科研人员的培训，提高其对 AI 工具的批判性理解与运用能力。鼓励研究者在使用 AI 工具时，保持对基础理论的深入思考，合理结合传统科学方法与先进 AI 技术。三是建立科研信用评价系统，通过建立科研信用评价体系，对科研人员的科研行为进行动态追踪与评价，将其作为项目申请与晋升考核的重要依据，从而激励科研人员持续提升学术诚信和研究质量，推动科研生态的健康发展。四是完善科研领域的 AI 伦理准则和监管机制，指导科研人员和开发者在 AI 研究与应用中遵循道德和伦

理标准；高等院校和研究机构应建立伦理委员会或伦理审查制度，确保 AI 应用中的伦理标准得以遵循，确保科研决策符合科学规范、伦理标准和社会价值观，但同时也要防范过度监管对科研创新的抑制。

3.3 完善监管，确保 AI 应用安全合规

随着 AI 技术的不断进步，其在科学研究中的应用面临的安全挑战越来越复杂，主要表现为数据安全、网络安全等各方面。一是数据隐私保护挑战。科学研究中常涉及个人隐私和敏感信息的数据，如临床试验的参与者数据、基因组数据或社会科学研究中的调查数据。这类数据的泄露不仅会侵犯个人隐私，导致法律诉讼和伦理方面的严重后果，还可能削弱公众对科研机构和相关组织的信任，影响参与者的积极性，并对未来的研究数据收集工作产生负面影响。二是网络攻击风险增加。随着技术的发展和数据量的激增，网络攻击和数据泄露的风险显著增加，科研机构常常成为网络攻击的目标。攻击者可能通过恶意软件、网络钓鱼等手段侵入系统，获取敏感数据。三是技术快速发展导致的监管滞后。AI 技术的发展迅猛，使得现有的技术标准、法律法规和伦理监管框架难以跟上技术进步的速度。这种滞后导致一定程度上的监管空白，进而可能造成潜在危害。例如，在科研过程中，当 AI 系统出现错误或偏差并导致严重后果时，如何明确人类研究者和 AI 系统之间的责任界限，是一个相当复杂的问题。此外，各国和地区的 AI 监管政策存在显著差异，使科研机构在国际合作中面临额外的合规复杂性。

针对以上问题挑战，提出如下建议。一是完善科研数据安全法规，制定严谨的数据管理规范，包括数据的收集、存储、使用和销毁，确保在数据全生命周期内保护个人隐私和敏感信息，并防止数据被滥用。这些规范应涵盖数据处理的最佳实践，从而提升科研人员对科研数据与隐私安全的保护水平。二是建立健全的网络安全框架，设计并实施系统性的网络安全政策与标准，以识别和评估潜在的网络风险。加强数据加密、访问控制和用户身份验证机制，同时健全应急响应机制和事件处理流程。提升科研人员的网络安全意识和技能，如定期开展网络安全培训，确保他们能够识别并应对网络威胁，有效维护数据安全。三是建立健全的监管体系以适应 AI 研究和应用。在现有法律法规的基础上，深入分析并明确针对 AI 研究和应用的特定法律需求，持续完善相关法律法规。明确数据使用规范、算法透明度要求和责任归属原则，清晰界定人类研究者与 AI 系统在研究过程中的责任，设立详尽的责任追溯与问责机制。此外，促进各国在 AI 监管政策上保持一致性，以确保国际合作中的合规性。

参 考 文 献

[1] 鄂维南. AI 助力打造科学研究新范式 [J]. 中国科学院院刊，2024，39（1）：10-16.

[2] 李国杰. 智能化科研（AI4R）：第五科研范式 [J]. 中国科学院院刊，2024，39（1）：1-9.

[3] 杨金龙，江俊. 拥抱科研新范式——人工智能带来的科研革命 [J]. 科学与社会，2023，13（3）：11-22.

[4] 秦浩. 美国政府人工智能战略目标、举措及经验分析 [J]. 中国电子科学研究院学报，2021，

16（12）：8.

[5] 齐硕，李世欣，杨逸萌. 全球视野下人工智能战略布局与未来展望 [J]. 世界科技研究与发展，2024（4）：442-455.

[6] 高文. 人工智能前沿技术和高质量发展解析 [J]. 时事报告（党委中心组学习），2023，6：96-113.

[7] 白路. 从美国政府政策看：如何激发人工智能驱动科研创新潜力 [R]. 北京：国务院发展研究中心，2024.

[8] 王兆然. 美国人工智能驱动的科学研究新进展和部署动向——以美国能源部为例 [J]. 全球科技经济瞭望，2024，39（6）：8-14.

[9] 中国科学院，教育部，科学技术部，等. 中国科研信息化蓝皮书 2022：面向全球科技合作的开放科学云计划 [M]. 北京：电子工业出版社，2022.

[10] 崔丹，李国平. 人工智能人才培养与教育政策的全球新走向 [N]. 光明日报，2024-03-21（14）.

[11] BRIM O G. Socialization through the life cycle[G]. Socialization After Childhood: Two Essays. New York: Wiley, 1966: 1-49.

[12] 张林峰，孙伟杰，李鑫宇，等. 2023 科学智能（AI4S）全球发展观察与展望 [R]. 北京：2023 科学智能峰会，2023.

[13] MASLEJ N, FATTORINI L, PERRAULT R, et al. The AI Index 2024 Annual Report [R]. California: Institute for Human-Centered AI, Stanford University, 2024.

[14] MCGINNESS L, BAUMGARTNER P, ONYANGO E, et al. Highlighting Case Studies in LLM Literature Review of Interdisciplinary System Science[C]. AI 2024: Advances in Artificial Intelligence. Springer, 2024: 29-43.

[15] LIANG W, IZZO Z, ZHANG Y, et al. Monitoring AI-Modified Content at Scale: A Case Study on the Impact of ChatGPT on AI Conference Peer Reviews[J/OL]. arXiv: 2403.07183, 2024.

[16] LIANG W, ZHANG Y, WU Z, et al. Mapping the Increasing Use of LLMs in Scientific Papers[J/OL]. arXiv: 2404.01268, 2024.

[17] ZHU Q, ZHANG F, HUANG Y, et al. An All-Round AI-Chemist with a Scientific Mind[J]. National Science Review, 2022, 9(10): 1-11.

[18] BI K, XIE L, ZHANG H, et al. Accurate Medium-Range Global Weather Forecasting with 3D Neural Networks[J]. Nature, 2023, 619:533-538.

作者介绍

潘教峰，中国科学院科技战略咨询研究院院长、研究员，中国科学院大学公共政策与管理学院院长，中国发展战略学研究会理事长，《中国科学院院刊》编委。主要从事科技战略规划、创新政策和智库理论方法研究。

王圣音，中国科学院科技战略咨询研究院博士后。主要从事人工智能赋能智库科学、地理时空数据挖掘研究。

吴静，中国科学院科技战略咨询研究院研究员，中国科学院学部咨询研究支撑中心执行主任，中国科学院大学公共政策与管理学院智库科学与工程系副主任。主要从事宏观政策模拟与分析，以及数字经济与数字化转型政策研究。

第二篇

基础能力篇

AI 算力网
——人工智能赋能科学研究的能力平台

孙凝晖，王 䂮
（中国科学院计算技术研究所）

摘 要

随着 2024 年诺贝尔物理学奖和化学奖双双授予人工智能（AI）及相关成果，AI for Science（AI4S）已经无可争议地成为新一代科研范式。依托 AI4S 研究范式和人工智能赋能科学研究的能力平台，可以大幅度提高科研效率，拓展科学认知边界。本文首先回顾了科学研究范式的发展历程，以及面向科学研究的算力基础设施的演进过程，归纳总结了从超算中心、智算中心逐渐演进为 AI 算力网的历程。探讨了当前 AI 算力网面临的技术挑战，包括科学数据的统一抽象与封装、64 位高精度科研大模型的需求，以及异地、异属、异构的分布式 AI 算力的统一，并以"信息高铁"算力网为例介绍 AI 算力网赋能科学研究各个环节的两个典型案例。

关键词

AI4S；AI 算力网；科学研究范式；智能化科研

AI Computility Grids
— an Artificial Intelligence Empowered Scientific Research Platform

Ninghui Sun, Sa Wang

(Institute of Computing Technology, Chinese Academy of Sciences)

Abstract

With the 2024 Nobel Prizes in Physics and Chemistry both awarded to artificial intelligence and related achievements, AI for Science has become a new paradigm and capability platform for scientific research, significantly enhancing research efficiency and expanding the boundaries of scientific understanding. This article first reviews the development of scientific research paradigms. At the same time, the computational infrastructure for scientific research has evolved from supercomputing centers to intelligent computing centers and gradually into AI compultility grids. It poses great challenges to implementing AI compultility grids, including the unified abstraction and encapsulation of scientific data, the demand for 64-bit high-precision scientific models, and the convergence of distributed AI computing power across different locations and ownerships. This article uses the "Info-Superbahn" compultility grid as an example to introduce cases where AI compultility grids empower various aspects of scientific research.

Keywords

AI4S; AI Compultility Grids; Scientific Research Paradigm; AI4R

1 引言

深度学习算法和生成式大模型等人工智能技术的横空出世，在全世界范围内掀起了新一轮 AI 浪潮。2024 年诺贝尔物理学奖授予了人工神经网络，化学奖授予了 AI 辅助的蛋白质结构预测与蛋白质设计，标志着人工智能赋能科学研究已成为新一代的科研范式，相关智算平台也成为继超算、大科学装置后的新型科研重大能力平台，将数量级地提高科研效率并拓展科学认识的边界。

早期的科学发现主要依赖于实验和人类的智慧，由人类科学家进行大胆猜想、小心求证，信息技术无论是计算技术还是数据科学，都只是起到一些辅助和验证的作用。相较于人类，人工智能在记忆力、处理高维复杂、全视野、推理的深度、猜想能力等方面具有较大优势，能否以 AI 为主进行科学发现和技术发明，比如发现物理学规律、预测蛋白质结构、设计高性能芯片、高效合成新药等，是这一轮人工智能赋能科学研究变革的关键挑战。人工智能大模型具有全量数据，具备上帝视角，通过深度学习的能力，可以比人类向前看更多的步数，人工智能模型继续发展下去如能实现从推断（Inference）到推理（Reasoning）的跃升，将有潜力具备人类顶级科学家爱因斯坦一样的想象力和科学猜想能力，这必将大幅提升人类科学发现的效率，打破人类的认知边界。

与此同时，面向科学研究的算力基础设施也在不断发展。早期是昂贵的私属超算中心，后来网格计算技术使其公共化、平台化、易使用。如今，随着人工智能的发展，智算中心应运而生，并进一步发展出新型能力平台——AI 算力网。AI 算力网能够为科学智能研究提供无限扩展的算力供给、统一的数据封装与共享以及科学研究全流程自动化加速等，进一步加速科学家探索、试验、发现和创新的全过程。然而其仍然面临诸多技术挑战，主要包括：对科学数据进行统一抽象和封装，以适应不同学科的 AI 模型，并提高训练和推理效率；需要 64 位高精度的科学大模型并贯穿高性能计算流程，以满足科学研究对精度的要求；汇聚异地异属异构的分布式 AI 算力，以应对大模型不断增长的近乎无限的算力需求；面向 AI4S 的科学智能全流程自动化，将大模型数据收集、数据清洗、预训练、微调、评估、部署与推理的全流程与科学研究的过程深度融合，做到科学智能全流程的自动化。

AI 算力网作为人工智能赋能科学研究的能力平台，将智能计算与科学计算、科学数据紧密融合，对科学研究具有重大意义，在科学研究的各个环节都发挥着重要作用，有望推动科学研究进入一个全新的阶段。

2 科学研究范式的变革历程

现代科学研究始于 16—17 世纪的科学革命，伽利略、牛顿是现代科学研究的鼻祖。广为流传的牛顿和苹果的故事，说的是牛顿通过苹果落地这一常见现象，观察到不仅苹果会落地，其他物体在没有支撑时也会向地面下落。牛顿通过对这些现象的归纳总结，提出了万有引力定律，描述了物体之间相互吸引的力与它们的质量和距离之间的关系，成功地解释了天体运动和地球上物体的重力现象。这种方式也被称为科学研究的第一范式：基于观察和归纳的实验研究。

科学研究的第二范式，是基于科学假设和逻辑演绎的理论研究，数学领域的大量研究都以第二范式为主。比如，欧几里得在几何研究中，首先提出一系列的公理和假设，如"两点之间可以做一条直线"和"所有直角都相等"等，然后基于这些假设，通过严谨的逻辑演绎，构建了整个欧几里得几何体系。这个体系包含了众多的定理和证明，成为经典几何学的基石，对后来的数学发展产生了深远的影响。

随后的几百年间，科学研究的方法都以第一范式和第二范式为主，直到20世纪中叶电子计算机的出现。通过计算对复杂现象进行仿真，成为第三种科研方法（第三范式）。比如，在飞机设计过程中，工程师需要了解飞机在各种飞行条件下的性能，除了传统的风洞实验，还可以通过计算机模拟技术对飞机的空气动力学特性进行仿真。利用计算流体力学软件，输入飞机的外形参数、飞行速度、空气密度等条件，计算机可以模拟出飞机周围的气流分布情况，预测飞机的升力、阻力、稳定性等性能指标。这有助于工程师在设计阶段优化飞机的外形和结构，提高飞机的飞行性能和安全性。又比如，在研究新型材料的性能时，需要研究其在不同温度和应力条件下的变形行为。科学家可以利用有限元分析软件进行计算机仿真，通过建立材料的微观结构模型，输入材料的物理参数和外部加载条件，计算机可以模拟出材料内部的应力分布和变形过程。这有助于科学家了解材料的力学性能，为材料的设计和优化提供依据。

进入21世纪后，传感器技术的飞速进步、大科学装置的建设与互联网的普及引爆了数据革命，近20年来高能物理、天体物理、生物等学科出现了数据密集型科学研究方法（第四范式）。

欧洲核子研究中心（CERN）的大型强子对撞机实验，每秒会产生海量的数据。当质子束在极高能量下对撞时，会产生各种粒子的碰撞事件，探测器会记录下这些事件的大量相关信息，包括粒子的能量、动量、轨迹等数据。科学家通过对大量的碰撞事件数据进行筛选和分析，利用复杂的数据处理算法和高性能计算技术，从海量数据中识别出可能与希格斯玻色子相关的特征信号，最终发现了希格斯玻色子，实现了高能物理领域的一个重大突破。

大型射电望远镜和太空望远镜让天文学家能够收集到海量的天文数据，如星系的光谱数据、亮度分布数据，恒星的运动轨迹数据等。通过对海量数据的分析，天文学家可以发现新的星系类型、研究星系的演化过程。一个典型研究是探索暗物质和暗能量的存在，按照可见物质计算的引力无法解释星系的旋转速度，所以通过分析星系的旋转曲线数据，就能发现暗物质存在的证据。

基因测序技术的快速发展让生物学家能够获取大量的基因序列数据。例如，在人类基因组计划中，科学家获得了包含约30亿个碱基对的基因序列信息。对这些海量基因数据的分析有助于研究疾病的遗传基础，通过比较健康个体和患有特定疾病个体的基因序列，寻找与疾病相关的基因突变。例如，在癌症研究中，通过对大量癌症患者的基因测序数据进行分析，发现了许多与癌症发生、发展相关的基因突变，为癌症的诊断、治疗和药物研发提供了重要依据。

以数据驱动和人工神经网络为核心思想的这一轮 AI 技术革命，在高性能科学计算、数据密集型科学研究的基础上，进一步融合科学大模型，发展新的 HPC+AI 科学计算方法，模拟跨尺度复杂系统，在算力与科学数据新型基础设施的支撑下，新的智能化科研方法曙光初现，有望带来科学研究的大面积突破，极有可能成为科研第五范式。当前，智能化科研的方式已经在加速药物研发、新材料的设计与性能预测等应用领域取得了显著成效。

药物研发是一个漫长、复杂且花费巨大的过程。传统的药物研发过程包括药物发现、临床前试验和临床试验等多个阶段，每个阶段都可以通过智能技术进行改变。例如，在药物发现阶段，需要从大量的化合物中筛选出具有潜在治疗效果的药物分子，这是一个耗时费力的过程。随着 HPC+AI 科学计算方法的出现，高性能计算可以加速药物分子与靶点之间相互作用的模拟过程，通过分子对接模拟等技术，可以快速评估药物分子的活性和选择性。在临床试验阶段，人工智能技术则可以利用大量的生物医学数据，如疾病基因数据、药物分子与蛋白质数据、临床数据等，进行机器学习，预测药物分子对特定疾病的治疗效果。同时，AI 还可以帮助优化临床试验方案，提高临床试验的效率和准确性。

传统的材料设计和性能预测往往需要大量的实验和试错过程。设计一种具有特定性能，如高强度、高导电性等新材料可能需要耗费大量的时间和资源。HPC+AI 高性能计算可以模拟材料在不同条件下的物理和化学性质，通过分子动力学模拟软件研究材料分子的运动和相互作用。利用人工智能技术，对已知材料的成分、结构和性能数据进行机器学习，建立材料科学大模型，可以预测新材料的性能。AI 还可以帮助优化材料设计方案，减少实验次数。

3 面向科学研究的算力基础设施的发展历程

面向科学研究的算力基础设施的早期形态主要是超算中心。其中，高性能计算技术源于科学研究的需求，新技术也最先用于科学研究，超算中心在科学与工程计算、数值模拟、气象预报、地质勘探等领域都发挥着重要的作用。早期超算中心的成本十分昂贵，是私属算力资源，普通科研人员很难接触到。网格计算技术的出现使超算中心变得公共平台化与易使用，超算平台不断朝着算力基础设施化的方向发展。

当前，我国服务互联网应用、政府与企业信息化的算力基础设施主要是公有云，而服务科学研究的公共算力基础设施主要是超算中心，正处于发展中的形态主要是智算中心和算力网。一直以来，我国支撑科学研究的算力平台基本以超算中心为主，近年来，随着智能技术的爆发式发展，智算中心也成为赋能科学研究的关键算力基础设施，而随着大模型等智能应用对算力的需求呈指数级增长，单类型算力、单数据中心难以满足爆发式增长的算力需求。如何将异地、异属、异构的算力资源通过并网形成一台"大电脑"，提供统一抽象的算力服务，这既是算力网要解决的问题，也是算力基础设施未来的发展趋势。

3.1 超算中心

美国最早建设了具有公共服务属性的国家超算应用中心（National Center for Supercomputer Applications，NCSA），为全美成千上万名科学家、工程师和研究生提供算力资源。后来，网格计算技术的出现，为其增加了规模化、易使用等属性，美国建设了较完整的国家超算中心公共服务体系，其中代表性工作有：美国国家技术网格（NTG）、分布万亿次级计算设施（DTF）、美国国家航空航天局 IPG、美国能源部 ASCI Grid、美国国防部全球信息网格（Global Information Grid）等。

我国超算中心的发展要追溯到 20 世纪 90 年代后期。1998 年，依托国家高技术研究发展计划（863 计划）"智能计算机系统"主题布局，我国构建了国家高性能计算环境。这一时期，我国支持建立了 5 个高性能计算中心，形成了我国高性能计算基础设施的雏形。

截至 2024 年，科学技术部批准建立（含筹建中）的国家超级计算中心共计 14 个，具体如表 1 所示。

表 1　截至 2024 年科学技术部批准建立（含筹建中）的国家超级计算中心

序号	名称	成立年份	目前在用计算资源
1	中国科学院计算机网络信息中心	1995 年（2023 年获批）	"东方"超级计算机
2	上海超级计算中心	2000 年	"魔方Ⅲ"：3.3PFlops "魔方Ⅱ"：399TFlops
3	国家超级计算天津中心	2009 年	"天河一号"超级计算机：4700TFlops 天河三号 E 级原型机系统：146PFlops
4	国家超级计算深圳中心	2009 年	曙光 6000：1271TFlops
5	国家超级计算长沙中心	2010 年	天河超级计算机：1372TFlops
6	国家超级计算济南中心	2011 年	神威蓝光超级计算机：1100TFlops 神威 E 级原型系统：3.13PFlops
7	国家超级计算广州中心	2013 年	天河二号：100.679PFlops
8	国家超级计算无锡中心	2016 年	神威·太湖之光超级计算机：125.436 PFlops
9	国家超级计算郑州中心	2020 年	"嵩山"超级计算机：100PFlops
10	国家超级计算昆山中心	2020 年	曙光 7000
11	国家超级计算成都中心	2020 年	曙光 7000：170PFlops
12	"乌镇之光"超算中心	2021 年	硅立方：181.9PFlops
13	国家超级计算西安中心	2021 年	曙光 7000
14	国家超级计算太原中心	2022 年	曙光 7000：300PFlops
15	文昌航天超算中心	2023 年	唯一面向航天领域超算中心，1000PFlops
16	中新（重庆）国际超算中心	2023 年	首个纯商业运营超算中心，国产神威和英特尔、IBM 混合算力，不低于 2.8PFlops

（资料来源：2024 年中国 TOP100 排行榜）

为了更好地提高全国超算资源的利用率，我国自主研发了国家超级计算基础设施支撑软件系统，即国家高性能计算网格环境 CNGrid，实现分散、异构、动态、自治资源的聚合、管控和共享，构建了最大的国家级超算基础设施，每年提供超过 100 亿核时的算力，年均完成作业 2000 万个，整体可用率大于 99%。

在科学技术部"863 计划"和重点研发计划以及地方政府的配套经费大力支持下，经过 20 多年的努力，我国超算基础设施取得了长足发展，已广泛服务于空间天文、核能与新能源、新材料、气象与气候变化、航空航天、新药研发与生物信息、工业仿真计算等科学研究领域。

3.2 智算中心

随着人工智能技术的快速发展，生成式人工智能与大模型实现突破，随之而来的是对智能算力的爆发式需求。据 OpenAI 公司研究表明，自 2012 年开始，智能应用对算力的需求已经呈现出每 3~4 个月翻一倍的指数级增长趋势。智能算力的巨大需求，推动智算中心蓬勃发展。我国也相继建设了鹏程·云脑、商汤科技智算中心、寒武纪智算平台等智算中心。

深圳鹏城实验室搭建的"鹏城云脑"智算平台，采用华为国产软硬件系统建设，其中"鹏城·云脑Ⅱ"具有 100 亿亿次的半浮点运算能力，运行了全球首个全开源的 2000 亿参数中文预训练语言大模型"鹏程·盘古"、全球首个知识增强千亿大模型"鹏城-百度·文心"、性能达国际先进水平的十亿参数视觉大模型"鹏程·大圣"等。

商汤科技建设的"新一代人工智能计算与赋能平台"是华东地区首个落地运营的超大型人工智能计算中心，该智算中心一期工程的占地面积 13 万平方米，一期机柜数量 5000 个。

中科寒武纪公司先后与地方政府合作建设了多个智算中心，例如：在广东横琴建设了粤港澳大湾区首个人工智能计算平台——横琴先进智能计算平台，在陕西西安沣东新城建设了西北地区首个人工智能基础设施——沣东人工智能计算创新中心，在江苏南京建设了长三角地区投入运营的最强智算平台——南京智能计算中心，支撑了科技金融、智能制造、智慧零售、智慧医疗、智慧交通等领域的应用创新。

4 算力网的建设现状与应用实践

算力网的思想可以追溯到 20 世纪 60 年代美国学者 John McCarthy 提出的效用计算（Utility Computing），即"算力应该像电话系统一样，成为一个公共服务，用户可以随用随取，按用付费"；在超算领域，Ian Foster 和 Carl Kesselman 提出的网格计算（Grid Computing）也曾风靡一时，我国高性能计算科技专项很多年都在支持该领域的研究，创业公司"并行科技"利用这类技术服务大量超算用户，对我国超算的普及起到很好的推动作用；云计算也是这一思想的发展产物，颠覆了企业数据中心市场，为互联网应用提供了弹性伸缩、可靠性高的算力底座。近年来，随着国家"东数西算"工程的正式启动，算力网再次成为工业界和学术界的热门话题。

4.1 算力网的概念与特征

如图 1 所示，算力网相比于云计算，进一步通过并网、调度、应用模板、模型工厂等技术，将异地、异属、异构的算力资源，在逻辑上形成"一台大电脑"，在算力种类上可以更多样、适配更佳，在规模上的扩张可以大幅降低算力成本，采用更低代码的编排方式提供更好的易用性。算力网包括以下主要特征。

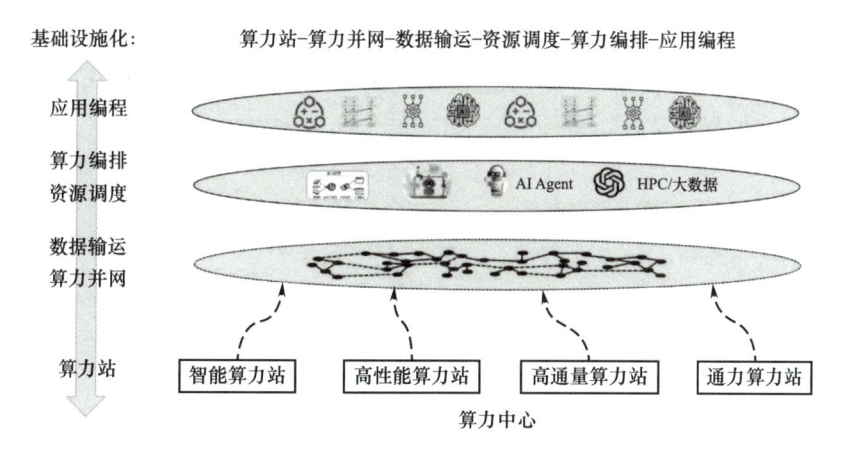

基础设施化：算力站-算力并网-数据输运-资源调度-算力编排-应用编程

图 1 算力网分层解耦架构

- **算力并网**：多云架构和接口的不一致导致云平台的算力资源和数据资源形成了很多孤岛，限制了资源的更大范围集中和数据的更高效使用。算力并网采用"联邦制"商业模式，通过打通"算力孤岛"，实现云间互联互通互操作，在跨域分布式资源池基础上构建统一的"一朵云"。
- **算力调度**：国家级算力枢纽、区域级算力中心、城市级算力中心、边缘级算力等广域分布化且资源多样性的算力供给，给应用带来了前所未有的挑战。算力调度是实现算力的供需匹配、高效供给及优质服务的关键，需要支持单服务器内部细粒度调度、通用计算与加速器协同调度、单数据中心超大规模集群级（万台服务器规模）调度、跨域多数据中心调度，以及计算、存储、网络、安全等资源的融合调度。
- **算力使用的统一计量**：传统算力服务以服务端为中心，按时长计量，对于算力网所对应的异地、异属、异构算力则无法制定统一计量标准。算力网应通过算力建模和归一化实现多级异构算力的统一计量，实现用户侧的统一计量标准与算力交易体系。

4.2 算力网的发展现状

当前国内外学术机构和企业都在积极推动算力网的研究与建设，例如，中国科学院计算技术研究所的"信息高铁"算力网，鹏城实验室的"中国算力网"（C²NET），美国加州大学伯克利分校的"天空计算"（Sky Computing）都是当前算力网建设的代表。

"信息高铁"算力网是中国科学院计算技术研究所提出的一个算力基础设施综合试验场，2019 年启动平台建设，旨在面向人工智能、端边云分布式协同计算等场景，构建一个可用于算力调度、AI 模型与数据集汇聚、大模型开发与应用等需求的，集科研创新与用户服务于一体的大型平台。它整合了算力、先进算法、海量数据、高精度模型、便捷开发工具、高效训练环境及无缝推理框架等基础资源，截至 2024 年年底已并网 1236P Flops AI 算力，涉及南京、昆山、郑州三地，汇聚英伟达、华为、中科曙光、寒武纪四种智算算力。它已支持了 7 个科研领域、20 多个科研方向，涵盖自然语言处理、多模态、网络安全、3D 建模、生物医学、芯片设计、AI 教学等科研方向，应用案例包括：中国科学院动物所的生物基础序列大模型、北京邮电大学的医学大语言模型、中国科学院计算技术研究所的免疫蛋白抗体结构预测大模型、中国农业大学的神农大模型等。

鹏城实验室的"中国算力网"在国家发展改革委的支持下于 2019 年启动建设，目前研发了兼容多种异构 AI 芯片的核心软件栈与分布式调度平台，集合了超过 2.3E 半浮点精度的 AI 算力总量。鹏城实验室还联合多家单位提出了《人工智能算力网络》系列标准的规划，计划将不同的异构智能算力分为不同层次进行标准化，以便于封装、数据定义和资源的统一调配。

天空计算（Sky Computing）是美国加州大学伯克利分校提出的新概念。伯克利一直都是计算机系统方向的传统名校，从早期超算到云计算、大数据及智能时代，始终引领技术发展，其成立的 AMPLab，RISELab 孵化了 Spark、Mesos、Ray 等在学术界和工业界享有盛誉的开源项目，特别是 Spark 系统，一度推动了大数据领域技术更迭的浪潮。2022 年伯克利成立了天空计算实验室（Sky Computing Lab）。伯克利认为当前云计算已经进入了多云时代，急需全新的技术架构帮助用户解决云间协同、资源管理等问题，用户无须关心自己任务部署在哪朵云，可以像使用本地资源一样开箱即用，真正实现效用计算。目前，天空计算实验室已经启动了 SkyPilot、Skyplane、Basil 等多个核心项目，从云间协同、资源管控、隐私保护等方向探索算力网技术。

4.3 "信息高铁"算力网赋能科学研究案例

下面以"信息高铁"算力网的 2 个典型应用案例——蛋白质序列设计和"神农大模型"为例，介绍算力网如何支撑 AI 赋能科研，降低科研工作门槛，实现大规模、低成本地复制相关科研工作。

蛋白质是生物体内执行生物功能的基础元件，在催化、免疫和信号传递等生物过程中起着重要作用。一般认为，蛋白质序列设计是蛋白质结构预测的逆问题。具体地，是指从给定的蛋白质三维结构出发，设计出能够折叠成为目标蛋白结构、具有目标蛋白功能的序列。它是从头设计蛋白质的关键一步，一旦主链结构被生成，为其设计最佳序列就变得至关重要。蛋白质序列设计在药物设计、酶工程等领域具有重要应用。由于可能的蛋白质序列和结构比宇宙中的粒子数量还要多，当前实现准确且稳健的蛋白质序列设计仍然是一个挑战。中国科学院计算技术研究所开发了蛋白质序列设计软件——CarbonDesign，能够准确且稳健地设计蛋白质序列，可以被广泛应用于不同蛋白质设计场景，并且可以预测蛋白质突变的功能影响。"信息高铁"为 CarbonDesign 工具提供了一站式的全流程支撑，包括从蛋白质结构文件到蛋白序列和蛋白结构 3D 展示的一键生成，基于用户使用私有数据对模型的一键精调，以及通过"拖拉拽"方式实现多个设计软件的无缝连接。同时，AI 算力网可以实现对 GPU 资源的弹性扩展，根据蛋白质序列设计任务数量，自动扩展服务副本数，提高整体的并发性能。

中国农业大学研发的"神农大模型"，能够提供农业知识问答、语义理解、文本摘要生成及决策推理等功能，在图像、声音、视频、文本等多模态交互及智能化推理方面也取得了重要突破，能够为育种、种植、养殖、农业遥感及气象等众多农业应用场景提供支撑。"信息高铁"为神农大模型提供了全流程的支撑，包括从训练到推理阶段的模型权重调节，推理代码管理，推理服务的云端快速部署。

5　AI 算力网未来发展前景与技术挑战

算力网的研究与建设目前处于起步阶段，尚不成熟。当前，随着人工智能大模型等应用的参数规模越来越大，对计算能力的要求也越来越高，AI 应用成为算力网的主要撒手锏应用。算力网未来的发展热点主要集中在如何将分布式智算中心并网，实现 AI 算力的基础设施化，即 AI 算力网。

AI 算力网能够为科学智能研究提供无限扩展的算力供给、统一的数据封装与共享，以及科学研究全流程自动化加速等支持，进一步加速科学家探索、试验、发现和创新的全过程。然而，目前仍面临很多技术挑战，下面列举其中的若干科学问题。

5.1　科学数据的统一抽象与封装

科学研究的数据来源不是互联网，而是科学大装置、实验设备及野外台站。这些数据在格式、结构和表示方式上往往差异很大。通过统一抽象和封装，可以将数据转换为一种标准化的格式，使得不同来源的数据能够以统一的方式被理解和处理。

统一抽象和封装后的科学数据可以更好地适应各种 AI 模型的输入要求，做到 AI-ready。也就是当数据具有统一的格式和封装时，模型训练过程会更加简单和高效，研究人员不需要耗费大量时间和精力去预处理不同格式的数据。此外，在数据传输过程中，如果不进行统一处理，接收端就需要耗费大量时间和计算资源进行格式转换，而将数据转换为标准化格式后，接收端无须进行复杂的格式转换操作，可进一步提升跨域训练性能。

5.2　64 位高精度科研大模型

科学研究一般需要较高精度的计算，数据计算精度要求达到 64 位，个别应用甚至需要 80 位精度。在科学计算中，很多算法是基于迭代法的，如果计算精度不够，则在每次迭代过程中都会产生误差，且随着迭代次数的增加而累积，就会导致不收敛，通俗地讲就是"算飞了"。例如，在数值模拟天气预报中，需要对大气的物理过程进行精确模拟，其模型涉及大量复杂计算，如对大气动力学方程的求解、对水汽凝结和蒸发过程的模拟等。如果模型的计算精度较低，随着时间的迭代，预测的天气数据与实际情况偏差会越来越大，最终可能导致预测结果完全不可用。高精度的计算能够确保模型输出的结果更接近真实值，从而保障科学研究的质量。

大语言模型、文生图模型等互联网领域，对大模型的数据计算精度要求不高（16位，甚至 8 位、4 位都可以），而 AI 算力网需要 64 位高精度科研大模型贯穿预训练、微调与推理全流程。

5.3　统一抽象异地、异属、异构的分布式 AI 算力

随着人工智能大模型规模的持续增长，科学计算对 AI 算力的需求呈爆发式增长。第一代 ChatGPT 使用的 GPT-3 模型应用了 1700 亿参数，需要 570GB 数据和上万块V100 支撑其训练和推理。复杂的推理、训练算法及海量的数据处理，对计算资源提出了更高要求，给算力基础设施带来了巨大挑战。传统科学研究只是围绕单独的超算中心

进行高性能计算，随着超算向智算发展，HPC 和 AI 相融合，科学计算需要将异地、异属、异构的分布式智算资源汇聚起来提供单一映像，以应对科研 AI 大模型指数级增长的智算需求，以及单一任务对多样性智算的需求。

AI 算力网中传输的不仅是数据信息，还要有能够描述智算需求与数据操作的任务闭包（Task Closure），这样才能支撑多样化人工智能任务对智算资源需求的表达。因此，需要设计能够描述不同 AI 应用多样性智算需求的统一抽象，将其作为使用智算资源的任务调度基本单元。

AI 算力网需要将广域分布的异地、异属、异构智算资源，在逻辑上对上层应用抹平差异，实现智算资源的全域命名、统一抽象、集中调度与单一度量，这些特性是算力基础设施化的基本要求。

5.4 面向 AI4S 的科学智能全流程自动化

AI 算力网赋能 AI4S 不仅是利用算力网运行科研大模型，更关键的是将大模型数据收集、数据清洗、预训练、微调、评估、部署与推理的全流程与科学研究的过程深度融合（见图 2），做到科学智能全流程的自动化。在科学问题发现与提出阶段，它利用强大的数据处理和分析能力，挖掘海量数据中的问题线索，突破传统思维限制。对于拓展假设研究空间，它基于模型生成多种可能，拓宽科研假设维度。在新科研观点产出环节，它能融合不同来源的数据和信息，生成创新的观点。测试验证环节的自动化提高了效率、减少了人为误差。在评估新观点时，它能依据科学数据和 AI 模型给出客观准确评价。这些环节相互连接，形成完整科研闭环，有力推动科研工作向高效、创新方向发展。

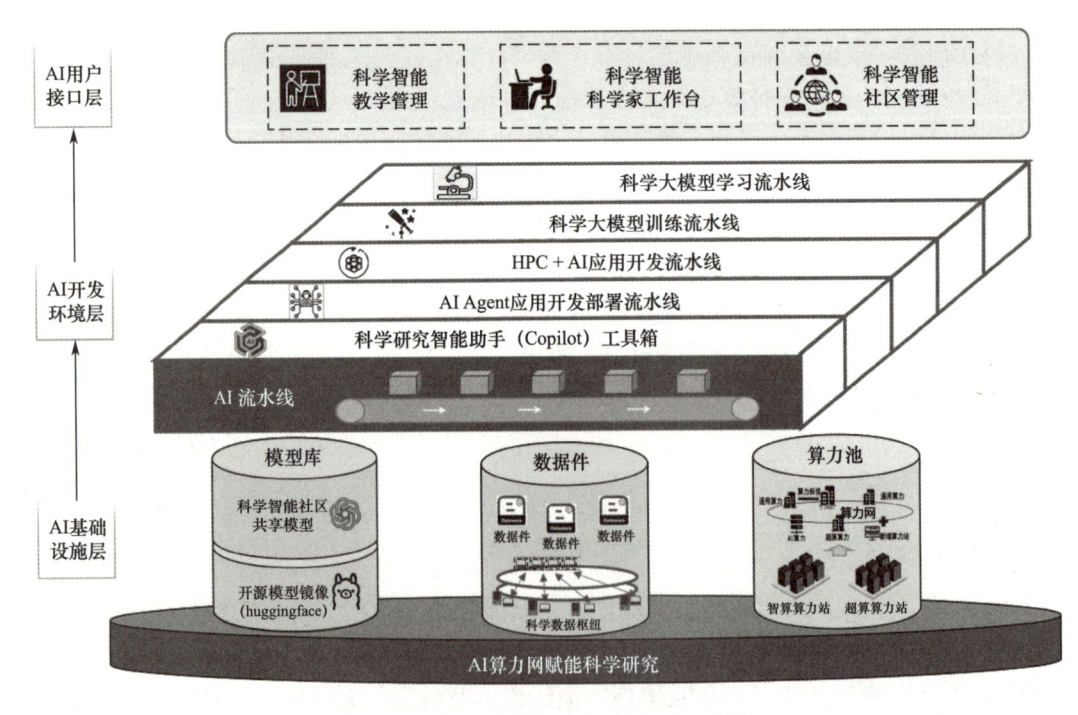

图 2 面向 AI4S 的科学智能全流程支持

6 结论与展望

当今，全球科技竞争日益激烈，人工智能正以前所未有的速度和深度赋能科学研究，这无疑是一个具有重大历史意义的关键节点。世界各国都在积极探索和布局，试图在这一新兴领域占据领先地位。谁能够率先掌握人工智能赋能科学研究的核心技术和关键能力平台，谁就能在未来的科学研究领域占据主导地位，引领科学发展。我国作为科技大国，绝不能在这个进程中落伍。

信息化的本质是提高工作效率，对科学研究过程也不例外。信息技术在过去带来的变化主要有两点：一是开创了计算物理、计算化学、计算生物等基础学科的 Comp-X 分支，在拓展科学认知边界上提供全新手段；二是通过 Web 和搜索技术（如 Google Scholar），实现对科研信息的全球共享，科学家可以方便地查找文章，找同行，在科学家群体间建立起全方位的信息连接。

AI 算力网这个新型能力平台，进一步将科学智能与科学理论、科学实验、科学计算、科学数据等研究范式融合起来，推动科学研究进入"大脑袋、大装置、大机器、大数据、大模型"交叉融合的历史阶段，降低复杂科研工具的使用门槛，为求解前所未有的复杂问题打开一扇新的大门。

参 考 文 献

[1] 李国杰. 智能化科研（AI4R）：第五科研范式 [J]. 中国科学院院刊，2024，39（1）：1-9.

[2] 鄂维南. AI 助力打造科学研究新范式 [J]. 中国科学院院刊，2024，39（1）：10-16.

[3] 谭光明，贾伟乐，王展，等. 面向模拟智能的计算系统 [J]. 中国科学院院刊，2024，39（1）：17-26.

[4] WANG H, FU T, DU Y. et al. Scientific discovery in the age of artificial intelligence[J]. Nature, 2023, 620: 47-60.

[5] 徐志伟，李国杰，孙凝晖. 一种新型信息基础设施：高通量低熵算力网（信息高铁）[J]. 中国科学院院刊，2022，37（1）：46-52.

[6] 王晓虹，王卅，唐宏伟，等. 构建"新基建"国家战略的技术底座——"信息高铁"综合试验场建设的实践与思考 [J]. 中国科学院院刊，2021，36（9）：1066-1073.

[7] 程学旗，梅宏，赵伟，等. 数据科学与计算智能：内涵、范式与机遇 [J]. 中国科学院院刊，2020，35（12）：1470-1481.

[8] 洪学海，许卓群，丁文魁. 网格计算技术及应用综述 [J]. 计算机科学，2003；30（8）：1-5.

[9] CHASINS S, CHEUNG A, CROOKS N, et al. The sky above the clouds[J/OL]. arXiv preprint arXiv:2205.07147, 2022.

[10] 高文. 中国算力网的机遇与挑战 [J]. 中国计算机协会通讯，2023，19（1）：31-36.

作者简介

孙凝晖，中国工程院院士，计算机系统结构专家，研究员，博士生导师。主要从事高性能计算机研究。曾任中国科学院计算所所长，现担任计算所学术委员会主任，中国计算机学会理事长。参加了曙光一号并行计算机、曙光1000大规模并行机的研制，主持了曙光2000～曙光6000高性能计算机、新型高通量计算机及专用智能计算机的研制。曾获国家自然科学基金杰出青年基金，中国青年科技奖，"中国十大杰出青年"称号，获得2005年度中国科学院杰出科技成就奖，国家科学技术进步奖二等奖4次，获得2项国际顶级会议最佳论文奖、1项国家专利金奖。

王卅，中国科学院计算技术研究所副研究员，硕士生导师，中国科学院特聘骨干研究岗，中国科学院青年创新促进会会员。研究方向包括云计算、虚拟化、操作系统、分布式系统、系统建模与性能分析等，成果发表于MICRO、EuroSys、VLDB、PACT、ICS、JCST等国内外知名期刊和会议，先后主持国家重点研发计划课题，中国科学院先导项目子课题，国家自然科学基金青年及面上等项目，同时与华为、腾讯、美团、阿里巴巴等多家云计算公司开展合作，获IEEE Micro's Top Picks、阿里巴巴最佳合作奖、美团卓越创新奖等。

面向科研智能的科学知识自主发现平台

周伯文[1,2]，白　磊[1]，丁　宁[2]，齐弼卿[1]

（1. 上海人工智能实验室；2. 清华大学）

摘　要

本文从科研范式发展的视角出发，首先概要性地探讨了从传统归纳和观察的科学研究范式到人工智能（Artificial Intelligence，AI）驱动的科学研究范式演进进程。然后详细介绍了科研智能的最新进展，特别是在物质科学、地球科学和生命科学等领域取得的重要突破。在此基础上，提出科学知识自主发现平台的概念，并从科学知识自主发现平台底座、多智能体知识发现大脑和人机协同科研引擎三个层面详细阐述了平台的系统架构。最后，展望了构建科学知识自主发现平台所面临的挑战，点明了构建开放、大规模、跨学科科学知识自主发现平台对推动科技创新的重要意义。

关键词

科研范式；人工智能；科研智能；科学知识自主发现平台

Autonomous Scientific Knowledge Discovery Platform

Bowen Zhou[1,2], Lei Bai[1], Ning Ding[2], Biqing Qi[1]

(1. Shanghai Artificial Intelligence Laboratory; 2. Tsinghua University)

Abstract

The article briefly explores the evolution of scientific paradigms, from traditional inductive and observational science to AI-driven Science. It provides a detailed introduction to recent advancements in the field of AI for Science, highlighting significant breakthroughs in physical science, earth science, and life science. Additionally, the article introduces the concept of an autonomous scientific knowledge discovery platform and elaborates on its system architecture across three layers: the foundational platform, the multi-agent knowledge discovery core, and the human-machine collaborative research engine. Finally, it discusses the challenges in building such platforms and emphasizes the importance of creating open, large-scale, interdisciplinary platforms for advancing technological innovation.

Keywords

Scientific Paradigms; Artificial Intelligence; AI for Science; Autonomous Scientific Knowledge Discovery Platform

人类对宇宙万物本源与演化规律的探寻，是推动文明进步的不竭动力。从牛顿提出万有引力定律到爱因斯坦发现相对论，从达尔文提出进化论到克里克与沃森发现DNA双螺旋结构，从法拉第发现电磁感应理论到麦克斯韦方程的提出，从洛伦兹提出蝴蝶效应到华莱士–布洛克发现全球变暖，人类对自然世界的不断探索与认识，积累了越来越多的科学知识，推动人类通过创造与行动影响世界，将人类社会推向高速发展的阶段。然而，随着对世界认识的不断深化和测量工具的尺度演进，人类对世界的探索和理解正逐渐朝着"向极宏观拓展、向极微观深入、向极端条件迈进、向极综合交叉发力"的方向发展，这带来了数据体量和组合关系爆发式增长的巨大挑战。

全球科学突破性创新速度减缓，亟待形成科研新范式。在数字化浪潮的推动下，信息智能化技术正以前所未有的速度重塑世界。然而，2023 年 Nature 杂志的一篇封面文章指出，虽然全球科学论文和专利的数量在大幅度上升，但科学突破性创新在变慢[1]。这一现象的根本原因之一是科学发展过程中形成的"信息茧房"问题。随着科学知识的不断积累和专业化细分，研究人员越来越倾向于深耕自己的细分领域，从而形成一个个相对封闭的"信息茧房"，茧房内信息过载，茧房间壁垒太高。在这些茧房中，科学家们对自己领域的最新进展都很难全面跟踪，更难关注到其他领域的相关性和潜在交叉创新机会，这极大地限制了科学知识的交流和融合，显著降低了突破性创新的速度。此外，在茧房内也存在信息过载的问题，各个学科领域都在迅速产生海量的研究论文和数据，导致信息过载，这使得科学家难以吸收所有相关文献和研究发展，一定程度上限制了他们获取新知识和创新的能力。

科研智能加速科学创新突破进程。在上述背景下，人工智能（Artificial Intelligence，AI）成为处理科学数据、加速科学计算，乃至助力科学家提出假设并构建自动化流程的有力工具。人工智能和基础科学的结合正逐渐成为两个领域科学家共同追求的目标。2024 年的诺贝尔物理学奖授予机器学习和神经网络的奠基人 John Hopfield 和 Geoffrey Hinton，以表彰他们在机器学习领域的根本性贡献。2024 年的诺贝尔化学奖则授予 David Baker、Demis Hassabis 和 John M. Jumper，以表彰他们使用人工智能辅助蛋白质预测的杰出贡献。可见，人工智能正在广泛地和物理世界结合，并且正对基础科学发现产生深远的影响。

本文首先概述性地总结了科研智能（AI for Science，AI4S）概念的提出与发展历程，然后介绍科学知识自主发现平台的概念与系统架构，最后对未来发展进行了展望与总结。

1 AI4S 概念的提出与发展

人类早期的科研活动可以追溯至古希腊公元前 6 世纪。当时，众多思想家和科学家诸如亚里士多德、欧几里得做出了重要贡献。现代科学研究的奠基可追溯至 16—17 世纪的科学革命，伽利略和牛顿等人被认为是现代科学研究的奠基人。在 20 世纪中叶前的几个世纪里，科学研究的方法主要包括基于观察和归纳的实验研究，以及基于科学假设与逻辑演绎的理论研究。随着电子计算机在 20 世纪中后期的普及，计算机计算、仿真和模拟逐渐成为科学研究的重要工具[2]。近 20 年来，科学研究的深入和科学设备的普及引发了大规模数据的激增，数据驱动的科学研究日益受到重视，并推动了数据驱动科学研究的兴起。作为现实世界的事物、现象和行为在数字空间的映射，数据中蕴含了现实世界的运行规律，通过数据分析技术揭示数据中隐藏的众多相关性，拓展了科学探索的新视角[3]。但是数据驱动的科学研究本身无法从这些相关性中推导出事物的本质法则，且难以跨越学科间的信息壁垒，因此在揭示事物本质规律方面存在限制。除此之外，随着可获得和可使用的大数据持续增长，数据的不确定性、复杂性、维数爆炸、尺度边界等因素也在呼唤着更加先进的工具，科学家们迫切需要一种更接近数据和智能本质、更有效认识复杂性和不确定性的新科学研究范式。

在上述背景下，人工智能这一擅于从大规模数据中学习高维表征、探寻隐含规律的技术逐渐进入科学家的视野。许多学者开始倡导人工智能驱动的科研范式，即科研智能。中国科学院院士鄂维南教授在其《AI for Science：一场正在发生的科技革命》报告中指出，AI for Science 旨在通过深度学习解决数据驱动方法中数据缺乏和数据分析工具不足的问题，且会推动科学研究从"小农作坊"模式走向"平台科研"模式，解决不同科研领域的共性问题。中国科学院计算技术研究所李国杰院士认为第五范式的特征主要体现在以下六个方面：①人工智能全面渗透科学、技术和工程研究领域，实现知识的自动化处理和科研全流程的智能化；②人机融合，机器智能成为科研工作的核心组成部分，引入隐性知识和机器推测；③专注于复杂系统研究，有效解决处理计算复杂度高的组合爆炸问题；④针对非确定性问题，概率和统计推理在科研中扮演更为重要的角色；⑤跨学科合作成为主导科研合作方式，实现基于第一性原理模型和数据驱动的融合；⑥科研更多地依赖于以大型模型为核心的平台，科学研究与工程实践密切相连[2]。

在过去几年科研智能的发展进程中，其突出进展是面向垂直领域科学与工程数据开发的专用模型（见表1）。通过针对性的设计和优化建模特定科学与工程领域的专用数据，从而完成预测、重建、分类等特定任务。这类专用模型因为显著提高了现有科研流程中特定环节的性能或效率，取得了一系列引人瞩目的成果（部分成果见表1）。在物质科学领域，以 DeePMD[4]、GPIP[5]、GNoME[6] 等为代表的专业模型极大地提升了从分子动力学模拟到晶体结构设计的效率。这些基于深度学习模型的人工智能技术和高通量计算，突破了尺度和计算模拟的限制，加速了材料筛选过程，推动了新材料的针对性设计，并实现了材料和器件的全链条优化，为新能源和信息技术等产业提供了坚实的材料基础。在地球科学领域，盘古[7]、GraphCast[8]、风乌[9] 等专业模型通过人工智能技术对大量气象再分析数据进行建模，识别复杂的大气模式，提高了天气预报的精度和效率，增强了对台风、暴雨等极端天气事件的预测能力，并进一步辅助气候变化研究[10]。生命科学领域的代表性成果是 AlphaFold[11]，其通过构建 AI 系统挑战蛋白质三维结构预测任务，将预测误差缩小到原子尺度，计算时间从数年缩短到数分钟，显著提高了效率。其他模型如 RoseTTAFold[12]、SCUBA[13]、Evo[14] 等专业大模型也在该领域取得突破，为人类寻找新的疾病靶点并加速药物设计提供了更多可能。在电磁仿真领域，人工智能模型能够快速模拟和优化复杂电磁场分布，提升仿真和设计效率，例如 DeepMind 于 2022 年 2 月在 *Nature* 上发表的论文《利用深度强化学习对托卡马克等离子体进行磁控制》[15]。此外，在电磁兼容性分析、天文探测、流体模拟、工业设计等方面，人工智能技术也都取得了一系列有代表性的成果。

尽管上述进展在学术界引起了巨大的反响，但是我们也需要认识到，在当前的科研智能研究中，人工智能技术与科学研究仍是一种正交关系，即人工智能技术在科学研究中扮演着一种工具性的角色。这种正交性与计算机在科研中的应用极大地加快了各领域的计算和模拟速度，与互联网技术在科研中的广泛应用极大加快了知识的传播和检索速度没有本质的区别。换句话说，人工智能与科学知识发现尚未形成深度融合，只是对科学研究工具的革命，尚未系统性地改变科学与知识发现的范式。但可以预见，随着人工智能本身的发展，未来其对科学创新的影响将更加深远，有望成为推动科学创新革命的工具。

表 1　科研智能垂直领域专业模型

领域	模型名称	功能	提出单位
物质科学	DeePMD	用于材料和化学系统分子动力学模拟的机器学习方法，使用人工神经网络来学习系统的势能面，描述了原子的位置和系统势能之间的关系	深势科技
	GNoME	材料探索图形网络 GNoME，发现了多达 220 万种理论上稳定，但绝大部分在实验上尚未实现的晶体结构	谷歌
	MatterGen	无机材料设计的生成式大模型。MatterGen 是扩散模型的一种，专门设计用于生成新颖、稳定的材料	微软研究院
	MatterSim	能够在广泛的元素、温度和压力范围内，准确高效地模拟材料和预测性能，如预测材料在原子层面的能量和应力，且能够降低 90%～97% 的数据需求	微软研究院
	DARWIN	物理、化学和材料科学应用的专业化语言模型，利用开源科学 FAIR 数据集和科学文献数据集，通过学习大量分子数据库结构，提供可行的化合物和其性质，加速新材料的发现和开发	新南威尔士大学、澳大利亚超算中心
	GPIP	一种用于 MLIP 的几何学习框架，利用未标记的构型来提高 MLIP 的性能	上海人工智能实验室等
地球科学	FourCastNet	首个实现高分辨率（0.25°）全球中期天气预测的 AI 模型	英伟达
	盘古（PanGu）	首个精度媲美欧洲中期天气预报中心综合预报系统的高分辨率（0.25°）人工智能中期气象预测大模型	华为
	GraphCast	人工智能中期天气预测模型，60 秒预测未来 10 天的天气，90% 预测内容超过人类现有天气预报	谷歌
	风乌（FengWu）	基于多模态和多任务深度学习方法构建，首个有效预报天数超过 10 天、建模分辨率突破 10 千米的全球中期气象预测大模型	上海人工智能实验室等机构
	Aurora	首个大规模气象基础模型，被用于预测和减轻极端天气影响	微软研究院

（续表）

领域	模型名称	功能	提出单位
生命科学	AlphaFold 1~3 系列	蛋白质结构预测模型，最新推出的 AlphaFold 3 可以以前所未有的精度预测所有生命分子的结构和相互作用	谷歌
	Evo	基因组基础模型，可进行多模态和多尺度学习，能完成从分子到基因组规模的预测和生成任务。经过全基因组训练，可概括分子生物学中心法则的三种基本模态，并擅长多元素生成任务	斯坦福大学
	RoseTTAFold	基于深度学习的蛋白质结构预测模型，能够处理蛋白质序列和结构信息，并生成高精度的蛋白质三维结构预测	华盛顿大学
	scGPT	专为单细胞转录组学、染色质可及性和蛋白质丰度而设计的基础模型	多伦多大学
	HyenaDNA	原始 DNA 序列的基础模型	斯坦福大学

2 科学知识自主发现平台的概念

在科研智能垂域模型蓬勃发展的同时，通用人工智能领域也在不断取得突破。OpenAI 公司最新发布的 o1 系统显著提高了基础语言模型的推理能力，在物理、化学、生命等领域的文本理解任务中展现出领先的性能，在产业界和学术界产生了巨大的影响。随着科研工作者对基础语言模型及科学领域语言模型研究的深入，其在科学知识发现中的更多的潜力也在被逐渐挖掘出来[16-19]，在全球范围内都引发了广泛关注。清华大学与上海人工智能实验室联合团队近期的工作发现表明，基础语言模型有潜力成为知识交互与发现的重要工具，并通过系统性的评估首次验证了其在生物医学领域作为科学假设生成器的能力[20]。斯坦福大学的研究人员通过大量实验和问卷评估发现，基础语言模型可以提出比人类专家更好的科研设想[21]。MIT 的研究人员提出的 SciAgents[22] 多智能体框架，尝试进行基于知识图谱的跨学科交叉科学假设生成与优化。卡耐基梅隆大学研发的 AI 系统 Coscientist，能够自主完成从信息检索到实验执行、数据分析的整个流程[23]，该系统成功设计并合成了阿司匹林、对乙酰氨基酚和布洛芬等常见药物分子；在不到 4 分钟的时间内设计出了钯催化交叉偶联反应的实验方案，并成功复现了这一重要的复杂化学反应。牛津大学的研究人员提出了"AI Scientist"[24]的构想，其核心是一个由基础语言模型驱动的想法产生、实验迭代、论文撰写的系统。在算法发现领域，来自斯坦福大学的研究人员提出了 MLAgentBench[25] 来推动面向特定目标的自主算法设计与改进。

这些探索性的工作初步展示了基础语言模型和领域工具等深度融合，为科学知识发现带来了新的可能性，然而，这些工作大多尚处于原型阶段或仅限于特定的小领域内。在这样的背景下，打造开放、大规模、跨学科的科学知识自主发现平台成为人工智能与科学研究相结合的一种全新方式。与利用人工智能技术加速特定科学计算任务不同，科学知识的发现与形成是一个多阶段迭代的复杂推理过程。该过程经历了从观察感知数据（现象）到结合已有知识进行深度推理，形成专业的科学知识理解并提出科学假设，再从科学假设到设计计算模拟或湿实验方案，接着从实验结果分析到优化科学假设和实验流程，最终到实践应用的多个阶段。在这个过程中，科学家运用各种科学方法和技术，对观察到的现象进行深入分析和研究，提出解释这些现象的科学假设和理论，并经过反复的验证和修正后，逐渐形成被广泛接受的科学知识。因此，完全自主的科学知识发现平台应该是一个能够完成上述整个流程的自动化、智能化运行的系统。

从科学研究发展的角度看，学科交叉融合已经成为推动科学技术创新的重要途径。1900年约有500门学科，而到了2000年，这一数字已增长至大约5000门，增长了10倍[2]。与此同时，不同学科间的知识壁垒日益加剧，导致普通研究人员难以掌握多学科知识，跨学科交叉合作研究发展缓慢。而基础语言模型具有学习各学科已有文献与资料的能力，因此有望发现科学领域的难题，并通过跨学科知识提出创新性的解决方案，从而突破知识茧房。此外，当前科学研究对研究者的专业性、理论性和实践性的要求越来越高，最前沿的研究往往需要较长的周期进行人才培养。在科研的过程中，又会进一步面临高度不确定性、实验周期漫长等挑战，科学研究难以实现规模效应。比如在地球系统模拟领域，需要数百位顶尖大气物理学家和工程师长达10年的合作，才能将全球气象预报的有效时间延长一天。通过整合科学文献、科学数据、基础语言模型、领域专业模型、具身智能、领域工具等，构建可自主运行的科学知识发现平台，可以从多个方面加速科学研究与知识发现的效率，如减少人为误差、实现更为精确且可复现的实验管理、以更高效的方式并行进行科学研究进而实现规模效应等。这种将人类从科学探索的烦琐过程中解放出来的新科研知识发现方式，将推动科研智能领域向着更加自动化、高效化的方向迈进，有望彻底颠覆传统的科学研究模式，为科研领域带来前所未有的变革，为实现科研领域的加速发展与重大突破奠定基础。

从人工智能发展的角度来看，科学知识发现是典型而复杂的、人类智慧高度凝结的任务和场景，构成了评估通用人工智能（AGI）能力的核心标准。通用人工智能作为AI领域研究的终极愿景，其能力不仅反映在高效与精确地执行特定的任务（如图像识别、语言翻译、预测等），更体现在其能否如人类般，在广泛的知识谱系中进行复杂逻辑推理、持续学习[26]、创新思考，并灵活适应动态变化的环境。将科学知识发现作为验证通用人工智能能力的核心场景，不仅对人工智能技术的发展具有指标性和导向性的重要意义，而且具有极高的科学价值和面向未来的产业价值。进一步来讲，科学知识发现过程中所体现的探索未知、勇于创新的精神，也是通用AI应追求的核心价值观。一个真正具备通用智能的系统，应当能够自主地进行文献阅读、假设提出、方案设计、方案优化、实验验证、结果分析，并在特定领域内催生原创性理论或新发现，这与科学研究的本质属性高度契合。因此，打造科学知识自主发现平台，不仅可以极大地加速自然科学的发展，又可作为里程碑式的场景，验证通用人工智能在专业知识理解、专业数据建模、复杂问题推理等方面的能力。

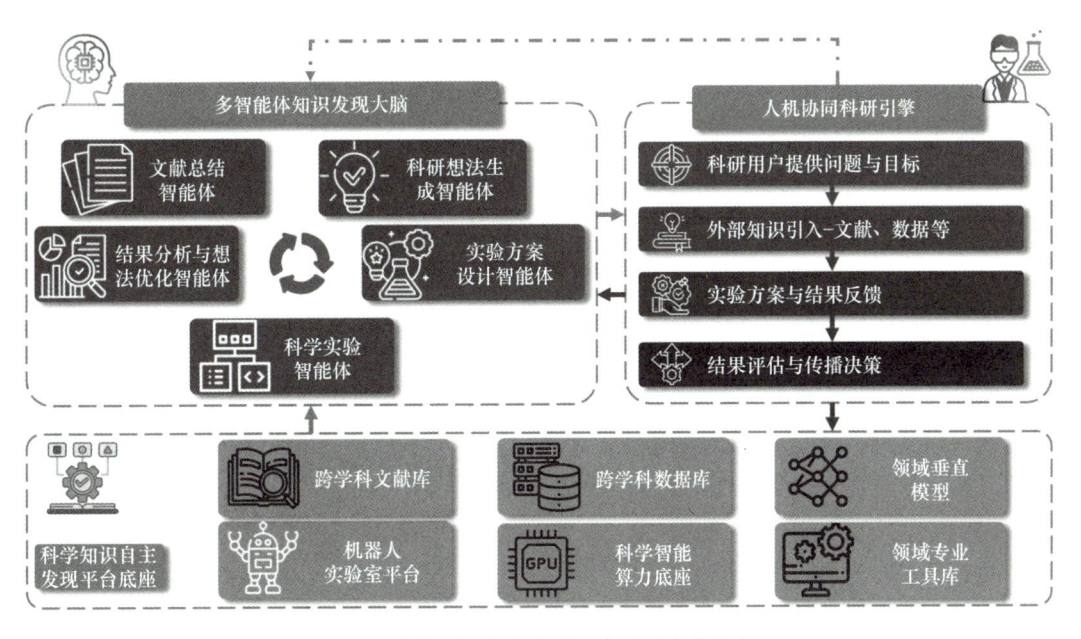

3 科学知识自主发现平台系统架构

尽管当前已经有少量关于科学知识自主发现平台的探索性工作，但为了进一步推动科研创新，迫切需要实现科研范式的新突破。目前，构建体系化、系统化、跨学科、开放式的科学知识自主发现平台仍面临诸多挑战。本文结合科学知识探索与发现流程，以及人工智能技术的进展，提出了由科学知识自主发现平台底座、多智能体知识发现大脑、人机协同科研引擎三部分组成的科学知识自主发现平台系统架构设想（见图1）。

图 1 科学知识自主发现平台系统架构设想

3.1 科学知识自主发现平台底座

科学知识自主发现平台底座为整个平台提供数据、算力和工具基础，主要包括跨学科文献库、跨学科数据库、领域垂直模型、领域专业工具库和保证模型运行的科学智能算力底座。此外，针对部分依赖湿实验验证想法的学科（如化学、材料），平台底座也可以配备机器人实验室平台，由智能机器人进行实验室操作。

其中，跨学科文献库涵盖各领域论文、专利、报告、网页数据等以文本形式存储的各种类型的科学文献，比如 arxiv 平台上已积累的超 52 万篇发表与未发表论文，这些文献蕴含了人类已探索的各类知识。在构建跨学科文献库的过程中，一个核心问题是如何自动检查文献中相互矛盾的信息并识别错误知识，避免科学知识自主发现过程被错误的信息干扰。

跨学科数据库用于存储科学研究和产业研发活动中所产生的各类描述客观世界与系统状态的非结构化科学数据，包括原始观测数据、实验结果数据、实验记录数据、调查数据、模拟数据等内容。相对于文本数据和传统行业数据，专业科学数据更加庞大且复杂。第一，数据来源和类型更加多样化，这些数据可能源自各种仪器设备、传感器、仿真模拟等，导致其格式和语义存在显著差异。第二，科学数据质量要求极高，数据必须具备客观性、准确性、完整性、高分辨率等品质，因为这直接影响到计算结果的可信度。第三，科学数据体量庞大，例如实验观测数据、仿真模拟数据等，通常规模巨大且增长速度迅猛，远超一般商业数据。"中国天眼"的 500m 口径球面射电望远镜每天产生的原始数据高达 500TB [27]，欧洲中期气象预报中心已经存储了 500PB 以上的原始观测资料，并且还在以约每天 300TB 的速度增加。最后，科学数据的维度相对于其他类型数据更加丰富，如气象、地理和生物数据涉及时间、空间、物种等多个维度，其结构更加复杂。因此，在跨学科数据库的建设过程中，需要构建跨学科科学数据的存储格式、数据清洗方式和科学数据质量提升技术（如数据补全），以提高科学数据库的质量与可用性。

领域垂直模型和领域专业工具库是实现自动化科研的关键组成部分。这些工具和模型库为科学知识自主发现平台提供了执行各项科研任务所需的基础设施和算法框架。跨学科领域垂直模型包含了针对特定科研领域（如物理学、生物学、化学、大气等）的预训练模型，这些模型能够加速科研流程，提供深入的洞见，进而辅助科学知识自主发现平台在特定领域内进行创新。另外，跨学科领域专业工具库包括数据挖掘工具、统计分析工具、机器学习框架、可视化工具等，这些工具能够处理和分析来自不同学科的复杂数据集。通过集成这些先进的工具和模型，科学知识自主发现平台能够在没有人类干预的情况下，独立地进行实验设计、数据分析和知识发现。

3.2 多智能体知识发现大脑

多智能体知识发现大脑，主要由文献总结智能体、科研想法生成智能体、实验方案设计智能体、科学实验智能体、结果分析与想法优化智能体五部分组成。

准确的科学文献总结和相关信息提取能力是科学知识发现的基础，也应该是科学知识发现平台的关键能力之一，这种能力涉及对大量科学文献的自动阅读、理解和总结。通过利用自然语言处理技术和机器学习模型，平台能够快速筛选、归纳和总结成千上万的科研论文，提取关键信息和最新研究成果。目前，基础语言模型已经具备了一定的文献总结能力，比如 AutoSurvey。针对科研论文信息量庞大且复杂等问题，采用两阶段生成方法实现综述的高效生成。此外，平台还需要识别文献间的联系，构建结构化知识网络（如知识图谱），从而将分散在不同学科中的知识点连接起来，揭示它们之间的潜在联系和相互作用。利用文献总结和知识结构化能力，平台可以在更广泛的知识背景下探索新的科研问题，促进跨学科创新。结构化知识还可以为科研想法设计和迭代提供一个高效查询和检索知识的工具，使其能够在科研过程中快速找到所需的信息和数据。未来研究可能会聚焦于如何更有效地发现不同学科之间的联系，以及如何利用这些联系来激发新的研究方向和创新思路。

创新性科研想法或假设的提出是科学研究与知识发现的关键。通过分析现有的文献库，平台可以提出更具有跨学科性的科研想法，例如，AI 可以结合生物学与材料科学的知识，设计出新型生物材料 [22]。这种跨学科的能力将推动新的科学突破，有助于解决复杂的全球性问题，如气候变化和能源危机。目前，随着传感器技术和数据收集能力的提升，各种学科的数据量呈指数增长。人工智能已经可以实现自动处理和分析海量数据，结合大模型蕴含的跨学科科学知识，科学知识自主发现平台有潜力发现人类难以察觉的现象，并从中提取出有价值的模式和隐藏的规律，进而提出更好的科学假设。

在科研想法或假设提出后，多智能体知识发现大脑综合运用跨学科知识图谱和文献总结的能力，自主提出具有创新性的实验方案。通过深入分析不同学科之间的潜在联系，该平台能够设计出具有前瞻性的实验，用以验证新的科学假设。相比之下，人类科学家在设计实验时需要依赖其已阅读的文献进行总结归纳，尝试提出创新点。然而，人类的阅读能力始终是有限的，这可能导致提出的实验方法受制于实验员的有限经验。由此可见，人类科学家或实验员的实验设计过程不仅费时费力，而且可能存在局限性。与之相比，自主科学实验设计不仅提高了实验设计的效率和创新性，还有望为解决复杂的科学问题提供新的思路和方法。

科学实验智能体负责根据实验方案进行仿真模拟或者生成机器人实验平台的控制指令。在计算机科学、物理学和数学等理论性学科中，科学实验智能体生成相应的仿真验证代码，以便对设计的理论方案进行系统化的实验验证。这种自动化过程不仅提高了实验的精确性，还加速了理论验证的效率。对于化学、生物和材料科学等实验型学科，科学实验智能体可以通过控制指令指导智能机器人依据详细的实验方案进行操作，精确地执行湿实验的制备与表征过程。中国科学技术大学江俊教授团队的工作表明，通过多机器人协作，化学实验的执行时间可以降低 40% 以上[28]。通过这种高效的自动化控制，实验的重复性和可靠性得以大幅提升。此外，全自动化实验流程显著提高了科研的进程，减少了人为操作中可能出现的误差，同时最大限度地保障了实验人员的安全，降低了直接接触危险材料的风险。该多智能体知识发现大脑为科研工作提供了一种创新性的方法，将极大地推动各学科的实验研究。

获得实验结果后，多智能体知识发现大脑通过高度自动化的数据处理和模式识别技术，能够迅速而准确地解析实验数据，并根据实验结果在众多科研想法中进行筛选，通过自动分析实验数据以及评估结果，过滤掉低成功率的方案，为高潜力假设提供优化建议。同时也可以改进科学实验设计，通过长程反馈机制不断完善科学假设，确保研究方向的准确性和创新性。在这个过程中，由于整个科学发现的流程涉及多个环节且科学假设的成功率较低，如何在现有的记忆机制、强化学习，以及模型集成的基础上进行基于稀疏正反馈的长程优化，依旧是一个难题。

3.3 人机协同科研引擎

确保科学知识自主发现平台的开放性和安全性，是推动科学研究快速发展和检验科学知识自主发现平台性能的必要条件。通过构建人机协同科研引擎，全球各学科、行业的科研人员都可以提出自己的研究问题与目标，利用科学知识自主发现平台的全自动化实验流程对其开展验证。同时，针对平台缺乏的文献和数据，用户也可以选择自有的、与研究问题和目标最相关的文献和数据对平台的知识库进行补充，形成众包的文献和数据共享机制。在科学实验设计与优化过程中，科研人员可以通过交互界面提供个人的实验反馈，形成人在回路（Human-in-the-loop）的实验室设计和迭代模式，更好地指导科学知识自主发现平台沿着科研人员所需要的研究方向不断深入探索，或在持续产生负面实验结果时及时终止探索，以避免资源浪费。在这个过程中，也可以根据个人研究兴趣和风格，提供个性化的研究支持，通过分析研究者的工作习惯、研究主题和历史数据，定制化地设计实验方案和数据分析工具，使科学研究更加高效和富有创意。最后，平台也可以在科研人员的监督下，通过科研人员交互界面实现科学论文的自主撰写、评估与分享，促进学术交流和合作，推动科学知识的不断进步。

4 展望与总结

科学研究与知识发现的范式随着人类对世界认识的深入和技术的发展一直在不断迭代。伴随人工智能技术的进步，科学研究与人工智能技术的融合正变得越来越深入，并深刻影响和重塑着科学研究和产业研发的范式。与此同时，高校、科研机构以及企业在跨学科研究和合作方面不断探索，推动了人工智能与科学研究的深度融合，逐步形成了涵盖多学科、多领域、多应用场景的多元化产业生态体系。在人工智能与科学研究深度融合的进程中，以基础语言模型、科学垂域专用模型和具身智能为基础建设科学知识自主发现平台有望成为未来最重要的方向之一。通过自主文献总结、自主科研想法提出、自主科学实验、自主科学想法优化等流程，科学知识自主发现平台有望实现从计算与实验能力的提升转化为知识发现能力的涌现，并进一步反馈到计算与实验能力的进步，从而实现人类知识的爆发式增长，推动生物制药、材料设计、能源转型、气候应对等方面的革命性进步。

与此同时，我们也要看到构建大规模跨学科的科学知识自主发现平台依旧存在着巨大的挑战，主要有以下几个方面。

（1）科学专业数据与语言数据对齐。前沿科研想法和假设的提出往往需要结合已有知识对科学数据进行深入分析，尽管当前已经有许多垂直领域专用科学模型和语言模型，但是对齐二者的技术路径尚不清晰。比如当前基础语言模型与生命科学数据（蛋白质、DNA、RNA 等）和地球科学数据（大气海洋观测数据、天文观测数据等）之间的对齐依旧面临巨大的挑战，尤其是在细粒度对齐方面，需要解决数据格式、维度和语义表示等的差异，以确保数据的准确性和可靠性。这需要跨学科领域的专家合作，以开发出能够有效整合不同类型数据的技术和方法。

（2）尽管当前已有研究指出基础语言模型在科学想法生成方面有潜力提出更具创意的科研想法，但系统性的分析主要局限在计算机科学领域，且发现基础语言模型提出的想法在可行性和多样性方面还需要提高。同时，提出创新且可行的跨学科科学想法需要强大的复杂推理能力，这种能力的开发需要人工智能领域的进步与领域专业知识的结合，以促进跨学科思维和创新。

（3）大模型能够以极低的成本生成大量具有创新性的科学想法，但是这些想法的可实现性与可行性可能受限。考虑到科学仿真或实验的成本因素，如何建立反馈机制，将生成的科学想法与实际数据、领域专家意见和现有研究成果相结合，通过持续的实验反馈循环，不断验证和调整这些想法，从而逐步提升其质量和可行性，是亟须研究的方向。

（4）数据与工程量巨大，需要科研机构、企业与高校的合作，以共享数据资源、技术经验和人才。此外，可能需要组织实施"面向科学知识自主发现"的大科学计划，以协调和管理不同领域的研究工作，并确保平台的可持续发展和有效运行。

（5）作为人类社会进步的基础，确保科学知识发现的质量符合科学研究规范、符合人类基础价值观，是科学知识自主发现平台的必要要求。因此，需要探索人类科研工作者在科学知识自主发现平台中的角色（如研究目标定义者、研究结果审核者等），以确保所发现的知识符合科学研究规范和人类价值观。

致谢

本文在撰写过程中得到了香港中文大学费奔博士在资料搜集、绘图等方面的大力支持，在此表示感谢。

参 考 文 献

[1] PARK M, LEAHEY E, FUNK R J. Papers and patents are becoming less disruptive over time[J]. Nature, 2023, 613(7942):138-144.

[2] LI GUOJIE. AI4R: The fifth scientific research paradigm[J]. Bulletin of Chinese Academy of Sciences, 2024, 39(1):1-9.

[3] 卢小宾，霍帆帆，王壮，等. 数智时代的信息分析方法：数据驱动、知识驱动及融合驱动 [J]. 中国图书馆学报，2024，50（1）：29-44.

[4] WANG H, ZHANG L, HAN J, et al. DeePMD-kit: A deep learning package for many-body potential energy representation and molecular dynamics[J]. Computer Physics Communications, 2018, 228: 178-184.

[5] CUI T, TANG C, SU M, et al. Geometry-enhanced pretraining on interatomic potentials[J]. Nature Machine Intelligence, 2024, 6(4): 428-436.

[6] MERCHANT A, BATZNER S, SCHOENHOLZ S S, et al. Scaling deep learning for materials discovery[J]. Nature, 2023, 624(7990): 80-85.

[7] BI K, XIE L, ZHANG H, et al. Accurate medium-range global weather forecasting with 3D neural networks[J]. Nature, 2023, 619(7970): 533-538.

[8] LAM R, SANCHEZ-GONZALEZ A, WILLSON M, et al. Learning skillful medium-range global weather forecasting[J]. Science, 2023, 382(6677): 1416-1421.

[9] CHEN K, HAN T, GONG J, et al. Fengwu: Pushing the skillful global medium-range weather forecast beyond 10 days lead[J/OL]. arXiv preprint arXiv:2304.02948, 2023.

[10] GUO Z, LYU P, LING F, et al. ORCA: A Global Ocean Emulator for Multi-year to Decadal Predictions[J/OL]. arXiv preprint arXiv:2405.15412, 2024.

[11] JUMPER J, EVANS R, PRITZEL A, et al. Highly accurate protein structure prediction with AlphaFold[J]. Nature, 2021, 596(7873): 583-589.

[12] KRISHNA R, WANG J, AHERN W, et al. Generalized biomolecular modeling and design with RoseTTAFold All-Atom[J]. Science, 2024, 384(6693): eadl2528.

[13] HUANG B, XU Y, HU X, et al. A backbone-centred energy function of neural networks for protein design[J]. Nature, 2022, 602(7897): 523-528.

[14] NGUYEN E, POLI M, DURRANT M G, et al. Sequence modeling and design from molecular to genome scale with Evo[J]. Science, 2024, 386(6723): eado9336.

[15] DEGRAVE J, FELICI F, BUCHLI J, et al. Magnetic control of tokamak plasmas through deep reinforcement learning[J]. Nature, 2022, 602(7897): 414-419.

[16] ZHENG Y X, SUN S C, LIN Q, et al. OpenResearcher: Unleashing AI for Accelerated Scientific Research[J/OL]. arXiv preprint arXiv:2408.06941，2024.

[17] WANG Y D, QI G, YAO W J, et al. AutoSurvey: Large Language Models Can Automatically Write Surveys[J/OL]. arXiv preprint arXiv:2406.10252，2024.

[18] ZHANG K Y, ZENG S H, HUA E, et al. Ultramedical: Building specialized generalists in biomedicine[J/OL]. arXiv preprint arXiv:2406.03949，2024.

[19] ZHANG D, LIU W, TAN Q, et al. ChemLLM: A chemical large language model[J/OL]. arXiv preprint arXiv:2402.06852，2024.

[20] QI B Q, ZHANG K Y, TIAN K, et al. Large Language Models as Biomedical Hypothesis Generators: A Comprehensive Evaluation[J/OL]. arXiv preprint arXiv:2407.08940，2024.

[21] SI C, YANG D Y, TATSUNORI H. Can LLMs generate novel research ideas? a large-scale human study with 100+ nlp researchers[J/OL]. arXiv preprint arXiv:2409.04109，2024.

[22] GHAFAROLLAHI A, MARKUS J B. SciAgents: Automating scientific discovery through multi-agent intelligent graph reasoning[J/OL]. arXiv preprint arXiv:2409.05556，2024.

[23] BOIKO D A, MACKNIGHT R, KLINE B, et al. Autonomous chemical research with large language models[J]. Nature, 2023, 624(7992): 570-578.

[24] LU C, LU C, LANGE R T, et al. The AI scientist: Towards fully automated open-ended scientific discovery[J/OL]. arXiv preprint arXiv:2408.06292, 2024.

[25] HUANG Q, JIAN V, PERCY L, et al. MLAgentBench: Evaluating Language Agents on Machine Learning Experimentation[C]. Forty-first International Conference on Machine Learning, 2024.

[26] QI B Q, CHEN X Q, GAO J Q,et al. Interactive continual learning: Fast and slow thinking[C]. Proceedings of the IEEE/CVF Conference on Computer Vision and Pattern Recognition, 2024.

[27] XU Y, WANG F, AN Z, et al. Artificial intelligence for science—bridging data to wisdom[J]. The Innovation, 2023,4(6): 100525.

[28] ZHOU J, LUO M, CHEN L, et al. A multi-robot-multi-task scheduling system for autonomous chemistry laboratories[J/OL]. ChemRxiv, 2024.

作者简介

周伯文，上海人工智能实验室主任、首席科学家，清华大学惠妍讲席教授、电子工程系长聘教授，IEEE/CAAI Fellow，国家新一代人工智能治理专业委员会委员、新一代人工智能发展研究中心专家委员会委员，科技创新2030—"新一代人工智能"重大项目首席科学家。曾任 IBM Research 人工智能基础研究院院长、IBM Watson Group 首席科学家、IBM 杰出工程师；京东集团高级副总裁、集团技术委员会主席、云与 AI 总裁。周教授具备丰富的国际化科学研究与管理经验，长期开展人工智能国际前沿基础理论研究、技术创新、人才培养及大规模产业化应用，不仅推动了"产–学–研–用"的全链路整合贯通，更在国际视野下实现了这一链条的无缝衔接与高效协同，荣获我国智能科学最高奖"吴文俊人工智能杰出贡献奖"等。

在国际一流期刊及顶级学术会议上已发表上百篇论文，获引用数万次，其中多篇开拓性论文单篇他引数千次，在人工智能技术和产业界大规模应用核心领域取得杰出成就，有较高的国际影响力。2016 年，周教授带领团队在国际上首次提出与下游任务无关的自注意力与多头机制等表征新机理与新方法，奠定了 Transformer 架构的理论基础之一，推动通用人工智能、语言大模型表征新进展，是实现生成式 AI 的重要里程碑。周教授其他两篇生成式 AI 代表性论文总计被引 5000 余次。产业落地上，曾先后领导了 IBM Watson 平台及京东 NeuHub 平台的技术路线，推动了人工智能技术在产业界的大规模商业化。2003 年，牵头研制出了世界上第一个完全嵌入式的大词汇量的语音到语音双向实时翻译系统。

白磊，上海人工智能实验室青年科学家，科研智能中心共同负责人，新南威尔士大学博士，悉尼大学博士后，主要从事世界模型、多智能体技术及地球空间科学领域的交叉研究。已在 *Nature* 子刊和人工智能领域顶级期刊和会议上发表学术论文 90 余篇，其中第一作者论文单篇最高被引 1300 余次。长期担任人工智能领域相关期刊会议的审稿人或程序委员会委员，*Pattern Recognition* 和 *IEEE Open Journal of the Computer Society* 期刊副主编。基于其研究工作入选国家和上海市高层次海外人才引进计划，获 2024 年 IEEE TCSVT 最佳论文奖、2022 年世界人工智能大会云帆奖、2020 年新南威尔士大学工程研究卓越奖、2019 年谷歌博士奖学金等。负责研发的风乌气象海洋大模型将全球中期气象预报可用性提高到 10 天以上，分辨率突破 10 千米，计算效率较传统方法提高 2000 倍以上，被新华社、人民网、中国新闻周刊、环球时报等主流媒体报道。

丁宁，清华大学博士、博士后，长期从事大规模语言模型相关技术的研究。在 *Nature* 子刊和人工智能顶级期刊会议（NeurIPS、ACL、ICLR 等）发表论文 50 余篇，长期担任相关期刊会议的审稿人或程序委员会委员，谷歌引用数 4000 次。入选中国科协青年人才托举工程，获 ACL 最佳系统演示论文、世界人工智能大会青年优秀论文奖、世界人工智能大会云帆奖、百度奖学金等。

齐弼卿，上海人工智能实验室青年研究员，哈尔滨工业大学、清华大学联培博士，研究领域为鲁棒、在线学习理论、知识组合的基础模型以及人机协同的知识发现应用。在NIPS、CVPR、ACL等会议和期刊发表30余篇论文（第一作者和通讯作者14篇）。作为核心骨干参与10余项国家重大项目。

支撑 AI for Science 的科技文献知识底座构建

张智雄[1,2*]，刘 熠[1]，李 婕[1]，钱 力[1,2]，林 歆[1,2]，张梦婷[1,2]，黎 洋[1,2]，王雅娇[1,2]

（1. 中国科学院文献情报中心；2. 中国科学院大学经济与管理学院信息资源管理系）

摘 要

当前，人工智能驱动的科学研究（AI for Science，AI4S）已成为国际科技竞争的制高点。人工智能的本质是知识的获取和应用，在科技大模型飞速发展与 AI4S 科研范式推进过程中，许多科研团队面临的一个重要问题是缺少可信赖的高质量数据和专业化的领域知识，而科技文献作为人类知识的主要载体，富含严谨、可信、系统、前沿的各类知识，对于支撑我国科技大模型训练和 AI4S 科研范式变革具有重要价值。本文分析了构建 AI4S 科技文献知识底座的需求；阐述了基于科技文献数据挖掘构建 AI4S 科技文献知识底座、支持科技大模型训练和科研范式变革的整体思路，以及中国科学院文献情报中心积极挖掘领域科技文献中蕴含的科学知识和高质量数据，努力构建支撑 AI4S 的领域科技文献知识底座和科技文献大模型的相关实践及应用成效；最后提出未来发展方向和发展策略。

关键词

AI4S；科技文献；知识底座；知识挖掘

Constructing Knowledge Base of Scientific and Technological Literature to Support AI for Science

Zhixiong Zhang[1,2], Yi Liu[1], Jie Li[1], Li Qian[1,2], Xin Lin[1,2], Mengting Zhang[1,2], Yang Li[1,2], Yajiao Wang[1,2]

(1. National Science Library, Chinese Academy of Sciences; 2. Department of Information Resources Management, School of Economics and Management, University of Chinese Academy of Sciences)

Abstract

Currently, artificial intelligence-driven scientific research (AI for Science, AI4S) has become the high ground of international scientific and technological (Sci&Tech) competition. The essence of artificial intelligence is the acquisition and application of knowledge, and in the process of rapid development of the Sci&Tech large model and the advancement of AI4S research paradigms, an important issue faced by many scientific research teams is the lack of reliable high-quality data and specialized domain knowledge. Sci&Tech literature, as the main carrier of human knowledge, is rich in rigorous, credible, systematic and cutting-edge knowledge, which has important value for supporting the training of the Sci&Tech large model and the AI4S scientific research paradigm transformationin China. This paper analyses the requirements for constructing knowledge base of Sci&Tech literature supporting AI4S. And the overall idea of constructing AI4S Sci&Tech

literature knowledge base based on Sci&Tech literature data mining to support Sci&Tech large model training and scientific research paradigm transformation is elaborated. The National Science Library, Chinese Academy of Science has been actively exploring the scientific knowledge and high-quality data embedded in domain Sci&Tech literature and making efforts to construct the domain knowledge base and Sci&Tech literature large model to support AI4S. Finally, it puts forward the future development direction and development strategy.

Keywords

AI4S; Scientific and Technological Literature; Knowledge Base; Knowledge Mining

1 构建 AI4S 科技文献知识底座的需求

1.1 AI4S 是什么

近年来，人工智能（Artificial Intelligence，AI）发展突飞猛进，全世界各领域均面临如何融合应用 AI 技术的关键之问。在新一轮的 AI 技术浪潮中，AI 在科学领域的深入应用，已为材料科学、药物研发等基础科学研究带来了重大变革与全新机遇。随着这一变革的推进，AI 与科学研究之间以"数据−知识双向驱动"的模式加速深度融合，深刻改变了以"学术经验"为主的传统科学研究格局，并催生了一种新型科研范式——人工智能驱动的科学研究（AI for Science，AI4S）。

2018 年，北京大学鄂维南院士提出"AI for Science"概念[1]，强调利用 AI 学习科学原理、创造科学模型来解决实际问题，他认为 AI for Science 是一场正在发生的科技革命。与此同时，李国杰院士指出，科研的智能化"带来的机遇和挑战将决定未来 20 年，中国在科技发展上是与国际先进水平拉大差距还是迎头赶上"。李院士表示[2]，"'AI for Science'本质上是'AI for Scientists'，人工智能科学家和工程师不是智能化科研的主角，各行业的科学家才是主角，因为各个领域的智能化建模一定是以本领域的科学家为主来完成"。目前，AI4S 已成为国际科技竞争的制高点。我国很多领域都正在积极构建各类 AI4S 科技大模型，推动科研范式变革，如周成虎院士领衔建设的 GeoGalactica 地理大模型、中国科学院物理研究所研发的 CAS MatChat 材料领域大模型，以及上海交通大学的白玉兰科学大模型等。

经过综合分析，笔者认为 AI4S 具备如下特点：① AI4S 依赖于可信赖的高质量数据和专业化的领域知识。高质量数据为科技大模型训练提供关键数据支撑，而专业化的领域知识则支持 AI4S 智能模型提出合理的假设，实现基于事实的预测，并进行合乎逻辑的推理。② AI 技术是科学研究向 AI4S 转型发展的重要基石。利用 AI 技术强大的预测分析和归纳推导能力，再通过文献挖掘与知识整编，AI4S 可有效实现数据的获取、增值和分析，协助科研人员发掘隐含在海量数据中的关键知识、潜在规律和分布特征，从而加速科学发现进程。以生物医药为例，AI 技术已在蛋白质三维结构预测、新药研发[3]和高通量筛选候选化合物[4]等关键环节中发挥重要作用。③ AI4S 以各领域科学家为主完成科研工作的智能化建模[2]。在 AI4S 智能化建模过程中，各领域科学家担当重任。依托在科研工作中积累的丰富经验和专业知识，领域科学家有力推动科研工作的智能化转型，确保 AI4S 智能模型的科学性和实用性。④ AI4S 的科研新模式具有显著的变革性特征。通过自动化的实验设计和模拟过程，AI4S 深刻改变了科研假设提出的方式，在生成假设、设计实验、收集并解释数据集等方面，辅助科学家获得传统科研方法难以获知的深入见解，启发科学家产生有价值的科学洞见，为科学研究提供新的视角。

1.2 AI4S 的重要性

2022 年年底，OpenAI 公司推出的生成式 AI 聊天机器人 ChatGPT，引发了 AI 发展史上里程碑式的技术革命，让人们深刻认识到人工智能时代已经来临。AI 所呈现出的学习知识、掌握知识、应用知识解决问题的能力，令世人为之惊叹。在科学界，各个学科领域都在积极利用人工智能助力科学研究，构建智能驱动的科研模式，可见 AI4S 不仅会驱动各领域实现科学突破，还将成为国家面向未来科技竞争的重要发展战略。

2023 年 3 月，为贯彻落实国家《新一代人工智能发展规划》，科技部会同国家自然科学基金委启动了"人工智能驱动的科学研究"专项部署工作[5]。围绕药物研发、基因研究、生物育种、新材料研发等重点学科领域需求，构建"人工智能驱动的科学研究"（AI4S）前沿科技研发体系，以促进人工智能技术深度融入科学研究领域，推动 AI4S 成为解决基础学科重大科学问题的新范式。

2024 年 10 月 8 日，2024 年诺贝尔物理学奖授予人工智能科学家约翰·J. 霍普菲尔德（John J. Hopfield）和杰弗里·E. 辛顿（Geoffrey E. Hinton），以表彰他们"在使用人工神经网络的机器学习方面的基础性发现和发明"。霍普菲尔德和辛顿的工作均受益于物理学，即利用物理学原理和方法寻找信息中的模式。霍普菲尔德基于物理学中的原子自旋系统和能量函数最小化原理，创造了具有节点和连接的 Hopfield 网络结构来存储和重构信息；辛顿则进一步基于统计物理学，通过调整节点之间的连接权重，发明了一种可以自主发现数据属性的方法。两位科学家获得诺贝尔物理学奖，不仅是对物理学在推动 AI 发展中所起作用的认可，也反映了物理学界对 AI 在促进物理学自身发展的肯定。诺贝尔物理学委员会主席埃伦·穆恩斯（Ellen Moons）表示，"在物理学中，我们在广泛的领域使用人工神经网络，例如开发具有特殊性能的新材料"[6]。对此，李国杰院士在《2024 年诺贝尔物理学奖和化学奖为何偏爱人工智能》一文中表示："不管人工智能和物理学实现深度融合还要经过多少年努力，但大家已经看到，'AI for Physics（Science）'和'Physics（Science）for AI'的道路都会越走越宽广。"[7]

2024 年 10 月 9 日，2024 年诺贝尔化学奖揭晓，人工智能科学家再一次获奖。瑞典皇家科学院宣布，该奖项授予大卫·贝克（David Baker）、戴密斯·哈萨比斯（Demis Hassabis）和约翰·乔普（John M. Jumper）三位科学家，以表彰他们在"计算蛋白质设计"和"蛋白质结构预测"方面的突出贡献。贝克利用 AI 技术创造出可用于药物、疫苗、纳米材料和微型传感器等多个领域的全新蛋白质；哈萨比斯和乔普开发的 AI 模型 AlphaFold2 能够精准预测几乎所有已知的蛋白质复杂结构，这一成果使全球科学家都能够更加深入地开展抗生素耐药性、酶的设计等研究。他们的突破性成果再次证明了 AI 赋能化学研究的巨大潜力和重要价值。

1.3 AI4S 对数据和知识的需求

知识能够反映客观规律，可用于解决现实问题，是一种推动历史发展的力量[8]。智能本质上是一种能够学习和应用知识的能力。当前，人工智能取得了飞速发展，从表面上看是大数据、大模型（算法）、大算力的集成应用，而从本质上看，AI 能力的突破在于从数据中学习获取知识和应用知识能力的大幅提升[9]。

精确的人工智能预测源于高质量 AI 数据。在关注 AI4S 为科研工作带来前所未有的创新潜力和发展机遇的同时，更应该关注到 AI4S 发展背后对高质量数据和知识的巨大需求。若说 AI 技术是科学研究向 AI4S 转型发展的主要引擎，那么数据和知识则是燃料。AI4S 的科研模式需要坚实的数据和可靠的知识来支持假设的提出、预测的验证和推理的监督。当前各类科技大模型构建也需要大规模高质量的数据和知识来增强知识：基座大模型需要从大规模高质量文本数据中获取可信赖的常识性知识；领域大模型需要用领域化、专业化的知识进行训练，尤其需要结构化知识实现模型的知识增强和知识监督，以实现知识推理的目标。

当前，在科技大模型训练和 AI4S 的科研范式推进过程中，笔者发现许多科研团队面临的重要问题是：缺少可信赖的高质量数据支持科技大模型的训练；缺少专业化的领域知识来支持 AI4S 智能模型提出合理的假设，以实现基于事实的预测，并进行合乎逻辑的推理。从哪里，并且如何获得可信赖高质量的数据和知识成为 AI4S 科研范式变革推进过程中需要解决的一个重要问题。

1.4 文献数据对 AI4S 的价值和意义

科技文献蕴含人类知识、表达科学机理、展示科研成果，是人类交流知识的主要载体，也是公认值得信赖且前沿性、严谨性、系统性均有所保障的人类知识。而从人工智能的角度出发，科技文献更是一种高价值语料，是人工智能获取知识的重要源泉。

以研究论文为例，从逻辑结构的角度看，一篇研究论文可以视为解决研究问题的各类知识、研究方案和研究数据构成的集合。具体而言，一篇研究论文中包含着至少以下四类知识：①常识性知识。如研究问题、所属研究领域、研究基础、研究价值和意义，以及对这一问题及相关领域形成的常识性共识。②进展性知识。如对于特定研究问题，有谁在哪些方面，利用什么理论、技术、方法，做了什么研究，取得什么研究进展，得到什么有益启示之类的知识。③作者通过研究得到的新知识。如论文作者针对特定研究问题，提出了什么针对性的假设，做了什么样的实验，得到什么样的结果，形成什么样的研究结论。④作者梳理相关研究提出的观点倾向性知识。包含对当前研究领域的梳理判断，对未来发展趋势、研究重点的总结，建议的思路、方法和方案等。上述研究论文中的知识，对于支撑科技大模型训练和 AI4S 科研范式变革具有重要价值。

在人工智能时代，科技文献的重要价值和作用日益凸显，如何挖掘文献机构积累的科技文献资源，并且发挥文献机构在知识资源组织、知识图谱构建、领域本体建设等方面的优势，对于文献机构跟上人工智能时代的步伐具有重要意义。国外一些研究者已经积极对科技文献中的知识内容进行有效挖掘、梳理、组织和关联，揭示科技文献内容中的丰富语义知识[10-12]。

针对智能化科研迫切需要领域知识和数据支撑的瓶颈问题，基于科技文献是人类知识载体的这一理念，中国科学院文献情报中心充分发挥其拥有各学科高质量科技文献数据的优势，积极与领域科学家合作，提出将科技文献数据转化为支撑 AI4S 的科技文献知识底座，进而支持智能化科研的解决方案。

2　构建 AI4S 科技文献知识底座的思路和框架

2021 年，中国科学院文献情报中心在"十四五"的数据平台建设规划中，提出了支持基于证据（Evidence-Based）的科技战略决策与基于人工智能技术（AI-Based）的新型科学研究的两项重要任务部署。

2023 年，随着智能科研模式的快速发展，笔者进一步提出，通过对科技文献中多层次、细粒度知识内容的深度挖掘，将传统的科技文献库转变为能够支撑 AI4S 的科技文献知识底座，进而支撑科技大模型训练和推进科研范式变革的发展思路（见图 1），并就其中的两个关键过程——实现科技文献内容深度挖掘和构建 AI4S 科技文献知识底座，进行了较为深入的研究，提出了细化的思路和流程。

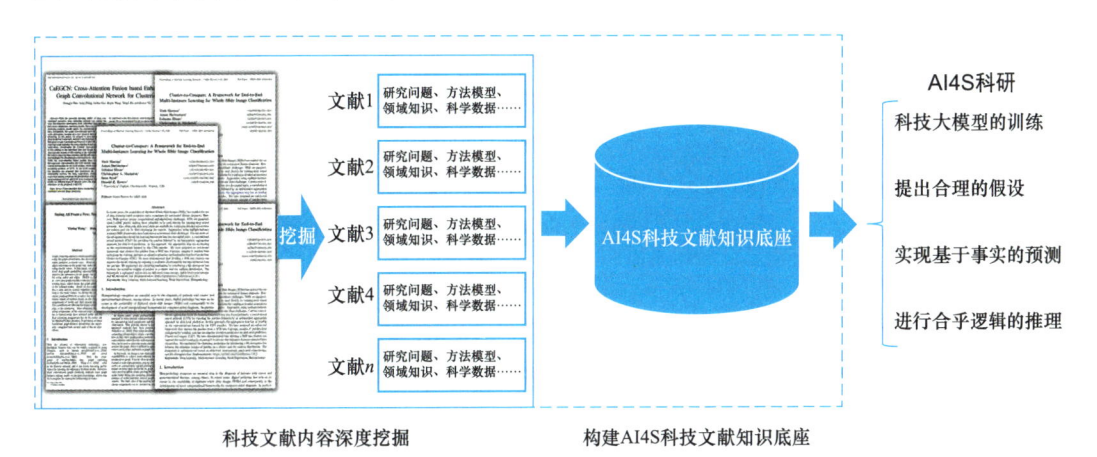

图 1　深度挖掘科技文献知识构建 AI4S 科技文献知识底座的总体思路

2.1　科技文献内容深度挖掘的思路

在科技文献内容深度挖掘方面，笔者基于实践工作，总结梳理出 8 条思路，用于对科技文献中的知识内容进行提取和揭示，分述如下。

（1）提取论文篇章结构的挖掘思路

IMRaD 是国际学术界广泛采用的一种论文写作结构[13]，包括 Introduction（引言）、Methods（研究方法）、Results（研究结果）以及 Discussion（讨论）。提取论文篇章结构的挖掘思路，主要按照 IMRaD 的范式，实现科技文献内容中引言、方法、结果、结论、讨论等篇章级知识对象的碎片化提取（见图 2）。论文篇章结构的解析，为后续的信息检索、知识图谱构建、细粒度知识挖掘和文献数据分析等方面提供基础数据支持。

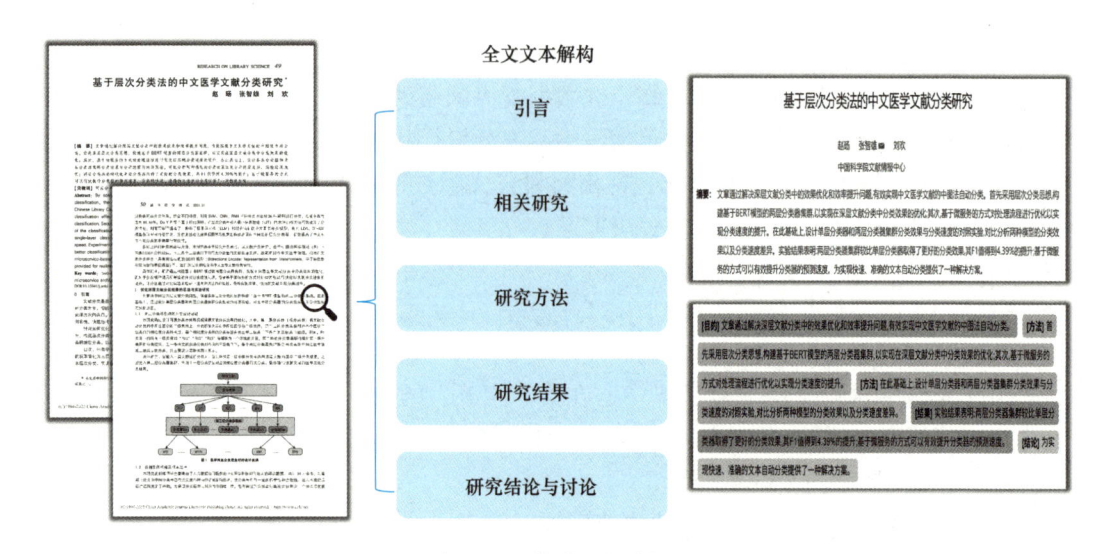

图 2 提取论文篇章结构的挖掘思路

（2）提取研究问题相关知识的挖掘思路

研究问题是科研论文的核心。这一思路围绕研究问题展开，挖掘常识性知识，例如研究问题的研究价值、研究基础，以及与研究问题相关的概念定义等；挖掘相关文献的进展性知识，例如针对该问题，相关文献采用的研究方法、得到的研究结果、指明的研究局限等；挖掘作者针对该问题通过研究得到的新知识，例如针对研究问题提出的研究假设、研究方案、实验步骤，以及研究创新点等；挖掘作者梳理相关研究提出的观点倾向性知识，例如论文作者对研究问题研究重点的总结、未来研究方向的研判等（见图3）。

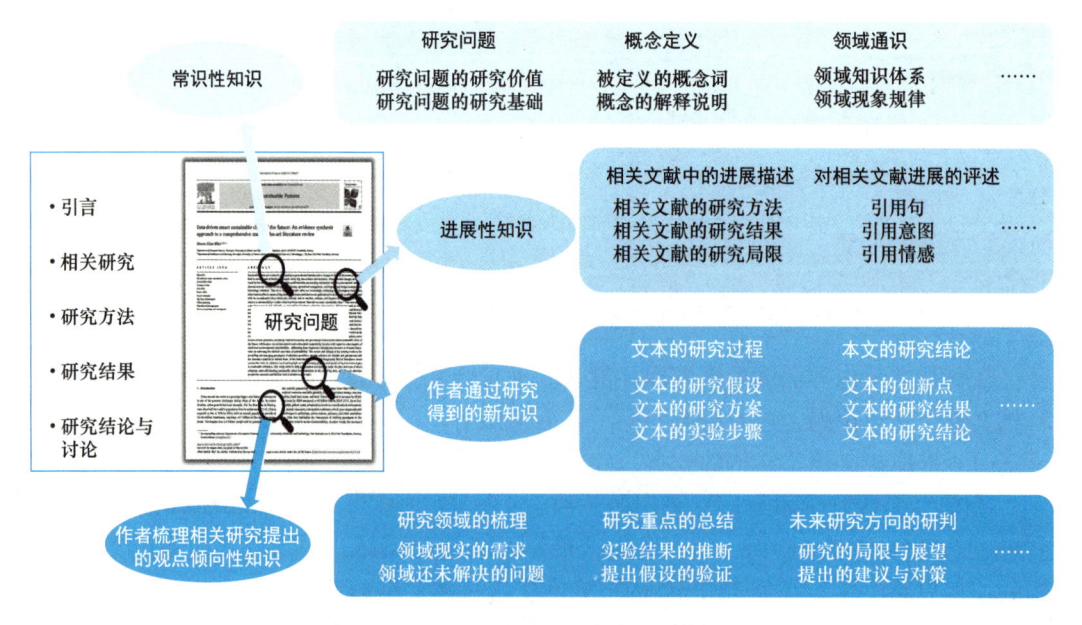

图 3 提取研究问题相关知识的挖掘思路

（3）提取研究问题相关观点的挖掘思路

作者对研究问题的相关观点，对于总结当前研究现状、判断未来发展趋势具有重要意义。这一思路重点分析研究观点的类型，包括现状评述类观点、研究总结类观点、未来方向研判类观点；分析研究观点的确信度，包括有明确数据支撑的确信观点，以及根据不完全信息给出的推断性观点等（见图4）。

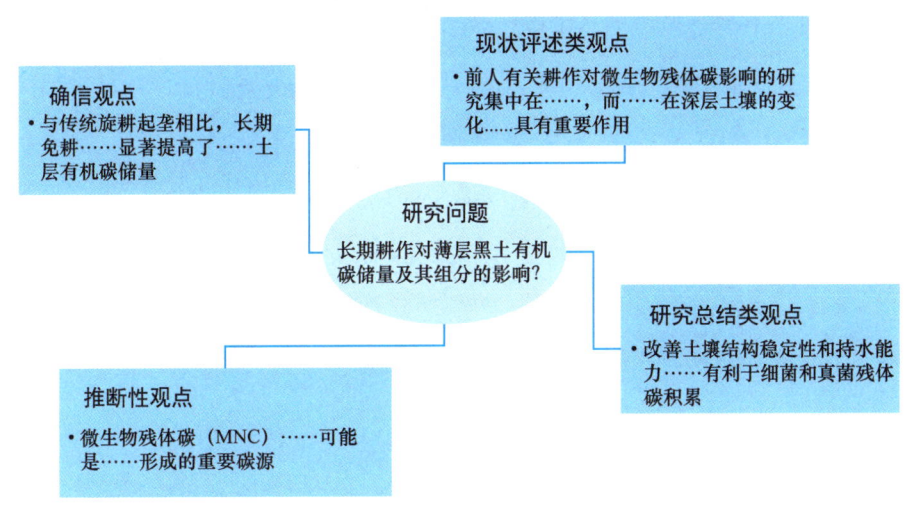

图4　提取研究问题相关观点的挖掘思路

（4）提取研究逻辑的挖掘思路

假设提出和验证是科学研究的主要过程。这一思路从科研论文中提取研究问题、研究方法、研究方案、实验步骤、研究结果、研究结论、研究展望，并将上述内容与研究假设进行关联，用于揭示科研论文的研究逻辑结构（见图5）。与IMRaD写作结构不同，通过明确的逻辑结构挖掘，有助于帮助读者快速掌握科研论文作者开展研究的逻辑思路，为科研成果的复现提供更直观的证据。

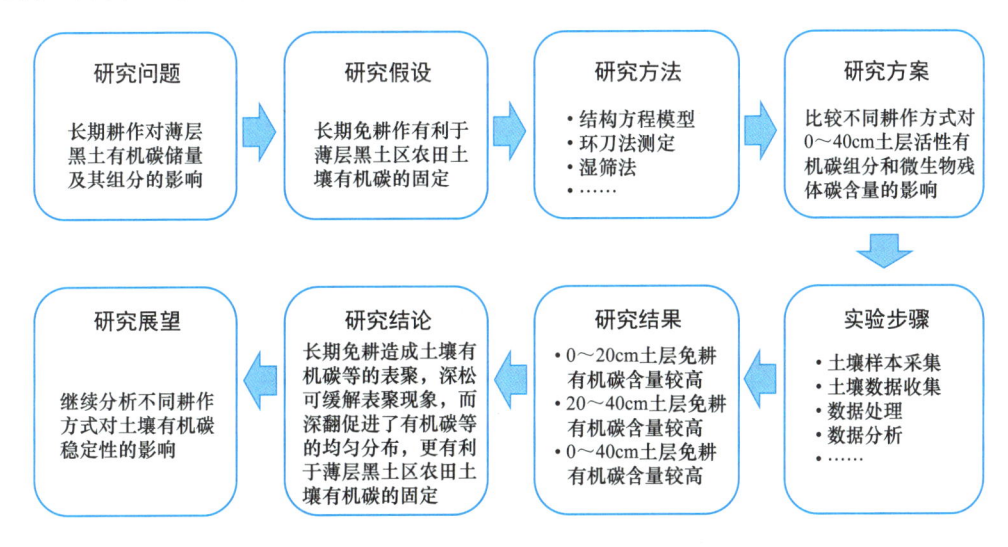

图5　提取研究逻辑的挖掘思路

（5）提取通用知识对象和专业知识对象的挖掘思路

一篇科技文献内容中包括各领域共有的通用知识与仅研究领域具有的专业知识。这一思路面向具体科研领域，除了提取方法模型、数据资料、度量指标、概念定义等通用知识外，还能根据领域的不同，提取领域专业化知识对象（见图6）。例如，面向化学领域提取有机物、无机物、化学反应等知识对象；面向医学领域提取微生物、药物、靶标等知识对象；面向农业领域提取农作物、农产品、农艺操作等知识对象；等等。

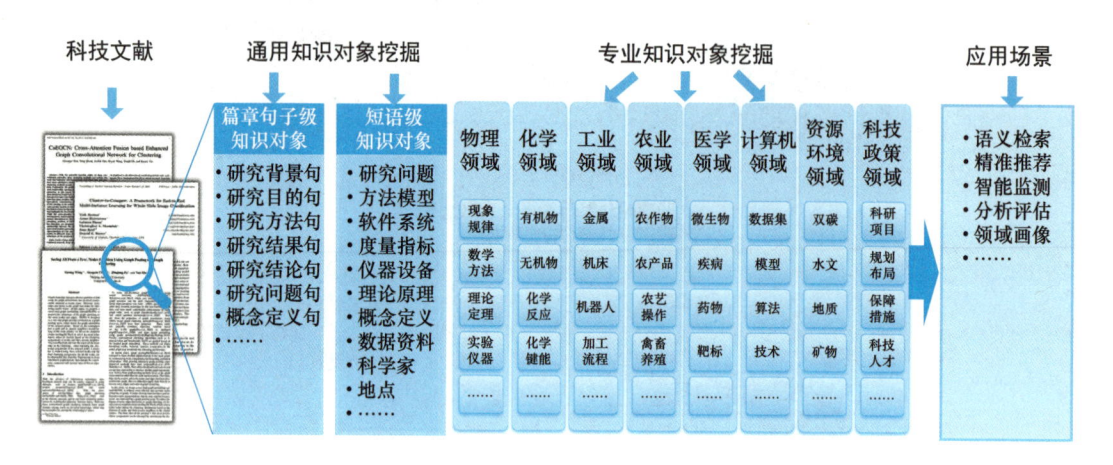

图6 提取通用知识对象和专业知识对象的挖掘思路

（6）实现图、表、公式、文字间多模态知识对象关联对齐的挖掘思路

科技文献内容是图、表、公式、文本等多模态信息的集合。人们阅读文献的时候，能够认识到文章中的文本、图、表、公式等多模态信息是相互关联的。如何让计算机自动而显性地实现科技文献中图、表、公式与文本内容的有效关联具有重要意义。这一思路致力于实现科技文献多模态知识对象的有效关联，实现多种模态知识对象的相互对齐、补充和校验（见图7）。

（7）实现施引文献与被引文献之间关联语义分析的挖掘思路

引用关系是连接多篇科技文献的纽带，引用句则承载着引用的语义特征。这一思路从科技文献中提取引用句，进一步识别引用情感与引用意图，从语义层面分析多篇文献间的引用关系。引用情感分为中性、正面或负面，引用意图分为研究背景介绍，研究方法引用或者研究结果的比较。每个引用句都与一个或多个被引文献相关联，将施引文献与被引文献以及引用意图和引用情感进行关联，形成多篇文献的引文关联结构，支撑从语义层面开展引文分析研究（见图8）。

（8）实现多论文间知识对象关联分析的挖掘思路

除通过引文进行文献间的关联外，还能够通过语义知识对象进行论文间的关联。根据不同科技文献中出现的相同或相似研究问题、研究方法、研究结论或其他领域细粒度知识对象，能够将多篇论文关联在一起（见图9）。例如，将提出相同或者相似研究问题的论文关联在一起；将采用相同研究方法且在同一地点进行实验的论文关联在一起等。

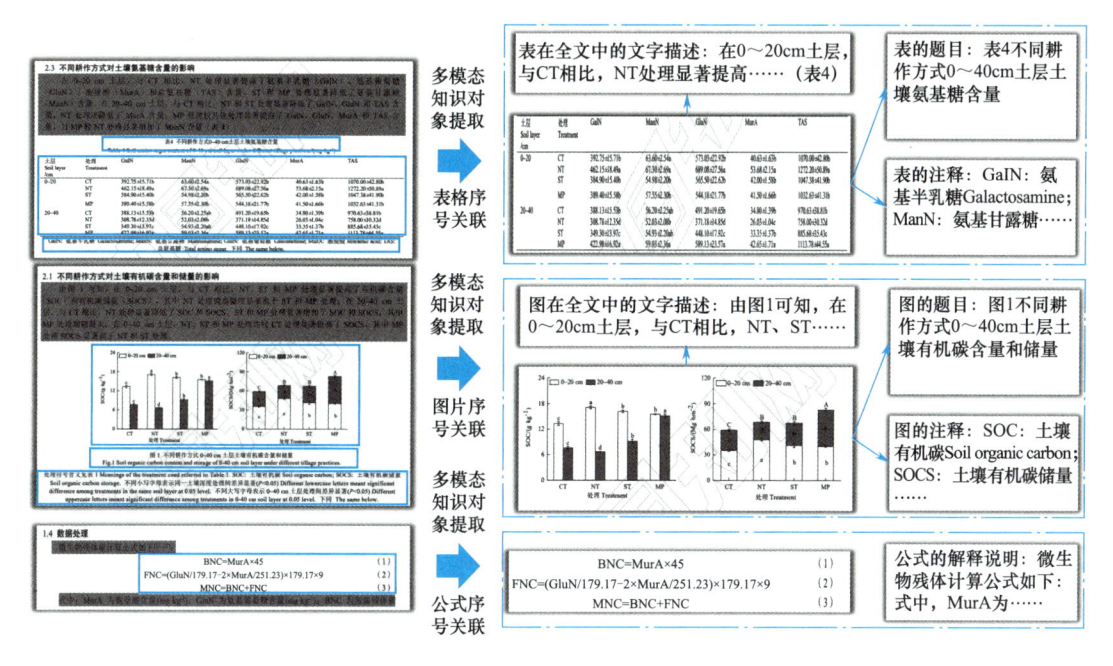

图 7　实现多模态知识对象关联对齐的挖掘思路

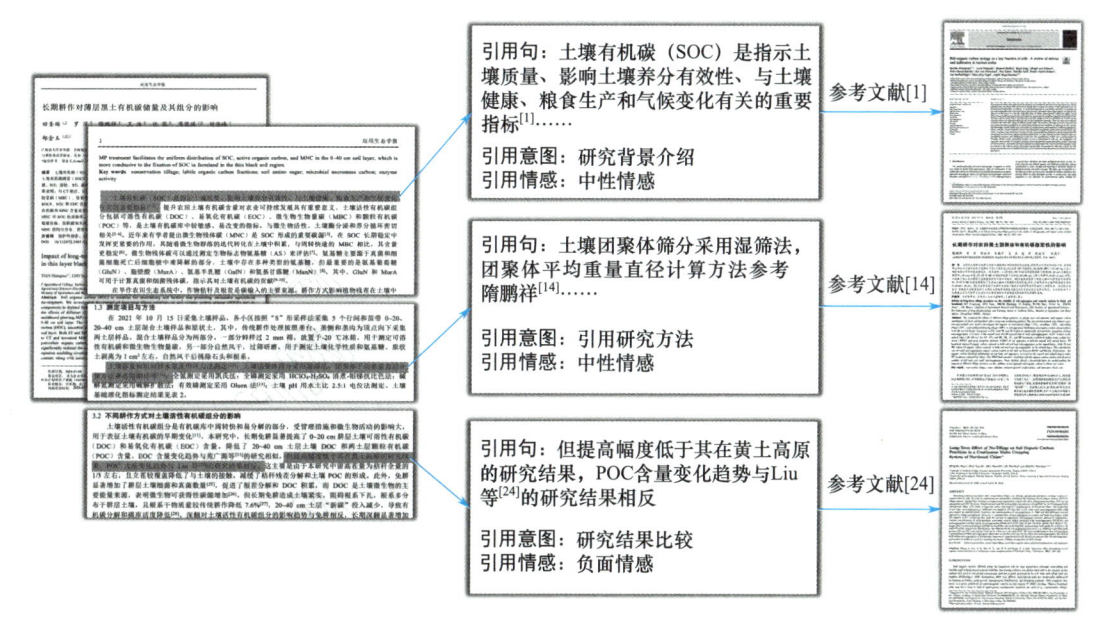

图 8　实现施引文献与被引文献之间关联语义分析的挖掘思路

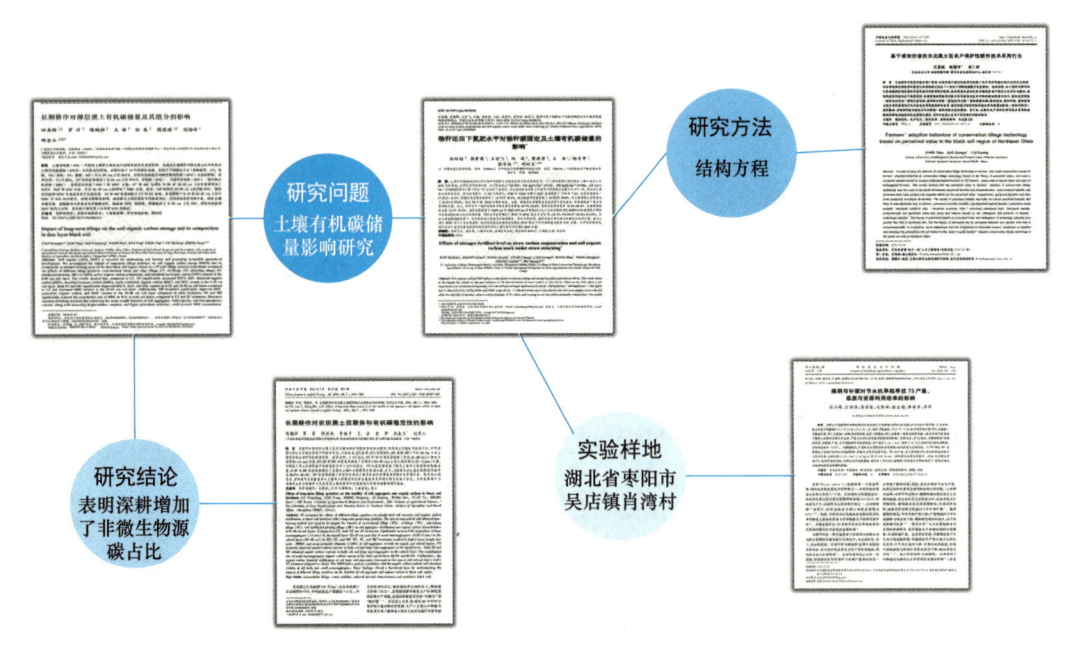

图 9　实现多论文间知识对象关联分析的挖掘思路

2.2　构建 AI4S 科技文献知识底座的基本流程

总结相关工作，笔者提出了构建 AI4S 科技文献知识底座的基本流程（见图 10）。这一流程通过汇聚优选高质量科技文献数据，提取领域知识、科学数据、观点倾向数据等细粒度知识，形成 AI Ready 数据集、领域知识本体库、研究观点倾向库等知识库，并在此基础之上构建支撑 AI4S 的科技文献知识底座，支持科研的智能化应用。

（1）汇聚优选高质量科技文献数据

高质量科技文献资源是建设 AI4S 科技文献知识底座的基础。这一阶段需要汇聚高质量可信赖的期刊论文、知识组织体系、科技图书等。通过对科技文献全文数据中的文本、图表、公式等进行多模态解构与高价值数据整编，形成包含传统文本信息与图表、公式等非文本元素的科技文献数据资源库（见图 11）。

（2）提取领域知识、科学数据、观点倾向数据等细粒度内容

在汇聚优选高质量科技文献数据的基础上，充分利用其中的科技文献知识，构建支撑科技文献内容深度挖掘的人工智能引擎（SciAIEngine）。利用引擎挖掘科技文献中句子级与短语级通用知识对象、专业领域知识对象、科学数据、观点倾向数据等细粒度知识（见图 12），通过建立细粒度知识内容与句子、段落、全文之间的循证关系，支持细粒度知识的循证溯源。

（3）形成 AI Ready 数据集、领域知识本体库、研究观点倾向数据库等知识库

从科技文献中挖掘的细粒度知识需要通过进一步融合、精选、对齐、补齐，形成可靠、确信、高质量的知识库。重点要实现三种类型知识库的构建，分别是 AI Ready 数据集、领域知识本体库与研究观点倾向数据库（见图 13）。

第二篇 基础能力篇

图 10 构建 AI4S 科技文献知识底座的基本流程

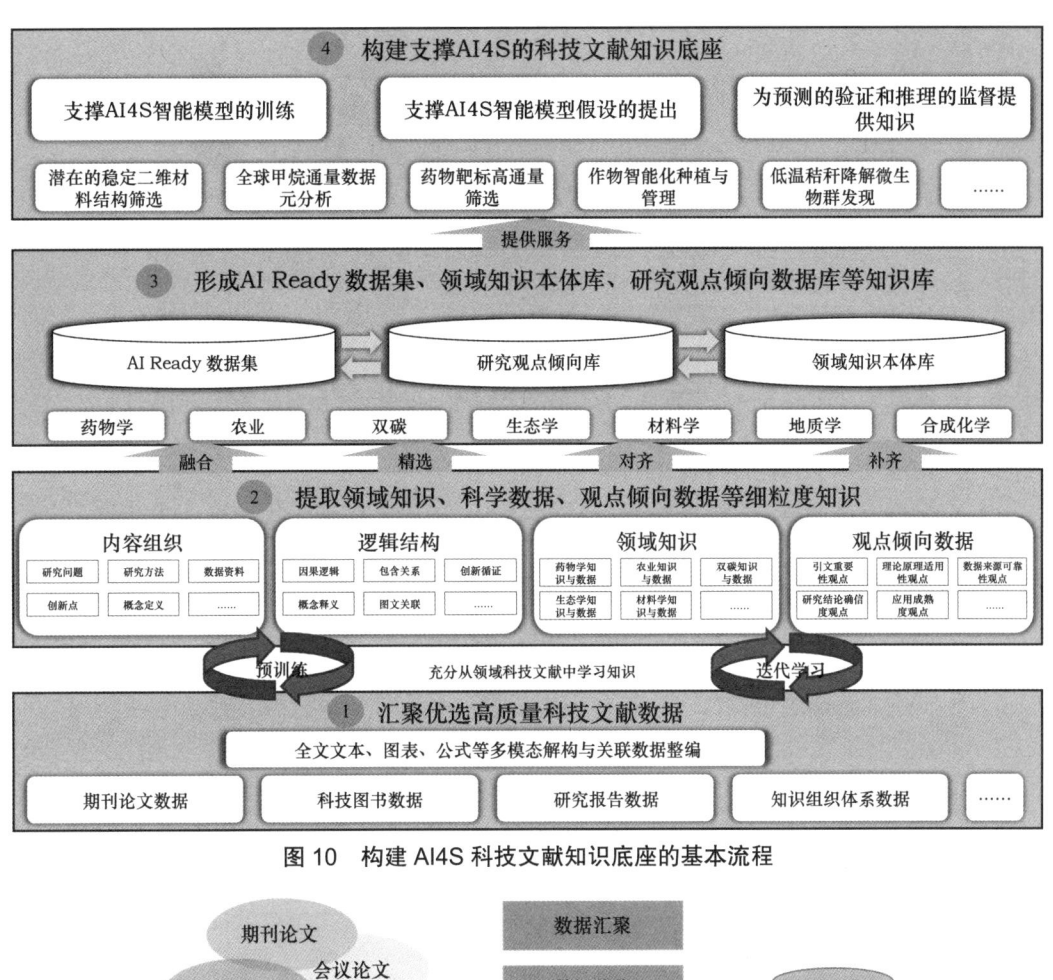

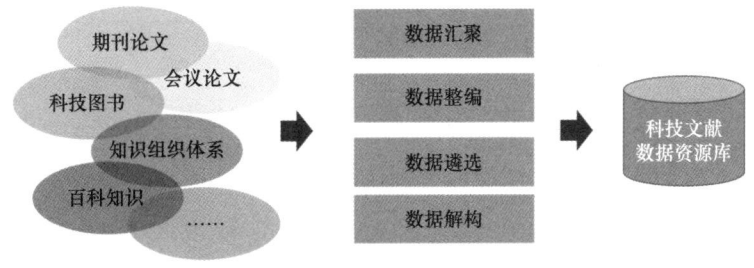

图 11 汇聚优选高质量科技文献数据

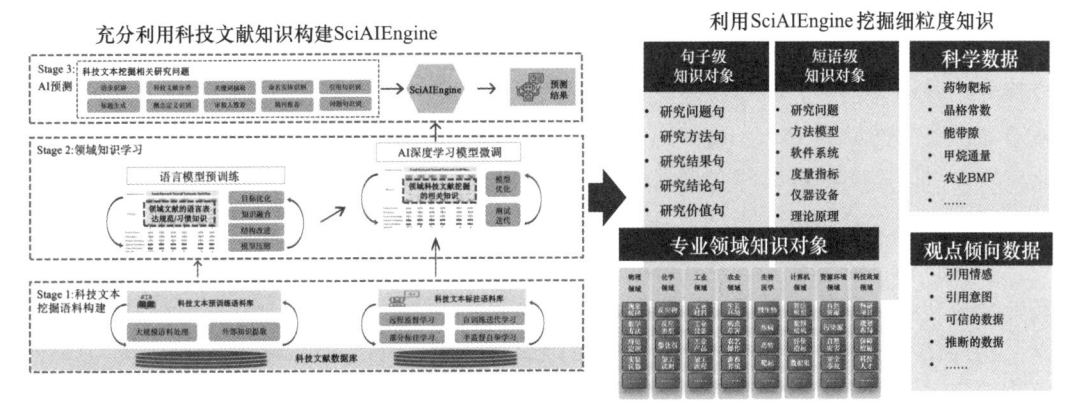

图 12 提取领域知识、科学数据、观点倾向数据等细粒度内容

119

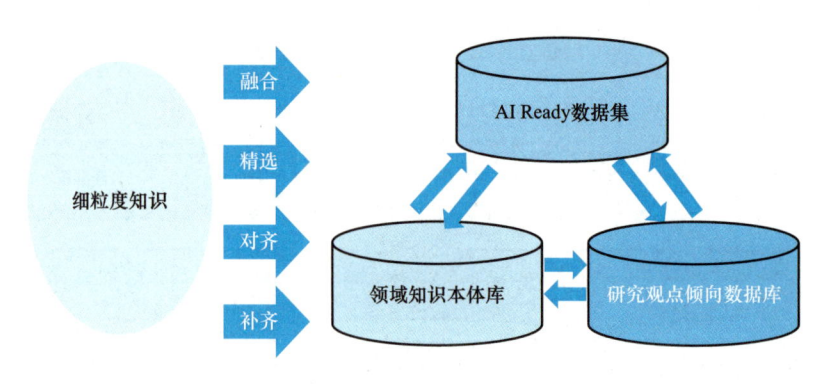

图 13　形成 AI Ready 数据集、领域知识本体库、研究观点倾向数据库等知识库

（4）构建支撑 AI4S 的科技文献知识底座

最终形成支撑 AI4S 的科技文献知识底座。其中，以 AI Ready 数据集为基础，支撑 AI4S 智能模型的训练；以研究观点倾向数据库为基础，支撑 AI4S 智能模型假设的提出；以领域知识本体库为基础，为预测的验证和推理的监督提供知识（见图 14）。

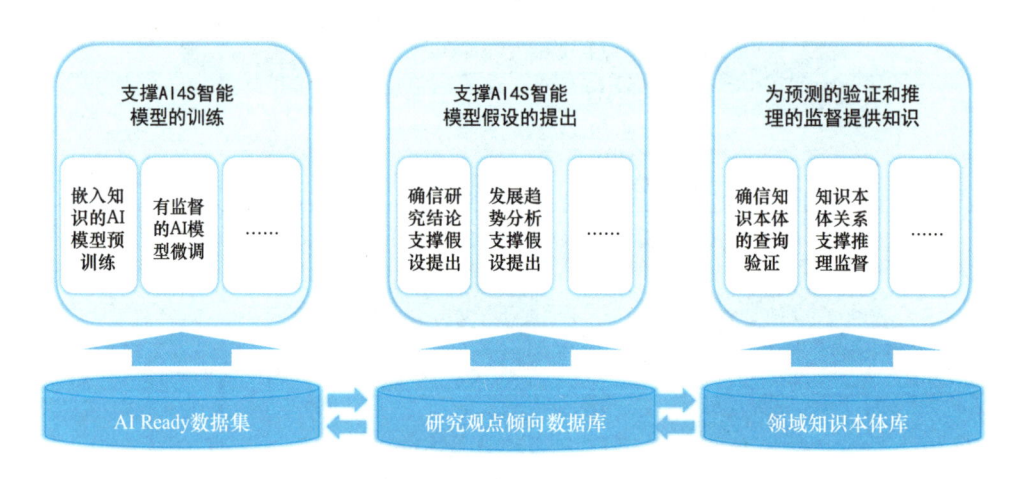

图 14　构建支撑 AI4S 的科技文献知识底座

2.3　构建 AI4S 科技文献知识底座的框架

结合工作实践，笔者提出了构建 AI4S 科技文献知识底座的框架，包含四个重要组成部分，分别为领域原始知识底座、领域态势知识底座、领域本体知识底座与领域神经网络知识底座（见图 15）。这一框架对于支撑智能化知识服务、智能化情报分析与智能化科研提供了坚实的数据和知识基础。

（1）领域原始知识底座

领域原始知识底座是 AI4S 知识底座的基础。通过汇聚、清洗、加工、遴选科技论文、专利文献、科技图书等知识资源，解构与关联段落、图片、表格、公式等多模态数据，在科技文献语义评价的基础上，构建形成高质量、可信赖、高价值的领域原始知识底座。

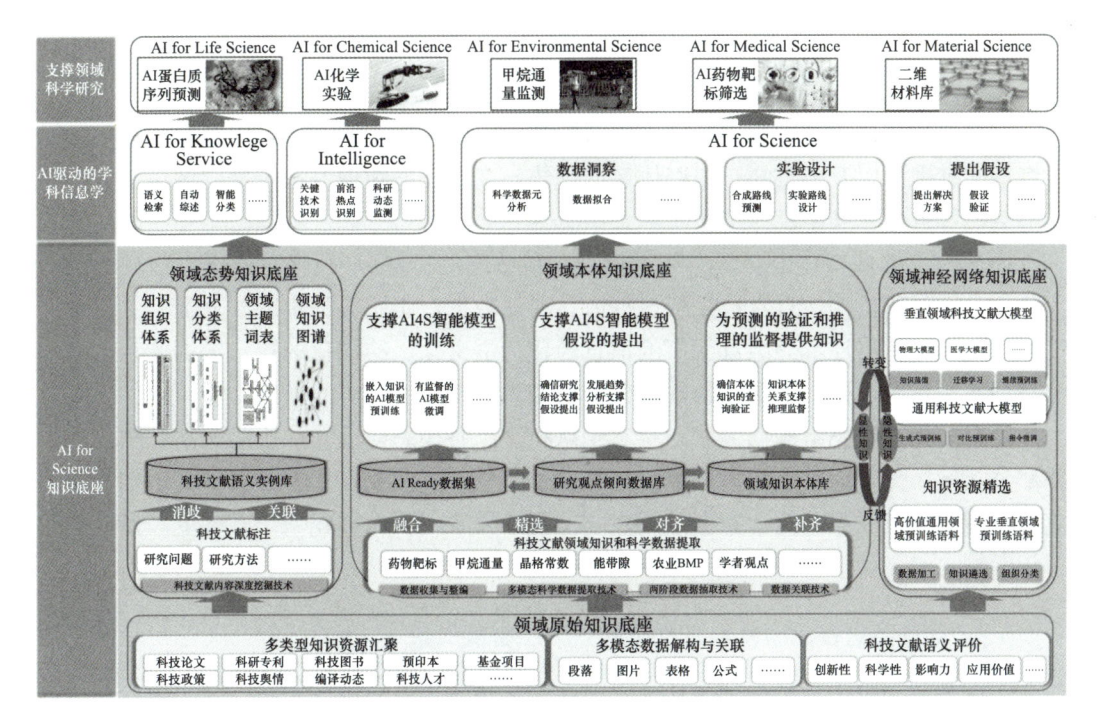

图 15　构建 AI4S 科技文献知识底座的框架

（2）领域态势知识底座

领域态势知识底座包括面向科技文献知识服务与战略情报研究的细粒度、图谱式知识资源。面向学科领域，以领域原始知识底座为基础，利用 AI 技术方法，挖掘、组织、管理科技文献知识资源，支撑科技文献检索查询、阅读辅助、关联推荐等智能知识服务场景，以及关键技术识别、知识演化分析、前沿热点技术识别等智能情报分析场景。

（3）领域本体知识底座

领域本体知识底座包括面向科学研究的理论原理、科学数据、公式等确信的、显性的知识资源。面向领域科研，利用知识抽取技术，从科技文献中提取和整编其蕴含的领域知识内容与科学数据，以支撑科学研究假设的提出、推理预测、实验设计等场景。

（4）领域神经网络知识底座

领域神经网络知识底座包括用于大语言模型训练、微调的高质量隐性知识资源。从领域原始知识资源中精选并加工高价值的通用与专业领域科技文献，通过继续预训练等方法构建通用科技文献大模型与垂直领域的科技文献大模型，支撑科学研究中的智能化知识问答、科研论文辅助写作、科研创意启发等场景。

3　构建 AI4S 科技文献知识底座的工作举措

基于上述构建知识底座的思路和框架，笔者通过整合文献资源、研发智能工具，并与领域科学家团队积极合作，推进 AI4S 科技文献知识底座建设工作的落地应用。

3.1 积极推动智慧数据体系建设

在遵循知识产权法规和国际通行规范的基础上，笔者团队充分发挥文献情报机构拥有海量文献资源以及丰富知识组织体系的优势，在多类型知识资源汇聚、多模态数据解构与关联等方面开展了具体工作实践。

通过收集整理科技论文、专利、标准、科技图书、基金项目信息、科技政策文本、人才信息、科研机构信息及情报资讯等海量科研数据，实施数据集成、分类、关联及语义丰富化策略，将原本分散且无序的信息转化为语义化、结构化的智慧数据体系，实现多类型知识资源汇聚，为后续的数据分析与知识发现提供坚实的基础。

针对多模态数据解构与关联，笔者团队将文献各模态知识（如段落文本、图片、表格和公式等）分解为基本的数据单元，并通过实体对齐和关系挖掘等技术，识别和构建它们之间的内在联系，揭示数据单元之间的复杂关系，从而构建一个多维度、多模态的知识网络。

3.2 突破关键技术研发科技文献知识人工智能引擎

突破科技文献内容挖掘关键技术。面向句子级知识对象挖掘，提出基于掩藏句子模型（Masked Sentence Model，MSM）[14]与两阶段知识抽取方案[15]，以实现文本中的知识抽取。面向短语级知识对象挖掘，提出嵌入词典和词性特征的关键词识别方法[16]与基于小样本数据利用半监督迭代学习技术[17]实现实体识别。面向科技文献分类任务，提出基于层次分类器集群[18]实现千级类目中图法分类。

构建科技文献知识人工智能引擎[19]。充分利用科技文献资源，从科技文献中自动学习和获取科技文本中待挖掘的重要知识，并基于这些知识构建起核心的人工智能组件，形成科技文献知识人工智能引擎 SciAIEngine，支撑多层次细粒度的科技文献自动分类，科技文献内容句子级、短语级知识自动揭示等功能。SciAIEngine 的研发与应用将助力科技文献挖掘的智能化和自动化，赋能科研人员更高效地获取领域内的最新研究成果与技术趋势。

3.3 与 AI 企业合作研发科技文献大模型

中国科学院文献情报中心与相关 AI 企业合作，共同研发科技文献大模型及科研助手。科技文献大模型实现了科技文献的高效信息提取和智能化处理，展现出优于通用大语言模型的科技文献内容理解与知识生成能力。

基于科技文献大模型开发的科研助手，使用了基于论文知识库的检索增强等策略，促使大模型生成的结果有据可依。该助手集成了成果调研、论文研读和学术写作等功能。其中，成果调研功能可以自动总结分析科技文献检索结果集内容，并支持针对用户勾选的论文自动生成综述报告。论文研读功能可以回答用户关于论文提出的问题，并附带答案出处和依据，还提供选定文本的翻译与相关论文的推荐等功能。学术写作功能可以帮助用户进行中英文档互译与英文论文润色修改。

3.4 积极与领域科学家合作支撑领域 AI4S

笔者团队积极与国内科研机构及高校的领域科学家深入合作，通过领域知识与科学数据挖掘，构建领域科技文献知识库，支持领域学科信息学与 AI4S 研究，其中包括如下内容。

1. 构建药物靶标知识库

与相关研究机构合作，开展医药文献中的药物靶标知识挖掘研究，构建药物靶标知识库，支撑新药研发。笔者团队基于相关领域核心科技文献，提出"基于两阶段方案"实现靶标知识的提取。第一阶段基于文本分类抽取医药文献中的药物靶标句，第二阶段基于序列标注识别药物靶标句中蕴含的药物靶标知识（如药物靶标、疾病、基因等），形成药物靶标知识库，包含"靶标句-疾病-基因-靶标"的知识关系。

2. 构建二维材料领域知识库

与相关高校合作，开展物理学文献中二维材料知识的挖掘研究，构建二维材料知识库，为二维材料的研究与应用提供支撑。笔者团队利用首先定位二维材料知识富集区，而后抽取知识实体和关系的方式，从文献中提取能带隙、晶体结构、晶格常数和空间群等二维材料领域知识和科学数据。进一步提取作者关于二维材料知识和科学数据的观点句，建立领域知识与观点句、富集区、段落和文献之间的循证关系，最终形成构建二维材料领域知识库。

3. 构建绿色制氢领域知识库

与相关高校合作，开展科技文献中绿色制氢领域知识挖掘的研究。笔者团队针对绿色制氢文献中的制氢材料、催化剂、工艺流程、能量转化效率等核心要素进行知识提取与分析。通过构建绿色制氢知识库，为优化制氢技术和降低制氢应用成本等关键问题提供丰富的背景知识与文献证据。

4 木质纤维素生物降解领域支撑 AI4S 的科技文献知识底座构建案例

中国科学院文献情报中心充分发挥大量高质量科技文献的数据优势，与相关研究机构及高校合作，开展木质纤维素生物降解知识挖掘与知识库建设研究，构建支撑木质纤维素生物降解领域 AI4S 的科技文献知识底座，助力黑土地生物质的高效利用。

黑土地是我国粮食安全的重要保障。秸秆降解对黑土保护和可持续利用至关重要，因其有效降解可提升土壤有机碳含量与肥力。但寒冷地区低温抑制有机质分解，阻碍了农业可持续发展，而木质纤维素是秸秆的主要成分，因此分析"常年低温地区的木质纤维素降解微生物"成为秸秆还田新方法研究的重点。

针对领域科学家关注的重要科研问题和知识对象，笔者团队依照构建 AI4S 科技文献知识底座的基本流程（见图 10），汇聚木质纤维素生物降解领域的科技文献，挖掘其中通用知识、领域知识、观点倾向等知识内容，形成语义丰富化数据库、领域知识本体库、研究观点倾向库，支撑木质纤维素生物降解元分析、微生物发现等应用场景。在木质纤维素生物降解领域的知识实体和研究观点提取方面，提出领域科技文献汇聚、知识富集区定位、领域知识与科学数据提取、领域数据库构建的技术路线（见图16）。

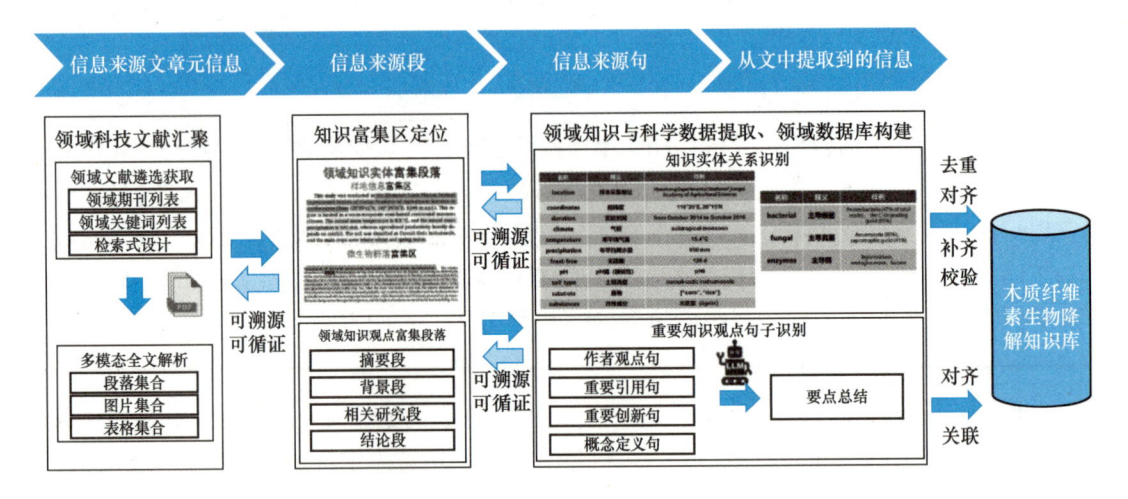

图16　木质纤维素生物降解领域知识挖掘的技术路线

4.1　领域科技文献汇聚

笔者团队以研究对象和降解过程为主题进行检索；同时，还利用相关研究领域的领军学者、核心期刊、研究机构等进行补充检索，遴选木质纤维素生物降解相关文献。通过对所获得的文献进行多模态全文解析，将PDF文件完整地转换为结构化的JSON格式，提取并关联相应的文本段落（如标题、摘要、说明）、图表和公式，最终汇聚形成科技文献数据资源库。

4.2　知识富集区定位

知识富集区是指在文本中目标实体或关键信息高频集中出现的段落或区域，通常包含特定主题下的核心知识点和关联信息。为精准定位木质纤维素生物降解领域知识的富集区域，笔者团队针对领域知识实体和领域知识观点分别提出了定位方法。

针对领域知识实体，笔者团队将目标实体分为地点、微生物等类别，并设计了相应的实体富集区定位算法。例如，将包含地点、经纬度、年降水量等实体，或有独特单位（如mm、℃、%等）的段落划分为地点富集区；将包含以"-ase"结尾的词语或具体微生物、酶名称的区域划分为微生物富集区等。

针对领域知识观点，笔者团队设计了观点富集区定位算法。重点关注文献摘要、背景、相关研究、结论等段落，这些部分通常是作者对研究主题进行概括、讨论和总结的关键区域，蕴含了大量对研究对象的观点。

4.3 领域知识与科学数据提取

在完成知识富集区定位的基础上，笔者团队进一步提取了木质纤维素生物降解领域的重要知识实体及作者观点。

针对该领域知识实体识别，笔者团队提出了包含指令说明、领域知识融合、结构化输出和幻觉避免四项基本原则的提示工程方法，引导大模型从知识富集区提取精确且相关的信息。为了确保所有的知识和数据都有据可循，笔者团队还构建了溯源证据链，从提取到的实体出发，依次回溯至来源句、来源段落及文章元信息。

针对该领域观点识别，笔者团队构建了相关标注数据集，并基于该数据集训练模型以实现观点句的自动识别。针对识别出的观点句，进一步调用相关大模型的 API 进行总结，即在贴合原意的前提下形成更精练的作者观点，并对观点的可信度进行评估。

4.4 领域知识库构建及知识发现平台建设

在领域知识与科学数据提取的基础上，笔者团队通过去重、对齐、补齐、校验与关联等，构建了一个可循证、更确信的木质纤维素生物降解知识库（见图17）。

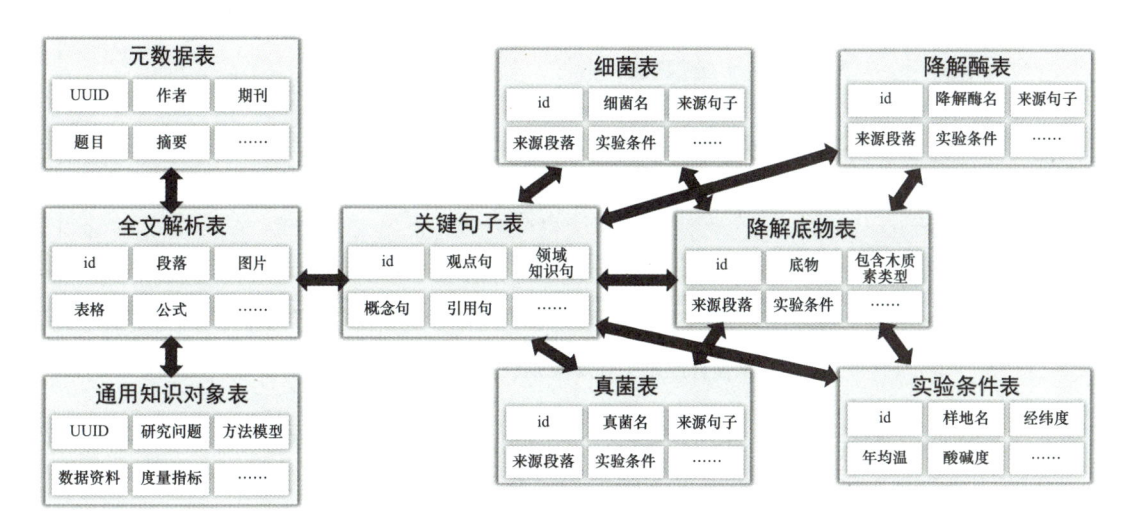

图 17 木质纤维素生物降解领域知识库结构

具体而言，该领域知识库建立了降解底物、细菌、真菌、酶及实验条件等领域知识实体之间的相互作用关系网络；建立了领域知识、来源句子、来源段落、来源文献的关系网络，实现了知识的循证溯源；分析句子、段落与篇章间的共现关系，揭示研究问题与方法、试验数据之间的紧密关联。最终形成包含相关文献、通用知识对象、领域知识对象和研究观点倾向的木质纤维素生物降解领域知识库。

该知识库不仅包含文献全文数据和从全文中挖掘的句子级、短语级的通用领域知识对象，还包含与木质素、纤维素、半纤维素相关的 205 种细菌、898 种真菌、3656 种降解酶及 11 种相关降解实验信息，以及与木质纤维素生物降解相关的 3 万余条研究观点句。

基于所构建的木质纤维素生物降解领域知识库，开发了木质纤维素生物降解知识发现平台。该平台可基于通用知识和领域知识两个维度对文献进行检索（见图18），其中通用知识包括研究问题、研究方法、创新点、概念定义等通用领域知识实体，领域知识包括木质纤维素生物降解领域的相关知识实体。针对单篇文献，提供知识结构导航，可展示该篇文献中的句子级知识对象（如观点句、引用句、定义句、创新句等）和短语级知识对象（如通用知识实体和领域知识实体）。

图18　木质纤维素生物降解知识发现平台的检索页面

平台构建了相关文献的知识结构图，对不同微生物群体、降解物类型、土壤类型等研究主题进行系统化关联与可视化呈现（见图19）。通过数据可视化和知识整合，不仅实现了文献资源的有效整合，还为研究人员提供了多维度的分析视角，使他们能够观察到特定菌株在降解过程中的协同作用，如与共生细菌的相互促进作用，或与特定真菌协同降解的能力。

相比传统检索系统，平台不仅提供了更细粒度的信息，如不同菌株的具体降解能力及其与其他微生物或酶的互动，以支撑对不同菌株在降解效率、酶活性及环境适应性方面的差异分析，还揭示了此前未被关注的潜在知识关系，如特定菌株与特定真菌的协同效应，或纤维素降解过程中某些酶的新作用发现。这有助于为优化木质纤维素降解过程提供科学依据，进而为生物质能源的高效利用提供新的思路和策略。

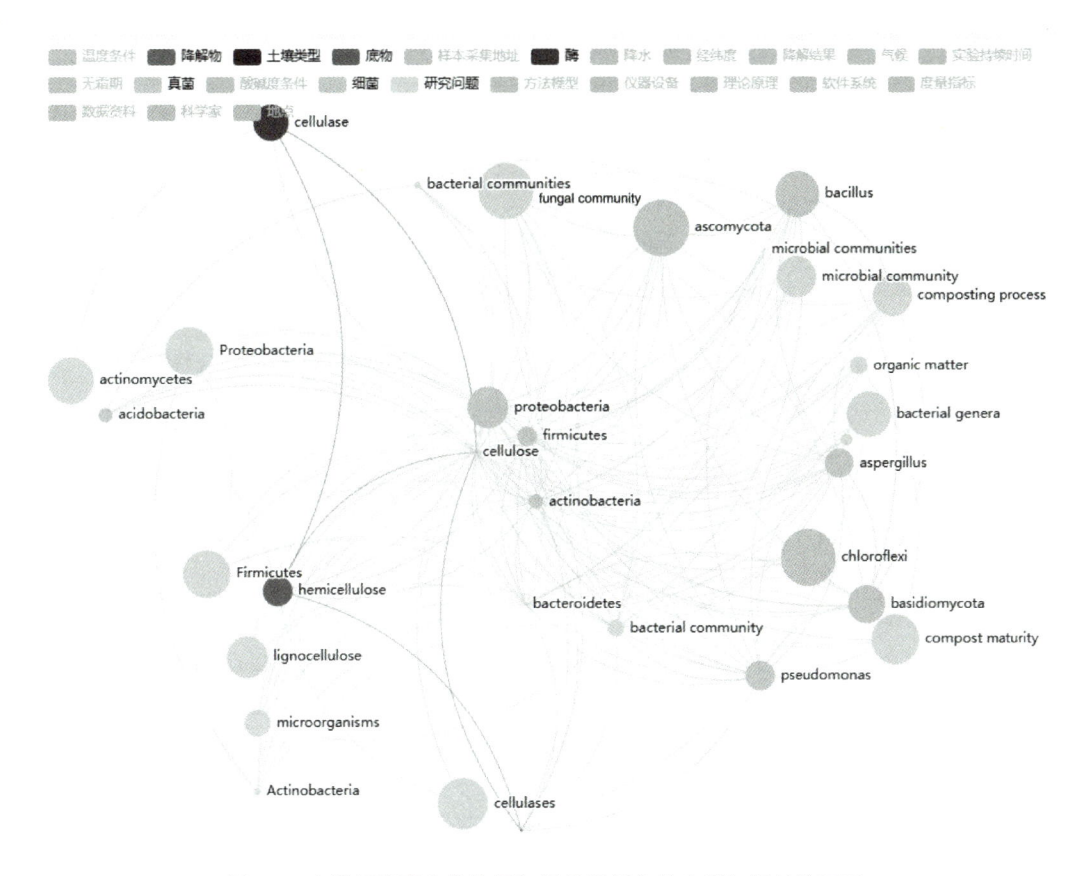

图 19　木质纤维素生物降解知识发现平台的文献知识结构展示

5　结语与展望

人工智能驱动的科学研究新范式正开启智能化科研的新纪元。AI4S 已经深入科学研究的各领域，并深刻变革着科学创新的进程和成果。在 AI4S 的科研范式推进过程中，科技文献中所蕴含的各类高质量数据和专业化领域知识，对支撑我国科技大模型训练和 AI4S 科研范式变革具有重要价值。

2024 年诺贝尔物理学奖和化学奖分别授予 AI 相关科研工作，具有里程碑意义。它不仅体现了 AI 技术模型在诺奖舞台上获得了高度认可，更预示着 AI4S 在推动和加速基础科学领域的研究中，已经发挥了重要影响和积极作用。当前，传统科学研究范式已发生变革。未来，我国科学界将围绕国家重大战略需求，持续推进科研的智能化进程。构建 AI4S 的科技文献知识底座，能够充分挖掘科技文献中的知识内涵，让 AI4S 这一新型科研模式能够建立在坚实的知识基础之上，进而支撑科学家在相关科研领域开展更高效的科研工作。

致谢

感谢中国科学院网络安全和信息化专项咨询研究项目课题（课题编号：CAS-WX2023ZX01-0703）、国家重点研发计划项目"科技文献内容深度挖掘及智能分析关键技术和软件"（项目编号：2022YFF0711900）对本研究工作的支持。

参 考 文 献

[1] 新华通讯社. AI for Science：科学研究新范式 [R/OL]. [2024-09-29].

[2] 李国杰. 智能化科研（AI4R）：第五科研范式 [J]. 中国科学院院刊，2024，39（1）：1-9.

[3] CHAN H C S, SHAN H, DAHOUN T, et al. Advancing Drug Discovery via Artificial Intelligence[J]. Trends in Pharmacological Sciences, 2019, 40(8):592-604.

[4] YOU Y, LAI X, PAN Y, et al. Artificial intelligence in cancer target identification and drug discovery[J]. Signal Transduction and Targeted Therapy, 2022,7(1):156-179.

[5] 中华人民共和国中央人民政府. 科技部启动"人工智能驱动的科学研究"专项部署工作 [EB/OL]. [2024-10-24].

[6] The Nobel Prize.They trained artificial neural networks using physics[EB/OL].[2024-11-11].

[7] 李国杰. 2024年诺贝尔物理学奖和化学奖为何偏爱人工智能 [J]. 科技导报，2024，42（19）：6-9.

[8] Internet Encyclopedia of Philosophy and its Authors. Francis Bacon(1561—1626)[EB/OL].[2024-06-06].

[9] 张智雄，曾建勋，夏翠娟，等. 回应 AIGC 的信息资源管理学人思考 [J]. 农业图书情报学报，2023，35（1）：4-28.

[10] RIBAUPIERRE H, FALQUET G. An Automated Annotation Process for the SciDocAnnot Scientific Document Model[C]. Proceedings of the 5th International Workshop on Semantic Digital Archives, 2015: 30-41.

[11] LIAKAT M, S T, A S, et al. Corpora for the conceptualization and zoning of scientific papers [C]. Proceedings of the Seventh International Conference on Language Resources and Evaluation (LREC'10), 2010: 2054-2061.

[12] GOMEZ C, GUARDIA A, MANTARI J L, et al. A contemporary approach to the MSE paradigm powered by Artificial Intelligence from a review focused on Polymer Matrix Composites[J]. Mechanics of Advanced Materials and Structures, 2021, 29 (21): 3076-3096.

[13] WU, J. Improving the writing of research papers: IMRAD and beyond[J]. Landscape Ecol, 2011, 26: 1345-1349.

[14] YU G H, ZHANG Z X, LIU H, et al. Masked Sentence Model Based on BERT for Move Recognition in Medical Scientific Abstracts[J]. Journal of Data and Information Science, 2019 (4): 42-55.

[15] LI X, DING L, ZHANG Z. Drug Target Extraction from Biomedical Articles Based on a Two-Stage Cascading Framework[C]. 2023 ACM/IEEE Joint Conference on Digital Libraries (JCDL). IEEE, 2023: 245-246.

[16] DING L, ZHANG Z, LIU H, et al. Automatic keyphrase extraction from scientific Chinese medical

abstracts based on character-level sequence labeling[J]. Journal of Data and Information Science, 2021, 6(3): 35-57.

[17] 丁良萍. 基于部分标注学习的命名实体识别方法研究 [D]. 北京：中国科学院大学，2023.

[18] 赵旸，张智雄，刘欢. 基于层次分类法的中文医学文献分类研究 [J]. 图书馆学研究，2021（21）：49-55, 61.

[19] 张智雄，刘欢，于改红. 构建基于科技文献知识的人工智能引擎 [J]. 农业图书情报学报，2021，33（1）：17-31.

作者简介

张智雄，博士，教授级高工（正高二级），博导，中国科学院文献情报中心副主任。国家百千万人才工程和中国科学院特聘研究员计划入选者，享受国务院政府特殊津贴。国家重点研发计划项目"科技文献内容深度挖掘及智能分析关键技术和软件"等国家重大项目负责人。主要研究方向为语义智能、科技文献挖掘、知识组织等。主持国家和省部级项目60余项，发表论文200余篇。带领团队研发多个在用的科技文献智能挖掘工具和学术交流平台，如科技文献知识 AI 引擎，中国科学院科技论文预发布平台（ChinaXiv）和公益学术平台（PubScholar）等。

刘熠，情报学博士，中国科学院文献情报中心高级工程师，青年创新研究员。主要研究方向为科技文献细粒度知识内容挖掘、科技文献集的结构化自动综合、科技文献语义检索等。

李婕，情报学博士，中国科学院文献情报中心工程师，博士后。主要研究方向为科技文献内容深度挖掘、科技文本深度聚类、精练语料构建等。

钱力，中国科学院文献情报中心数据资源部主任，博士生导师，正高级工程师，国家新闻出版署学术期刊新型出版与知识服务重点实验室主任，中国科学院青年创新促进会会员与特聘研究员，中国青年情报科学家。主要研究方向为科技文献大数据与知识挖掘。

林歆，中国科学院文献情报中心博士研究生。主要研究方向为科技文献中科学发现断言的合理性判断，科技文献语步识别等。

张梦婷，中国科学院文献情报中心博士研究生。主要研究方向为科技文献中研究观点抽取、科研实体识别等。

黎洋，中国科学院文献情报中心博士研究生。主要研究方向为垂直领域科技文献知识提取、科技文献多模态数据挖掘等。

王雅娇，中国科学院文献情报中心博士研究生。主要研究方向为科技文献中领域知识和科学数据提取等。

科技资源标识服务平台建设成效及创新应用探索

周园春*，王 姝，刘 佳，夏晓蕾，王丽娟，吕雪峰

（中国科学院计算机网络信息中心）

摘 要

随着科技的飞速发展，科技资源的管理与利用成为提升国家创新能力、推动产业升级的关键。科技资源标识服务平台（简称 CSTR 平台）基于我国国家标准《科技资源标识》（GB/T 32843—2016），由中国科学院计算机网络信息中心建设，是面向全球科技资源提供标识服务的通用基础服务平台。该平台为学术论文、学位论文、科学数据、预印本等 11 类科技资源提供唯一标识服务，推动构建跨学科、跨地域、跨平台的全球科技资源互联互通体系，追踪科技资源全球影响，实现科技资源在全球范围内的快速定位与获取。本文通过分析国际科技资源标识发展政策，总结科技资源标识服务平台的建设成效，并在多个学科领域开展创新应用，展示了我国科技资源的管理水平、共享效率和利用效益。未来，随着技术的不断进步和应用场景的不断拓展，CSTR 平台将在更多领域发挥重要作用，推动数字化转型和智能化发展，为科技创新和经济社会发展提供更有力支撑。

关键词

科技资源标识（CSTR）；标识服务；引用追踪；数据存证

Construction Achievements and Innovative Application Exploration of the CSTR Identification

Yuanchun Zhou*, Shu Wang, Jia Liu, Xiaolei Xia, Lijuan Wang, Xuefeng Lv

(Computer Network Information Center, Chinese Academy of Sciences)

Abstract

With the rapid development of technology, the management and utilization of science and technology resources have become critical to enhancing national innovation capacity and driving industrial upgrades. The Common Science and Technology Resource Identification service platform (CSTR identification platform) was based on the national Standard "Science and Technology Resource Identification"(GB/T 32843—2016), initiated by the Computer Network Information Center of the Chinese Academy of Sciences and serves as a general-purpose foundational service platform providing identification services for science and technology resources worldwide. CSTR identification platform provides unique identification services for 11 types of resources, including academic papers, dissertations, scientific data, preprints etc. This platform promotes the establishment of a global interconnected system for science and technology resources across different disciplines, regions, and platforms, enabling the tracking of global impacts of science and technology resources and facilitating their rapid localization and worldwide access. The article analyzes the policies of the identification, and summarizes the construction achievements of CSTR identification platform. By innovatively applying these in various disciplines, it aims to further enhance the management level, sharing efficiency, and utilization benefits of CSTR. The construction of the CSTR identification platform has shown significant results, not only facilitated the integration and sharing of science and technology resources, enhancing innovation capacity, but also innovating service models and generating notable social benefits. In the future, with continuous technological advancements and the expansion of application scenarios, the CSTR identification platform will play an important role in more fields, driving digital transformation and intelligent development, providing strong support for technological innovation and economic and social development.

Keywords

Science and Technology Resources Identification(CSTR); Identification Services; Citation Tracking; Data Certification

在当今全球科技竞争日益激烈的背景下，科技资源的高效管理与开放共享已成为推动国家科技创新与产业升级的关键要素。我国正处于建设科技强国与创新发展的关键时期，2016 年我国发布国家标准《科技资源标识》（GB/T 32843—2016），用于各类科技资源的统一标识，为我国科技资源标识服务和应用提供标准依据。2018 年我国科学技术部与财政部联合印发了《国家科技资源共享服务平台管理办法》，推动科技资源向社会开放共享。该管理办法的第十三条和第二十四条分别明确指出：国家平台发布的科技资源均按照国家标准进行标识；用户使用国家平台科技资源形成的著作、论文等发表时，应明确标注科技资源标识和利用科技资源的情况。

为贯彻实施国家标准，2017 年中国科学院计算机网络信息中心建设并上线了科技资源标识服务平台（简称 CSTR 平台）。该平台通过应用异构标识解析技术和系统工具，对各类科技资源进行唯一标识、定位、开放与共享，从而打破信息孤岛，促进科技资源信息的互联互通，提升科技资源管理的规范化与标准化水平，为科研人员提供更加便捷、高效的资源获取途径，加速科技成果的转化与应用。

本文通过介绍科技资源标识国际政策发展现状，分析我国科技资源标识发展面临的挑战，同时总结我国科技资源标识服务平台的建设成效，并展示该平台在多个学科领域开展的创新应用，力求进一步提升我国科技资源的管理水平、共享效率和利用效益，推动数字化转型和智能化发展，为科技创新和经济社会发展提供有力支撑。

1 科技资源标识发展现状

1.1 科技资源标识政策发展现状

科技资源标识贯穿科技资源产生、使用、发布、传播和评价的全生命周期，作为科技资源的"数字身份证"，其重要作用已获得国内外科学界的共识。2021 年，联合国教科文组织（United Nations Educational, Scientific and Cultural Organization，UNESCO）发布《开放科学建议书》（*Recommendation on Open Science*），首次将永久标识符

（Persistent Identifiers，PIDs）列为开放科学关键基础设施之一，强调要持续稳定运行永久标识符系统，并肯定了包含科技资源标识在内的永久标识符在科技资源开放共享方面的突出作用。美国、英国、德国、荷兰和瑞士等国相继发布国家级永久标识符战略和路线图。这些政策的发布充分表明，包含科技资源标识在内的多种永久标识符已成为科技资源全球治理的重要工具。

国外的相关政策主要包括以下三方面要点。

（1）鼓励科研人员使用 PIDs，提升科研成果互操作性

基于 PIDs 唯一性和永久性的特点，鼓励科研人员在科研全生命周期内使用 PIDs，使科研成果更容易被发现和分享，增强研究成果的互操作性。科研人员通过使用 PIDs，不仅能提升成果列表的维护效率，降低日常事务的精力耗费，还能减少行政负担，并更好地保护科研成果知识产权。

（2）鼓励科研机构使用 PIDs，提升科研成果追踪效果

鼓励科研机构在人员和项目管理过程中使用 PIDs，通过 PIDs 实现科研人员、科研成果、科研机构、科研设备等多种科技资源的互联互通，简化输出跟踪流程，有效促进研究成果的追踪与评估，降低资源追踪难度和成本，推动开放科学理念的实施。

（3）建立 PIDs 生态，提升国家创新竞争力

使用 PIDs 支撑各国科研创新生态系统，能够更好地评估研究质量与影响力，提升本国科研创新生态系统的效率，加强本国在全球科研与创新领域的竞争力，促进跨部门合作，并进一步提升本国在开放科学活动中的地位和影响力。

在此国际背景下，我国近年来也高度重视科技资源的规范管理、开放共享和安全利用，在科技资源标识体系建设方面也取得了显著进展。我国针对科技资源标识发布了国家标准和一系列管理办法，逐步完善科技资源标识体系，并出台系列政策支持科技资源使用唯一标识，同时计划部署相关科技资源标识项目，推动关键技术攻关。

（1）发布国家标准，确定我国自主科技资源标识

2016 年 8 月，我国发布国家标准《科技资源标识》（GB/T 32843—2016）[1]，提出科技资源标识（Science and Technology Resource Identification，CSTR），对科技资源标识的对象和产生途径、标识符的结构与编写规则，科技资源标识的管理与应用进行了详细说明，为后续科技资源的编目、注册、发布、查询、维护和管理提供了规范依据。

（2）制定各类管理办法，提升科技资源开放共享水平

为进一步加强和规范科技资源管理，保障科技资源安全，提升其开放共享水平，国家相继发布《科学数据管理办法》和《国家科技资源共享服务平台管理办法》，明确了科技资源管理工作各部门、各地区的分工与职责，涵盖了科学数据的采集、汇交与保存、共享与利用以及保密与安全等方面的要求[2]。在政策层面，进一步强化科研人员对科技资源标识作用的认知[3,4]。这些措施为后续相关管理部门和科研人员提供了清晰的指导[5,6]，有助于更好地理解、掌握和执行相关规定，从而为国家科技创新、经济社会发展和国家安全提供有力支撑。

未来，随着相关政策的不断完善和实施，我国将进一步加强科技资源的整合与利用，为国家科技进步与安全保障提供强有力的支撑。

1.2 科技资源标识应用现状

目前，国外主流科技资源标识 PIDs 包括数字对象唯一标识符 (Digital Object Identifier，DOI)、开放研究者与贡献者身份标识（Open Researcher and Contributor ID，ORCID）、科研机构标识（Research Organization Registry，ROR）等。

（1）DOI 使用情况和应用场景

DOI 起源于出版业内三个行业协会（国际出版商协会，国际科学、技术和医学出版商协会，美国出版商协会）的联合倡议[7]，并于 2012 年 5 月通过国际标准化组织认证，正式发布标准《信息和文献 – 数字对象标识符系统》（ISO 26324:2012）[8]。目前，DOI 由国际 DOI 基金会（International DOI Foundation，IDF）开发和管理[9]。DOI 最初主要应用于文字出版领域，但如今也已广泛应用于数据管理保存、图像处理、知识产权保护等多个领域[10]。DOI 的注册由全球 12 家 IDF 的注册代理（DOI Registration Agencies）负责。截至 2024 年 12 月，DOI 各代理机构累计注册量已超过 3 亿条，标识解析次数超过 949 亿次。

（2）ORCID 使用情况和应用场景

ORCID 是一个全球性的人员标识，用于唯一识别科学家及其他学术作者和贡献者，旨在解决人员的识别与姓名消歧问题[11]。ORCID 最早被称为"开放的研究者贡献者识别倡议"（Open Researcher Contributor Identification Initiative），其软件原型改编自 Thomson Reuters 使用的 ResearcherID 系统。2010 年 8 月，ORCID 公司在美国成立并开始运营[12]。截至 2024 年 9 月 4 日，ORCID 已注册活跃研究人员账号 868 万个，系统对接的活跃系统 5757 个，机构用户达到 1405 个，是目前应用最广泛的科研人员标识之一。

（3）ROR 使用情况和应用场景

ROR 是一个由社区主导的科研机构标识，为研究相关机构分配唯一的组织标识符（ROR ID）。ROR 以 GRID 的种子数据为基础，运营工作由加州数字图书馆、CrossRef 和 DataCite 共同负责，并通过基于指导小组的社区参与模式，规划 ROR 的未来方向与战略决策。截至目前，ROR 已收录超过 111392 个研究组织的 ROR ID 和相关元数据，并成为 CrossRef DOI 元数据、DataCite DOI 元数据和 ORCID 中支持的组织标识。ROR 广泛应用于期刊出版系统、数据存储库、资助项目和拨款管理平台。

当前，DOI、ROR、ORCID 等国际主流标识仍然占据主导地位[13][14]，但科技资源标识在科技发展和创新中的作用也日益增强[15]。

2 科技资源标识服务平台建设成效

为贯彻我国国家标准《科技资源标识》（GB/T 32843—2016），2017 年中国科学院计算机网络信息中心建设了科技资源标识服务平台[16]（见图 1），面向全球科学数据、论文、预印本、专利等科技资源提供唯一标识服务。该平台是我国国家标准服务全球科技资源的重要载体，也是推动我国标准国际互认的全球通用基础服务平台。

图 1 科技资源标识服务平台首页

目前，该平台已接入科学数据、学术论文、学位论文、专利、预印本、生物物种等 11 类科技资源[16]，提供解析来源、多维引用等数据服务，为提升我国科技资源治理水平、推动国际互认与开放共享提供技术支撑。截至 2024 年 12 月，平台累计注册 CSTR 超 557 万个，资源类型 11 类，机构用户数量超过 262 家。

2.1 服务与应用场景

2.1.1 标识解析服务

科技资源的持久访问是其开放共享的重要基础。标识解析服务能够支持科研人员通过标识解析地址持久访问资源，避免受到科技资源所在网址变更的影响。为提升标识解析服务的可靠性和稳定性，CSTR 平台通过"两地三中心"的部署方式确保标识解析服务的高可用性。同时，CSTR 平台也提供 Handle、DOI、ORCID 和 ROR 等国内外主流标识的解析服务（见图 2）。科研人员可以通过搜索"CSTR 平台地址 + 标识"或在 CSTR 平台在线网页中输入标识的方式进行解析。

图 2 科技资源标识解析服务页面

2.1.2 引用追踪服务

CSTR 平台基于注册科技资源的 CSTR 和 DOI，精准追踪各类科技资源（如数据集、期刊论文、专利等）的使用和引用情况，全面分析其影响力变化。平台通过引用分析和新增引用邮件通知等功能（见图 3），辅助科研机构和科研人员有效评估科技资源的学术影响力与社会价值。此外，平台还支持对引证文献分区及期刊影响因子进行分析，为科技资源的管理、评估与优化提供精确、可靠的依据，进一步推动全球科技创新与合作的高效发展。

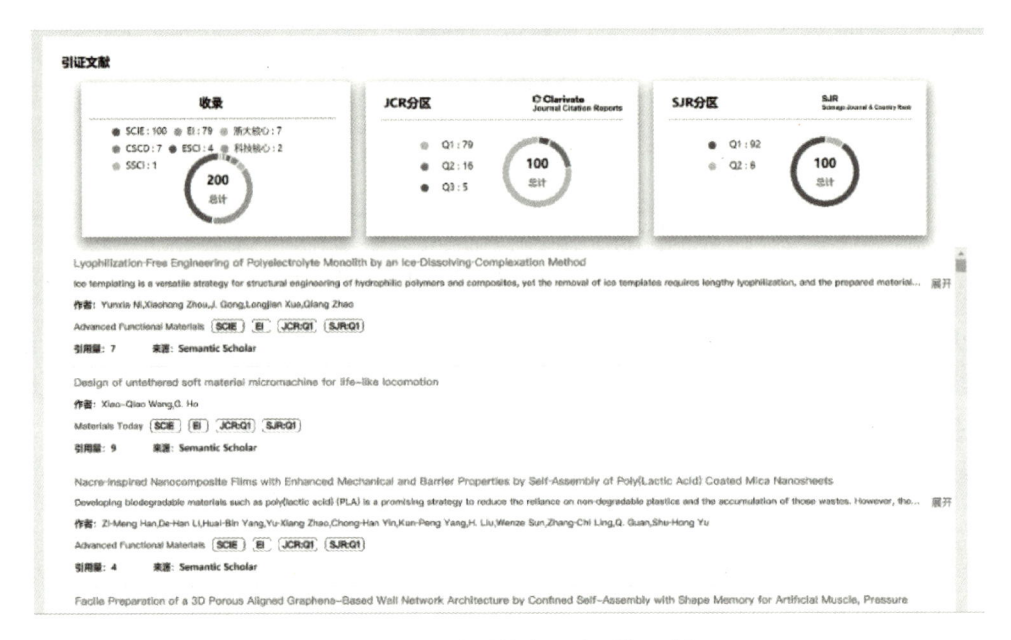

图 3 CSTR 平台科技资源引用情况分析

2.1.3 机构用户报告服务

CSTR 平台面向机构用户提供定期报告服务（见图 4）。通过对机构用户注册的科技资源在注册量、解析量、引用量等多项关键指标的统计分析，结合引用量排名、解析量排名、解析来源国排名等多维度指标，全面评估资源的使用情况与影响力变化。平台以直观、易理解的方式帮助机构用户维护注册科技资源的可访问性，确保资源的长期稳定性，并提供各类指标统计分析，帮助机构用户了解不同国家科研人员对资源的关注度，为资源优化和科研合作提供依据。

2.1.4 数据存证服务

科学数据确权问题是科研人员在开放共享过程中面临的关键挑战之一。随着科技资源开放与共享需求的增加，明确科学数据的归属并保障科研人员的权益已成为亟待解决的核心问题。CSTR 平台与科学数据链联合推出科学数据资产存证服务（见图 5），通过为存证的科学数据资产及其相关证明提供唯一的永久标识，并结合区块链技术，确保数据的不可篡改性及知识产权的唯一归属，从而有效保障科研人员在注册和共享科技资源过程中的权益，避免发生数据产权争议。

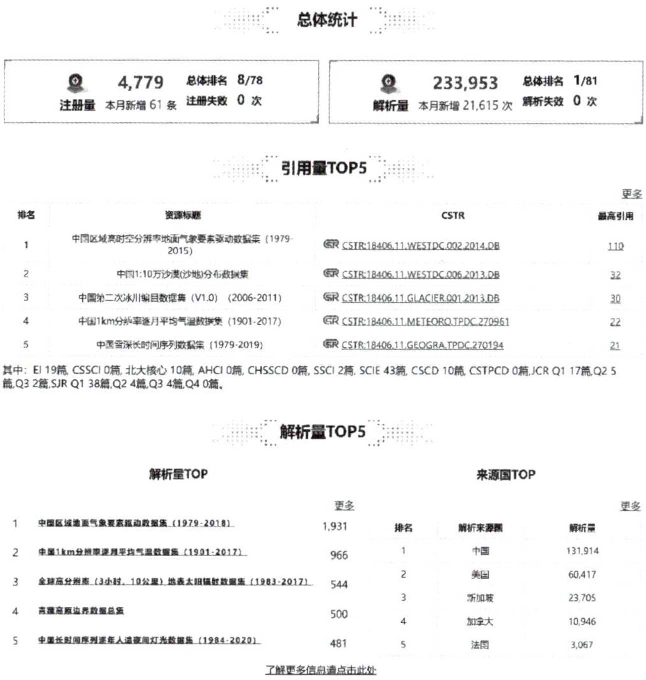

图4　用户报告

注：此处用户报告为示例，当前暂无更新版。

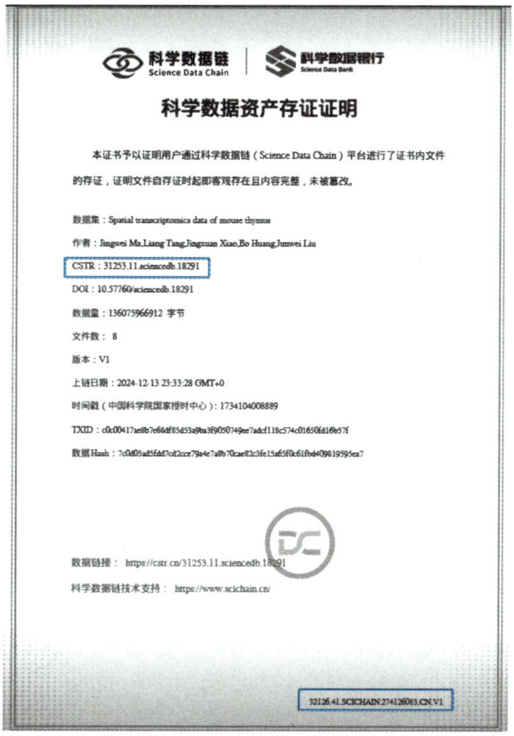

科学数据链 Science Data Chain ｜ 科学数据银行 Science Data Bank

科学数据资产存证证明

本证书予以证明用户通过科学数据链（Science Data Chain）平台进行了证书内文件的存证，证明文件自存证时起即客观存在且内容完整，未被篡改。

数据集：Spatial transcriptomics data of mouse thymus

作者：Jingwei Ma,Liang Tang,Jingxuan Xiao,Bo Huang,Junwei Liu

CSTR：31253.11.sciencedb.18291

DOI：10.57760/sciencedb.18291

数据量：136075966912 字节

文件数： 8

版本：V1

上链日期：2024-12-13 23:33:28 GMT+0

时间戳（中国科学院国家授时中心）：1734104008889

TXID：c0c00417ae8b7e68df85d53a9ba3f9050749ee7adcf118c574c01650fd16b57f

数据Hash：7c0d05ad5fdd7cd2cce79a4e7a8b70cae82c3fe15a65f0c61fbd409819595ea7

数据链接： https://cstr.cn/31253.11.sciencedb.18291

科学数据链技术支持： https://www.scichain.cn/

32126.41.SCICHAIN.274126083.CN.V1

图5　科学数据资产存证证明

2.2 平台成效

2.2.1 支撑《中国生物物种名录》物种资源跨境流通

随着生物多样性数据的快速增长和全球科研合作的不断深化，科技资源标准化管理已成为生物多样性资源共享与利用的关键前提。CSTR 平台与物种 2000 中国节点开展合作，为《中国生物物种名录》2024 版中超过 20 万种物种提供唯一标识服务（见图 6），整合不同国家和标准下的物种数据，提升了物种数据的可追溯性，推动了生物多样性保护和生态研究的深入发展，并为全球生物多样性资源的持续发现与应用提供了技术支持。

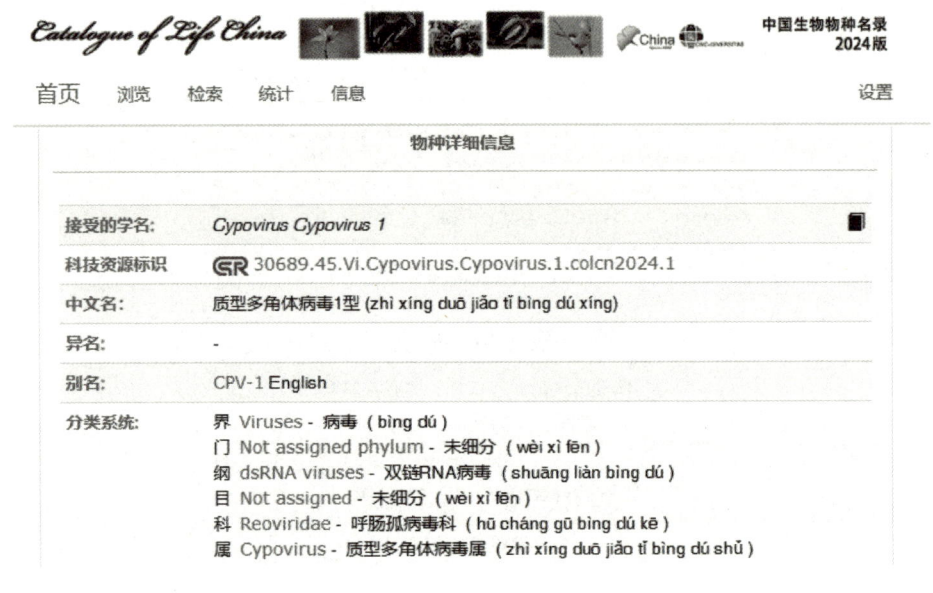

图 6 《中国生物物种名录》2024 版详情页面

CSTR 平台通过为物种资源分配 CSTR，助力打破生物多样性领域国内外平台的数据孤岛。基于统一标准，推动全球物种资源的协同发展，进而构建全球科技资源共享标准化框架，确保跨域物种数据的互通与统一，为不同国家和地区在一致数据标准下开展合作研究打下坚实的技术基础。

2.2.2 支撑保障科学数据知识产权

CSTR 平台与浙江省知识产权局开展合作，基于《浙江省人民政府办公厅关于深化数据知识产权改革推动高质量发展的意见》，推动国内重点高校、科研院所、实验室等科研机构利用 CSTR 开展科技资源知识产权登记，明确产权归属，提高科研人员积极性，推动科研机构管理效能提升。

通过 CSTR，推动科学数据平台与数据知识产权登记平台的集成与融合（见图 7），促进自然科学、工程技术科学等领域科技资源知识产权登记、流动与共享，推动科技资源可信流通关键技术的突破，助力管理机构的影响力追踪，并促进科技资源在科研全流程中的互联互通。

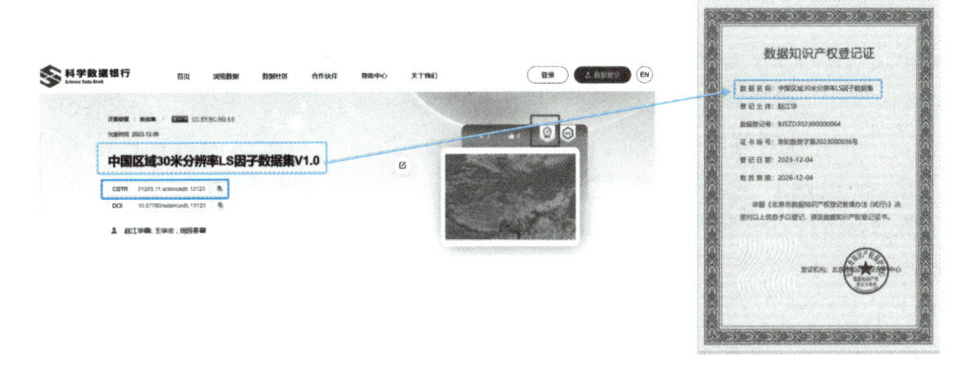

图 7　科技资源知识产权登记示例

3　科技资源标识创新应用

3.1　科技资源标识在重大科技基础设施领域的应用探索

重大科技基础设施是指如粒子加速器、同步辐射光源等大型科研设施或平台，它们在科学研究和技术创新中发挥着重要作用。由重大科技基础设施产生的数据和成果等资源构成了科技资源的重要组成部分。CSTR 为科技资源提供了唯一且标准化的识别方式，有助于实现科技资源的统一管理和高效利用。

CSTR 平台与中国科学院重大科技基础设施共享服务平台合作（见图 8），为中国科学院的 31 个重大科技基础设施及关联设备分配 CSTR，建立了重大科技基础设施与其产生的科学数据间的关联关系。同时，将这些数据与科技文献相互关联，构建起完善的科研学术网络，并衍生出系列应用。

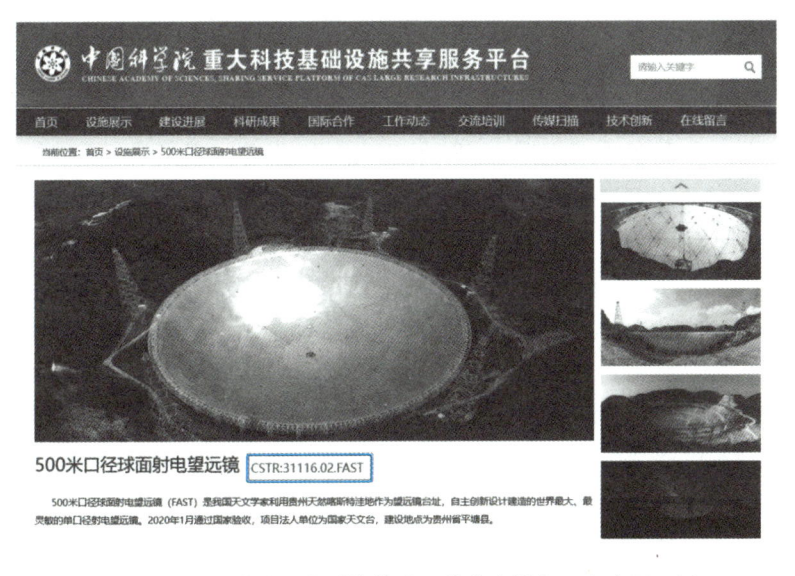

图 8　中国科学院重大科技基础设施共享服务平台应用示例

（1）数据溯源与可追溯性

通过 CSTR，重大科技基础设施产生的数据、科技文献等资源都被赋予了唯一标识。这不仅有助于数据的存储和管理，更重要的是保障了数据的溯源和追溯能力。研究人员可以清晰地追溯数据的来源、产生过程和使用历史，从而保障数据的准确性和可靠性。在科研项目中，研究人员通过科技资源标识快速定位到某一实验数据集的详细信息，包括实验条件、实验过程、数据分析方法等，这对于验证实验结果和复现实验过程至关重要。

（2）科研资源共享与整合

CSTR 将促进科研资源的共享与整合。不同科研机构和研究人员可以快速定位所需科研资源，避免资源的重复建设和浪费。同时，CSTR 有助于实现对资源的统一管理和调度，从而提高资源的利用效率。国家科学数据中心等注册机构可以将各自的数据集、科技文献等资源通过 CSTR 平台进行注册和发布，研究人员则可以通过标识定位到所需资源，并进行下载、引用等操作。

（3）科研趋势分析与预测

基于 CSTR 的关联关系，可以对重大科技基础设施产生的数据、科技文献等资源进行深入分析，从而揭示科研领域的发展趋势和热点问题。这种分析不仅有助于科研人员把握科研方向，还能为科研决策提供支持。通过挖掘和分析重大科技基础设施产生的实验数据，并结合相关科技文献资源，可以发现某一科研领域的最新进展、研究成果及存在的挑战。这些信息为科研人员调整研究方向、优化实验设计，提高科研效率和质量提供了有力依据。

（4）科研合作与协同创新

CSTR 为科研合作与协同创新提供了有效支持。不同领域、不同机构的研究人员可以通过标识定位具有共同研究兴趣的合作伙伴，共同开展科研项目。同时，基于标识的科研资源共享平台可以促进科研资源的跨界融合和创新应用。在跨学科研究中，研究人员可以通过 CSTR 找到相关的数据集和科技文献资源，并与来自不同领域的专家进行合作研究。这种合作模式有助于打破学科壁垒、推动知识交叉融合，并激发创新思维。

（5）知识产权保护与利用

CSTR 在知识产权保护与利用方面也将发挥重要作用。通过对科研资源进行标识和注册，能够明确资源的所有权和使用权，有效防止知识产权的侵犯和滥用。同时，标识的使用可以推动知识产权的转化和应用，实现科研成果的经济和社会价值。在科研成果转化过程中，研究人员可以通过 CSTR 明确科研成果的归属和权益分配，并与相关企业或机构开展合作开发和应用推广。这种合作模式有助于推动科研成果的商业化进程和产业化发展。

对于重大科技基础设施，利用 CSTR 将其产生的数据与科技文献建立关联关系，有助于实现数据溯源与追溯、科研资源共享与整合、科研趋势分析与预测、科研合作与协同创新以及知识产权保护与利用等一系列重要应用。这些应用将显著提升科研效率和质量，对推动科技创新和发展具有重要意义。

3.2 科技资源标识在生物多样性领域的应用探索

生物多样性是人类生存和社会发展的基础,是生态文明建设和民族永续发展的保障。然而,随着气候变化和人类活动的加剧,生物多样性正面临前所未有的威胁。因此,加强生物多样性保护与研究变得尤为重要。在此背景下,探索科技资源标识在生物多样性领域的应用具有重要意义。CSTR 可以充分发挥其独特优势,推动生物多样性数据的标准化、规范化和共享化,为生物多样性保护与研究提供有力支持。

CSTR 平台与乌兹别克斯坦科学院植物学研究所塔什干 F.N.Rusanov 植物园开展交流合作(见图 9),基于 CSTR 物种名录标识编码规范,注册乌兹别克斯坦物种资源数据,构建全球物种间关联关系网络,并提供关联应用服务。

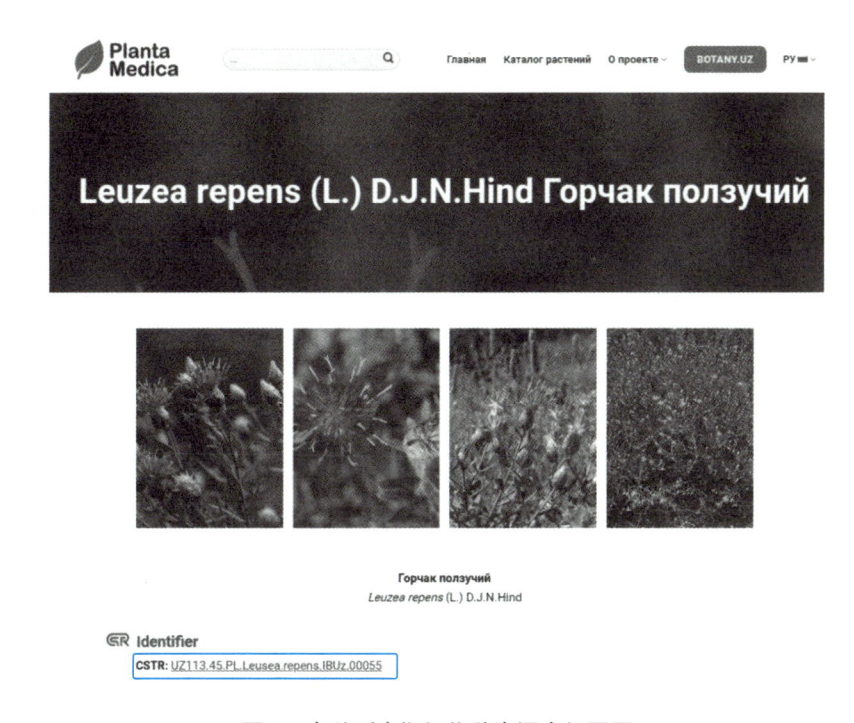

图 9 乌兹别克斯坦物种资源介绍页面

(1) 数据标准化与规范化

CSTR 通过为生物多样性数据分配唯一标识,推动数据的标准化与规范化,有助于解决生物多样性数据在采集、存储、处理、分析和共享过程中存在的格式不统一、标准不一致等问题,从而提升数据的可比性和可重用性。中国科学院华南植物园通过应用 CSTR,实现了对植物物种、植物标本等科技资源的精确定位和获取,同时确保了资源数据的准确性和可靠性。

(2) 数据共享与整合

基于 CSTR 的生物多样性数据共享平台能够实现不同机构和领域之间的数据共享与整合。这一共享机制有助于打破"信息孤岛",促进数据资源的优化配置与高效利用。科研人员可以通过平台快速获取所需的生物多样性数据资源,从而推动跨学科、跨领域的合作研究。

（3）智能分析与决策支持

CSTR 与大数据、人工智能等先进技术的结合，为生物多样性数据的智能分析提供了可能。通过对海量生物多样性数据的深度挖掘与分析，能够揭示数据背后隐藏的规律和趋势，从而为生物多样性保护与研究提供更有力的决策支持。

（4）种质资源保护与利用

在生物多样性保护中，种质资源的保护和利用至关重要。CSTR 的应用有助于实现对种质资源的全面管理与保护。通过为种质资源赋予唯一的标识，能够实现对其进行精准定位和跟踪管理，确保种质资源的安全与完整。同时，基于 CSTR 的种质资源库建设，能够实现对种质资源的长期保存和有效利用，为生物多样性保护与可持续利用提供重要支撑。

（5）科普教育与公众参与

CSTR 还可以应用于生物多样性科普教育和公众参与活动。通过为生物多样性资源赋予易于理解和记忆的标识，公众可以更方便地获取和学习生物多样性知识。同时，基于 CSTR 的科普教育平台能够提供丰富的生物多样性教育资源，包括图片、视频、动画等，从而提高公众对生物多样性保护的认识与参与度。

CSTR 在生物多样性领域的应用具有广泛而深远的意义。它不仅促进了生物多样性数据的标准化、规范化和共享化，还提升了数据资源的利用效率，为生物多样性保护与研究提供了有力支持。未来，随着科技的不断进步与应用的不断深入，科技资源标识在生物多样性领域的应用前景将更加广阔。

4 未来展望

随着科技资源标识在越来越多领域的应用，CSTR 平台在数据与智能驱动下，进一步促进技术融合与智能化发展。通过与人工智能（Artificial Intelligence，AI）的深度融合，平台将加速向智能化转型，实现对科技资源的自动识别、分类和管理。借助 AI 技术，CSTR 将广泛应用于自动标注、智能检索和个性化推荐等领域，并在此基础上进一步提升科技资源的使用效率和用户体验。针对当前科技资源全生命周期追踪分析过程中存在的问题，CSTR 平台将通过数字化手段实现对资源的全面管理和高效利用，进一步提升科技资源的开放共享水平及互联互通的程度。

为了促进科技资源的共享和交流，CSTR 的标准化建设将成为重要发展趋势。通过制定统一的标识标准和规范，可以确保不同系统之间的互操作性，进而提高资源的使用效率和准确性。CSTR 将朝着智能化、数字化、标准化方向发展，为用户提供更加便捷、高效的科技资源标识服务。

致谢

感谢国家重点研发计划"典型科技资源标识可信服务关键技术研究与应用"项目（2023YFF0616900）的支持。

参 考 文 献

[1] 全国科技平台标准化技术委员会. 科技资源标识. GB/T 32843—2016[S]. 北京：国家广播电影电视总局广播电视规划院，2016:1.

[2] 邢文明，洪程. 开放为常态，不开放为例外——解读《科学数据管理办法》中的科学数据共享与利用[J]. 图书馆论坛，2019，39（1）：117-124.

[3] 都平平，李雨珂，张雪媛. 我国《科学数据管理办法》中概念视角数据域范畴与管理边界研究[J]. 图书馆杂志，2022，41（4）：96-105，144.

[4] 朱艳华，胡良霖，孔丽华，等. 科学数据引用国家标准研制与推广[J]. 科研信息化技术与应用，2018，9（6）：25-30.

[5] 吴燕. 互联网环境下数字档案馆建设趋势——数字对象唯一标识技术[J]. 中国管理信息化，2017，20（24）：187-188.

[6] 张瑾. 科技信息资源共建共享平台构建研究[J]. 图书馆学研究，2012（13）：41-46.

[7] 谷琦. 数字对象唯一标识 DOI 的应用研究[J]. 现代情报，2009，29（5）：73-76.

[8] 戴新宇. 建立中文 DOI 标识在科技期刊出版中的作用[J]. 新媒体研究，2016，2（18）：55-56.

[9] 任瑞娟，刘丽斌，濮德敏，等. 中文 DOI 路在何方——从参考文献著录与 DOI 的关系探讨中文数字对象唯一标识符的发展方向[J]. 中国图书馆学报，2010（2）：115-121.

[10] 涂勇，彭洁. 数字对象唯一标识在中国科学数据领域中的应用研究[J]. 数字图书馆论坛，2013（8）：31-36.

[11] 编辑部. 让世界读懂一个更好的你：建立数据完整的作者学术身份证 -ORCID[J]. 中国组织工程研究，2025，29（17）：3519.

[12] ORCID 国际学术传播工具[J]. 实用口腔医学杂志，2023，39（6）：813.

[13] 贺德方，张旭. 服务于科技信息资源共享的数字对象唯一标识应用研究[J]. 现代图书情报技术，2007（8）：26-29.

[14] 张铁男，陈娟. 我国科技资源共享的制约因素及解决对策[J]. 学术交流，2010（7）：131-134.

[15] 中国科学技术协会. 中国科技期刊发展蓝皮书 2021（开放科学环境下的学术出版专题）[M]. 北京：科学出版社，2021.

[16] 刘佳，夏晓蕾，王姝，等. 科技资源标识服务系统及创新应用[J]. 数据与计算发展前沿，2020，2（6）：62-73.

作 者 简 介

周园春，博士生导师，研究员，中国科学院计算机网络信息中心副主任、学术委员会主任，中国科学院科学数据总中心主任，中国信息协会科学数据专委会主任，长期从事科学数据、数据智能与数据标识研究，承担国家自然科学基金重点项目、国家自然科学基金重大研究计划重点支持项目、国家重点研发计划项目等多项国家级任务。参与制定国家标准 7 项；出版专著 4 本；授权专利 40 多项；在 KDD、WWW、AAAI、VLDB、SIGMOD、IEEE TKDE、AIJ、Cell Research 等国际著名期刊和会议上发表高质量论文 100 多篇。

王姝，博士，中国科学院计算机网络信息中心标识技术与应用服务实验室高级工程师，长期从事标识技术研究和标准化工作，负责重点研发计划网络空间安全重点专项子课题"异构标识的高效安全分层管理和跨域安全解析"和"2019年工业互联网创新发展工程-工业互联网标识解析二级节点平台"和科学大数据工程（三期）科技资源异构标识管理服务平台等项目。曾参与完成国家发展改革委产业化专项研究项目《物联网基础标准研究与制定》和《物联网标识公共服务平台》等。出版专著《物联网标识关键技术和应用》，参与制定国家标准9项、国际提案2项，发表论文10余篇，授权专利3项。

刘佳，硕士，中国科学院青年创新促进会会员，中国科学院计算机网络信息中心标识技术与应用服务实验室主任、高级工程师，任国务院食品安全专委会委员、国际标准化组织标识与描述分技术委员会（ISO/TC46/SC9/WG8）专家，欧洲永久标识联盟（ePIC）管理委员会委员。长期从事数据标识政策标准与实践、分布式数据解析技术与系统、大数据管理与分析技术等方面的研究。主持科技部国家基础条件平台中心"科技资源标识体系建设共性技术标准研制"课题。作为负责人承担国家重点研发子课题"科学数据双标识融合解析技术"，国家自然基金委、工业和信息化部工业互联网创新发展工程等20多项科研课题。研制标准17项（含国家标准7项，国际提案1项），授权专利3项。

夏晓蕾，硕士，中国科学院计算机网络信息中心标识技术与应用服务实验室工程师，主要从事国际标准进展研究工作。参与国家重点研发计划"典型科技资源标识可信服务关键技术研究与应用"和"基于区块链技术的智慧生态畜牧业大数据平台"等项目。参与制定国家标准2项，发表论文3篇，授权专利1项。

王丽娟，硕士，中国科学院计算机网络信息中心大数据技术与应用发展部标识技术与应用实验室工程师，主要从事标识解析技术研究及平台产品设计工作。参与国家重点研发计划"典型科技资源标识可信服务关键技术研究与应用""2019年工业互联网创新发展工程-工业互联网标识解析公共服务支撑平台""国家进口冷链食品追溯管理平台"等项目。

吕雪峰，中国科学院计算机网络信息中心标识技术与应用服务实验室工程师，主要研究方向为科学数据标识技术与应用，作为负责人承担国家重点研发子课题"涉濒危动物犯罪物证检验与溯源关键技术研究"，参与"国家工业互联网大数据中心建设项目"和"国家进口冷链食品追溯管理平台"等多项科研课题。

第三篇
应用实践篇

人工智能驱动的现代民用飞机设计

吴光辉[1]，张 淼[1]，王 景[2]，谢海润[1]，董大勇[1]，谭兆光[1]，白俊强[3]

（1. 上海飞机设计研究院；2. 上海交通大学航空航天学院；

3. 西北工业大学航空学院）

摘 要

现代民用飞机设计是一项涉及多门学科且高度综合的复杂系统工程，需要严密知识体系与创新能力的高度结合，以确保设计的精确性和前瞻性。然而，随着民机市场竞争的加剧，设计和研制周期不断缩短，现有设计方法和手段面临显著的瓶颈，难以适应快速变化的市场需求。本文围绕人工智能技术在民机设计中的赋能战略，首先探讨了民机智能设计的理念及其面临的共性问题；接着介绍了与民机智能设计相关的关键技术，包括智能建模技术、智能仿真技术、智能优化技术等；最后具体阐述了我国在民机总体设计、气动优化、高精度智能仿真和驾驶舱设计等领域的探索与实践应用，为人工智能技术在民用飞机设计全生命周期中的进一步应用提供参考。

关键词

民用飞机设计；人工智能；智能设计；系统工程

Artificial Intelligence-Driven Modern Civil Aircraft Design

Guanghui Wu[1], Miao Zhang[1], Jing Wang[2], Hairun Xie[1], Dayong Dong[1], Zhaoguang Tan[1], Junqiang Bai[3]

(1. Shanghai Aircraft Design and Research Institute; 2. School of Aeronautics and Astronautics, Shanghai Jiao Tong University; 3. School of Aeronautics, Northwestern Polytechnical University)

Abstract

Modern civil aircraft design is a complex system engineering task that involves multiple disciplines and requires design teams to possess a rigorous knowledge base and innovative capabilities to ensure precision and foresight. However, with the intensifying competition in the civil aircraft market, the design and development cycles are continually being shortened, leading to significant bottlenecks in existing design methods that struggle to adapt to rapidly changing market demands. This paper focuses on the empowering strategies of artificial intelligence technology in civil aircraft design. First, it discusses the concept of intelligent and analyzes the common challenges faced in this field. Next, it introduces key technologies related to intelligent civil aircraft design, including intelligent modeling, intelligent simulation, and intelligent optimization technologies. Finally, it elaborates on China's explorations and practical applications in overall design, aerodynamic optimization, high-precision intelligent simulation, and cockpit design, providing references for the further application of artificial intelligence technology throughout the entire lifecycle of civil aircraft design.

Keywords

Civil Aircraft Design; Artificial Intelligence; Intelligent Design; System Engineering

1　引言

现代民用飞机（以下简称民机）研制在不断追求安全性、环保性和舒适性的同时，对经济性要求越来越高。波音的 B737 和空客的 A320 可谓飞机设计史上的经典之作，占据了民机领域大量的市场份额。C919 是我国拥有完全自主知识产权的 150 座级客机，已成功投入东方航空、南方航空和中国国际航空公司的安全运营，标志着我国民机在市场上与 B737 和 A320 同级机型展开竞争。同时，我国正在开展 C919 多种衍生型号的设计，并致力于研究飞行速度更快、航程更远、商载更大的远程宽体 C929 客机[1]。然而，随着大型客机在经济性、安全性和环保性指标上的需求日益严苛，我国民机的设计和制造能力面临更高的挑战。

现代民机设计是一项涉及多学科且高度综合的复杂系统工程，需要严密知识体系与创新能力的高度结合，以确保设计的精确性和前瞻性。图 1 展示了民机设计的一般流程，通常从市场需求出发提出初始概念，并通过不断迭代和优化，逐步达成最终设计目标。在民机设计的各个阶段，各专业团队需对设计方案进行从初步到精细的多层次分析与优化工作，包括总体布局、气动性能、结构强度、操稳特性、性能评估、安全性和经济性分析等，并在持续迭代中完善方案，最终形成综合最优设计[2,3]。由于民机设计高度依赖丰富的工程经验、大量的历史数据和复杂的设计工具，国外长期实行严格的技术封锁。因此，我们急需自主研发核心技术，建立符合自身需求的设计标准、流程、模型与工具，以突破技术壁垒，提升我国民机的国际竞争力。

在设计方法和手段方面，美国、欧盟各国和俄罗斯等航空强国凭借深厚的设计经验和技术迭代，已建立成熟的快速设计方法、工具和丰富的工程数据库。我国主要采用数值仿真手段开展设计，如 CFD（Computational Fluid Dynamics）仿真用于模拟飞机流场的气动特性，FEM（Finite Element Method）仿真用于评估结构的应力、应变、振动等响应。实践证明，该技术手段能够满足紧迫的设计进度要求，实现更高的设计目标[4]。

然而，随着民机市场竞争的加剧，飞机设计和研制周期需要不断压缩，现有设计方法和手段仍面临以下瓶颈：首先，传统飞机设计流程复杂，涉及众多专业部门，分析评估中存在大量人工协调和数据传递，显著降低了设计效率；其次，尽管数值仿真手段在各学科性能评估中能够提供较为准确的单学科结果，但总体效率仍显不足，制约了研制周期的有效缩短；最后，现有设计方法在面对多组多层级指标时，难以一次性满足所有要求，通常需要各学科多次迭代调整，导致设计效率降低，并在设计后期可能出现多学科方案冲突，迫使团队做出重要取舍的情况。

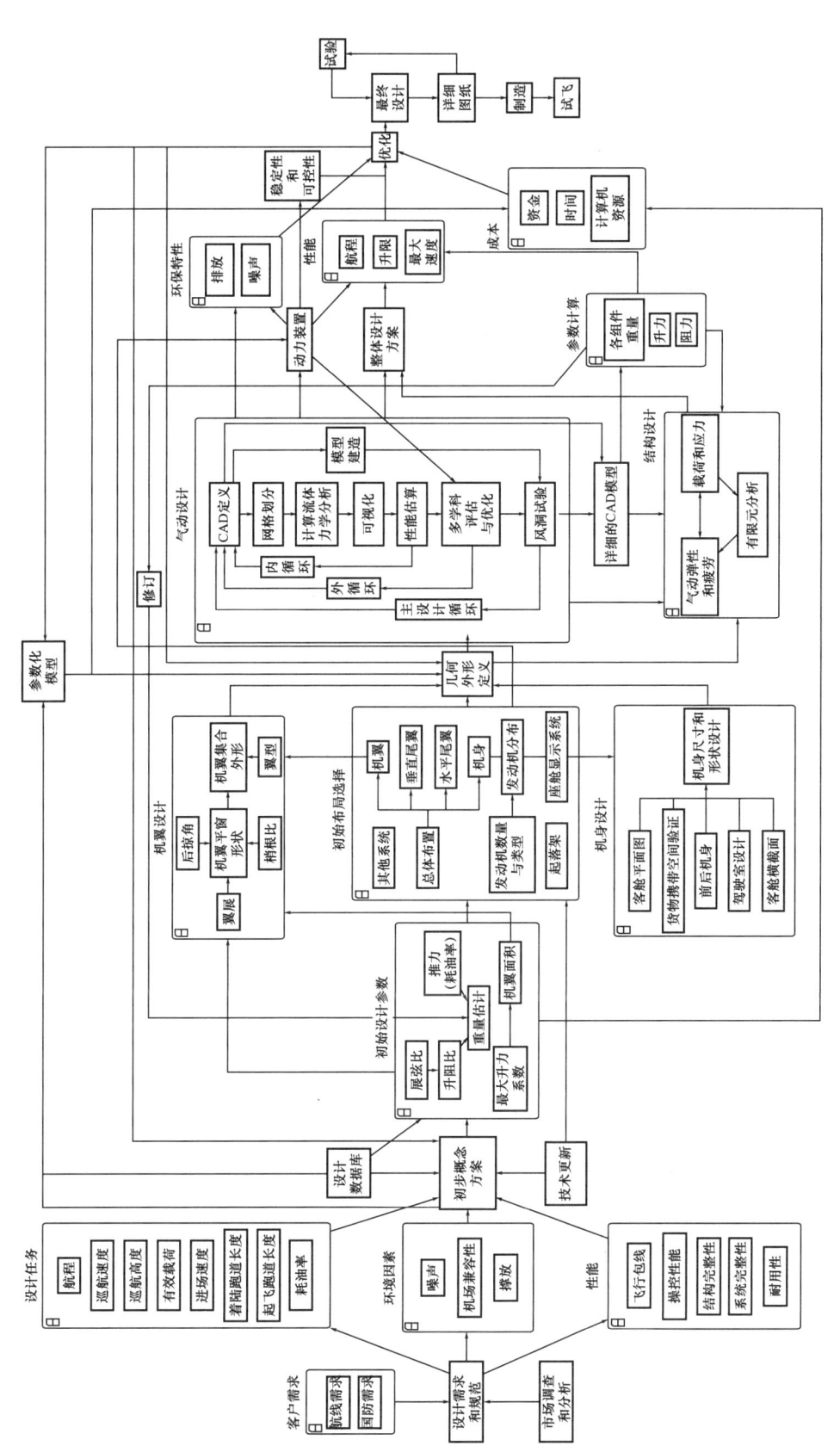

图 1 民机设计的一般流程 [2]

针对我国民机设计面临的上述挑战，需要在设计方法的理论化、工具与经验的体系化、多学科协调的系统化以及专业组织管理的规范化等方面加大研发力度，寻求新的突破路径。在这一背景下，人工智能（Artificial Intelligence，AI）作为一种颠覆性技术，正在为航空工程领域带来全新的解决思路。当前，AI 大模型已开始超越局部人类思维能力，推理能力日益提升，这一进展将为飞机设计领域带来深刻的变革。首先，AI 能够显著提高数值仿真的效率，使多学科性能评估更加快速精准，从而有效缩短迭代周期；其次，AI 技术可全面重构现有的工程知识、经验体系和设计流程，这不仅有助于快速调整设计方案，提高各专业部门之间数据传递的效率，还能使工程师更容易获取其他专业的知识，将更多精力集中在方案评价和创新思维上；最后，AI 推理能力的提升有利于更好地处理多组多层级的复杂设计指标要求，结合大数据分析与优化算法，可以在设计初期识别更优的设计方案，减少各学科之间的多次迭代，确保整体设计质量和效率的提升。

本文基于人工智能技术在民机设计领域的赋能战略，围绕民机设计的智能化进行探讨。首先，讨论民机智能设计的理念及其面临的共性问题；其次，介绍与民机智能设计相关的关键技术；最后，具体阐述我国在民机总体、气动、结构和驾驶舱等设计方面的探索与实践应用，为人工智能技术在民机设计全生命周期中的进一步应用提供参考。

2 民机智能设计定义与问题分析

2.1 现代民机智能设计理念

现代民机智能设计的核心目标是通过人工智能技术的深度应用，提升飞机设计的效率和性能，降低研发成本，支持航空工业的可持续发展。基于此提出如图 2 所示的现代民机智能设计框架，以期实现飞机的设计、制造、运行与维护等环节的数字化与智能化转型。智能设计理念不仅要求各阶段、各学科的数据和知识充分共享，还需融合实体与虚拟仿真，推动设计方案的迭代与自我进化。结合民机设计实践中的关键工程问题和基础研究的相关突破，现代民机设计智能化有望在以下三个领域发挥重要作用。

（1）多学科协同智能设计：通过引入多学科协同设计理念，利用 AI 技术提取和融合来自不同学科的海量数据，识别各学科间的相互耦合性，从而优化设计流程。机器学习技术能够帮助专家从实验数据、标准规范和知识库中提取有用信息，辅助决策，确保在多组、多层级设计指标下找到全局最优解，从而提升整体设计性能。

（2）智能仿真模型及智能优化技术：智能仿真技术的引入使性能评估和优化更加精准，并减少迭代次数，加速设计周期。通过多尺度、多学科和多物理场建模，AI 能够高效整合传感器数据与设计阶段的仿真结果，实现仿真模型与实际飞行器状态的精确匹配。同时，AI 还可以对复杂设计指标进行智能优化，寻找全局最优解，确保设计方案符合多方面的性能需求。

（3）全生命周期智能管理：智能设计不应仅限于飞机的初期设计阶段，而应贯穿整个产品的全生命周期。通过将各阶段产生的设计、制造和运行数据相互融合，应用大数据技术进行状态评估、寿命预测和任务执行力评估等，并根据反馈信息实时调整和优化设计，使得设计具有预期性和前瞻性。同时，AI 技术能够将离线评估与实际操作相结合，使飞机设计方案具备自我进化能力。借助数字仿真平台，决策者能够快速掌握系统当前的状态，为未来的维护和改进提供更精准的指导。

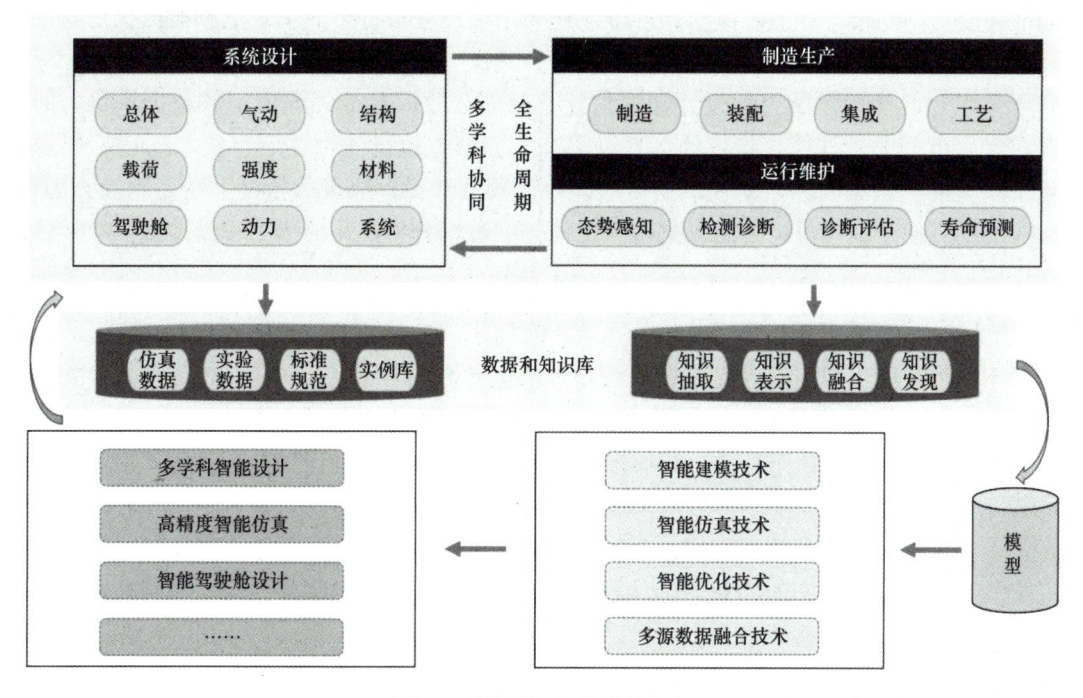

图 2　现代民机智能设计框架

现代民机智能设计作为新兴领域，融合了前沿 AI 技术与经典的航空工程技术，呈现出跨学科融合的趋势。然而，在这一发展过程中，其仍然面临一些共性的问题和挑战。

2.2　民机智能设计面临的共性问题

2.2.1　高质量数据获取

数据是现代人工智能模型的核心，模型训练依赖大量高质量的数据。互联网大数据、工业大数据等海量数据推动了大模型的发展和成熟，并引发了各行各业的广泛关注。然而，在民机设计领域，由于涉及众多技术和商业机密，获取高质量开源或公共数据资源变得异常困难。直接采集的数据往往包含由仿真精度、实验误差、测量噪声等因素带来的不确定性，这使得对数据的筛选、清洗和标定变得至关重要，以确保最终得到高质量的数据集。此外，民机设计的多学科性能分析评估需要整合来自不同领域的异构数据源，如飞行数据、结构数据、材料数据和环境数据等。这些异构数据在格式和精度上存在显著差异，其有效性也需进一步验证。同时，尽管可以通过仿真和实验等方法生成高精度、高保真度的数据，但该过程通常成本高昂，严重制约数据的规模和多样性，进而限制数据的获取和应用。

2.2.2 模型可靠性

近年来，数据驱动的人工智能模型发展迅猛，在多个领域得到了广泛应用。然而，民机设计作为一个高风险、高精度要求的领域，对智能模型的可靠性有额外的要求。首先，模型的预测结果和设计方案应具备合理且一致的准确度或保真度。这不仅要求模型的准确度与不同设计环节的需求相匹配，还要求模型在各种可能场景下都能提供足够准确的结果，或给出结果置信度供设计师判断。其次，仅提高模型的准确度是不够的，只有可被理解的模型才能得到设计师的信任。其部分原因在于训练模型的数据本身可能存在保真度问题，即便高精度的仿真结果和实验数据也可能存在一定误差；此外，"黑箱"模型的决策难以让人信任，模型应能提供预测和设计决策的依据。在易用性方面，智能模型应便于表达设计意图，支持人工调控和数据分析，从而为工程设计提供有效的支持。

2.2.3 模型通用性

不同型号的民机在设计上存在显著差异，包括但不限于气动布局、机体结构、发动机类型、航电系统等。这些差异使针对特定型号训练的 AI 模型往往无法应用于其他型号，需针对新型号飞机进行重新训练或调整。不同型号飞机的设计数据具有不同的特性和规律，如数据维度、数据范围、数据精度等。当 AI 模型在不同型号之间迁移时，数据不一致性可能导致模型在新数据上的训练结果不佳，甚至无法正常工作。因此，如何充分利用不同型号之间的共有知识，发展通用和特例相结合的智能模型，是将智能方法引入民机设计的一大挑战。

3 民机智能设计关键技术

3.1 智能建模技术

数字建模提供了一个由计算机辅助定义的精准数字化设计空间，是实现设计从概念到实际定义评估和最终生产的重要基石[5]。气动和结构等的仿真均建立在精确且详细的数字三维建模基础之上。常规建模设计任务通常涉及大量重复建模流程，该过程依赖设计人员利用过往经验对模型进行反复修正，消耗大量计算和时间成本。尽管传统的参数化建模方法试图缓解这一问题，但仍面临参数化定义困难、逻辑复杂等挑战，导致实际应用中出现对使用者经验依赖性强、方法适配灵活性不足的局限。针对气动外形设计的建模，还需经历处理建模曲面组合拼接、离散网格化计算评估优化及最终曲面重建的流程。因此，在基于经验的传统建模过程中，长期设计流程中积累的大量建模数据和样本往往无法得到有效的重复利用。

近年来，随着深度神经网络和生成式人工智能技术的迅速发展，智能建模不仅在学术界取得了突破，在工业界也引发了广泛关注。通过深度学习处理 3D 扫描点云、网格面和隐式函数表达，生成文本和图像到三维模型的智能工具已广泛应用于娱乐和艺术领域。同时，专业 CAD（Computer Aided Design）领域的智能建模也开始引入生成式人工智能技术，进一步推动了设计流程的革新。如欧特克公司（Autodesk）推出的 Project

Bernini 可以根据文本、图像、点云或体素生成 3D 模型[6]。智能建模技术通过学习现有设计数据，利用生成对抗网络、变分自动编码器或扩散模型等，将复杂的设计空间降维至低维特征空间，甚至可以归纳出有效、紧凑且可解释的设计表达方式，从而显著减少几何建模中的参数量。同时，智能建模能够根据设计需求直接在特征空间中操控，实现外形曲面的快速生成，简化传统建模中涉及的拼接、堆叠和反拟合等烦琐步骤，大幅加速建模流程。

然而，智能建模技术在工程设计中的应用仍面临一系列亟待突破的问题。目前，学界和工业界的智能建模技术主要集中于艺术和娱乐领域，这些领域对模型表面的几何数值精度要求较低，通常采用点云重构的表面网格技术，与工业中使用的连续曲面模型存在较大差距。因此，基于连续曲面定义的智能建模技术仍在积极开发中。同时，气动外形设计需要进一步提升建模所需的曲面定义灵活性和精度。智能建模需深入探索并解决建模形变耦合度大、反复拟合造成的信息冗余，以及确保高阶连续度的设计定义问题。此外，对于多部件生成结果的复杂曲面组合结构，需要确保各部件之间具有良好的设计相关性，以形成有效的全机主几何模型，并最终完成庞大而复杂的数字样机生成任务。最后，由于深度神经网络的生成式智能建模与传统基于经验知识的建模流程存在差异，需要结合人在环路的设计思想，开发可视化和直观化的修改交互方法。

3.2 智能仿真技术

在民机设计中，仿真技术用于模拟物理过程、系统行为和复杂场景，以预测系统性能并开展优化设计。然而，传统数值仿真往往需要耗费大量的计算资源和时间，可能导致设计周期延长和成本增加。特别是在多物理场耦合中，传统仿真技术难以处理大量输入数据和复杂计算过程，数据传递和整合经常成为瓶颈。此外，传统方法在处理非线性复杂系统时，其精度和稳定性也面临挑战，对仿真效率和精度要求更高。

智能仿真技术结合了人工智能、大数据和传统仿真模型，在复杂系统仿真、加速仿真计算和优化仿真流程等方面取得了如下进展。

（1）智能模型修正。结合数据驱动方法对传统物理模型进行校正，从而提高对真实物理现象的预测能力。例如，基于深度学习的模型修正技术可以通过学习大量实验数据，自动调整湍流模型中的参数，实时更新和优化模型，提高仿真的精度和可靠性，以更准确地模拟湍流现象[7]。

（2）仿真的替代。卷积神经网络能够有效处理图像和网格数据，图神经网络适合处理复杂的结构和关系网络，Transformer 模型在处理时间序列数据和动态系统模拟中表现出更优异的性能。通过发展数据驱动的模型直接替代传统仿真方法，可确保计算精度。空客基于隐式神经表征开发了一种超临界翼型流场的仿真替代模型[8]，相较于传统的雷诺平均方程（Reynolds Averaged Navier-Stokes，RANS）仿真方法，实现了 5 倍的加速效果，为复杂气动设计场景中的快速仿真提供了可靠的解决方案。

（3）仿真的加速。利用 AI 技术代替或加速在一些模拟方法中使用的迭代求解且不降低精度。例如，谷歌的研究人员使用数据驱动的离散化将微分算子高精度地插值到粗网格上，实现了 40~80 倍的计算加速[9]。此方式保持了较高结果精度，同时还能提高仿真速度，有望为工程设计提供更为高效的解决方案。

尽管智能仿真技术展现出巨大的潜力，其在工程设计中的广泛应用仍面临诸多挑战。首先，智能仿真虽然可显著加快仿真过程，但其精度依赖于训练数据的质量和数量。未来，在高保真仿真和智能仿真之间找到平衡，需要通过将数据驱动的方法与物理模型结合，提升仿真的精度和效率。其次，针对湍流、激波等复杂且高度非线性的复杂物理流动，如何在不依赖大量计算的情况下，使智能仿真能够精确捕捉动态系统的非线性特征，也是智能仿真技术应用于工程设计的难点。再次，许多机器学习模型被视为"黑箱"，其内部决策机制难以理解。未来需要引入可解释性技术，帮助设计人员理解仿真结果，并将其有效应用于实际设计中。最后，智能仿真的未来发展趋势是实现深度的自动化与智能化。未来的研究需要探索如何将自动化技术与智能算法深度融合，实现全自动化的仿真过程，并解决自动化过程中可能遇到的异常情况和不确定性问题。

3.3 智能优化技术

在工程设计领域，优化始终是提升产品性能、效率及市场竞争力的核心步骤。优化设计涉及复杂的决策流程，依赖精准的计算模型、详尽的性能测试以及成本效益分析。传统优化方法中，工程师凭借经验和先验知识来定义目标、方向和约束，虽然能够确保设计的可靠性，但也带来了知识传承困难、自动化程度低及跨学科验证的难题。随着系统设计复杂性增加，参数空间变得庞大，传统手段需要消耗大量资源，难以应对不断变化的设计需求和技术进步。

智能优化技术利用 AI 算法，能够快速在大数据中找到最优解，同时满足不同设计需求与约束条件，具备高效、准确和自适应等优势；通过并行计算与高效搜索，显著提高仿真效率，缩短优化周期。此外，通过对历史设计数据的学习，获得数字化先验知识，加速设计流程并推动创新解决方案的产生。以下是目前智能优化技术的几项关键内容。

（1）高维设计空间的降维与优化。飞机设计往往涉及极高维度的设计参数，利用人工智能技术进行维度降维和空间优化。采用传统降维方法、流形学习等技术将高维设计空间映射至低维，可大幅减少函数评估和参数量级，从而有效增加求解空间质量，增加优化路径的可靠性和可解释性。

（2）基于反设计的智能优化。针对已有大量设计数据的情况，智能优化可通过回归模型来预测目标设计参数，实现逆向设计。已有的应用包括基于神经网络的复材铺层优化的 AI-sizer 模型，以及通过生成式 AI 利用压力分布生成超临界翼的反设计方法。

（3）基于深度强化学习的优化策略复用。当前优化策略的复用性较差，深度强化学习能够训练智能体在过往优化问题中学习先验知识，从而模拟工程师的决策过程，加速优化问题的调参和收敛。例如，在超临界翼型抖振优化设计中，已有探索性研究利用强化学习方法获得不同的优化策略，通过反复试验和学习，使得智能体能够在新问题中快速应用已学得的优化经验[10]。

尽管智能优化技术在提升设计效率和解决复杂问题方面展现了巨大潜力，但其未来发展仍面临若干挑战。首先，当前的优化问题常涉及复杂的设计拼接、耦合、多目标及多学科问题。多学科多目标优化的复杂性使得实际优化难以收敛至理论上的全局最优状态。其次，在数据驱动的智能优化中，代理模型可能导致精度和信息损失，未来的研究需要优化降维模型的构建，以确保重构数据的完整性、设计空间的精确性以及隐空间特征的可解释性。最后，尽管智能优化降低了设计中的计算成本，但其开发过程仍需消耗大量数据和计算资源，因此，如何设计更高效的算法架构以减少模型训练的计算负担和数据需求，是未来的重要研究课题。

3.4 多源数据融合技术

当前，航空设计领域面临日益复杂的设计需求，传统的单一数据来源已难以满足精密的优化和设计任务。飞行器设计的数据获取途径主要包括数值计算、风洞试验和飞行试验。然而，这些手段所得的数据往往存在显著差异，如数值计算的数据依赖模型精度，风洞试验受限于试验条件，飞行试验则受制于外部环境的不可控因素。因此，如何综合利用这些多样化的数据资源，提升设计数据的一致性和全面性，成为当前亟待解决的关键问题。

目前，数据融合主要依赖数据估计、建模和采集管理等技术，通过对多源数据进行冗余或互补处理，能获得更准确和一致的信息。数据融合技术通过某些准则，将不同来源的数据在时间或空间上进行整合，从而提高数据的可信度和一致性。航空设计领域已开展了天地一致性研究，以及针对高、低精度数据融合的方法探索，不同状态下的数据融合方法也逐渐得到应用。这些技术的应用有望大幅提升数据库的整体精度，降低数据获取的成本，并通过冗余信息的整合，获得更具权威性的设计数据。在多手段数据采集过程中，通过建模和分析，确保各类数据能够相互补充、相互验证，从而提升设计的全面性。

尽管现有的数据融合技术已经取得了一定的进展，但仍面临许多挑战。首先，数据融合的准则和算法仍需进一步优化，尤其是在面对不同手段和状态的数据时，如何合理整合这些信息并找到有效的融合方法仍是需要深入研究的课题。其次，将智能数据融合与误差来源理论相结合，是未来的重要发展方向之一。通过智能算法对误差来源进行深入分析，有望找到减少不一致性和提高数据融合精度的办法，从而进一步提升数据的可靠性和实用性。

4 民机智能设计应用

在智能设计的实际应用中，生成式智能和 AI for Science 等理念正逐步渗透到各个设计阶段，极大地推动了设计过程的智能化和自动化。生成式人工智能技术，在设计任务中通过生成模型对设计空间进行深入探索和优化，已成为解决复杂设计问题的重要工具。AI for Science 的理念结合了人工智能和科学研究，尤其在流体力学、材料科学等领域，通过智能化算法加速传统计算过程。该理念特别适用于多学科联合设计和优化过程，能够通过自动化的数据分析和建模，挖掘在庞大数据中隐藏的规律，并在此基础上进行优化设计。

在国际航空产业，以波音、空客为代表的领军企业正积极探索人工智能技术在航空领域的应用，实践了包括航空数据分析实验室、智慧天空平台、AnalytX 数据平台等

"人工智能＋航空业"融合应用。美国国家航空航天局（NASA）[11,12]和欧洲航空安全局（EASA）[13]都对人工智能协助下的辅助飞行进行了细致规划，并协同科研机构与企业开展人工智能设计与适航论证等方面的研究。

4.1 多学科协同智能设计

4.1.1 多学科指标协同总体设计

民机的总体设计是一个复杂且关键的过程，涉及气动、结构、材料等多个学科和领域的知识。传统的设计方法往往依赖大量的试验和经验，不仅耗时耗力，而且难以达到最优的设计效果。随着人工智能技术的快速发展，其在优化设计方面的应用日益广泛，为航空器设计带来了新的变革。NASA、波音、空客等机构在这一领域的研究已经取得了显著的成果，为飞机的多学科优化设计提供了有力的支持。国外研究者构建了多学科协同优化框架，将各个学科的设计变量和约束条件进行集成，并利用人工智能方法进行优化，以实现全局最优设计。

确保飞机关键指标的精准定义与管控是实现"设计出来的就是想要的"这一目标的核心。然而，当前的工作模式仍较为传统，效率不高，并常存在指标定义不准确、管控手段单一、多部门协同困难、数据传递滞后等问题。为此，中国商飞上海飞机设计研究院设计团队正研究在"民机顶层指标协同设计与数据分析"领域应用智能设计技术，专注关键需求指标、关键方案指标以及过程重要参数的计算定义和偏离评估分析，从而利用智能化手段更科学合理地定义飞机顶层指标。

目前，设计团队通过开发自动化设计工具，能够从设计指标出发，以生成式设计方法自动获取管控各项约束的二维设计方案。例如，采用图3所示的生成式设计方法，通过学习现有设计数据，无须经过漫长的优化迭代，可以在1s内直接生成满足特定性能指标（如升力、阻力等）的多种几何形状和流场分布[14,15]。生成式设计方法在生成新方案时，可能产生不符合物理规律或工程约束的设计。为了解决该问题，研究团队在生成式设计方法中引入物理约束及对生成结果进行筛选，以提高生成设计方案的物理合理性和工程可行性。这在初始设计阶段尤为重要，因为它能够帮助设计师快速筛选出潜在的优异方案。传统设计方法通常依赖设计师的经验和知识，难以在短时间内探索到广泛的设计空间，而生成式设计通过深度学习模型的强大生成能力，突破了这一局限，能够提出新的设计思路和方案。

上述自动化设计工具未来将扩展至三维设计方案，包括气动布局、结构布置和动力装置等。下一步，研究团队计划基于飞机设计需求自动生成备选方案，通过多目标优化算法在多个设计目标之间寻找平衡点，以实现整体性能的最优化，如最小化重量、成本和燃油消耗，同时最大化提升乘坐舒适性和安全性。相较于传统的人工迭代和单目标优化方法，基于AI的优化方法更高效、全面。在未来的多方案权衡过程中，团队将利用AI技术进行自动评估、打分和排名，快速筛选最优方案，提升方案权衡的效率和准确性。此外，研究团队计划将指标分配至相关专业和用户，实现协同作业，以确保在飞机型号全生命周期内对指标进行及时、精准的管控。通过这些措施，有望增强全机关键技术指标之间的设计协同性，提高项目研制过程中的关键技术指标的精准设计能力，加快指标偏离的评估，推动及时、高效的设计纠偏。同时，这些工作可用于智能设计与评估的全机关键技术指标数据库的建立，为未来的智能设计打下数据基础。

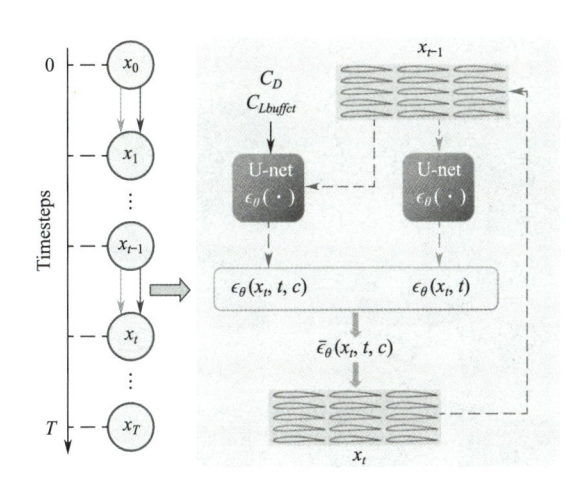

图3 基于扩散模型的条件生成式设计方法

4.1.2 交互式智能建模

中国商飞上海飞机设计研究院智能气动设计团队联合上海人工智能实验室开发了"书生·翼飞"交互式设计大模型（见图4），可实现设计师从文本、语音及图形三种任意模态，高效生成与编辑二维翼型[16,17]。一方面，作为首个兼顾可解释及表征精度的超临界翼型的参数化方式，设计者可以精细控制翼型生成，并确保生成结果符合设计师要求。另一方面，通过简单的输入描述或图形操作来编辑翼型，调控精度达到10^{-3}量级，实现设计者与设计系统的交互，大大提高气动设计的工作效率和便利性。实践发现，交互式设计不仅可加快设计迭代的速度，还能帮助设计师深入理解设计空间中的复杂关系，做出更为明智的设计决策。交互式设计的优势在于能够充分发挥设计师的知识和经验，同时结合计算机的强大计算能力，提供更为灵活和高效的设计方案。传统设计方法通常采用固定的优化流程，设计师的经验和知识难以在设计过程中得到充分发挥。而交互式设计则通过人机互动，让设计师在每一步迭代中都能基于最新的反馈信息进行调整，显著提高了设计效率和效果。

针对三维气动外形的智能建模任务，研究团队直接学习几何的初始化图形交换规范（Initialization Graphics Exchange Specification，IGES）文件样本，通过生成式方法实现三维机翼和机身外形的编码隐空间降维和解码生成（见图5）。目前，该技术可以将描述外形曲面的数百个参数维度压缩至7~15个维度，同时能够通过生成式网络精确地描述三维机翼和机身的外形变化。形成的隐空间不仅在特征变化上具有连续性，而且具有一定的解耦度。通过操作特征空间向量，可以适应不同隐空间维度数量和类型的迁移学习，并通过与CAD建模软件的接口连接，实现毫秒级生成产品模型数据交换标准（Standard for the Exchange of Product Model Data，STEP）/IGES建模文件，并保证所生成的文件在截面上满足曲率连续性。而后，将STEP/IGES模型文件输入基于生成式模型的网格生成器中进行网格化处理，从而进行后续的仿真分析。在几何描述方面，该技术允许直接操作三维尺度上的外形变化,跳过传统方法中的二维堆叠建模流程。在设计流程中,利用建模曲面作为变化基础,省略网格、离散点堆叠以及曲面拟合拼接之间的反复转换,从而加速设计和建模流程。

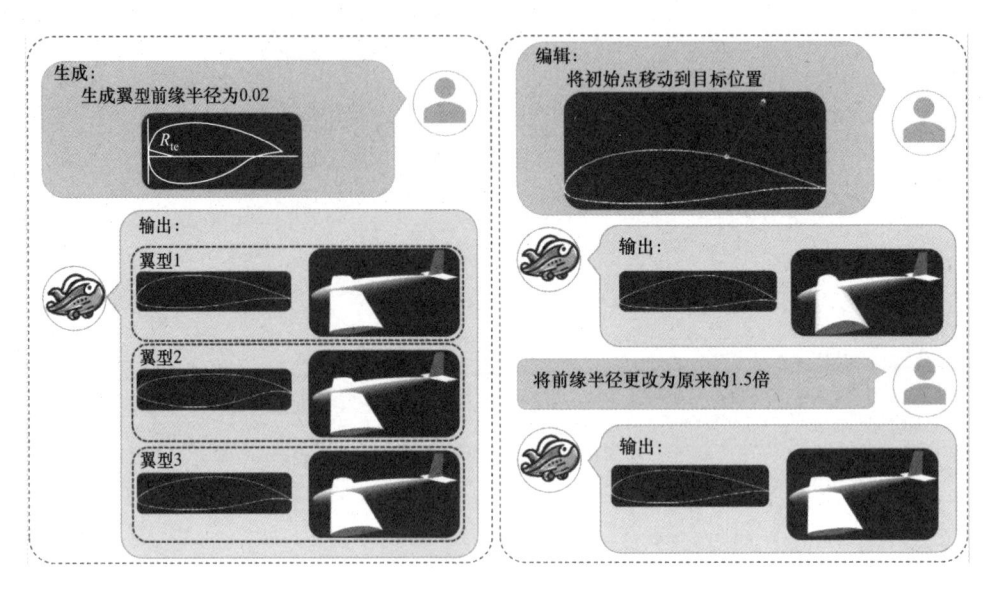

图 4 "书生·翼飞"交互式设计大模型

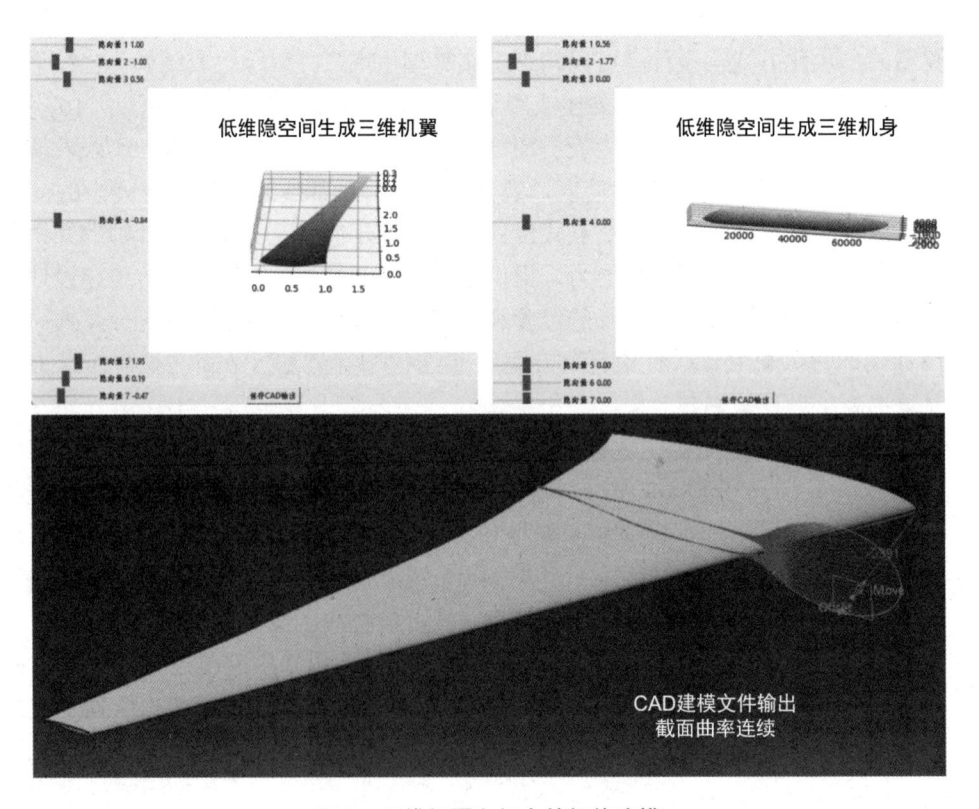

图 5 三维机翼和机身的智能建模

4.2 高精度智能仿真

4.2.1 知识辅助的设计数据采样

不同问题和模型对样本的需求各不相同，但所采集的样本应当同时具有合理性、针对性和多样性：①样本应满足基本的工程约束条件，如不能出现负体积、不连续几何等；②样本应集中体现拟研究的问题，排除无关变量，如确保样本满足物理特征；③样本在拟研究范围内应尽可能多样，如样本应覆盖不同来流条件、不同几何、不同物理特征和不同性能指标。现有静态采样方法的高质量样本比例极低，经典的自适应采样方法也不完全适用。研究团队提出了基于 Kullback-Leibler 散度的面向流场结构的自适应采样方法（Output Space Sampling, OSS）[18]。该方法能够在任意特征空间内实现含约束的样本采集，为生成分布合理且多样化的高质量样本集提供有效工具。以翼型设计为例，与传统的设计变量采样方法相比，OSS 方法采集的超临界翼型样本在保持相似下表面压力分布的同时，实现了上表面激波位置的均匀变化（见图 6）。由此可见，OSS 方法能够显著提升采样的针对性与多样性，有效满足复杂气动设计任务的需求。

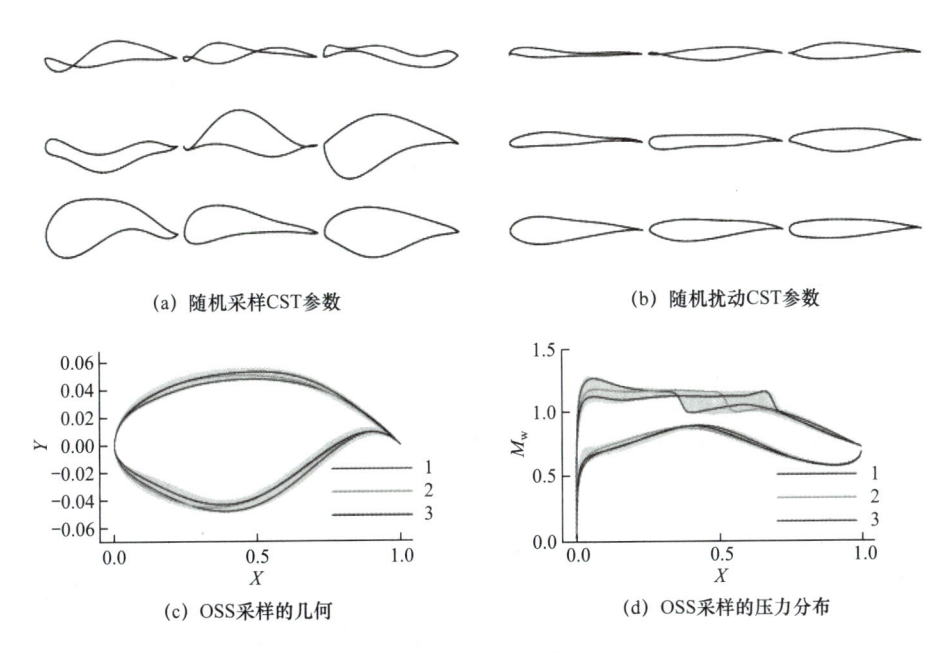

(a) 随机采样CST参数

(b) 随机扰动CST参数

(c) OSS采样的几何

(d) OSS采样的压力分布

图 6　超临界翼型采样方法

4.2.2 端对端智能仿真大模型

中国商飞上海飞机设计研究院智能气动设计团队针对大型客机超临界翼型复杂流动仿真场景的迫切需求，致力于解决现有气动设计手段耗时长、成本高的问题，基于昇腾及昇思软硬件平台打造了图 7（b）所示的工业级二维流体仿真大模型——东方·御风[19,20]。该模型可替代传统计算流体力学纳维-斯托克斯(Navier-Stokes) 方程的求解，对大型客机二维翼型的周围流场进行高效高精度仿真。在翼型几何构型、来流马赫数、攻角三个因素发生变化时，能够实时泛化推理翼型周围的流场，全流场误差达到万分之一量级，单次仿真加速达 24 倍以上。

在二维模型的基础上，研究团队攻克了从二维到三维问题带来的一系列挑战，进一步发展了工业级三维流体仿真模型——东方·翼风，具体模型如图 7（c）所示，该模型可实现在几何构型、来流马赫数及攻角发生变化时，对千万级网格流场进行秒级推理。与需要消耗千万亿次级超算资源的传统仿真手段相比，仿真误差控制在千分之一量级，单次仿真加速达 1000 倍以上。三维机翼采用的网格拓扑结构复杂，网格规模达千万量级，对数据格式及硬件内存都提出了很大的挑战。研究团队基于现有的硬件条件，结合多块网格融合技术，发展了大数据样本下模型组件化架构与分布式并行训练方式，从而大幅提升了新模型的研发效率。此外，三维超临界机翼通常伴随着复杂的流动现象，导致在跨声速区域存在激波、分离涡等强非线性、强间断的流动特征，即使采用深度学习技术，仍存在很大的技术难度。研究团队以先验的物理知识为突破点，发展了融合物理信息的几何信息编码方法，通过多级小波变换技术以及动态权重分配平衡的误差损失技术，提升流场剧烈变化（如激波）等复杂流动区域的预测精度，以实现对复杂流动特征的精确捕捉。该项技术可大大缩短大型客机的研制周期，降低设计研发成本，有望应用于汽车、高铁、无人机、航空发动机叶片等相关场景和领域。

除了流体仿真模型，其他学科团队也在积极推动智能仿真模型，如发展高精度载荷预测模型，可模拟飞机在不同飞行条件下的载荷工况，为强度设计提供依据；通过学习历史数据和仿真结果，建立疲劳预测模型，对飞机结构在不同使用条件下的疲劳寿命进行预测；通过机器学习算法，分析大量材料数据，挖掘材料性能、成分与结构之间的复杂关系，指导设计出更高强度、低密度、耐腐蚀的新型航空材料，通过智能优化算法自动搜索结构拓扑、尺寸等参数，在满足强度、刚度、稳定性等约束条件下，实现结构重量的最小化。

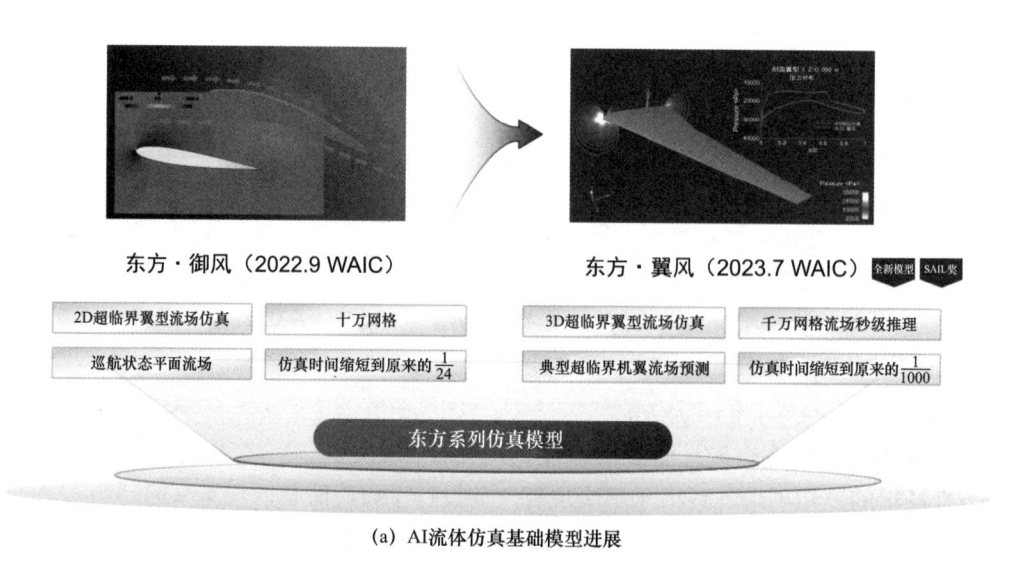

(a) AI流体仿真基础模型进展

图 7 端对端智能仿真大模型

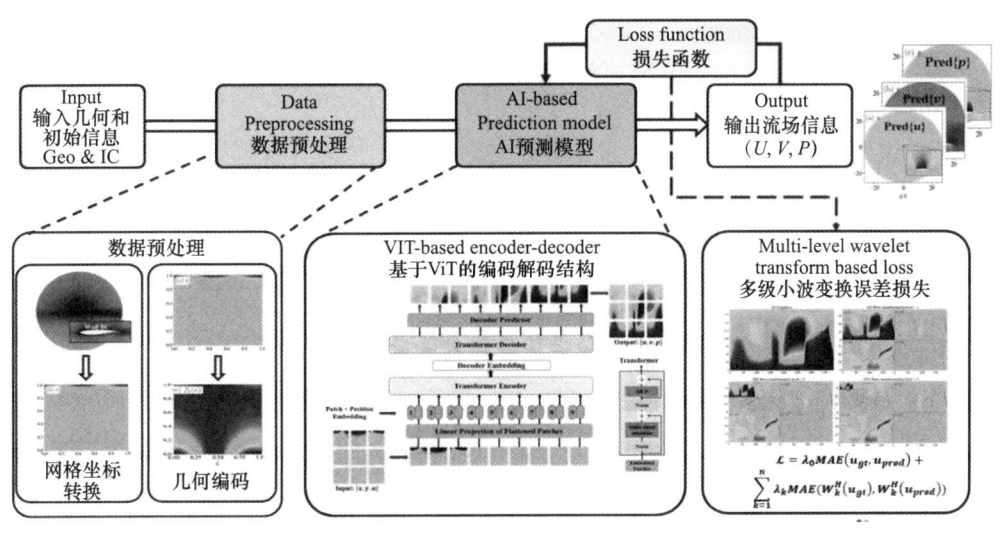

(b) 东方·御风大模型

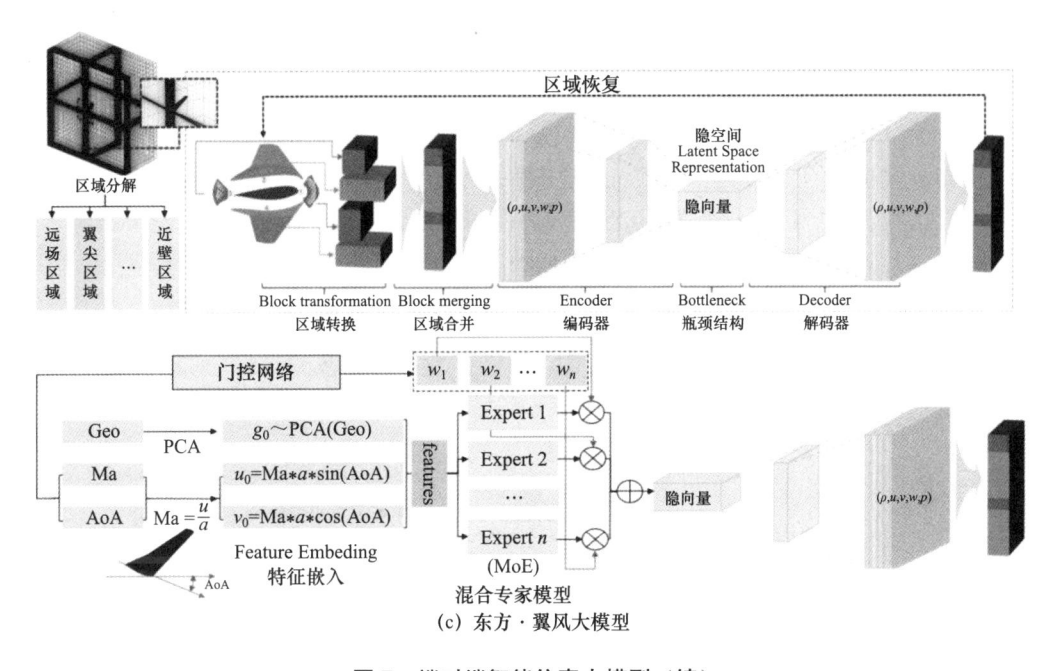

(c) 东方·翼风大模型

图 7　端对端智能仿真大模型（续）

发展基于人工智能的大型客机高效高精度仿真技术，一方面，有望突破国产大型客机的设计研发瓶颈，提升现有气动设计工具的可靠性及效率，大幅缩短国产大型客机的设计周期，降低研发成本，对设计研发进程起到重要的推动作用；另一方面，有助于打破国外大型飞机设计研发技术的垄断，将人工智能领域的最新研究成果与高端装备制造业结合，形成基于 AI for Science 范式的自主设计软件，极大推进宽体客机和未来商用飞机型号的研制水平，为国产大飞机进一步打开国内外民机市场创造条件。另外，该项技术还有望在汽车、高铁、船舶、无人机、航空发动机叶片等领域进一步推广应用，促进相关产业的技术发展。

4.3 智能驾驶舱设计

4.3.1 智能驾驶舱人机协同设计

随着飞机自动化程度提升，人机系统交互成为提升飞机驾驶舱人机系统综合绩效的瓶颈，人与自动化系统各有特点，通过有效的人机功能分配实现人机系统融合，可提高系统整体的可靠性。在智能驾驶舱中，需要将更多传统上由飞行员执行的功能或任务转由飞机自动化系统承担，飞行员作为系统运行监控者和管理者的角色将更加突出，因而需要对智能驾驶舱中的人机系统功能重新进行分配。为使飞行员工作负荷始终维持在合理水平，既不会导致"超负荷"现象危及飞行安全，也不会因工作负荷过低而导致飞行员警惕性降低、丧失情境意识，必须采用对不同场景适应能力更强的人机功能分配方案，即自适应功能分配（Adaptive Function Allocation，AFA），或动态人机功能分配。实现动态人机功能分配，需要基于场景需求和人机系统的相对优势，综合考虑突发事件、机组工作负荷、飞行员能力评估和人机系统绩效预测等多个维度，建立多种模式融合的自动化等级触发机制，开发一套工程上可行的基于场景的多模式驾驶舱自适应功能分配方法。基于人的特征和认知模型、系统架构及功能模型以及人机功能分配总体策略规则，确定匹配不同场景的人机协同模式，制定各种场景下的人机功能分配方案。建立航空运行场景大数据平台和飞行操作响应知识/规则库，利用生成式人工智能技术，开发作为虚拟副驾驶的飞行辅助系统。通过图 8 所示的飞行辅助系统、智能交互界面、飞行员状态监测、飞行数据分析等环节，提高驾驶性能和飞行安全水平。

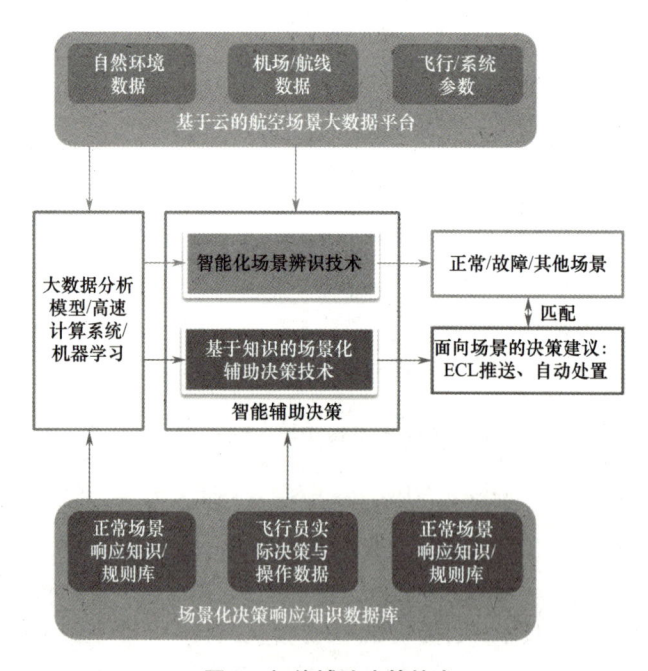

图 8 智能辅助决策技术

4.3.2 智能驾驶舱人因评估

驾驶舱人因评估一直面临飞行员资源稀缺、成本高，数据获取困难，严重依赖飞行员主观判断，评估周期长等问题。人工智能和大数据处理技术的成熟，使定量化、客观化、大样本的驾驶舱人因评估成为可能。

中国商飞当前的驾驶舱人因评估和适航符合性验证工作已采用主客观评估相结合的人因量化评估方法，如图9所示。通过眼动仪、心电仪和深度摄像机等设备，分别监测飞行员的眼动、心电等生理参数和操作动作数据，结合飞行模拟器导出的飞行参数数据和参数化的飞行绩效模型，建立生理参数、操作数据和飞行数据与飞行员感知、认知、努力程度和绩效等维度之间的映射关系，开发了基于飞行员生理参数和模拟机飞行参数的机组工作负荷评估技术。未来，为实现更准确且实时的机组工作负荷、情境意识的监测与评估，需要利用深度学习和贝叶斯网络等智能化算法，探索实际监测参数所表征的底层生理心理机制，找到锚定飞行员认知特性和工作负荷的客观变量，提升驾驶舱人因评估试验和数据处理的自动化水平，有效提升试验效率；进一步实现对飞行员疲劳、注意力水平和情绪等状态的监测，通过分析飞行员行为和生理数据，识别飞行员状态变化，提出相应的预警和建议，从而提高飞行安全和飞行员健康水平。

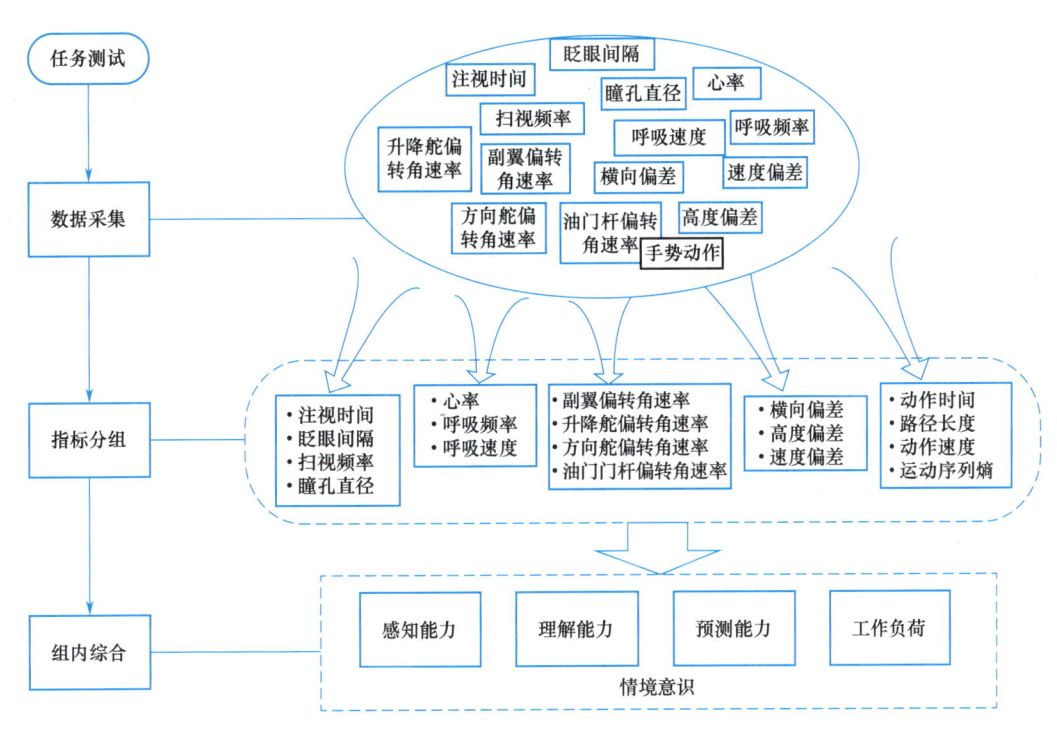

图9 情境意识综合测量方法

5 结论与展望

为了推动人工智能技术在国产民机设计中的实际应用，必须基于民机多学科综合权衡设计、多源数据融合等工程设计场景特点，提高智能模型的可靠性、通用性、可解释性及易用性等。目前，人工智能技术已在智能建模、智能设计等方面取得了阶段性的突破，给未来的技术发展奠定了基础，明确了发展方向。然而，人工智能在飞机设计中的应用不仅仅是数据驱动的简单延伸，更需要注重将物理知识深度嵌入智能模型中。物理是数据的根本来源，数据驱动模型的真正价值在于从数据中学习、提取并揭示出背后的物理规律。单纯依赖数据驱动的模型在工程设计中既无法在成本控制上达到理想效果，也很难在原理上提供足够的可靠性与解释力。因此，直接将知识嵌入模型、引导模型学习和挖掘知识，或依据知识修正和约束模型，构建如图10所示的数据与知识联合驱动的智能设计框架，可有效弥补数据驱动模型的短板，提高其工程实用性。此外，在民机设计领域，大量"精确"且"可信"的设计知识属于研制单位的核心商业机密，无法公开用于大模型训练数据集，这对数据驱动模型的能力形成限制。为此，需要充分利用大模型的推理能力，将其与研制单位内部的专有知识、数据和经验相结合，提升模型推理结果的精度与相关性。通过这种方式，人工智能技术不仅可以为工程师提供更精确的设计辅助，还能够帮助提高决策的科学性与效率，进而推动国产民机设计的智能化升级。

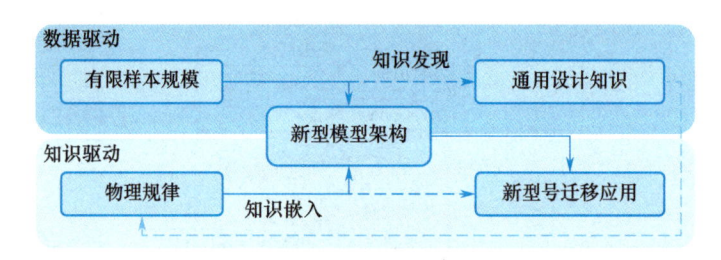

图 10 数据与知识联合驱动的智能设计框架

在推动人工智能技术与飞机设计的结合进程中，不仅要思考技术本身的应用，还必须明确技术与人类专业知识之间的关系。目前，人类的创新能力、综合分析能力仍然优于人工智能模型，设计师更是工程设计可靠、安全的根本保障，但人工智能在气动设计中展现的能力说明其正在成为设计师的强大助力。同时，人工智能从数据中挖掘的新知识应当与设计师形成反馈，促进设计师认知水平和设计能力的提升。在人工智能迅猛发展的过程中，应当保持稳健审慎的态度，"防止一哄而上、泡沫化"。在工程设计环节稳步推进智能方法的革新，明晰人工智能的能力边界，追求以人为本、知识为根、需求为始、落地为终，构建新一代的民机基础设计工具，有效推动智能赋能的民机设计研发，实现人工智能研究在工业领域的落地，切实提高我国民机设计水平。

参 考 文 献

[1] WU G. A trio of commercial aircraft developments in China[J]. Engineering, 2021, 7(4): 424-426.

[2] 陈迎春，宋文滨，刘洪. 民用飞机总体设计 [M]. 上海交通大学出版社，2022.

[3] 张锡金. 飞机设计手册–第6册–气动设计 [M]. 北京：航空工业出版社，2002.

[4] 陈迎春，张美红，张淼，等. 大型客机气动设计综述 [J]. 航空学报，2019，40（1）：17.

[5] 吴光辉，刘虎. 大型客机数字化设计支持体系框架 [J]. 航空学报，2008（5）：1386-1394.

[6] XU X, LAMBOURNE J, JAYARAMAN P, et al. Brepgen: A b-rep generative diffusion model with

structured latent geometry[J]. ACM Transactions on Graphics, 2024, 43(4): 1-14.

[7] DURAISAMY K, IACCARINO G, XIAO H. Turbulence modeling in the age of data[J]. Annual Review of Fluid Mechanics, 2019, 51(1): 357-377.

[8] CATALANI G, AGARWAL S, BERTRAND X, et al. Neural fields for rapid aircraft aerodynamics simulations[J]. Scientific Reports, 2024, 14(1): 25496.

[9] KOCHKOV D, SMITH J A, ALIEVA A, et al. Machine learning-accelerated computational fluid dynamics[J]. Proceedings of the National Academy of Sciences, 2021, 118(21): e2101784118.

[10] LIU Z, ZHANG M, SUN D, et al. A deep reinforcement learning optimization framework for supercritical airfoil aerodynamic shape design[J]. Structural and Multidisciplinary Optimization, 2024, 67(3): 34.

[11] ROBERT P. NASA Aeronautics: Strategic Implementation Plan[R]. Washington: NASA Aeronautics Research Mission Directorate, 2020.

[12] COMERFORD D, BRANDT L, LACHTER J, et al. NASA's Single-Pilot Operations Technical Interchange Meeting: Proceedings and Findings[R]. Washington: NASA Ames Research Center, 2013.

[13] PATRIC K. Artificial Intelligence Roadmap: A Human-Centric Approach to AI in Aviation[R]. Cologne: EASA, 2020.

[14] WANG J, LI R, HE C, et al. An inverse design method for supercritical airfoil based on conditional generative models[J]. Chinese Journal of Aeronautics, 2022, 35(3): 62-74.

[15] SUN K, WANG W, CHENG R, et al. Evolutionary generative design of supercritical airfoils: an automated approach driven by small data[J]. Complex & Intelligent Systems, 2024, 10(1): 1167-1183.

[16] LIU J, WU J, XIE H, et al. AFBench: a large-scale benchmark for airfoil design[C]. Advances in Neural Information Processing Systems, 2024.

[17] XIE H, WANG J, ZHANG M. Parametric generative schemes with geometric constraints for encoding and synthesizing airfoils[J]. Engineering Applications of Artificial Intelligence, 2024, 128: 107505.

[18] LI R, ZHANG Y, CHEN H. Pressure distribution feature-oriented sampling for statistical analysis of supercritical airfoil aerodynamics[J]. Chinese Journal of Aeronautics, 2022, 35(4): 134-147.

[19] DENG Z, WANG J, LIU H, et al. Prediction of transonic flow over supercritical airfoils using geometric-encoding and deep-learning strategies[J]. Physics of Fluids, 2023, 35(7): 075146.

[20] WANG J, HE C, LI R, et al. Flow field prediction of supercritical airfoils via variational autoencoder based deep learning framework[J]. Physics of Fluids, 2021, 33(8): 086108.

作者简介

吴光辉，博士，飞机设计专家，中国工程院院士。曾任国家某重点工程飞机、ARJ21飞机总设计师。现任中国商用飞机有限责任公司首席科学家、国家重大专项C919大型客机系列总设计师。为C919飞机研制提出了顶层设计理念与指导思想，制定了总体方案，突破了多项国外限制对华出口的技术难题，带领团队走出了一条拥有完全自主知识产权的民用飞机正向设计研制之路。国务院政府特殊津贴获得者，"十二五""863计划"现代交通技术领域专

家组成员。国家重点基础研究发展计划（973计划）大型客机减阻机理和方法研究项目首席科学家。2007年，获得中共中央、国务院、中央军委授予的"某工程重大贡献奖"及金质奖章。2010年，获国家科技进步特等奖（排名第一）。2011年，获全国五一劳动奖章，2013年，获第二届"冯如航空科技精英奖"，2014年，获全国优秀科技工作者荣誉称号。党的十七大代表，第十一、十二届全国政协委员，第十三届全国人大代表。

张淼，研究员，上海飞机设计研究院专家。长期从事飞机超临界机翼、飞发一体化、全机气动设计、计算流体力学和智能空气动力学的应用研究，主持工业和信息化部、科技部、国家自然科学基金和国家专利局等课题20余项，荣获中国航空学会科学技术奖一等奖、中国空气动力学会科学技术奖一等奖和上海市科学技术奖一等奖等，发表期刊/会议论文20余篇，已授权专利20余项。

王景，博士，助理研究员。2022年从中国商飞上海飞机设计研究院博士后出站。主要从事空气动力学、计算流体力学与人工智能领域的交叉研究。

谢海润，博士，副研究员。2024年从中国商飞上海飞机设计研究院博士后出站。主要从事空气动力学、计算流体力学与人工智能领域的交叉研究。

董大勇，博士，研究员，全国人类工效学标准委员会委员。研究方向为驾驶舱集成设计、人机界面仿真与评估、机组工作负荷预测与评估等。荣获上海市科技进步奖二等奖1项。

谭兆光，硕士，研究员，上海飞机设计研究院三级专业总师。研究方向为民用飞机总体气动布局设计。先后负责 C919、C929、C909 等国家重大飞机型号的多项重要研制任务。

白俊强，博士，教授，西北工业大学无人系统技术研究院院长。近年来，先后主持国家级项目 40 余项，承担了运-20 大型运输机、C919 大型客机、C929 远程宽体客机、MA700 先进涡桨支线客机的气动设计工作；发表学术论文 200 余篇，授权发明专利 20 余项，出版专著 2 部。

"气候智慧林业"——数智驱动的林业科学科研范式变革

朱教君[1,2]，高　添[1,2]，张怀清[3]，王彦棡[4]，王宗国[4]，孙一荣[1,2]，张金鑫[1,2]，卢德亮[1,2]，杨廷栋[3]，滕德雄[1,2]，郝帅领[5]，于丰源[1,2]

［1. 中国科学院沈阳应用生态研究所，森林生态与保育全国重点实验室（中国科学院）；2. 辽宁清原森林生态系统国家野外科学观测研究站；3. 中国林业科学研究院资源信息研究所；4. 中国科学院计算机网络信息中心；5. 沈阳人工智能计算中心］

摘　要

林业科学（Forest Science）是研究森林建造、经营、应用、保护及修复，以及与此相关的森林生态、森林资源可持续利用理论与技术的科学。林业科学的主要研究对象——森林，具有生命周期跨度长、空间异质性高、组成结构极其复杂等特性。在气候变化背景下，森林强大的碳汇功能是缓解气候变化的核心，但其又受气候变化的强烈影响。传统林业科学研究面临野外工作繁重、控制试验难度大、试错成本高、产业复杂、决策效率低等问题，难以应对全球变化的多重复杂情形，从而影响森林可持续经营与资源利用。"气候智慧林业"（Climate-smart Forestry）利用新一代信息与人工智能（Artificial Intelligence，AI）技术，从数据获取、模拟分析和管理决策三方面改变传统科研范式，可为林业科学研究提供新的方法框架。特别是 AI 与林业科学知识的融合可以推动领域知识创新，在改变科研范式的同时，支撑引领"气候智慧林业"的创新发展。本文在《关于"气候智慧林业"研究的思考》的基础上，概述了气候智慧林业的相关概念和研究框架，梳理了针对数据获取、模拟分析和管理决策的关键技术，探索气候智慧林业推动的科研范式变革途径。在此基础上，本文介绍了研究团队基于清原森林站科尔塔群开展数据智能采集、物联网传输，在塞罕坝机械林场进行数字孪生分析，AI-专家决策的研究案例。最后，从科研范式变革三条途径，分别展望了森林物联网设备和传感器、生态系统多过程耦合模型模拟以及人机协同交互下的生态系统服务决策系统等方向的研究趋势和挑战。

关键词

人工智能；气候智慧林业；林业科学；数字孪生；生态系统服务

Climate-smart Forestry: Paradigm Shift in Forest Science Research Driven by Digitization and Intelligence

Jiaojun Zhu[1,2], Tian Gao[1,2], Huaiqing Zhang[3], Yangang Wang[4], Zongguo Wang[4], Yirong Sun[1,2], Jinxin Zhang[1,2], Deliang Lu[1,2], Tingdong Yang[3], Dexiong Teng[1,2], Shuailing Hao[4], Fengyuan Yu[1,2]

(1. CAS Key Laboratory of Forest Ecology and Silviculture, Institute of Applied Ecology, Chinese Academy of Sciences; 2. Qingyuan Forest CERN, National Observation and Research Station, Liaoning Province; 3. Research Institute of Forest Resource Information Techniques, Chinese Academy of Forestry; 4. Computer Network Information Center, Chinese Academy of Sciences; 5. Shenyang Artificial Intelligence Computing Center)

Abstract

Forest Science is the science of creating, managing, using, conserving and repairing, as well as the related theories and technologies of forest ecology and sustainable utilization of forest resources. Forests, the main subjects of Forest Science, are characterized by long life cycles, high spatial heterogeneity, and extremely complex structure and composition. In the context of climate change, forests play a key role as significant carbon sinks in mitigating climate change, while also being affected by climate change. Traditional Forest Science involves labor-intensive fieldwork, high trial-and-error costs, and a low decision-making efficiency, which makes it challenging to address the multi-faceted situations of the present and affects the sustainable management of forest ecosystems. Climate-smart Forestry (CSF) integrates the next-generation information and artificial intelligence (AI) technology to shift the conventional research and management paradigms of Forest Science from three aspects: data acquisition, simulation analysis, and management decision-making, providing a new methodological framework for Forest Science research. The integration of AI and Forest Science knowledge can drive innovation in the field, shift traditional research paradigms, and promote the innovative development of CSF. Based on the prospect in published paper titled "On the Research of Climate-Smart Forestry", here we outline the concepts and research framework of CSF, introduce key technologies for data acquisition, simulation analysis, and management decision-making, and explore pathways for shifting of research paradigms. The study includes research cases such as intelligent data collection/IoT transmission from the Ker Towers of the Qingyuan Forest CERN, digital twin analysis in the Saihanba Forestry Center, and AI expert decision-making. Based on these cases, the paper projects research trends and challenges in three fields of paradigm shift: forest IoT devices and sensors, multi-process coupling models for ecosystem simulation, and decision systems for ecosystem services that integrate human-AI interaction.

Keywords

Artificial Intelligence; Climate-smart Forestry; Forest Science; Digital Twin; Ecosystem Services

1 引言

工业革命以来，全球温室气体排放急剧增加，气候变化以气温升高、极端气候事件频发等为标志，正深刻地改变着生态系统的结构和功能，严重威胁生态平衡和人类的生存环境。2015 年，197 个国家在法国巴黎通过了《巴黎协定》，旨在采取积极行动减少温室气体排放。2020 年，我国政府提出将在 2030 年前实现碳达峰，2060 年前实现碳中和的"双碳"目标。这一目标既是全球气候治理、保护地球家园、构建人类命运共同体的重大需求，更是我国高质量发展、产业结构调整的内在要求，具有重要的战略意义[1]。

实现"双碳"目标须"三端发力"[1]，其中，基于自然的气候解决方案（Nature-based Climate Solution）指尊重自然规律、利用自然过程，通过科学保护和合理利用提高生态系统的碳汇能力，抵消 CO_2 排放[2-5]。在陆地生态系统中，森林的碳汇能力最强，贡献超过了80%[6-9]，造林等相关措施是基于自然的气候解决方案的主要手段[3]。特别值得注意的是，森林通过碳汇功能可以缓解气候变化[10,11]；同时，气候变化导致的更频繁的林火、病虫害和干旱等也影响着森林的结构、功能与动态。由于森林本身具有时间跨度长[12]、空间分布广、结构和过程（涉及生物、物理、化学多过程）复杂等特点，因此林业研究本身具有高度的复杂性[13]。此外，气候变化存在巨大不确定性[14]，其研究涉及海量、多学科和多模态数据（地学、生物、生态、经济）。传统林业科学的试验设计、数据获取方法及观测研究范式越来越难以应对上述问题[15,16]。随着新一代信息技术不断创新突破[17]，"气候智慧林业"（Climate-smart Forestry）利用数据驱动的新一代信息与人工智能（Artificial Intelligence，AI）技术，从数据获取、模拟分析和管理决策三方面改变传统的林业科研与管理范式，可为林业科学研究提供新方法框架，并促进林业领域知识创新，引领气候智慧林业的新时代。

本文在研究探讨"气候智慧林业"研究相关问题和技术框架[15,16]的基础上，概述了气候智慧林业的相关概念，重点梳理了以"数字化-网络化-智能化"驱动的林业科学科研范式变革途径，介绍了相关研究案例，为增强森林生态系统适应与减缓气候变化的能力、合理利用森林资源提供借鉴。

2 气候智慧林业概述

2.1 气候智慧林业的核心科学问题

在气候变化背景下，气候智慧林业是一种利用新一代信息技术（尤其是AI技术），更好地理解森林生态系统与气候变化相互影响的机制，并在此基础上对森林资源进行智能管理，促进可持续利用的林业研究发展范式[15,16]。在"数字化-网络化-智能化"技术的支撑下，气候智慧林业从创新性和前瞻性方面进一步发展了森林生态系统的管理方法与决策体系，可最大限度地研究森林在减缓气候变化中的作用，实现其功能的高效、稳定，促进可持续目标的实现，最终达到人与自然和谐发展。与前期的林业发展范式一样，气候智慧林业强调通过科学经营森林来更好地满足社会对森林资源和服务的需求，但其侧重点在于增强气候变化背景下森林生态系统的韧性，以适应和减少气候变化对森林的负面影响，提升其缓解气候变化（碳汇）的能力。因此，气候智慧林业研究关注的核心科学问题为森林生态系统（特别是其韧性和碳汇功能）与气候变化相互影响的机制[15,16]。

2.2 气候智慧林业的研究框架与关键技术

气候智慧林业以新一代信息技术为驱动，其研究框架和关键技术包括以下几个方面（见图1）[15,16]。

（1）支撑数据高效获取的立体智能感知技术：基于"数字化-网络化-智能化"技术融合的新一代林业智能装备，为森林资源调查监测、经营管理、保护修复及生态服务功能评估等提供数据支撑。

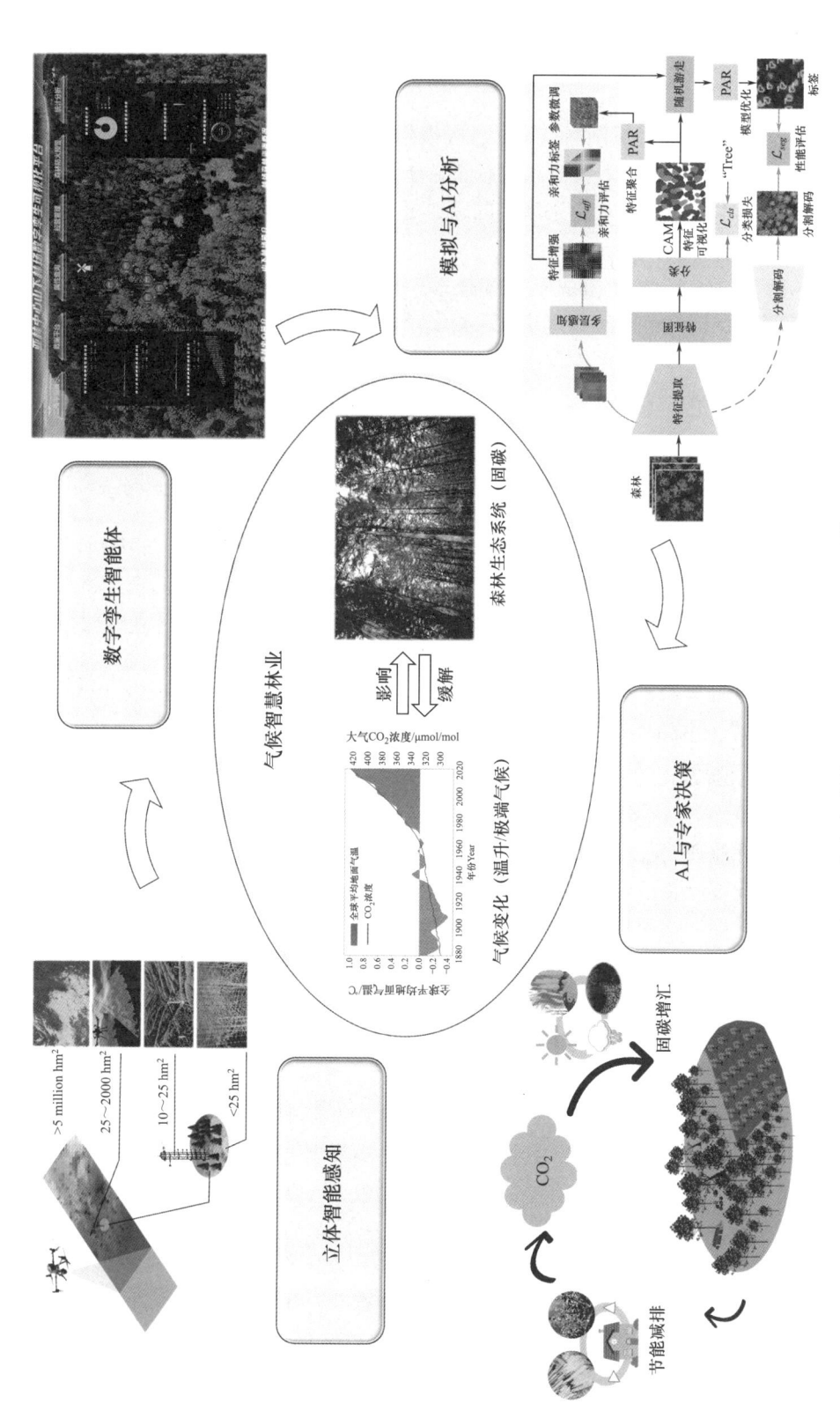

图 1 气候智慧林业研究框架与关键技术[15]

（2）森林生态系统数字孪生智能体技术：通过构建森林生态系统数字孪生，发展森林要素的三维精准建模技术，实现气候变化背景下森林生态系统生态过程的三维可视化模拟[18,19]。

（3）森林生态系统自然演替/经营过程模拟与AI分析技术：基于森林生长与动力学模型，耦合生态过程模型、生理机理模型、干扰模型的森林生态系统自然演替过程智能模拟与预测技术，实现森林生态系统的碳、氮、水等物质循环以及森林生态系统发育过程与演替过程的智能分析。

（4）AI与专家结合的管理决策系统技术：构建人机协同交互下的森林生态系统功能、生物多样性保护的可持续管理决策系统[20,21]，为森林资源优化配置，森林服务功能维持与精准提升、森林生态系统保护与修复，以及应对气候变化的森林生态系统可持续管理提供智能决策平台。

3 气候智慧林业科研范式变革途径

"科研范式"描述了科学共同体在探索未知、拓展认知边界、进行知识创新时所使用的共同框架和方法论[22]。森林结构复杂性、长生命周期和多过程耦合给试验设计、原位观测和野外调查等传统研究方式带来了巨大的挑战。气候智慧林业促进了林学、全球变化生态学、计算机科学、数据科学和工程学等领域的交叉融合，这种跨学科的合作为解决复杂交叉学科的科学问题提供了新视角。在"数字化-网络化-智能化"驱动下，科研新范式中的知识进化建立在数据、算法、算力发展的基础上，是认知和行为方式与知识创新方式的协同进化[23]。气候智慧林业的科研范式变革主要包括以下三方面。

（1）变革林业数据获取方式

新一代林业智能装备可为森林资源调查监测、精准经营、保护修复、风险预警与管理及生态服务功能评估等提供全方位、全流程的技术和硬件支撑，实现全程数字化[15]。通过自动化联网监测，智能装备（如林木结构、生理、环境自动监测设备）显著提高了林业信息获取能力；还可智能执行森林结构动态、生理和生态过程等监测任务，包括冠层三维结构、叶片功能性状、植被冠层光合作用和蒸腾作用等。这不仅提高了数据收集的效率，还减少了人为误差。基于多维度生态感知、多网络融合通信的多模态林业资源和生态环境数据自动获取和更新技术，实现了多尺度森林生态系统参数高效精准获取[24]。林业资源和生态大数据与AI数据挖掘技术，实现了大数据的多尺度扩展、多模式演变和预测分析。基于AI集成算法的森林生态大模型，实现了森林结构参数的智能精准提取与生态服务功能精准反演[25,26]。

（2）变革林业数据分析

应用AI技术，特别是机器学习算法，能够处理和分析大量且复杂的森林生态数据集，更快地识别模式、趋势和异常现象。机器学习和深度学习模型可用于林业的信息抽取、文本分类，并构建森林知识图谱。难以获取的标注数据可通过粗粒度的手工特征进行机器学习或通过低维密集向量进行深度学习。大量容易获取的无标注森林数据，包括遥感影像，水、土、气、生物监测和调查数据等，将采用自动标注的方式构建数据集，以提取和理解森林信息。AI和数字孪生技术可应用于揭示森林生态系统中复杂的相互作用和反馈机制，解决不同场景下的复杂森林管理问题，制定有效的森林保护策略和经营措施。基于海量历史观测数据、文献资料和实时数据，AI+数字孪生技术能够构建更准确的生态预测模型，降低试验样地的重复数量、资金、人力和时间成本，模型还可以更精准地预测气候变化对森林生态系统结构和功能的影响。

（3）变革林业管理范式

构建"AI-专家"决策体系，可为森林生态系统经营提供精准决策，服务森林的增汇（扩大森林面积、提升质量）、减排（降低火灾、病虫害干扰等）及多种生态服务产品供给[13]。建立AI-高水平专家结合的森林生态系统可持续管理决策系统，整合不同气候情景下的生物多样性、林业灾害等干扰蔓延、物种分布和生物多样性等多个模型，实现森林生态系统群落、土壤、气候和水文等生物及非生物的智能精准监测与评估[15,16]。基于生态系统格局智能优化技术、结构与质量精准提升决策技术、增汇经营模拟技术，面向森林生态系统功能、生物多样性保护构建的管理决策系统[20,21]，为采伐经营、服务功能维持与提升、保护与修复以及应对气候变化的可持续管理提供智能决策。此外，基于大数据和AI开发的木材管理利用决策平台，为提供具有持久碳储存能力的木材产品，发展森林"炭"基产业，提供高质量经济和生态产品提供决策支持。综上所述，基于森林生态系统管理和木材产品利用两个维度，该决策系统为实现森林生态系统功能高效、稳定、可持续的目标，最终达到人与自然和谐发展提供决策支持。

4 气候智慧林业的科研应用案例

基于对气候智慧林业驱动科研范式变革途径的研究，研究团队在多个应用领域，如数据智能采集、数字孪生分析和AI-专家决策等，开展了基于气候智慧林业实践案例。

4.1 数据智能采集与物联网传输

物联网指通过信息传感设备，按约定协议把物品与互联网相连接，实现智能化识别、实时控制、精确管理和科学决策的一种信息融合技术。2016年6月，国家林业局印发《关于推进中国林业物联网发展的指导意见》，提出了以促进转变林业发展方式、提升林业质量效益为宗旨，以林业核心业务物联网应用为重点，以提升林业现代化水平为目标，加快推进林业物联网建设与应用，推进物联网技术与林业核心业务高度融合。

物联网建设是气候智慧林业的重要环节，在森林信息感知、获取等方面起着重要作用，已经成为林业大数据最重要的来源之一。物联网体系架构分为三个层次：感知层、网络层、应用层（见图2）。以辽宁清原森林生态系统国家野外科学观测研究站（简称清原森林站）科尔塔群平台物联网为例，研究团队在森林中布设大量传感器节点，通过网络设备定期采集数据并上传至监控平台，实现森林资源的自动化、实时化和智能化管理。下文将详细介绍清原森林站物联网"数字化-网络化-智能化"架构的设计、配置、功能和数据库等建设与应用情况。

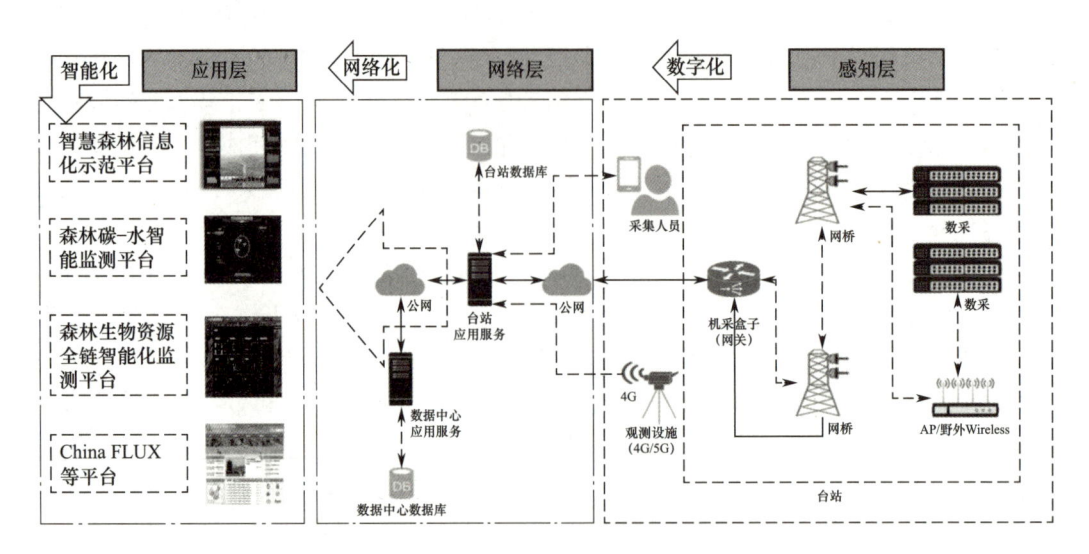

图 2　清原森林站物联网"数字化-网络化-智能化"架构示意

4.1.1　清原森林站物联网总体设计

清原森林站位于辽东山区腹地，地形和气候环境复杂，森林生态系统的物联网建设面临诸多挑战。研究团队在该站的物联网建设中充分考虑了能源获取、低功耗、防水防寒、防火防自燃、预警信息回传及安全等问题，采用无线传感器网络技术、移动通信技术以及边缘网关技术等，构建了复杂地形下森林云网边端协同一体信息化解决方案，实现了清原森林站野外观测数据的自动采集和实时传输。

基于全要素接入、智能网关和云边协同系统化，清原森林站的物联网形成了稳定可靠的数据获取能力。研究团队在感知层和网络层研制了低功耗长距离无线组网传输器件和中继设备，满足了偏远地区无基站环境下生态监测物联网系统的组网需求，并通过铺设光纤等方式，实现野外观测与实验设施多源异构数据的有线传输，把碳通量等数据有线传输回数据中心和中国生态系统研究网络（CERN）数据中心，实现海量数据融合汇聚（见图3）：①利用稳定的有线光纤和骨干网桥，将观测塔收集的数据可靠传输至数据中心；②通过末端网桥将观测塔周边主要样地的数据汇聚至观测塔，并借助无线接入点（AP）整合观测塔周边传感器的数据；③针对无线信号未覆盖的区域，利用4G/5G基站进行网络补充，确保数据传输的全面覆盖与无缝衔接。

4.1.2　清原森林站物联网结构配置

针对清原森林站生态监测物联网应用需求中的核心环节开展关键技术研发，研究团队攻克生态监测物联网系统的体系框架，数据采集、传输和共享等关键技术和标准，组建规范化生态监测物联网系统；开展异源数据汇集、数据稳定传输技术、远程联网通用数据记录传输等研究；开发了数据全自动采汇、实时共享、在线应用的生态监测信息系统，形成智能化生态监测物联网。

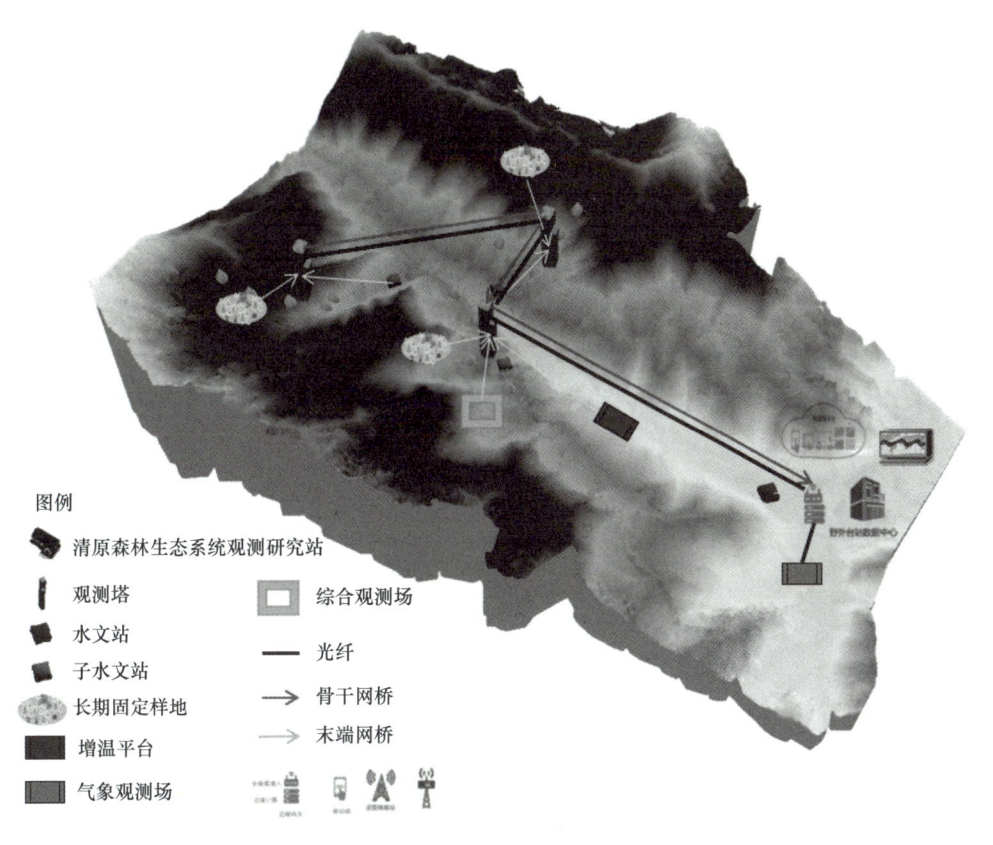

图3 清原森林站物联网建设效果图[17]

1. 全要素接入子系统（感知层）

全要素接入子系统主要根据野外样地特点、观测要素及样地观测设备的采集频率、数据量大小等多种因素对不同类型的设备做接口适配、物联网模组、数据传输策略等进行研制，重点包含三部分内容：一是接入现有设备，将多源异构数据接口转化成标准的软硬件接口，进行标准数字化管理；二是为野外样地提供局域网络覆盖，加载上行4G/5G通信模组、光纤、以太网接口，一体化解决野外样地设备联网、科研人员野外用网问题；三是针对距离公网较远的传感器，建设低功耗采、集、存、传一体化装置。

2. 智能网关子系统（网络层）

该子系统旨在将野外生态观测仪器接入网络，实现数据的顺畅传输，并在传感器出现故障时发出预警。它具备本地数据存储功能，能够在网络中断期间暂存数据，待网络恢复后再自动将数据上传至平台。此外，在需要高实时性处理、大数据量传输或平台网络连接中断的情况下，该子系统还能构建一个局部无线网络，确保数据的完整传输、有效处理和及时告警。上述设计通过光纤与无线网桥相结合的双重保障策略，实现数据传输的高稳定性和可靠性：当其中一条传输路径发生故障或中断时，另一条路径将立即接管数据传输任务，确保数据的连续性和完整性，大幅降低服务中断风险。

3. 数据集成子系统（应用层）

物联网平台支撑海量多源异构传感器接入，实现数据汇聚；提供动态观测、虚拟化运维等定制化应用服务，构建应用服务平台。感知层的设备或传感器通过安全认证接入信息中心，与物联网云端建立双向通信。监控运维模块可实现对接入设备的指标监控、日志处理、固件升级、告警处理等功能。根据森林碳汇观测指标和自动化观测设备类型，研究团队将高精度微型数据采集与存储器、GPS定位系统、可调的多类型无线传输与控制模块于一体，并研发数据采集、系统控制和数据检验与管理软件系统。

4.1.3　清原森林站物联网实现功能

研究团队基于多源生态数据监测开发的清原森林站物联网平台，降低了野外数据监测与采集难度，实现了数据智能感知、智能识别和云端计算等功能，节约了人工成本。

通过智能采集终端、机采盒子等方式，研究团队可获取碳通量、微气象、水文、植被物候和动物活动等相关监测数据；研制了低功耗、长距离无线组网传输器件和中继设备，满足了偏远无基站环境下监测物联网系统组网需求，实现了野外布设设备的统一管理及观测/监控内容的可视化。在物联网平台的支持下，可实时传输野外监测数据，并动态显示森林碳通量和水文站的监测指标，结合森林结构，辅助研究人员研究森林生态系统碳-水循环、水文过程及调控机制。该平台还系统集成大气、生物和土壤等监测数据，实现主要样地、设备和数据的智能化管理。研究团队还布设了红外感应、传感器、视频监控、无线通信、移动互联等设施，利用云网边端技术进行图像识别和大数据分析，自动识别动物种类和数量，构建野生动物资源的智能化管理体系。最终，通过物联网平台，将碳通量、土壤温湿度、观测样地物候、动物活动等数据接入数据中心，实现数字化、网络化和智能化，显著提高生态监测的实时性、全面性、准确性和可靠性。

4.1.4　数据库集成与数据安全

为高效管理物联网采集的数据信息，研究团队将上述数据进行标准化处理，按照规则和关联关系存储到数据库中，利用多源异构融合技术构建了清原森林站数据库。该数据库高效整合多个子数据库，支撑科研观测等多领域的数据管理与需求分析。平台设计和发展了一系列数据库技术，在功能上实现了数据的集中存储与便捷访问，设置数据上传、解析、展示、统计、分析、下载以及权限管理等丰富的模块，极大地提升了数据利用效率与管理水平。

研究团队设计实现了高性能的数据存储模式与快速访问架构，将读取操作分散到多个从服务器上，减轻主服务器的压力，提高系统的并发处理能力，增强灾难恢复能力；研发了面向生态数据的分库分表策略，将大数据表拆分成多个结构相同但数据不同的子表，避免了单一表过大导致的性能瓶颈；针对高并发用户访问模式，研究索引优化技术，提升了多用户并发访问下的查询效率；实现了清原森林站数据库平台可视化界面的高效构建，设计了响应式编程模型，实现了界面模块的清晰划分，易于维护和扩展，为用户提供了流畅且一致的交互体验。

基于数据库平台，科尔塔群数据系统可实时展示观测数据［见图4（a）］，并通过互联网上传至中国生态系统研究网络（CERN）数据中心[15]。该数据中心可与CERN、中国通量网实时关联对接，以便实时查看清原森林站的监测数据状况。

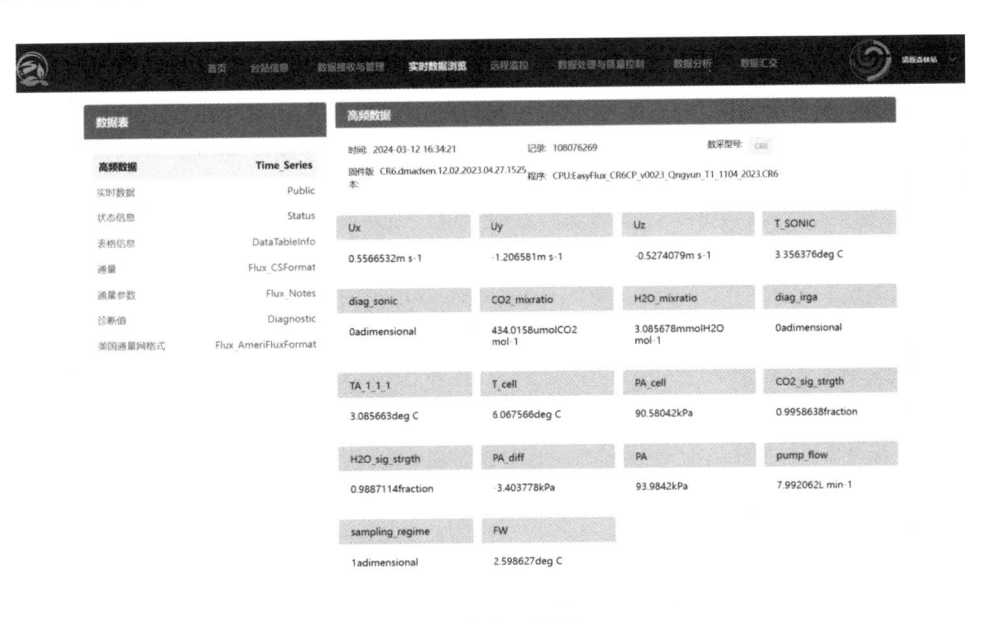

(a) 实时观测数据

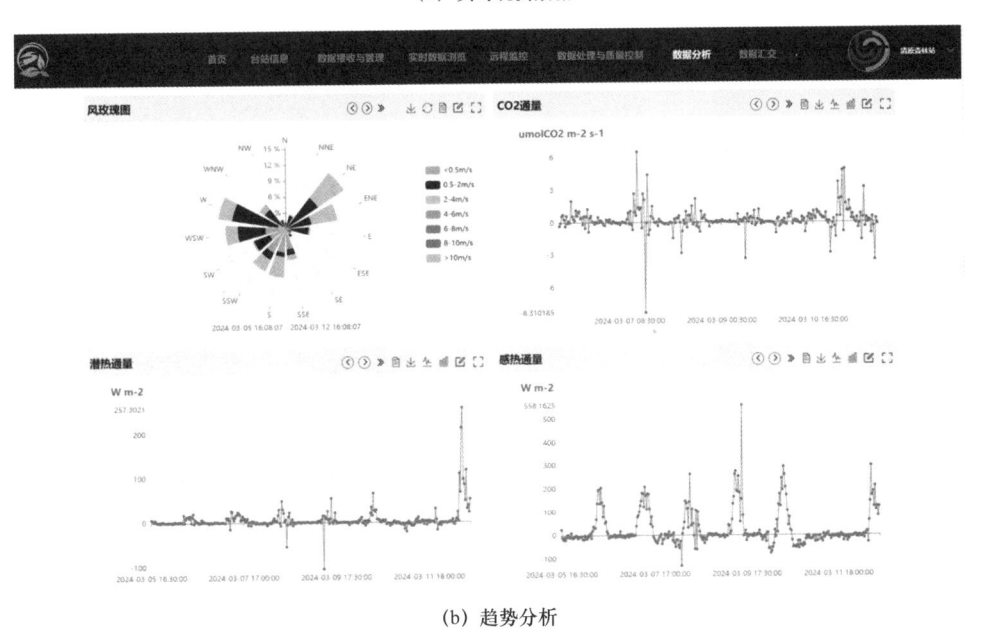

(b) 趋势分析

图 4　基于物联网展示的科尔塔群实时观测数据和趋势分析图

在数据安全方面，研究团队从数据保护、运行安全、可控共享等关键环节为数据全生命周期提供技术支撑。在基础设施层，实现物理资源与逻辑操作的完全分离，既确保不同模块的安全性和独立性，便于快速定位和解决安全问题，又加强了运行时的数据独立性。在数据存储环节，平台采用全密态保护机制，保证数据即使在存储介质被物理盗取的情况下也无法被读取。在数据传输环节，平台引入端到端加密技术，确保数据在网络传输过程中不会被中间截获或篡改，同时还设置了防御中间人攻击机制，进一步提升传输安全性。在数据共享与开放环节，平台采用"数据可控流转"技术，实现对数据从确权、授权到流转的全程管控；通过数据使用许可和流转控制，在共享数据时动态调整访问权限，确保数据只在授权范围内使用。此外，为实现安全事件可追溯，平台集成了日志审计功能，实时记录每一项操作日志，并以加密形式存储，为数据安全管理提供可信依据。

4.2 数字孪生与分析

数字孪生（Digital Twin）是充分利用物理模型、传感器实时信息、运行历史日志等数据，集成多学科、多物理量、多尺度、多概率的仿真过程，在虚拟空间中完成映射，从而反映实体装备的全生命周期过程。该技术具有数据双向反馈、虚实交互、决策分析优化等能力。研究团队以林草高精度调查数据为基础，以数字化森林场景为底座，融合森林生长、经营、生态系统过程等模型，开发融合物联网、云计算、虚拟现实、AI 等技术手段的森林数字孪生技术，实现对森林结构、森林功能、林木动态和经营过程的协同模拟。本节介绍河北省塞罕坝机械林场数字孪生建设中，在数字孪生数据底座建设、数字孪生模型库建设、森林结构和功能模拟等方面开展的研建与应用工作（见图 5）。

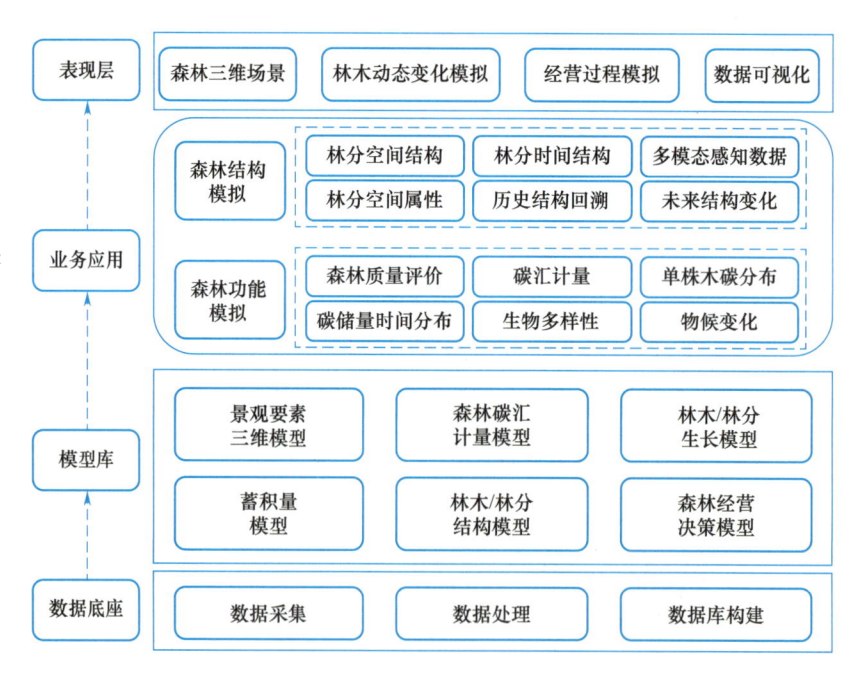

图 5 塞罕坝机械林场数字孪生总体设计

4.2.1 数字孪生数据底座建设

数字孪生的数据底座指通过"天-空-地"结合的数据采集手段，获取森林卫星影像、航测、地面调查、物联感知等多模态基础数据，并对数据进行清洗转换、规划管理，最终实现数据入库的处理过程。研究团队在塞罕坝机械林场布设了林木生长监测仪 52 套、森林生境监测仪 1 套、红外相机 5 部、物候观测仪 1 套、火灾探测器 5 台、网络传输系统 1 套等基础设施，通过地面调查、无人机航拍等方式，采集了塞罕坝机械林场尚海林 41610 株单木的属性数据、数字高程模型、正射影像、倾斜摄影影像及 1255 株单木结构点云数据等多类型基础数据。团队为采集的不同类型数据提供多维多时空尺度数据汇聚、清洗、转换、共享、展示、计算、更新等服务能力，通过"分库–子库–数据集–图层（表、模型）"的组织方式对数据进行逻辑分类，根据不同的数据类型进行数据库建设，实现了数据库参数设置以及数据的质量检查、入库、组织和安全设置等。该底座的建设为数字孪生后续的算法模型、业务功能应用提供数据基础。

4.2.2 数字孪生模型库建设

针对数字孪生场景中的虚拟模型实体、驱动场景运行的各类生态系统模型，研究团队构建标准化、参数化的模型库，便于各类模型的维护、管理、优化、集成和调参。团队构建了区域内常见林灌草、景观要素、地形等三维模型，实现真实环境的映射孪生，优化环境光照和模型纹理，搭建模拟区域数字孪生体：利用无人机、地面点云融合数据，分割植物个体，提取林木骨架，生成林木主干-枝系 mesh 网格体模型，生成叶片着枝点位，结合数据底座中的纹理数据，实现主干、枝系、叶片渲染；联合林木三维模型、地形三维模型、林木属性数据（坐标、树高、胸径、冠幅、枝下高等）、草本分布数据，搭建乔灌草林分结构场景，同时利用多层次细节模型、遮挡剔除、光影追踪等技术方法，实现林分水平的数字孪生体构建。

研究团队收集了当地活立木、枯死木、枯落物等的碳汇计量模型，基于塞罕坝机械林场 2020 年森林资源二类调查数据、树种解析木数据、经营方案数据，构建华北落叶松、樟子松和白桦等树种的生长模型、蓄积量模型、林分结构模型、经营决策模型等生态系统模型，以驱动数字孪生体相关功能开展。

4.2.3 森林结构模拟

针对塞罕坝营造林过程中的林分结构变化规律，研究团队利用多源调查数据，结合 AI 分析算法，实现对森林结构模拟、物联感知数据实时监测和林分结构动态变化分析。森林结构模拟利用智能算法分析历史遥感影像，结合历史经营数据，对 1962 年、1964 年、1987 年、2000 年、2014 年、2024 年等不同时间节点的华北落叶松格局、密度、胸径、树高等属性的分布规律进行量化，实现对重要时间节点的塞罕坝落叶松人工林生态系统结构模拟；针对数字化样地内胸径、微气象因子、动物多样性的时空分布，实时接入胸径传感器、微气象传感器、红外相机等感知设备，通过对多模态感知数据的智能统计，实现森林环境因子与林木生长、动物分布的协调分析；根据调查数据和回溯数据，对林分密度、蓄积、树高、胸径、混角度和角尺度等参数进行计算、对比，实现模拟区域森林结构的动态变化分析（见图 6）。

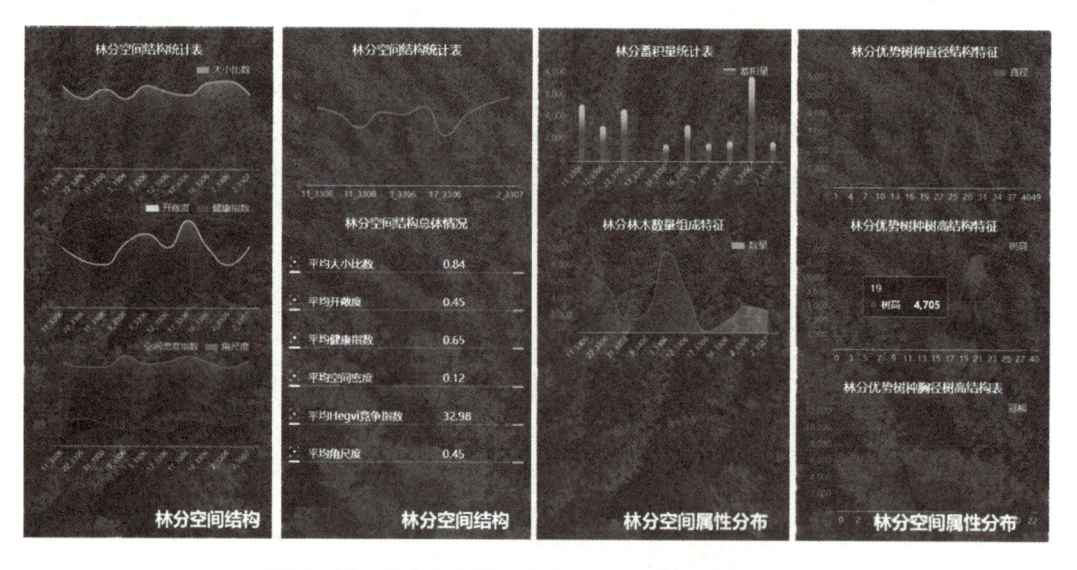

图 6 基于数字孪生模拟的森林结构的动态变化分析

4.2.4 森林功能模拟

针对塞罕坝模拟区域内的森林碳汇、生物多样性等生态系统服务功能，研究团队利用森林质量评价模型和不同植被碳汇计量模型，结合地面调查数据与物联网实时感知数据，实现对区域内森林质量、碳汇等生态服务功能的实时监测。根据调查数据，计算单株木碳储量，通过森林功能模拟实现林分碳储量的空间分布；同时结合回溯数据，对区域内碳储量变化情况进行对比分析，实现时间尺度分布模拟。此外，森林功能模拟还根据模拟区域生物多样性调查数据，对常见动物的活动区域、活动时间、活动行为及森林的物候变化进行模拟（见图7）。

图 7 基于数字孪生模拟的塞罕坝林场落叶松人工林物候变化

4.3 服务森林管理决策

4.3.1 基于竞争调控的人工林间伐管理

间伐调整林分结构竞争研究的重要目的之一是服务森林经营。传统的森林经营措施大多依赖经验判断,难以找到科学的管理方式。本研究提出一种考虑距离和树木耐阴性的竞争指数——KHegyi,并利用激光雷达点云数据模拟间伐前后林分的空间结构变化,寻求科学的间伐方案。

研究团队以东北地区(辽宁清原、吉林长白山、黑龙江帽儿山)落叶松人工纯林和典型落叶松-阔叶混交林为研究对象,以个体竞争为研究主线,采用点云体素化技术,量化个体复杂度,引入竞争指数 Hegyi(考虑距离的竞争指数)和 KHegyi,结合林分密度指标,建立新的林分水平的竞争指数;并运用数字化手段,计算并比较不同间伐方案的林分结构综合指数,寻求最佳间伐方案。研究发现,间伐强度为 5%、10%、20%、30% 时,林分的总体空间结构得到一定程度的优化,空间结构指数均有提高。在模拟间伐的过程中,个体大小的影响指标 U 变化不明显,对于整体模型的影响几乎可以忽略不计,说明在间伐过程中,个体大小不能作为目标树采伐的重要标准。上述案例模拟了间伐对林分变化过程的影响,对于提高林分管理措施的质量和提升间伐效率具有实践指导意义。

4.3.2 基于数字孪生的经营决策

针对塞罕坝机械林场的多功能经营需求,综合考虑当地实际经营情况、政策法规要求及约束条件,基于数字孪生的经营决策实现提升人工林产量、降低病虫害威胁、减少火灾隐患的多目标专家决策分析能力。数字孪生可基于森林经营试点区内密度调控、天然次生林林下补植、落叶松白桦混交林林下疏伐补植等具体经营策略,对采伐方式、采伐强度、补植树种、补植密度等经营过程进行参数化模拟;采用数据对比、多媒体展示、场景对比等方式,模拟不同经营方案的特异性及差异性;针对增汇经营目标,对不同经营方案变化结果进行对比分析,辅助实现专家决策。

当前,塞罕坝机械林场数字孪生系统可实现对基础数据和孪生模型的统一管理,孪生模拟森林生态系统结构与功能,模拟不同经营决策方案下的森林动态变化。随着三维建模精度和效率的不断提高,数字孪生技术将进一步降低人力时间成本,为森林管理者提供高精度的树木结构特征和生长信息,提升复杂森林生态系统的精准模拟能力;进一步提升森林经营方案辅助决策能力,提高森林资源保护和可持续管理效率。该研究方法可在国家公园、自然保护地、国有林场等单位的管理和决策工作中推广应用,为提升森林经营的精准化、智能化管理决策水平提供技术支撑。

5 展望

气候智慧林业是一种新兴的可持续森林生态系统管理理念,通过"数字化-网络化-智能化"驱动发展创新性和前瞻性的森林管理方法与决策体系,以应对气候变化的挑战[15,16]。笔者强调,气候智慧林业必须发展和应用新兴信息化技术,如物联网、AI、数字孪生等。尽管气候智慧林业已经取得诸多研究进展,但不同方向和内容的发展很不均衡，未来应在以下方面着力开展深入研究。

在数据采集方面，森林物联网设备和传感器网络正在我国典型野外站布设，其可扩展性、不同厂商传感器的集成性仍有待提高，在恶劣环境条件下（如热带森林的高温高湿环境）的可靠和长期运行仍有待检验。无人机的应用已经成为近地面遥感的核心手段，广泛用于监测森林结构和健康，然而，其成本较高、技术复杂、关键参数（如胸径）获取仍较为困难，仍需进一步探索以确保安全性和可靠性（如山区天然林林下飞行）。

在传感器方面，当前采集森林属性信息的传感器仍较为单一，需要研发新传感器来获取森林的更多属性，并通过对大量标记数据的训练，提高森林应用中的深度学习模型的鲁棒性[24]。在更大空间尺度，应用合成孔径雷达、激光雷达、光学遥感和物联网等技术能实现更大范围的森林监测。

在分析方面，随着大数据技术的发展，机器学习和大数据分析可以对各种来源（如传感器、无人机和卫星）生成的大量数据进行分析和预测，气候智慧林业建设速度和森林信息化管理水平也将显著提高。大数据的高性能架构可以显著提高大规模林业研究的效率，同时 AI 可以有效地从遥感数据中提取森林的植被特征和生态参数[27]。因此，大数据和 AI 技术的开发、集成和应用成为气候智慧林业研究的重点。同时，基于数据和过程模型驱动的森林植物研究也备受关注。

在模型方面，由于森林的复杂性和长周期性，开发能够嵌套不同森林生态系统过程、处理大量复杂生态数据的模型具有极大的挑战性，需要系统认识森林生态系统生物群落演替、生物地球化学循环、生物地球物理过程等，制定标准化的数据交换协议，促进不同领域研究者的合作[28]。目前，研究团队正致力于研究开发预测树木生长和森林健康的 AI 模型。

在决策方面，目前的决策系统仍处于初级阶段，未来应构建人机协同交互下的森林生态系统功能、生物多样性保护的可持续管理决策系统，以实现森林资源的优化配置、服务功能的维持与精准提升、森林生态系统的保护与修复以及应对气候变化的可持续管理。值得注意的是，由于先进技术应用成本较高，因此气候智慧林业的建设应聚焦高成本效益的替代方案，争取政府补贴和公私合作以降低成本和增加可及性，同时加强林业从业人员的专项技能培训，提高决策的执行力。

致谢

本文的研究工作得到了国家自然科学基金重大项目（32192435）、中国科学院网络安全和信息化专项应用示范项目（CAS-WX2022SF-0101）以及兴辽英才项目（XLYC2201002，YS2023006）的支持，同时感谢北京理加联合科技有限公司郑宁博士和靳林森工程师在绘图方面给予的帮助。

参 考 文 献

[1] 丁仲礼. 实现碳中和重在构建"三端发力"体系 [J]. 中国石油企业，2021（6）：10-11，111.

[2] 于贵瑞，朱剑兴，徐丽，等. 中国生态系统碳汇功能提升的技术途径：基于自然解决方案 [J]. 中

国科学院院刊，2022，37（4）：490-501.

[3] BENYUS J M. Biomimicry: Innovation inspired by nature[C]. New York: William Morrow, 1997.

[4] COHEN-SHACHAM E, JANZEN C, MAGINNIS S, et al. Nature-based solutions to address global societal challenges[C]. Gland: IUCN, 2016.

[5] EUROPEAN C. Horizon 2020 work programme 2016—2017[S]. Cross-cutting Activities (Focus Areas), 2016.

[6] BAUMGARTNER R J. Sustainable development goals and the forest sector—a complex relationship[J]. Forests, 2019, 10(2): 152.

[7] ZHANG J, FU B, STAFFORD-SMITH M, et al. Improve forest restoration initiatives to meet sustainable development goal 15[J]. Nature Ecology & Evolution, 2020, 5(1): 10-13.

[8] FRIEDLINGSTEIN P, JONES M W, O'SULLIVAN M, et al. Global carbon budget 2021[J]. Earth System Science Data, 2022, 14(4): 1917-2005.

[9] YANG Y, SHI Y, SUN W, et al. Terrestrial carbon sinks in China and around the world and their contribution to carbon neutrality[J]. Science China Life Sciences, 2022, 65(5): 861-895.

[10] CHAPIN F S, MATSON P A, VITOUSEK P M. Principles of terrestrial ecosystem ecology[M]. New York: Springer, 2011.

[11] BONAN G B. Forests and climate change: Forcings, feedbacks, and the climate benefits of forests[J]. Science: 2008, 320(5882): 1444.

[12] CURTIS P S, GOUGH C M. Forest aging, disturbance and the carbon cycle[J]. New Phytol, 2018, 219(4): 1188-1193.

[13] 朱教君，高添，于立忠，等. 森林生态系统碳汇：概念、时间效应与提升途径 [J]. 应用生态学报，2024，1-10.

[14] HARRIS N L, GIBBS D A, BACCINI A, et al. Global maps of twenty-first century forest carbon fluxes[J]. Nature Climate Change, 2021, 11(3): 234-240.

[15] 朱教君，王高峰，张怀清，等. 关于"气候智慧林业"研究的思考 [J]. 林业科学，2024，60（7）：1-7.

[16] WANG G G, LU D L, GAO T, et al. Climate-smart forestry: An AI-enabled sustainable forest management solution for climate change adaptation and mitigation[J]. Journal of Forestry Research, 2024, 36(1): 7.

[17] 高添，朱教君，张金鑫，等. 基于新一代信息技术的温带森林生态系统碳通量精准计量 [J]. 数据与计算发展前沿，2023，5（2）：60-72.

[18] BUONOCORE L, YATES J, VALENTINI R. A proposal for a forest digital twin framework and its perspectives[J]. Forests, 2022, 13(4): 498.

[19] QIU H, ZHANG H, LEI K, et al. Forest digital twin: A new tool for forest management practices based on spatio-temporal data, 3D simulation engine, and intelligent interactive environment[J]. Computers and Electronics in Agriculture, 2023, 215: 108416.

[20] 朱念福，张怀清，崔泽宇，等. 基于肢体动作交互的森林经营作业模拟研究 [J]. 林业科学研究，2021，34（5）：95-103.

[21] 李永亮, 沈康, 张怀清, 等. 基于cave2的森林虚拟仿真系统应用研究[J]. 林业资源管理, 2019, 2: 123-131, 136.

[22] LEDERMAN N G. Students and teachers conceptions of the nature of science: A review of the research[J]. Journal of Research in Science Teaching, 1992, 29(4): 331-359.

[23] 谭晶维, 张怀清, 刘洋, 等. 问答式林业预训练语言模型（forestbert）[J]. 林业科学, 2024, 60（9）: 99-110.

[24] CHEN Q, GAO T, ZHU J, et al. Individual tree segmentation and tree height estimation using leaf-off and leaf-on uav-lidar data in dense deciduous forests[J]. Remote Sensing, 2022, 14(12): 2787.

[25] ZHAO Q, YU S, ZHAO F, et al. Comparison of machine learning algorithms for forest parameter estimations and application for forest quality assessments[J]. Forest Ecology and Management, 2019, 434: 224-234.

[26] WANG J, ZHANG H, LIU Y, et al. Tree-level Chinese fir detection using UAV RGB imagery and yolo-dcam[J]. Remote Sensing, 2024, 16(2): 335.

[27] JING W, KUANG Z, SCHERER R, et al. Editorial: Big data and artificial intelligence technologies for smart forestry[J]. Frontiers in Plant Science, 2023, 14: 1149740.

[28] YUN T, LI J, MA L, et al. Status, advancements and prospects of deep learning methods applied in forest studies[J]. International Journal of Applied Earth Observation and Geoinformation, 2024, 131: 103938.

作者简介

朱教君，中国工程院院士，中国科学院沈阳应用生态研究所所长，辽宁清原森林生态系统国家野外科学观测研究站站长、研究员。兼任中国生态学学会副理事长，辽宁省生态学会理事长，"三北"工程咨询专家组副组长，"三北"工程攻坚战东部战区专家组组长，*Ecological Processes*期刊共同主编。主持973计划、杰青、重大基金、国家重点研发计划项目等，以第一完成人获国家科学技术进步奖二等奖2项、省部级一等奖3项（辽宁省自然科学奖、科技进步奖、中国科学院科技促进发展奖）；曾获国际林联科学成就奖等。

高添，博士，中国科学院沈阳应用生态研究所研究员，博士生导师。现任辽宁省陆地生态系统碳中和重点实验室副主任，林草三维可视化技术应用国家创新联盟常务理事，中国生态学学会生态遥感专业委员会委员。主要从事森林遥感、生态系统碳-水通量观测与生态系统服务评估等研究。发表学术论文40余篇，主持国家重点研发项目课题、国家自然科学基金面上项目、青年基金等。曾获国家科学技术进步奖二等奖、中国科学院科技促进发展奖。

张怀清,中国林业科学研究院首席科学家,中国林业科学研究院资源信息研究所副所长、研究员,入选国家百千万人才工程,国家有突出贡献中青年专家,林业和草原科技创新领军人才。长期从事智慧林业、人工智能与可视化技术研究工作。主持国家级科研项目50余项,出版学术著作8部,发表学术论文220篇,授权国际/国家发明专利22件,制定林业行业标准8项,取得软件著作权登记52件。获得国家科学技术进步奖二等奖1项,省部级科技进步奖一等奖3项、二等奖1项。

王彦棡,博士,研究员,现任中国科学院计算机网络信息中心人工智能技术与应用发展部主任。主要从事人工智能计算与数据服务平台建设,面向科学发现的人工智能应用软件与并行应用软件研究。在国际会议/期刊上发表学术论文80余篇,授权专利30余项,撰写著作3部。主持国家重点研发计划项目、中国科学院先导(B类)专项项目、中国科学院信息化专项项目等。

王宗国,副研究员,中国科学院计算机网络信息中心人工智能技术与应用发展部应用软件研发实验室副主任,中国科学院青年创新促进会会员,第八届金砖国家青年科学家论坛中国代表队成员。主要从事人工智能在学科领域的应用研究。作为负责人主持国家级、省部级、地方项目/课题10余项。在材料领域发布了无机材料合成大语言模型 MatChat;研制的中子输运方程大规模求解软件 ANT-MOC,在国际第35届超算大会 SC23(CCF A 类)获得 Best Paper 提名。

孙一荣,博士,中国科学院沈阳应用生态研究所高级工程师。主要从事森林生态、树木生理的研究工作。主持中国科学院战略性先导科技专项子课题1项、国家重点研发计划项目专题1项、中国科学院科技服务网络计划重点项目专题1项。在 *Ecological Processes*、*Forest Ecology and Management*、*Environmental and Experimental Botany* 等 SCI 期刊发表论文14篇,其中第一作者2篇。2016年获得中国科学院科技促进发展奖;2020年获得辽宁省科学技术进步奖一等奖。

张金鑫，中国科学院沈阳应用生态研究所高级工程师。主要从事长期定位观测、数据质量控制和管理、平台建设、新一代信息技术在森林营建等方面的研究示范。主持国家重点研发计划子课题，作为核心骨干参与国家自然科学基金重大项目、重点项目（3 项）、中国科学院信息化示范项目等。主要完成设计、建成清原森林站信息化应用示范平台。获辽宁省科学技术进步奖一等奖 2 项（2021）、中国科学院科技促进发展奖（2016）。

卢德亮，中国科学院沈阳应用生态研究所副研究员，硕士研究生导师。主要从事森林培育学研究，主持国家自然科学基金面上 / 青年项目、国家重点研发计划课题、辽宁省联合计划项目等。以第一 / 通讯作者在 *Agricultural and Forest Meteorology*，*Forest Ecology and Management* 等期刊发表论文 15 篇、授权专利 2 项。入选中国科学院青年创新促进会、沈阳市中青年科技创新人才。

杨廷栋，中国林业科学研究院资源信息研究所助理研究员。主要从事林草数字孪生、森林三维仿真等领域研究工作，主持国家重点研发计划子课题、院所基金各 1 项，以项目骨干先后参与"863 计划"和"十三五"重点研发课题、科技基础资源专项、国家自然科学基金等项目 6 项。以第二完成人身份获得林学会成果认定 1 项、团体标准 1 项，发表学术论文 5 篇，获软件著作权登记 3 项、授权发明专利 8 项。

滕德雄，博士，中国科学院沈阳应用生态研究所助理研究员。主要从事基于机器学习的森林碳汇计量和森林生态系统碳–水循环研究。主持国家自然科学基金青年基金项目 1 项，近年来以第一作者发表 SCI 收录论文 4 篇，获软件著作权登记 2 项。

郝帅领，沈阳人工智能计算中心工程师，主要研究方向为图像理解、图文检索与生成。在顶级国际会议 AAAI 上发表图像描述相关论文。

于丰源，中国科学院沈阳应用生态研究所工程师，目前从事森林生态与森林通量研究。主持科技部国家重点研发计划的两项任务，参与中国科学院先导专项、国家自然科学基金及网络安全和信息化专项应用示范项目，在 *Agricultural and Forest Meteorology*、*Journal of Hydrology*、*Remote Sensing* 等 SCI 期刊上发表论文 5 篇。

大模型助力理实交融的机器化学家探索

江 俊[*]，冯 硕，丁楚璇

（中国科学技术大学精准智能化学重点实验室）

摘 要

当前，化学领域的研究对象日益复杂化和高维化，难以用传统的"穷举"和"试错"方法实现全局最优探索。人工智能（AI）擅长从高维度、高复杂度的数据中探索变量之间的关联，为解决上述难题提供了变革性机遇。自动化的机器实验系统能够高效执行高通量实验，为智能模型提供海量的标准化数据，并赋予其科研实践能力。中国科大机器化学家团队通过将 AI 和机器实验结合，研制出全球首个数据智能驱动的全流程机器化学家平台，并提出将理论与实验数据融合的"理实交融模型"，驱动机器化学家进行全局最优筛选，打造了一系列数据智能驱动的化学研究新范式标杆范例。为进一步推广该范式，本文提出构建多领域、多模态、标准化的智能数据库，发展基于数理逻辑的科学大模型，建设分布式全流程智能实验设施群，开发资源调配与共享的智能化学云平台，共同形成机器化学家云设施，引领智能与物质科学融合研究新范式，推动我国化学学科迈向国际最前沿。

关键词

机器化学家；理实交融；大模型；自动化实验平台；机器化学家云设施

A Large-model-driven Robotic AI Chemist with the Fusion of Theory and Experiment for Research

Jun Jiang[*], Shuo Feng, Chuxuan Ding

(Key Laboratory of Precision and Intelligent Chemistry, University of Science and Technology of China)

Abstract

The exhaustive trial-and-error approach struggles to achieve a global optimal solution in increasingly complex and high-dimensional chemical research. Artificial intelligence (AI), with its ability to decipher the high-dimensional correlations in complex data, offers a transformative opportunity to address this challenge. The automated experimental platform can produce sufficiently standardized data for intelligent models by executing high-throughput experimentation, and equip these models with practical research capabilities. By combining AI with automated experiments, the AI-Chem team at USTC has developed the first all-around and data-intelligence-driven robotic AI chemist in the world. Using predictive models based on theoretical computations and experimental feedback, the robotic AI chemist has achieved the global optimization, along with a series of benchmark examples for the new data-driven research paradigm. To further promote this paradigm, a cloud infrastructure for AI chemist is proposed, which includes multi-domain, multi-modal, and standardized intelligent databases; large models based on mathematical logic; distributed and fully automated intelligent experimental facilities; and an intelligent chemistry cloud platform for resource allocation and sharing. This cloud infrastructure can guide a new research paradigm that combines intelligence and materials science, thereby propelling China's chemistry discipline to the forefront of the international stage.

Keywords

Robotic AI Chemist; Fusion of Theory and Experiment; Large Model; Automated Experimental Platform; Cloud Infrastructure for AI Chemist

1 引言

1.1 化学研究手段亟须革新

当前，化学领域面临着实验可重复性低、数据质量良莠不齐等问题，以及研究对象日益复杂化与高维化等挑战。传统研究范式主要依赖于"穷举"和"试错"手段，在面对广阔的化学空间时，这些方法既耗时又难以揭示材料的复杂机理。此外，配方和工艺的搜索常常止步于局部最优，难以实现全局探索。例如，药物研发流程复杂，传统研究范式在面对广泛的化学空间时耗时耗资；化学合成基于专家经验，离智能优化的目标相距甚远；材料数据的不完善、构效关系的不明确阻碍了逆向设计。面对这些挑战，亟须变革化学研究范式，实现新物质创制过程中的降本增效。

1.2 人工智能带来范式变革机遇

自 1956 年麦卡锡首次提出人工智能（AI）的概念以来，AI 已成为物质科学领域变革性发展的关键驱动力。AI 擅长从高维和高复杂度的数据中探索变量之间的关系，为解决复杂体系的科学问题提供新工具。例如，在药物研发领域，麻省理工学院的巴兹拉伊（Regina Barzilay）团队训练了一种深度神经网络，从超过 1.07 亿种分子中识别出一个名为 halicin 的新型有效抗生素分子[1]；在材料结构预测领域，DeepMind 于 2023 年开发了用于预测无机晶体结构的 GNoME 智能模型，发现了 38 万种新材料的稳定晶体结构，使人类已知稳定材料的数量增加近 10 倍，达到 42.1 万种[2]；在分子合成领域，波兰科学院与韩国蔚山国家科学技术学院联合开发了逆合成软件 Chematica（现称为 SYNTHIA^{TM}），可以辅助化学家预测并规划复杂分子的合成路径[3]；通过利用 SYNTHIA^{TM} 软件，美国密歇根大学的瑟纳克（Tim Cernak）团队对 12 种抗新冠药物展开了逆合成研究，并为其中的 11 种找到了更加简单快捷的合成路线[4]。综上所述，AI 作为新型科研工具，正在改变物质科学领域的发现、转化和功能研究的模式，协助科学家实现新的科学发现，并促进技术革新。

1.3 自动化机器实验的发展

AI 算法的有效训练依赖于大量高质量且结构化的数据。然而，传统化学实验的数据存在格式标准不统一、结果碎片化、可重复性和精准性较差等问题，阻碍了 AI 在数据分析和处理中优势的发挥。自动化实验平台能通过高通量实验快速采集精准数据，提升数据的质量和一致性，从而充分发挥 AI 在化学研究中的潜力，因而受到了国内外学者的广泛关注（见图 1）。

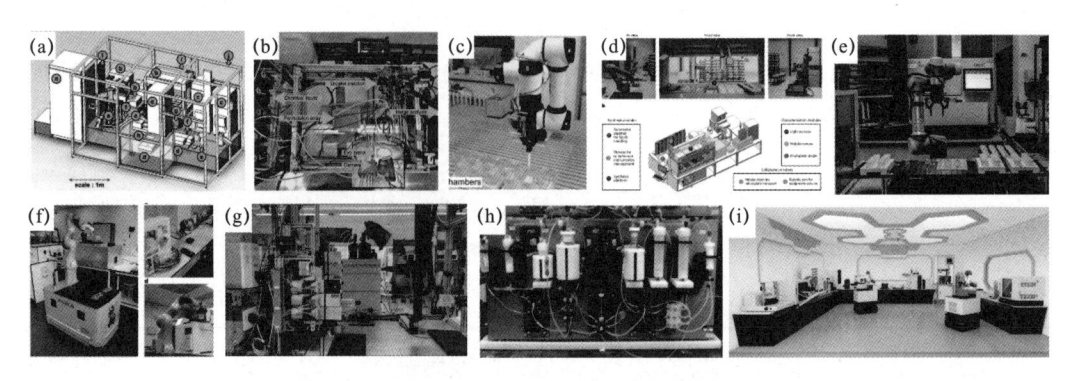

图 1　国内外各研究团队开发的自动化与智能化机器实验平台

（a）瑞典查尔姆斯理工大学团队；(b）英国格拉斯哥大学团队；(c）北京大学团队；(d）深圳先进技术研究院团队；(e）DeepMind 联合伯克利实验室团队；(f）英国利物浦大学团队；(g）美国麻省理工学院团队；(h）美国伊利诺伊大学团队；(i）中国科学技术大学团队

早在 2009 年，瑞典查尔姆斯理工大学的罗斯·金（Ross King）教授团队就设计并制造出了用于化学实验的自动化机器人"亚当"[5]。通过高通量实验，"亚当"在微型培养板中进行微生物生长实验，测量不同培养基中的生长曲线。其成功验证了 20 个基因假设，其中 12 个获得了显著统计结果，展现出在自动化实验和知识发现方面的巨大潜力。此外，2015 年，该团队还开发出第二代机器人"夏娃"，主要应用于药物合成领域[6]。通过高通量和低成本的智能筛选，"夏娃"协助对接了化合物与疟疾治疗的靶标酶，最终识别出三氯生可能具有治疗疟疾的潜力。

除了发展实验机器人，也有学者尝试将化学实验设备自动化。在这一方面，英国格拉斯哥大学的克罗宁（Leroy Cronin）教授团队取得了一系列卓越的研究成果。早在 2014 年，他们就开发出基于 RepRap 3D 打印机架构的液滴机器人，用于探索四种化合物混合比例对油滴组成与性能的影响[7]。2019 年，克罗宁团队开发出集文献阅读、实验方案定制、合成与表征于一体的"Chemputer"系统[8]。该系统将化学反应转化为机器可读取并执行的 XDL 化学描述语言，实现了复杂分子合成的自动化。数据库中存储了 103 种反应的 XDL 代码，其中一半方案的产率和纯度与手动实验相当。克罗宁团队还持续对该系统进行了更新和升级。2022 年，他们研发出便携式的"Chemputer"系统[9]；2024 年，基于该系统，他们设计出一个用于探索氨基酸在矿物环境中反应的机器人系统，分析了近 140 万种序列，确认了 550 多种具体序列[10]。

2022 年，北京大学的莫凡洋教授团队开发出一种用于薄层色谱（TLC）分析的自动化机器人平台[11]。TLC 广泛应用于合成实验室，用于估算分子的极性，但传统技术往往缺乏标准化和重现性。莫教授团队的自动化平台能够高效收集标准化的 TLC 数据，生成大量以 SMILES 格式和保留因子（R_f 值）表示的数据。该团队利用这些数据构建了一个机器学习预测模型，准确预测化合物在不同溶剂中的 R_f 值，并绘制了极性曲线。这一研究成果显著加速了 TLC 数据的生成和分析进程，为选择纯化条件提供了有效指导。然而，该团队也明确指出，TLC 分析的多种影响因素可能导致模型在不同实验室中的预测准确性下降，因此该系统在其他实验室在直接应用时可能存在一定的局限性。

1.4 智能驱动的机器实验系统

虽然自动化化学实验显著加速了实验进程，并提高了结果的可重复性，但传统机器人仍局限于执行预设程序，缺乏灵活性和自主决策能力，难以应对复杂情况或实时调整。智能化技术的引入有望帮助化学实验机器人突破这些局限。智能驱动的机器实验系统能够自主规划并优化实验流程，通过数据分析发现规律，甚至生成并验证新的实验假设。这一转变使得实验机器人从单纯的任务执行者进化为具备科学探索能力的智能助手，显著提升科研效率与创新能力。

2020 年，英国利物浦大学的库珀（Andrew I. Cooper）教授团队研发出一台可以智能移动的机器实验系统，用于研究和改进光催化氢催化剂[12]。该机器人内置贝叶斯搜索算法，能够独立执行液体添加、称重和催化反应等任务，并在实验室内自由移动。它完成了 688 次实验，研究了 1000 种催化配方，效率是人工的 17 倍。然而，该系统在贝叶斯优化时缺乏化学知识和计算能力，无法独立生成和验证科学假设。该团队进一步于 2024 年提出了一种全自主固态工作流程，适用于粉末 X 射线衍射（PXRD）实验[13]。实验系统由三个多功能机器人组成，涵盖了 12 个步骤，能够实现与手动操作相当或更高的数据质量，展示了模块化以及自动化在复杂实验中的强大能力。与 2020 年的光催化剂研究相比，PXRD 实验涉及更复杂的样品处理和测量步骤。该自主系统是目前化学领域中最复杂的系统之一，并且仅使用了市售的现成机器人和常见实验室硬件。

2022 年，中国科学技术大学的江俊教授团队开发出首个基于数据智能的机器化学家，实现了从合成与表征到测试和数据处理的全流程自动化，能够自主完成化学研究中的几乎所有关键步骤，并在此基础上持续优化与升级[14]。该机器化学家突破了传统的"试错式"化学研究范式，展现了由"化学大脑"引领的智能化研究新范式的显著优势。后续研究表明，基于大模型驱动的机器化学家能够显著提高光电催化剂、功能分子和能源材料的研究效率，加速多个前沿领域的创新进程。

此外，美国麻省理工学院的延森（Klavs F. Jensen）教授团队早在 2018 年便设计了一种即插即用式单元操作的自动化合成平台[15]。到 2022 年，他们进一步将自动化电化学实验平台与智能模型相结合，筛选出 38865 个潜在电化学反应，其中 80% 的反应被认为是合理的[16]。同年，美国伊利诺伊大学的伯克（Martin D. Burke）教授团队设计并制造了一台自动化化学合成机器，旨在合成复杂的三维结构分子，并实现合成过程的自动化与反应条件的闭环优化[17]。2023 年，深圳先进技术研究院的赵海涛团队利用智能机器实验系统，对传统的试错法合成和劳动密集型表征进行了改进，实现了具有独特物理化学性质的胶体纳米晶体的形貌调控[18]。同年，DeepMind 与伯克利实验室联合打造了 A-Lab 平台，在智能模型的指导下，实验机器人持续工作 17 天，完成了 355 次实验,从 58 个理论预测中合成了 41 种新材料,成功率高达 71%[19]。

总体而言,智能驱动的机器实验系统正在推动化学研究的范式变革,全球各国均在该领域加大研发投入。图 2 详细呈现了国内外多个团队在智能机器实验领域的实验能力、工作站种类、实验流程覆盖程度及应用领域。总体来看,各团队在实验流程覆盖、数据处理和智能优化等方面取得了显著进展。然而,大部分团队的系统尚处于单一功能集成工作站模式,尚未实现工作全流程的打通。相比之下,中国科学技术大学江俊团队的化学机器人已实现了从合成到数据处理的全流程自动化,表明我国在该领域与国际领先水平并驾齐驱,并展现出领跑潜力。

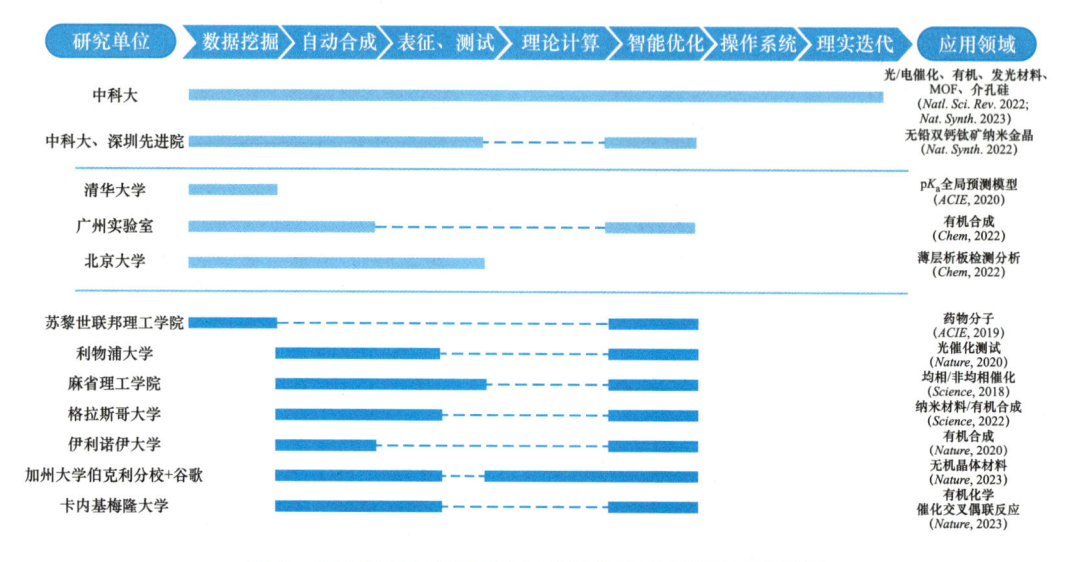

图 2 国内外各研究团队在智能机器实验领域的研究进展

2 理实交融的机器化学家平台

在化学研究中,复杂体系的实验研究往往只能提供有限的小数据,而理论计算虽然能够产生大数据,却因理想化近似而引入系统误差。单纯基于理论或实验数据难以充分发挥数据智能的潜力。为此,中国科学技术大学江俊团队提出了"理实交融"的新科研模式,通过智能模型将理论与实验数据进行融合,用理论大数据构建可解释的预训练模型,依托实验小数据进行迁移学习,达到利用理论数据来融入规则、利用实验数据来反映现实复杂度的目的,建立了面向复杂体系的"理实交融"模型,实现了新的研究模式(见图 3)。在该模型的驱动下,机器化学家平台实现了合成、表征和测试全流程自动化,显著提升了光电催化剂、功能分子和能源材料的研发效率。

2.1 机器化学家简介

中国科大的机器化学家平台是全球首个集阅读文献、设计实验和自主优化等功能于一体的智能化平台,覆盖化学开发全流程。该平台由三个主要模块组成:机器阅读系统、机器计算系统和机器实验系统（见图4）。

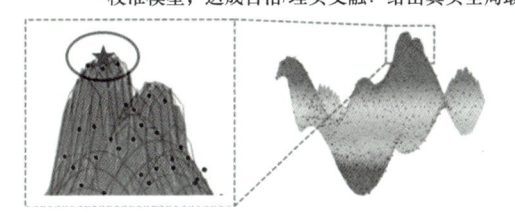

图3 理实交融的新科研模式

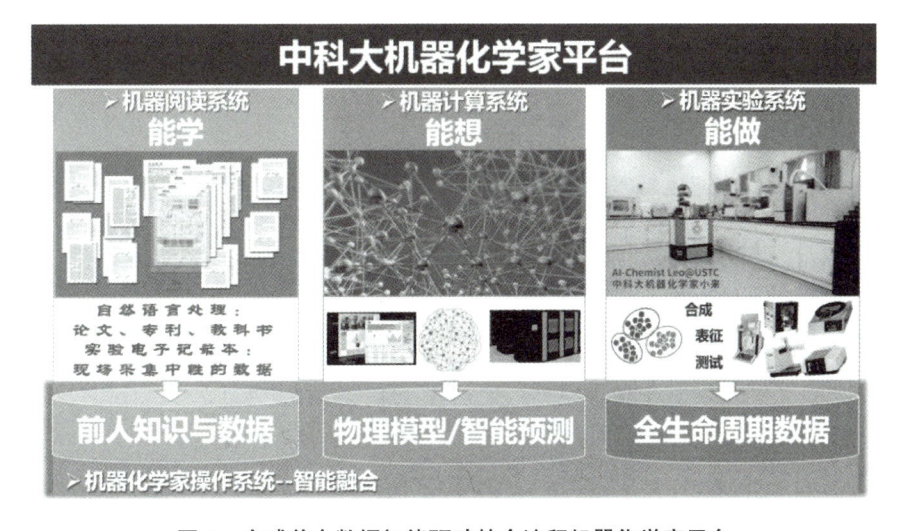

图4 全球首个数据智能驱动的全流程机器化学家平台

机器阅读系统能够自动读取大量化学文献，获取现有的化学知识，并据此提出科学假设和设计实验方案。机器计算系统进行高通量理论模拟，构建基于理论数据的预训练模型，对实验数据进行分析后建立理论和实验数据相互校准的理实交融模型。机器实验系统包括移动机器人和15个工作站，能够自动完成合成、表征和性能测试，覆盖多种化学任务。该机器化学家已在光催化与电催化材料、发光分子、光学薄膜材料、能源材料等领域将研究效率提升了2~5个数量级，且适用范围将随平台升级和拓展而继续扩大，支撑多领域、新范式引导的前沿创新研究。

2.2 机器化学家平台践行新范式的典型案例

2.2.1 高熵非贵金属产氧催化剂的高效研发

基于阅读、计算和实验系统，机器化学家首先探究了其创制高熵非贵金属产氧催化剂的潜能。高熵催化剂由于其复杂的多元素金属组合，能够在催化反应中提供更多样化的活性位点，从而在电催化和光催化等反应中表现出更高的催化活性。同时，多元素协同效应也能显著增强催化剂的结构稳定性。然而，多种元素的高度无序混合给人工实验找出最优配比带来了极大的挑战，因为需要遍历极其庞大的化学配比组合，且传统的研究范式往往止步于局部最优。针对这一难题，机器化学家通过大数据与智能模型双驱动，为高熵催化剂的复杂体系建立了全局搜索模型，成功找到了全局最优解[14]。

机器化学家通过智能阅读16000篇论文，自主遴选出5种非贵金属元素，并融合2万多组理论计算数据和207组全流程机器实验数据，构建了理实交融的智能模型。通过对模型分析发现，单纯依赖理论模型易导致欠拟合，而仅基于实验数据进行分析则可能引发过拟合，将实验中的噪声和误差错误地拟合为规律。唯有理论与实验相结合的模型，才能实现良好的拟合效果。在随后的贝叶斯优化过程中，理实交融模型被反复调用，最终指导贝叶斯优化程序从55万多种可能的金属配比中筛选出最优的高熵催化剂，将传统"炒菜式"遍历搜索所需的1400年缩短至5周。该工作初步探索了数据智能驱动化学研究的新范式，显著加速了材料发现进程，能够从数百万种可能配方中迅速识别最佳组合，推动化学研究朝"知识数字化、操作指令化、创制智能化"的方向迈进（见图5）。

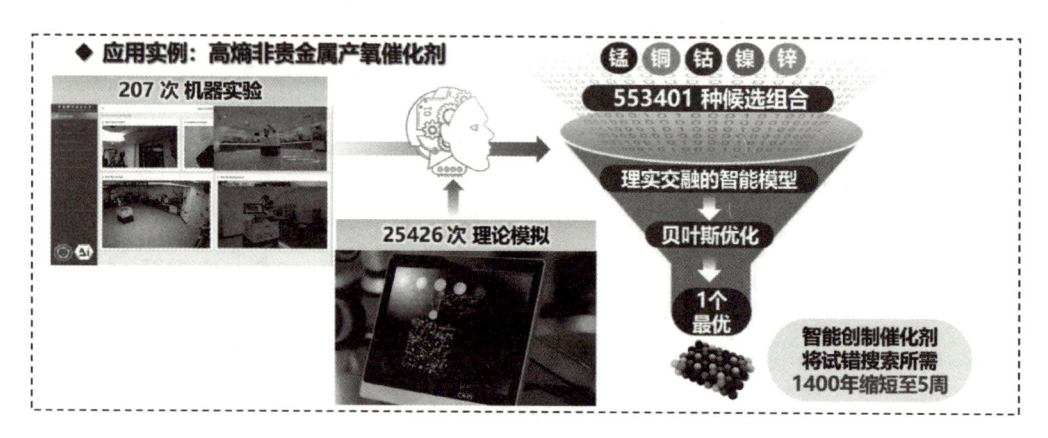

图5 机器化学家实现高熵非贵金属产氧催化剂的高效研发

2.2.2 胶体纳米晶的数字化制备

在上一工作中，基于文献数据挖掘构建数据库，机器化学家实现了大数据与智能模型双驱动下的合成—表征—测试全流程开发，在高熵催化剂体系中建立全局搜索模型，并找出了全局最优解。这一科研模式具有通用性和普适性，既能够在多种材料的设计中发挥作用，也可应用于胶体纳米晶的数字化制备。

胶体纳米晶在光学和电化学等领域具备巨大潜力。合成胶体纳米晶的关键目标之一是通过精准控制其形貌，以获得所需的物理化学特性。然而，传统的人工试错实验和密集表征效率低下，严重制约了纳米晶的研发。为了解决这一问题，中国科学院深圳先进技术研究院赵海涛团队与中科大江俊团队合作，通过整合数据驱动的自动化合成、机器人辅助的可控合成和面向形貌的逆向设计等技术，以金纳米棒和钙钛矿纳米晶为研究范例，构建了机器人辅助的胶体纳米晶数字智造平台[18]。

针对金纳米棒，机器化学家通过数据挖掘技术，从1300～1400篇已发表的相关文献中提取出关键的合成配方信息，并基于前人的研究成果，确定了推荐的配方范围，使其能够在较小但合理的配方空间内进行探索。针对钙钛矿纳米晶，机器化学家通过数据挖掘筛选出 48 种可用于调控双钙钛矿尺寸和形貌的潜在溶剂以及 61 种表面活性剂，并结合高通量原位合成与表征技术，快速完成了溶剂和表面活性剂的优化筛选。进一步基于高通量实验和原位表征的大量数据，利用机器学习技术，平台构建了合成关键参数与吸收光谱、吸收光谱与纳米晶尺寸、颜色信息与纳米晶尺寸之间的关系模型。基于这些模型，平台能够通过输入目标产物尺寸信息反馈相应的合成关键参数，从而实现对胶体纳米晶的逆向设计与合成，成功完成胶体纳米晶的数字化制备（见图6）。

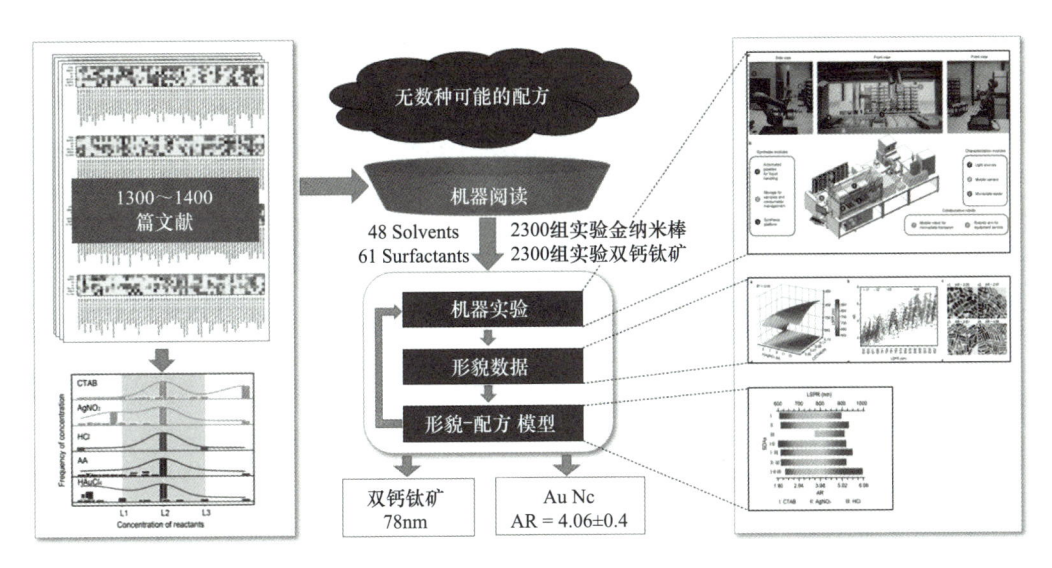

图 6　机器化学家实现胶体纳米晶的数字化制备

2.2.3　手性光学薄膜的精准创制

除了配方和结构清晰的材料体系，对于难以通过简单配方描述的复杂体系（以手性光学薄膜为例），机器化学家仍可通过自主实验校准模型进行迭代优化，调整工艺形式、筛选工艺条件，实现对材料合成路径的有效预测，并通过调控工艺参数来实现按需设计。

手性是自然界的基本属性，合成手性聚合物并研究其性质是高分子科学领域的热点问题。在手性光学薄膜的研发中，探索材料结构与手性光学功能之间的构效关系，并通过逆向设计指导手性结构的精准构筑，实现对材料手性光学功能的任意操纵，是核心挑战。然而，有机聚合材料工艺参数复杂、设计空间巨大，传统研究范式往往难以进行全局探索。针对手性光学薄膜的设计难题，中国科学技术大学的邹纲教授与江俊教授团队合作，利用机器化学家平台，实现了基于生成对抗的材料逆向创制[20]。

该团队通过螺旋堆叠方法设计了聚合物功能薄膜的构建方案，并搭建了薄膜制备与表征实验平台。机器化学家在该平台上进行精准的实验操作，从材料制备工艺参数和谱学特性出发，通过控制薄膜的制备参数，测量其光学响应性质，采集了约 1500 组实验数据，构建了薄膜光谱−性能数据库作为学习样本。随后，团队结合理论数据与实数据训练神经网络，以实现材料光学性能端到端的正向精准预测。进一步地，团队采用生成对抗网络，根据实际需求个性化设计薄膜制备工艺，并通过逆向设计合成出具有高手性转换效率的钙钛矿量子点复合薄膜，其不对称发光因子最高达 1.9，接近理论极限，并已在人民银行造币厂测试防伪效果（见图 7）。

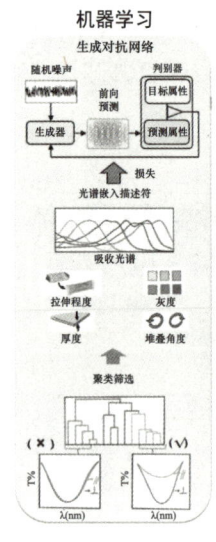

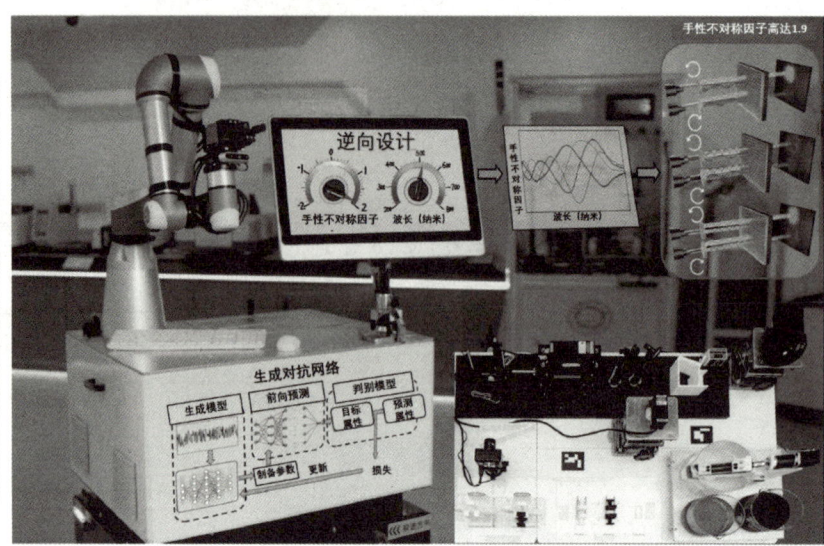

图 7 机器化学家实现手性聚合物功能薄膜的正向精准预测与逆向设计

2.2.4 火星陨石产氧催化剂的无人化智能创制

除了基于现有的理论框架对材料进行高效的构效预测与逆向设计，当面临材料配方未知、材料体系复杂和内部结构不明确时，机器化学家仍能通过自主调整未知物质的比例，实现新材料的智能创制。例如，在深空探测的原位资源利用任务中，机器化学家实现了火星陨石产氧催化剂的无人化智能创制，这有效扩展了材料设计的范围，为复杂材料体系的研究提供了新的解决方案。

在人类登陆火星的征程中，为火星环境中的人类生存创造宜居环境是巨大的挑战。其中，由于火星大气中缺乏氧气，利用火星上的原材料就地制氧成为首要任务。鉴于最近在火星上发现了水资源，通过电化学水氧化过程催化产氧成为解决问题的突破口。然而，将催化剂或催化剂原料从地球带到火星难以实现，因此，必须在火星上对氧析出反应（OER）电催化剂实现因地制宜的高效创制。机器化学家能够在火星环境下实现 OER 催化剂的无人化智能创制，为未来的火星探索奠定了技术基础[21]。

机器化学家平台创制 OER 催化剂依托于高效且自动化的工作流程（见图 8）。其智能计算大脑执行 9 个数字化运算步骤，机器人与多种化学工作站协同完成 12 个实验步骤。机器化学家首先对火星矿石进行激光诱导击穿光谱（LIBS）分析，获取其组分信息。其次，机器化学家的大脑通过分子动力学（MD）模拟和密度泛函理论（DFT）计算，选取 29902 个不同金属比例的高熵氢氧化物构象进行 OER 催化性能评估，构建用于神经网络训练理论模型的数据库。再次，通过工作台执行称重、酸溶解、离心和烘干等一系列实验操作,完成催化剂的合成与表征,并将 OER 测试结果上传至云端服务器,以供计算大脑进行分析。经过进一步的实验数据优化,形成理实交融的机器学习模型,能够精准预测催化剂性能。最后,结合贝叶斯算法,机器人筛选出最佳火星矿石配方,并进行实验验证。

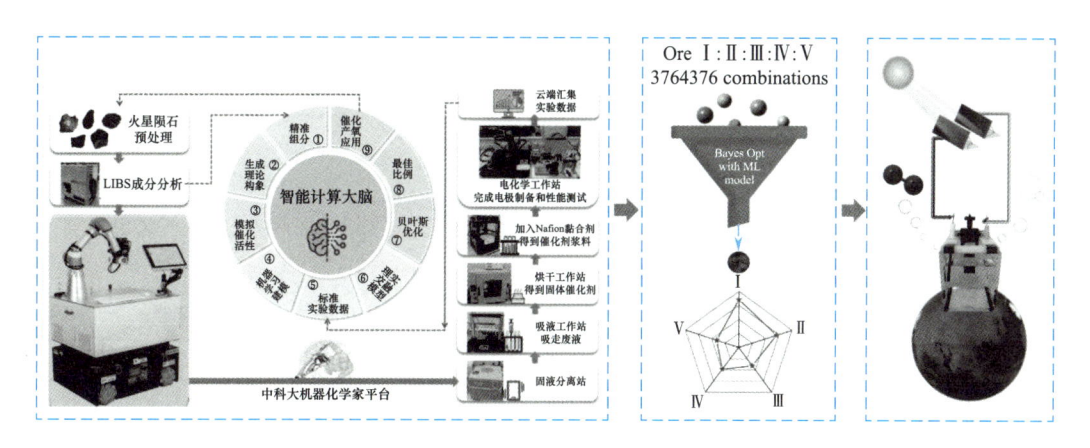

图 8　机器化学家实现火星陨石产氧催化剂的无人化智能创制

面对火星广阔的化学空间与高达 376 万多种潜在配方,传统的人工"试错"方法可能需要耗费 2000 年才能筛选出最优方案。而机器化学家依托智能计算大脑与高通量实验操作,通过融合理论大数据与实验小数据的机器学习模型,调用贝叶斯优化算法成功预测并验证了全局最优的催化剂配方,最终实现了火星上产氧催化剂的无人化智能创制。该项工作表明,机器化学家可以在地外星体上进行因地制宜的化学品智能化全流程创制,为未来地外文明探索提供新的技术手段,并为星际资源的原位综合利用建立独特的方案。

2.2.5　大语言模型辅助的物质研究探索

在机器化学家的基础上,江俊团队进一步升级开发了一个基于大语言模型(LLM)的智能自动化系统,包含 2 个机器人、20 个自动化站点,以及一个后台控制系统。LLM 在自然语言处理方面展现出强大的能力,将其整合至实验室工作流程中有望加速新材料的发现。然而,以单一的 LLM 驱动机器实验难以按需执行复杂的化学任务。对此,江俊团队开发的基于 LLM 的多代理系统通过使具有不同角色的智能体相互协作,能够根据需求灵活应对更复杂的科研任务。

在构建智能体后,任务管理员通过调取文献阅读者、实验设计师、机器人操作员和计算执行员四个智能体,与人类研究人员协同工作。系统中所有代理都由 Llama-3.1-70B 大语言模型驱动,其决策过程建立在 LLM 理解上下文、行动规划、调用功能和使用工具的能力之上。在该架构中,任务管理员位于顶层,其他每个特定角色的智能体都是可调用的、预定义的工具。基于 LLM 固有的工具调用功能,任务管理员不仅能够识别要使用的工具,还能有效调用这些工具。在收到研究人员的请求后,任务管理员会根据任务要求动态规划和决定如何以及何时使用这些智能体。依托文献数据库、实验协议库、自动化实验室和模型库这四个核心资源，系统可以在最少人工干预下完成从简单的合成与表征到复杂的实验参数探索和筛选等任务，最终实现功能材料的发现和优化（见图9）。系统完成的主要任务种类包括"制备与测量""探索与筛选""发现与优化"。

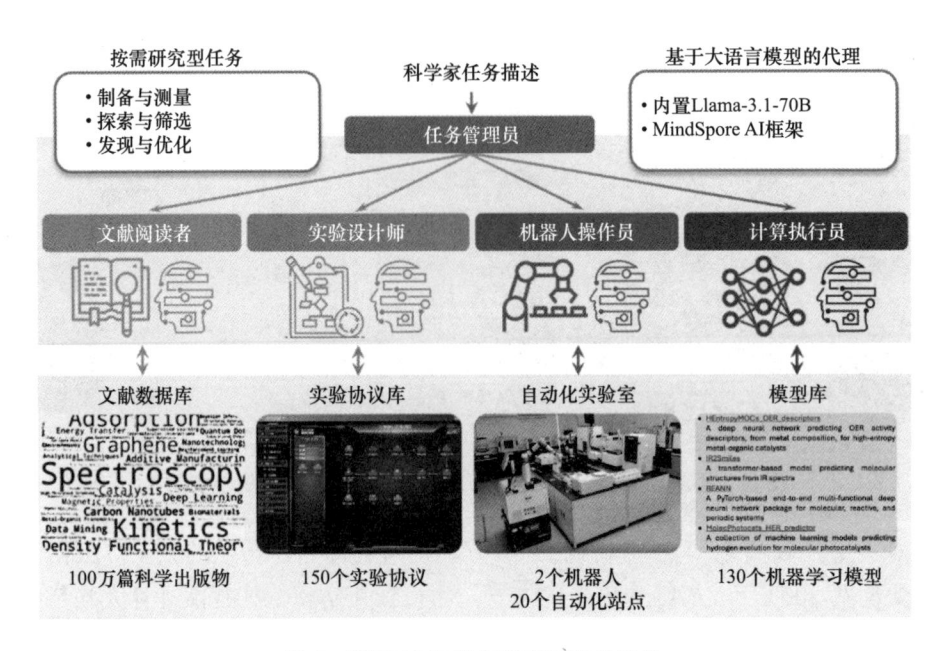

图 9　基于 LLM 的多代理系统的架构

（1）制备与测量：该任务是系统执行的最基础任务，主要涉及对目标化合物的合成或表征。在接收到任务描述后，任务管理员负责解析并理解指令，将必要信息传递给实验设计师，后者基于此确定适当的实验协议并生成相应的实验步骤。接着，机器人操作员将这些步骤转化为代码指令，并在自动化实验室中执行相应的合成与测试操作，最终将实验结果反馈给任务管理员。例如，使用傅里叶变换红外光谱（FT-IR）表征三种偶氮苯分子、合成指定的金属氧化物，并通过粉末 X 射线衍射（PXRD）进行表征，或通过钙钛矿量子点薄膜的归一化荧光发射光谱获得不同颜色信息。

（2）探索与筛选：该任务是要求更高的任务，主要涉及对所需功能材料的实验参数进行探索和筛选。任务管理员必须具备理解复杂领域知识的能力，认识到需要系统地改变多个变量，以评估其影响的重要性。例如，系统可通过全因子实验合成石墨化碳氮化物（g-C$_3$N$_4$），并评估不同加热温度与加热时间对其性能的影响。此外，系统还可研究卤素原子种类（X=Cl，Br 或 I）对卤氧化铋（BiOX）化合物在四环素（TC）光催化降解中的效果。

（3）发现与优化：该任务是系统目前能够完成的最先进研究任务，主要涉及结合文献挖掘、计算建模和闭环优化来发现新型功能材料。其工作流程包括：文献阅读者使用自然语言处理工具从文献数据库中挖掘知识，积累与实验目标相关的知识；实验设计师根据任务管理员的指示，规划实验任务，并通过实验协议库生成实验流程；机器人操作员将实验设计师的实验流程转换为代码和命令，用于操作自动化实验室的机器人和工作站；计算执行员在模型库中搜索合适的预训练机器学习模型，直接使用模型或利用额外的训练数据增强模型。此代理还包括一个贝叶斯优化器，该优化器本身是由计算执行者管理的 LLM 代理，可以拟合历史观测到的实验数据，并预测未来数据，通过平衡未来数据的预测性能和不确定性来选择下一步的实验条件。该算法使得系统可以利用实时数据交互来迭代优化实验条件，从而加速材料筛选。此外，系统中还加入了"审查员"代理，专门用于使用预定义的专家规则验证和完善 LLM 的输出。这一附加层可确保在执行前纠正次优决策。基于此流程，系统可以发现用于氧析出反应的金属有机高熵催化剂，实现材料的高效探索与优化。

通过完成上述三类任务，该多代理智能系统展现了其在发现与优化任务中生成实验程序、执行机器人实验和应用计算模型的适应性和精确性。随着自动化实验室从孤立状态演变为协调的云平台，并且在未来有望发展为先进的智能科学家云平台，多代理智能系统驱动的机器化学家与该发展轨迹紧密契合，将显著加速这一演变进程。此外，该多代理智能系统可以进一步更新迭代。例如，在反馈机制方面，目前的系统未设置异常反馈机制，当系统处于更广泛的应用时，可能会出现次优性能或错误。因此，未来应该更全面地考虑和改进自动化实验室的反馈机制设计。在任务调度方面，未来的改进重点是完善调度算法，以处理更广泛的实验条件和限制，同时在系统中应用更先进的机器人技术和传感器网络，基于实时反馈的反应状态来动态调整后续任务，覆盖长时序化学反应或多步骤实验的场景。此外，还应根据每个实验设置的具体要求，利用强化学习、优化算法等技术调整调度策略的重要性，平衡机器人之间的工作量，通过改进任务分配方式来提升资源利用率和操作效率。

3　构建大模型驱动的机器化学家云设施的建议

为了更好地推动 AI for Science 这一新范式在化学研究中的应用，需要建设覆盖多种应用场景的智能实验室，发展融合多学科知识原理、能够准确预测物质演化的大模型，实现数据与知识资源的共享。为此，本文建议推动智能实验系统标准化建设并推广分布式设施群，汇聚海量标准化数据，构建可精准预测复杂体系演化的新型大模型，利用云平台进行人机交互和资源共享，形成具有全新科研组织形式的机器化学家云设施。该云设施由化学科学数据库、新型化学科学大模型、智能实验设施群和智能化学云平台组成。理论和实验数据通过云平台汇聚至化学科学数据库，通过智能模型进行统一管理，并将知识与规则嵌入科学大模型；在新型化学科学大模型支撑下，人机协同迭代优化方案设计，驱动智能实验设施群进行科研实践，并与模型预测对抗校准、迭代进化；智能化学云平台作为云设施的枢纽，实现化学科学数据库的数据共享、智能实验设施群的远程管理以及智算资源的统筹调配（见图10）。

在这一架构中，化学科学数据库与新型化学科学大模型将释放科研人员的脑力，而智能实验设施群将解放科研人员的体力，智能云平台连接个体，通过数据与科学大模型的对抗校准逐步优化，推动科研突破。该设施将促使我国科研组织变革，实现多领域融合，拓展化学研究的深度与广度。

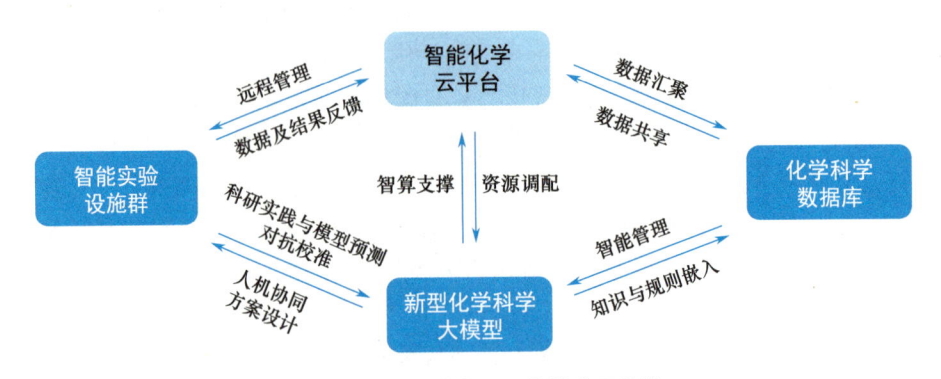

图 10 机器化学家云设施的分层架构

3.1 化学科学数据库

在数据驱动的研究范式中，创新的核心在于科学数据的高效整合与利用。然而，当前面临的主要挑战之一在于科学数据缺乏统一标准，质量参差不齐，且不同来源的数据相互隔离，形成"数据孤岛"。这些问题限制了数据对化学科学研究的驱动作用。因此，亟须构建多领域、多模态、标准化的人工智能化学数据库。化学科学数据库的建立主要包括以下三个方面。

（1）多模态数据汇聚。化学数据涵盖科学文献、理论计算结果和实验数据等多种资源，分布于不同的数据库与实验室中。为实现化学科学领域的数据汇聚，需建设机器阅读工具，通过自然语言处理和图像识别等数据挖掘技术，自动化采集来自教科书、科技期刊和科学文献中的文本、图像及表格等多领域的多模态数据；此外，结合计算化学模拟可生成分子和材料的物理化学数据库；对于实验数据，应建立标准化的数据采集通道，并利用电子实验记录本收集全生命周期数据，实现智能化数据采集。

（2）数据的智能管理。在数据库中嵌入智能模型，对其进行标注，对实验与计算数据进行结构化整理，同时对其进行分类。为构建高质量数据库，还需开发基于可解释模型的数据鉴别与质量评分技术，对数据进行智能化清洗和筛选，以剔除错误数据、补充缺失数据、推演未知数据，构建物质科学领域的高质量数据库。

（3）知识图谱的构建与应用。通过系统分析不同数据集的相互关系，可以构建物质的构效关系及演化关联模型，并基于此建立知识图谱。知识图谱的引入有助于多模态数据的融合，能够将多样化的数据统一整合，形成结构清晰、可扩展且高效的数据存储格式。此存储方式可以提高数据的组织性和可用性，便于后续的数据调用与分析。此外，利用预训练模型等先进工具将知识图谱嵌入科学大模型，可以显著提高大模型的知识获取和利用效率。

3.2 新型化学科学大模型

通用的语言大模型在应对复杂化学问题时，常常面临可调试性和可解释性不足、语义理解不够深入等挑战，导致其在预测准确性与推理能力上存在不足。因此，需要发展基于数理逻辑的科学大模型，将数据驱动的神经网络模型与知识驱动的符号逻辑推理引擎进行深度融合，以支持化学、物理、数学等智能科学领域的研究。

传统的信息系统以结构化数据库为核心，并以此为基础开发应用程序，仅具备查询能力。而暗数据库则包括文本、图像、视频等非结构化数据的信息源，可使用大模型从中挖掘信息，用于赋能智能系统，使其具备一定程度的推理与决策能力。新型化学科学大模型框架整合了现有数据库、暗数据库、知识库与大模型体系，还融合了知识驱动的推理引擎。该引擎建立在物质科学领域本体和领域知识库的基础上，在知识表示之后，推理引擎可以基于 Prolog、SOAR、一阶逻辑等知识模型和规则系统，或包括方法推理、强化学习推理和反应式推理在内的新型推理方法，执行基于知识库中复杂知识的逻辑推理，并保证推理结果的可解释性。通过将推理引擎与数据库、暗数据库和知识库对接，能够模拟人类的认知、推理和决策过程。该新型框架融合了推理引擎与大模型，从而实现知识与数据的双驱动，在应对复杂科学问题时，提供更加智能和高效的解决方案，以有效克服传统大模型的局限性。

面向化学科学研究，可以进一步将知识图谱和化学描述符引入新型科学大模型。知识图谱的应用使模型能够以更系统化的方式组织和表示化学信息，基于化学认知的知识增强算法则提升了模型对化学现象的理解能力；而特色化学描述符的引入进一步优化了模型的性能，使其在处理化学数据时能够捕捉到关键特征。因此，通过结合知识图谱、知识增强算法与化学家基于经验的专业理解，能够利用化学描述符构建基于化学原理的 AI 算法，从而发展出机器化学家的智慧大脑。

3.3 智能实验设施群

智能实验设施群由分布式全流程智能实验室组成，每个实验室都结合了全自主实验的移动机器人、全自动实验工作站与智能化管理系统，旨在提供高效且精准的实验和数据处理方案，需要从以下 3 个方面进行建设。

（1）全自主实验的移动机器人。为了执行实验操作，机器人应配备六自由度机械手臂和实时力反馈的灵巧控制方法，以确保实验结果的高精确性。通过结合深度强化学习和自适应控制，提升机械手臂在复杂环境中的行为策略学习能力。在定位方面，机器人需集成多模态数据融合的感知能力，融合激光雷达、深度相机以及红外光谱相机的特征数据，以实现非结构化环境下的精准定位和精准触觉感知能力。此外，为实现自主移动，机器人需集成全向移动底盘、先进的视觉感知算法与动态避障算法，从而能够根据实验室环境建立多模态的高精度定位和建图，确保高精度视觉引导。机器人还需配备任务管理系统，以实现复杂化学场景下的自主移动与实验操作。

（2）全自动实验工作站。机器人的实验操作需要与多种工作站协同进行。实验室应配备自主产权的全自动化学实验工作站，包括液体自动分配工作站、自动封装机、光谱自动化测试工作站、微通道连续流反应工作站以及电化学性能测试工作站等。这些工作站可以完成自动采样、产物收集与后处理、光谱表征和在线检测等流程。

（3）智能化管理系统。机器人在长时序化学场景中的实验需由智能化管理系统进行调度。该系统集成多个功能子系统，包括总控和人机交互系统、反应温度控制系统和多通道反应物自动切换系统等。此外，各子系统配备冗余传感器，并结合视觉识别技术，实现对异常数据的自动筛选和过程的实时反馈，从而确保实验结果的精准性与可靠性。通过智能化管理系统实现仪器设备的协同控制和实验流程任务调度，结合全自主实验的移动机器人和全自动化化学实验工作站，构建集成化学合成、样品表征与性能测试的全流程智能实验室，实现对化学研究场景的全覆盖。最终，在全国推广建设分布式全流程智能实验室，共同组成智能实验设施群。

3.4 智能化学云平台

智能化学云平台集成了机器化学家智能操作系统和联邦学习算法系统，共同促进不同实验系统和研究任务之间的知识与数据共享，使机器化学家可以在各种实验室和任务之间迁移和学习，并由大模型的集中式智能来驱动分布式实验室的科学创新。

为了实现智能实验室的标准化，以国内的顶尖智能化学实验室为模板，建立指令集、接口函数、实验模板及智能设备的规范标准，并向全国推广，从而推动广泛的智能设施建设。在此基础上，构建云平台以连接各地实验室，通过统一的智能操作系统实现资源调度，并提供用户服务。该操作系统应具备直观数据可视化和远程实验管理功能，使科研人员能够突破物理空间的限制进行实验。

在此基础上，确保数据隐私至关重要。联邦学习是一种分布式机器学习方法，通过在各个终端独立进行计算和模型更新，然后将这些更新汇总到中央服务器以改进全局模型，而不需要将数据集中存储或传输，有效提升了数据隐私保护水平。因此，在智能化学云平台嵌入联邦学习算法系统，能使科研人员在确保数据可用性的同时保证其不可见性，共同构建模型并实现知识共享。这一机制有效缓解了传统集中式机器学习和数据科学方法可能带来的隐私风险和成本，进一步保障了数据安全性，允许不同实验系统在保护数据的前提下实现信息的流通与共享。

4 展望

集中式智能和分布式创新相结合的机器化学家云设施能够有效推动科研新范式（见图11）。首先，云端用户提出物质创制需求，提交任务后，新型科学大模型智能推荐候选物质和制备方案。随后，通过人机交互系统，科学家对实验方案进行优化和决策。在实验方案的指导下，机器人实验云设施执行高通量实验，高通量计算平台进行理论模拟，并在多模态大模型的驱动下迭代优化，汇聚理实对齐的科学大数据。基于大数据训练知识与逻辑增强模型，并结合科学家的经验决策，系统能够预测全局最优，最终创制物质并解决问题。同时，在此过程中，基于模型训练的结果，形成面向具体科学问题的垂类模型，并在云平台上共享，构建智能科学家生态。

此外，机器化学家云设施将通过与产业的深度协同，推动企业研发与成果转化，打造具备自主创新能力的中国品牌智能工具。这一设施将促进研究范式的变革，形成新质生产力，大幅提升我国创新实力，推动新型工业化转型和数字化经济发展。

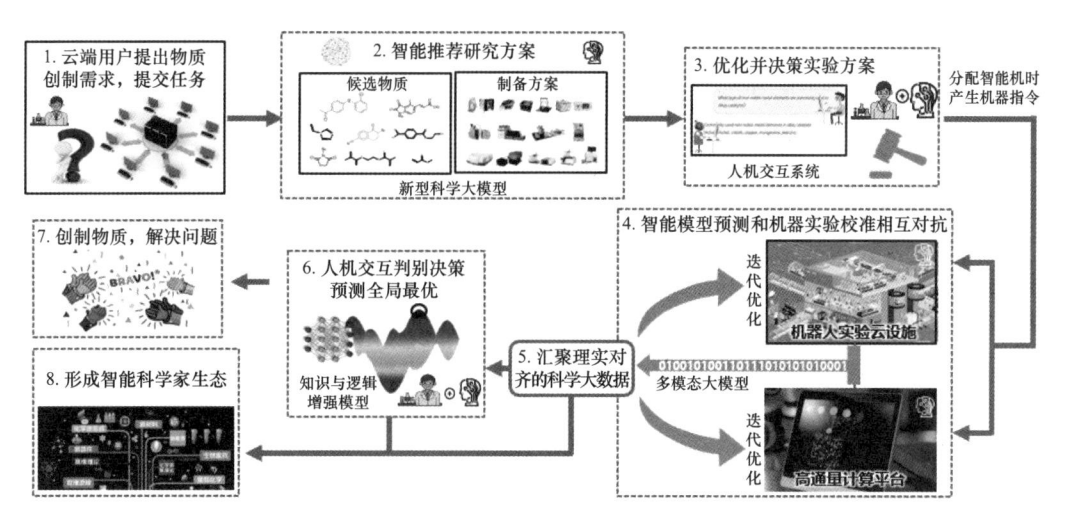

图 11　基于机器化学家云设施的科研新范式

总体而言，理实交融的机器化学家平台开辟了一条数据智能驱动的研究新范式：以海量理论数据生成可解释的预训练模型，以精准实验数据校准优化模型，形成面向复杂体系的"理实交融"模型，驱动全局最优搜索，实现物质的智能创制。未来，通过建设标准化的智能实验室、多模态智能数据库、新型科学大模型和智能化学云平台，形成具有全新科研组织形式的机器化学家云设施，将全面推广数据智能驱动的科研新范式，广泛赋能科研实践，形成集中式智能、分布式创新的科研生态，推动我国在化学、材料等领域取得重大科学突破。

参 考 文 献

[1] STOKES J M, YANG K, SWANSON K, et al. A deep learning approach to antibiotic discovery [J]. Cell, 2020, 180(4): 688-702.

[2] MERCHANT A, BATZNER S, SCHOENHOLZ S S, et al. Scaling deep learning for materials discovery [J]. Nature, 2023, 624(7990): 80-85.

[3] KLUCZNIK T, MIKULAK-KLUCZNIK B, MCCORMACK M P, et al. Efficient syntheses of diverse, medicinally relevant targets planned by computer and executed in the laboratory [J]. Chem, 2018, 4(3): 522-532.

[4] LIN Y, ZHANG Z, MAHJOUR B, et al. Reinforcing the supply chain of umifenovir and other antiviral drugs with retrosynthetic software [J]. Nature Communications, 2021, 12(1): 7327.

[5] KING R D, ROWLAND J, OLIVER S G, et al. The automation of science [J]. Science, 2009, 324(5923): 85-89.

[6] WILLIAMS K, BILSLAND E, SPARKES A, et al. Cheaper faster drug development validated by the repositioning of drugs against neglected tropical diseases [J]. Journal of the Royal Society Interface, 2015, 12(104): 20141289.

[7] GUTIERREZ J M P, HINKLEY T, TAYLOR J W, et al. Evolution of oil droplets in a chemorobotic platform [J]. Nature Communications, 2014, 5(1): 5571.

[8] STEINER S, WOLF J, GLATZEL S, et al. Organic synthesis in a modular robotic system driven by a chemical programming language [J]. Science, 2019, 363(6423): 144.

[9] MANZANO J S, HOU W, ZALESSKIY S S, et al. An autonomous portable platform for universal chemical synthesis [J]. Nature Chemistry, 2022, 14(11): 1311-1318.

[10] LEONOV A I, HAMMER A J S, LACH S, et al. An integrated self-optimizing programmable chemical synthesis and reaction engine [J]. Nature Communications, 2024, 15(1): 1240.

[11] XU H, LIN J, LIU Q, et al. High-throughput discovery of chemical structure-polarity relationships combining automation and machine-learning techniques[J]. Chem, 2022, 8(12): 3202-3214.

[12] BURGER B, MAFFETTONE P M, GUSEV V V, et al. A mobile robotic chemist [J]. Nature, 2020, 583(7815): 237-241.

[13] LUNT A M, FAKHRULDEEN H, PIZZUTO G, et al. Modular, multi-robot integration of laboratories: an autonomous workflow for solid-state chemistry [J]. Chemical Science, 2024, 15(7): 2456-2463.

[14] ZHU Q, ZHANG F, HUANG Y, et al. An all-round AI-Chemist with a scientific mind [J]. National Science Review, 2022, 9(10): nwac190.

[15] BÉDARD A C, ADAMO A, AROH K C, et al. Reconfigurable system for automated optimization of diverse chemical reactions [J]. Science, 2018, 361(6408): 1220-1225.

[16] ZAHRT A F, MO Y, NANDIWALE K Y, et al. Machine-learning-guided discovery of electrochemical reactions [J]. Journal of the American Chemical Society, 2022, 144(49): 22599-22610.

[17] BLAIR D J, CHITTI S, TROBE M, et al. Automated iterative Csp^3-C bond formation [J]. Nature, 2022, 604(7904): 92-97.

[18] ZHAO H, CHEN W, HUANG H, et al. A robotic platform for the synthesis of colloidal nanocrystals [J]. Nature Synthesis, 2023, 2(6): 505-514.

[19] SZYMANSKI N J, RENDY B, FEI Y, et al. An autonomous laboratory for the accelerated synthesis of novel materials [J]. Nature, 2023, 624(7990): 86-91.

[20] XIE Y, FENG S, DENG L, et al. Inverse design of chiral functional films by a robotic AI-guided system [J]. Nature Communications, 2023, 14(1): 6177.

[21] ZHU Q, HUANG Y, ZHOU D, et al. Automated synthesis of oxygen-producing catalysts from Martian meteorites by a robotic AI chemist [J]. Nature Synthesis, 2024, 3(3): 319-328.

作 者 简 介

江俊，中国科学技术大学讲席教授，博士生导师，精准智能化学重点实验室副主任。长期从事人工智能的理论化学研究，国家杰出青年科学基金获得者，中组部海外高层次青年人才，中国科学院机器科学家青年团队负责人。担任 Elsevier 智能领域旗舰期刊 *AI Chemistry* 创刊主编，获中国化学会唐敖庆青年理论化学家奖、日本化学会亚洲杰出讲座奖、科技部青年 973 结题优秀。作为通讯作者在 *Nat Energy*、*Nat Synth*、*Nat Comput Sci*、*JACS*、*PNAS*、*Nat Sci Rev*、*Nat Comm* 等高水平期刊上发表文章超过 100 篇。

冯硕，中国科学技术大学副研究员，主要从事人工智能驱动的谱学与功能材料设计研究，先后主持或参与国家自然科学基金委青年基金、重大项目的研究工作，在国内外期刊发表科技论文 10 余篇。

丁楚璇，中国科学技术大学博士后，主要研究方向为低维材料中分子的耦合动力学行为、机器学习势函数的拟合、机器学习加速理论化学等。

"大数据 + 人工智能"助力 FAST 科学发现

李 菂 [1,2,4]，王 培 [2,3]，陈华曦 [4]，郭雪蓉 [4]，缪晨晨 [4]

（1. 清华大学天文系；2. 中国科学院国家天文台；
3. 北京师范大学天文与天体物理前沿科学研究所；4. 之江实验室）

摘 要

500 米口径球面射电望远镜（Five-hundred-meter Aperture Spherical Radio Telescope，FAST）是国家重大科技基础设施，每年观测产生的射电观测数据达 20 PB，为全世界天文学家探索致密天体物理、检验广义相对论及探测低频引力波、星系演化及暗物质、银河系结构、星际介质演化及恒星形成等重要的天体物理前沿、热点方向提供宝贵的科学数据资源。本文首先总体概述了 FAST 的科学目标、优先及重大观测项目，如多科学目标同时巡天（Commensal Radio Astronomy FAST Survey，CRAFTS）；其次介绍了 FAST 天文数据处理平台的架构设计和各项功能，探讨了平台在智能探测算法和科学分析方法应用的先进技术；最后展示了近年来 FAST 在快速射电暴、中性氢谱线观测等领域的突破性成果。

关键词

500 米口径球面射电望远镜；射电天文学；数据获取；数据处理；数据存储与管理；机器学习

Big Data and Artificial Intelligence Empower FAST's Scientific Discoveries

Di Li[1,2,4], **Pei Wang**[2,3], **Huaxi Chen**[4], **Xuerong Guo**[4], **Chenchen Miao**[4]

(1. Department of Astronomy, Tsinghua University; 2. National Astronomical Observatories, Chinese Academy of Sciences; 3. Institute for Frontiers in Astronomy and Astrophysics, Beijing Normal University; 4. Zhejiang Lab)

Abstract

The Five-hundred-meter Aperture Spherical Radio Telescope (FAST) is a national mega- Science facility that generates 20 petabytes of observational data on an annual basis. The facility provides invaluable scientific data resources for astronomers worldwide, enabling in-depth investigation of compact objects, relativistic phenomena, gravitational waves, evolution of galaxies, dark matter, Milky Way structures, evolution of interstellar medium, and the processes of star formation. These are just a few of the important and frontier fields of astrophysics that can benefit from the data generated by FAST. This paper will first present examples of primary scientific goals of FAST and its key science projects, including the Commensal Radio Astronomy FAST Survey (CRAFTS). Subsequently, it elucidates the architecture and functionality of the FAST data processing platform. Then, the paper discusses AI algorithms, scientific analysis methods. Finally highlights FAST's breakthrough achievements in the fields of Fast Radio Bursts (FRBs) and neutral hydrogen spectral line observations.

Keywords

FAST; Radio Astronomy; Data Acquisition; Data Processing; Data Storage and Management; Machine Learning

1 概述

1.1 FAST 望远镜概述

500 米口径球面射电望远镜（Five-hundred-meter Aperture Spherical Radio Telescope，FAST），是国家"十一五"重大科技基础设施建设项目，于 2011 年 3 月 25 日动工兴建，2016 年 9 月 25 日落成并投入试运行，2020 年 1 月 11 日通过验收工作，正式开放运行。

FAST 作为国家大科学装置，为多学科基础研究提供了重要平台。FAST 的主要观测对象为脉冲星、中性氢及分子谱线，这三类目标对应了致密天体物理、广义相对论及引力波、星系演化及暗物质、银河系结构、星际介质演化及恒星形成等重要的天体物理前沿和热点研究方向。FAST 的主要科学目标包括：对宇宙中的中性氢开展巡天，研究星系的结构，探索宇宙起源和演化；发现和探测脉冲星与快速射电暴，进行射电瞬变源的巡天，探测纳赫兹引力波等。作为最大的单元参与国际低频甚长基线干涉测量网，有效提高基线灵敏度，开展高分辨率观测与研究，获得天体超精细结构；探测宇宙中的星际分子，促进对恒星形成与演化的理解，探寻宇宙生命的起源；搜索可能的星际通信信号，寻找地外生命等。

长波无线电波的精确测量为揭示宇宙天体物理现象、理解天体辐射机制提供了途径。得益于高灵敏度的优势，FAST 目前在时域天文学和射电谱学两个天文学重要分支上的精确测量已取得历史性的突破，例如为精细刻画宇宙射频电磁场性质，完成了 FAST 谱线偏振定标流程，并利用自主命名的中性氢窄线自吸收原创方法，精确测量星际磁场，为解决恒星形成三大经典难题之一的"磁通量问题"奠定了基础，论文发表于《自然》（Nature）封面文章[1]（见图 1）。《自然》刊载编辑及领域专家评述，称其为"突出"和"极端重要"的观测新技术。《科学》（Science）杂志网站刊载了领域专家、德国马克思普朗克地外物理研究所所长 Paola Caselli 教授的评述，称这一结果具有"革命性"的意义。

目前，基于 FAST 观测数据发表在《自然》和《科学》杂志的正刊论文有 11 篇，相关成果入选 2020 年度《自然》评选的"十大科学发现"及《科学》评选的"十大科学突破"，连续入选 2021 年度、2022 年度"中国科学十大进展"，2022 年度"中国科学院杰出科技成就奖"及"北京市自然科学奖"一等奖。研究成果被中央电视台、《人民日报》、英国广播公司（British Broadcasting Corporation，BBC）等数百家国内外媒体报道。

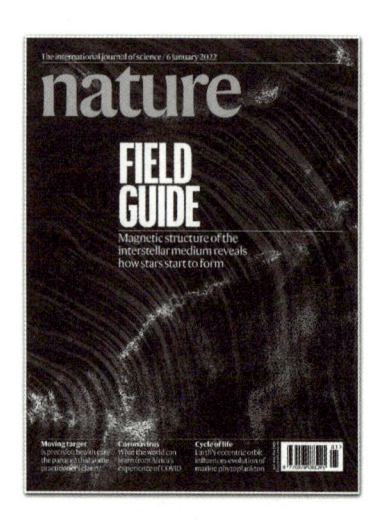

图 1　FAST 精确测量星际磁场论文发表于《自然》（*Nature*）封面文章 [1]

1.2　FAST 漂移扫描多科学目标同时巡天

根据相关科学研究目标，FAST 设立了五个优先和重大项目，分别在频域和时域两个观测面内对宇宙中的射电信号进行多参数的精确测量。

FAST 漂移扫描多科学目标同时巡天（Commensal Radio Astronomy FAST Survey，CRAFTS）是 FAST 优先和重大项目之一，其核心目标是在国际上首创一个充分利用 FAST 优势和特点的多科学目标同时巡天模式。CRAFTS 巡天采用了一种创新的观测模式，它通过高时频噪声注入技术，在世界上首次实现了中性氢和脉冲星的同时观测，极大地提高了 FAST 的巡天效率。通过这种方式，FAST 能够同时进行多个科学目标的观测，以及同时进行中性氢成像、中性氢星系搜索、脉冲星搜索、全偏振连续谱信号等方面的研究。

CRAFTS 最终任务是完成北天最精细中性氢天图；探测超过 5 万个气体星系；完成银河系偏振天图，开展中性氢强度映射的探索；5 年扫描预期发现脉冲星为 300～500 颗。

1.3　数据信息化的需求和挑战

随着现代大型天文观测设备的数字终端技术和数据采样率的提升，射电望远镜的采集数据量从 TB 量级增长至 PB 量级。FAST 每年可以运行大约 7000 小时，其中正常观测时间不少于 5000 小时，产生的数据量在 20 PB 左右，相当于每秒产生 2 GB 的数据。这些数据类型多样，包括时间序列、图像和光谱数据等，因此 FAST 对数据的采集、存储、处理和分析都提出了巨大挑战。为了有效管理和利用这些数据，FAST 必须采用大数据技术和人工智能（Artificial Intelligence，AI）的方法构建专用的数据信息化平台。

FAST 的数据信息化需要能够支持海量数据的高效存储与计算，同时还需保证数据的安全性和可用性。这不仅涉及数据的收集和存储，还包括数据的分析和应用。此外，数据的快速积累要求有强大的数据处理能力和先进的结果分析手段。AI 技术，尤其是机器学习和深度学习，在图像识别、信号处理和模式识别方面展现出强大的能力，显著提高了数据处理的效率和准确性。在 FAST 的数据信息化中，对 AI 的应用不仅加速了数据处理，还增强了对天文源的自动分类、天文事件的预测和宇宙现象的模拟。

以 CRAFTS 巡天为例，CRAFTS 巡天项目采用高时间、频率分辨率的 FAST 19 波束进行观测，巡天 8 小时产生约 90 TB 量级的数据。CRAFTS 项目预计在 5 年完成后，采集到总数据量将达 70 PB。其中，CRAFTS 脉冲星巡天将采集大约 $3×10^7$ 个数据文件，谱线巡天将采集到大约 $2×10^6$ 个数据文件。获取到观测文件后，研究人员需要根据不同的科学目标进行脉冲星、快速射电暴、特殊射电暂现源以及气体星系等的搜索操作。按照每个脉冲星观测数据文件将产生 100 个左右脉冲星候选体，每 100 个谱线观测数据文件产生 1 个星系候选体，CRAFTS 巡天项目将产生数十亿个信号候选体。

FAST 具有高数据采集速率，每秒钟产生数据量巨大，因此需要设计一个合理且先进的大数据平台，通过足够的硬盘存储和高速网络连接，以确保高效的数据管理和利用。在数据保存方面，必须兼顾数据使用与存储空间的平衡，确保合理的空间控制和高效的读取使用。数据分析处理需要满足不同科研方向的需求，提供多种算法支持。例如，模拟软件用于生成特定特征的脉冲星信号，标定过程消除仪器误差和环境因素的影响，而数据分析则揭示隐藏的科学价值。此外，考虑到数据量的巨大，需要采用分布式并行处理模式和异构计算，以提高处理效率。通过这些综合措施（见图 2），可以确保 FAST 数据的有效管理和充分利用，从而推动天文学研究的深入发展。

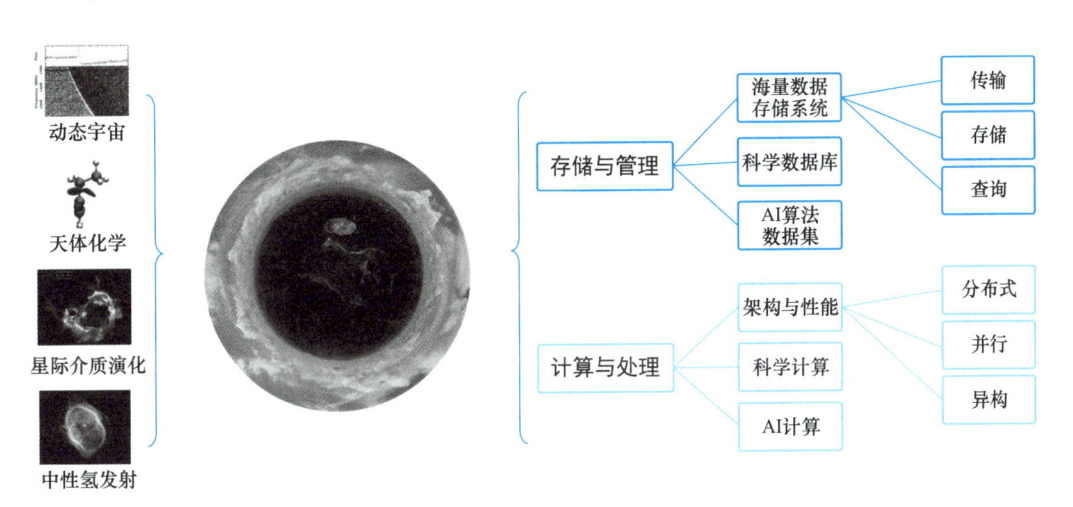

图 2 FAST 数据信息化挑战

2 FAST 天文数据处理平台

FAST 天文数据处理平台是专为处理 FAST 望远镜所产生的庞大数据流而设计的综合性解决方案。该平台不仅采用了先进的分布式计算架构来建立高效的计算引擎，支持科研人员根据特定的研究需求定制数据处理流程，还开放了多领域的可视化科学数据库，助力科学家在诸如动态宇宙监测等多个前沿领域取得进展。为了应对快速增长的数据量带来的存储和检索挑战，平台实施了科学数据管理策略，利用分布式存储技术确保数据的有效存储与快速访问，并通过数据预处理、索引及查询优化技术极大地提升了数据检索的速度与效率。

2.1 大数据计算架构

为了高效处理 FAST 望远镜产生的海量天文观测数据，FAST 天文数据处理平台采用分布式计算架构建立高效的计算引擎，并在此基础上搭建了灵活可配置的多任务数据处理管线。根据不同的研究需求，科研人员可以定制化设置数据处理流程，从而实现快速而便捷的数据分析。这一系列技术创新不仅显著提升了 FAST 观测数据的处理速度与效率，更为深入探索宇宙奥秘提供了强有力的支持。

2.1.1 大数据计算架构设计

面对天文观测数据的海量规模和多样化的处理需求，天文数据处理平台整合了一种云原生大数据计算服务（MaxCompute）和一种基于流处理的分布式计算框架（Apache Flink），以实现高效的数据处理和分析。此平台的设计目标是提供一个可扩展、灵活且可靠的环境，用于处理 FAST 望远镜的海量观测数据（见图 3）。

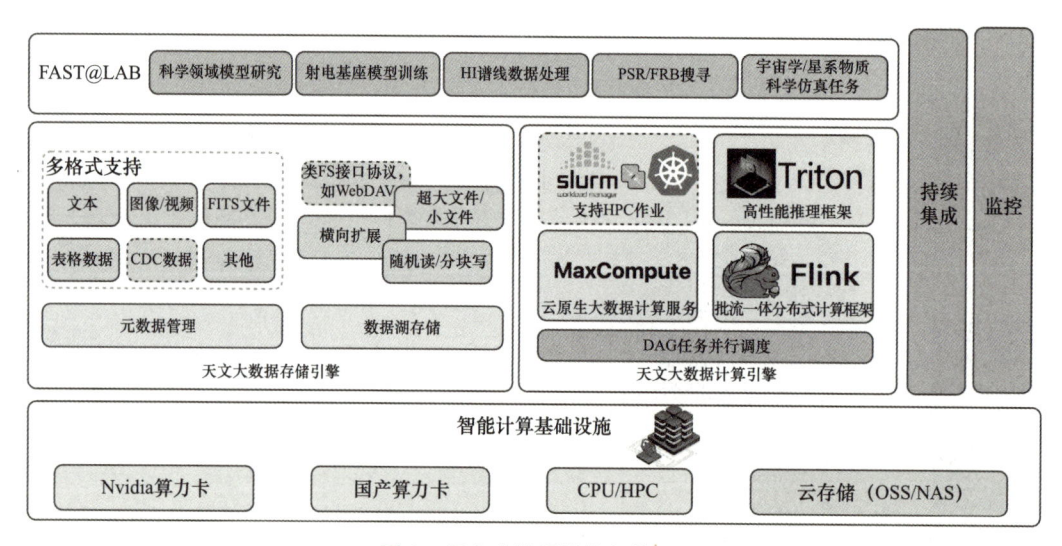

图 3 天文大数据计算架构图

1. 存储引擎

存储引擎作为平台的基础，专注于元数据管理和数据湖存储。它支持各种数据格式，包括文本、图像/视频、表格数据和 FITS 文件等。除了物理存储，存储引擎还负责抽取和索引元数据，提供高效的元数据搜索服务，这对于大规模天文数据集的快速检索和分析至关重要。

2. 计算引擎

计算引擎负责海量数据的计算和分析任务。它采用了批流一体的分布式计算框架，如 Apache Flink，使用户能提交复杂的数据处理作业，用于处理实时或近实时的天文观测数据流。此外，计算引擎还集成了 MaxCompute，可以存储和处理大规模的天文观测数据集，支持大规模数据分析和挖掘。计算引擎支持开源云平台管理软件 Triton 推理服务和一站式集群 slurm 作业提交，涵盖了从大规模数据分析到机器学习模型推理等多种任务类型。Triton 可以用来优化和加速机器学习模型的推理过程，这对于处理复杂的天文图像识别、源分类等问题非常重要。

3. DAG 任务调度服务

为了提升计算效率，计算引擎还包含一个有向无环图（Directed Acyclic Graph，DAG）任务调度服务。该服务允许用户按需组织作业形成工作流，实现作业间的依赖管理和并行执行，从而优化整体计算性能。针对不同的科研需求，平台支持实时和离线两种任务处理模式。实时处理适用于快速响应和处理的数据，例如快速射电暴（Fast Radio Burst，FRB）和脉冲星（Pulsar）的候选体搜寻。离线处理适合大规模数据分析任务，如中性氢谱线数据的处理和分析。离线模式支持对大量历史数据进行深度挖掘和复杂计算，揭示宇宙大尺度结构和星系演化的规律。

4. 监控与持续集成

为了保障基础设施的稳定性，平台提供了全面的监控服务，覆盖整个天文大数据基础设施的状态。同时，一套易用的持续集成/持续部署（CI/CD）流程也得以实施，以促进开发和运维团队的高效协作。

2.1.2 多任务处理管道

在天文科学研究领域，数据处理的复杂性和多样性要求构建一个高度灵活且可扩展的任务处理框架。多任务处理管道模块支持科研工作者根据具体的研究需求自由组合任务流程，通过 DAG 来定义和组织任务之间的依赖关系。平台将复杂的科学计算流程拆分为多个子任务，并能够将这些子任务分布到不同的计算节点并行处理。这种架构不仅支持任务的高度并行化，显著提高数据处理的速度和效率，而且还具备强大的自定义配置能力，使用户可以根据特定的应用场景对任务参数进行精细调整。这一创新性的多任务处理管道为 FAST 天文观测数据的分析提供了一个高效、可靠且易于定制的解决方案，有效推动了相关领域的科学研究进展。下面将介绍成功运行在平台上的两个科研任务流程。

1. FRB 搜寻任务

平台引入了专门针对 FRB 候选体搜寻的算法和技术，以提高信号检测和识别的效率与精确度。如图 4 所示，FAST 搜寻任务处理流程包含多个执行步骤，这些步骤分别在不同的计算节点上执行，且支持并行处理，显著提升了整体运行效率。此外，平台还应用了天文知识驱动的人工智能算法，如基于视觉形态特征的射电单脉冲检测算法（Radio Single-Pulse Detection Algorithm Based on Visual Morphological Features，RaSPDAM）和基于深度学习的射电单脉冲搜索管线（Deep Learning-Based Radio Fast Transient Search Pipeline，DRAFTS），这些算法各自拥有独特的消色散、特征转换、语义分割和斜线形态识别等方法，进一步强化了信号处理的效果。这些算法的协同作用，使得平台能够在海量数据中精准定位和分类 FRB 候选体，为后续科学研究打下了坚实基础。

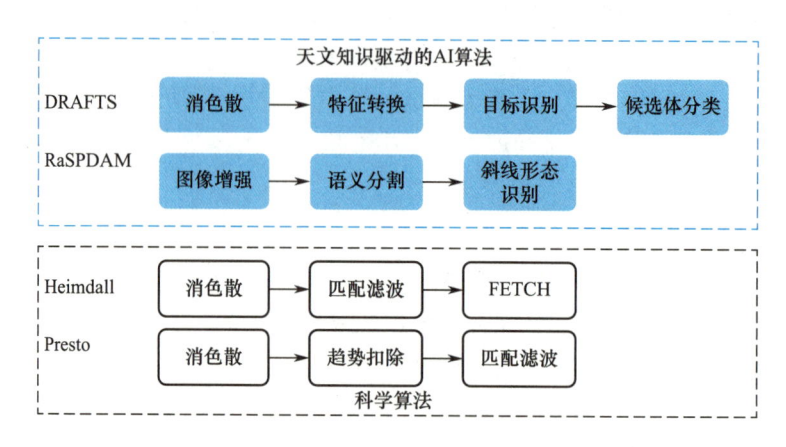

图 4　FRB 搜寻任务处理流程

2. CRAFTS 谱线分析任务

针对 CRAFTS 项目的中性氢数据处理，平台提供了一系列谱线数据处理和分析服务，以支持宇宙大尺度结构和星系演化的研究。如图 5 所示，原始数据和输入参数经过一系列精心设计的步骤，包括标记干扰、流量定标、驻波扣除、基线扣除、多普勒修正和重取栅格等，最终得到高质量的信号认证结果。这些处理步骤可以在多个计算节点上并行执行，科研人员能根据实际需求灵活调整任务顺序，从而显著加快数据处理速度，为科研工作提供了高效的数据支撑。

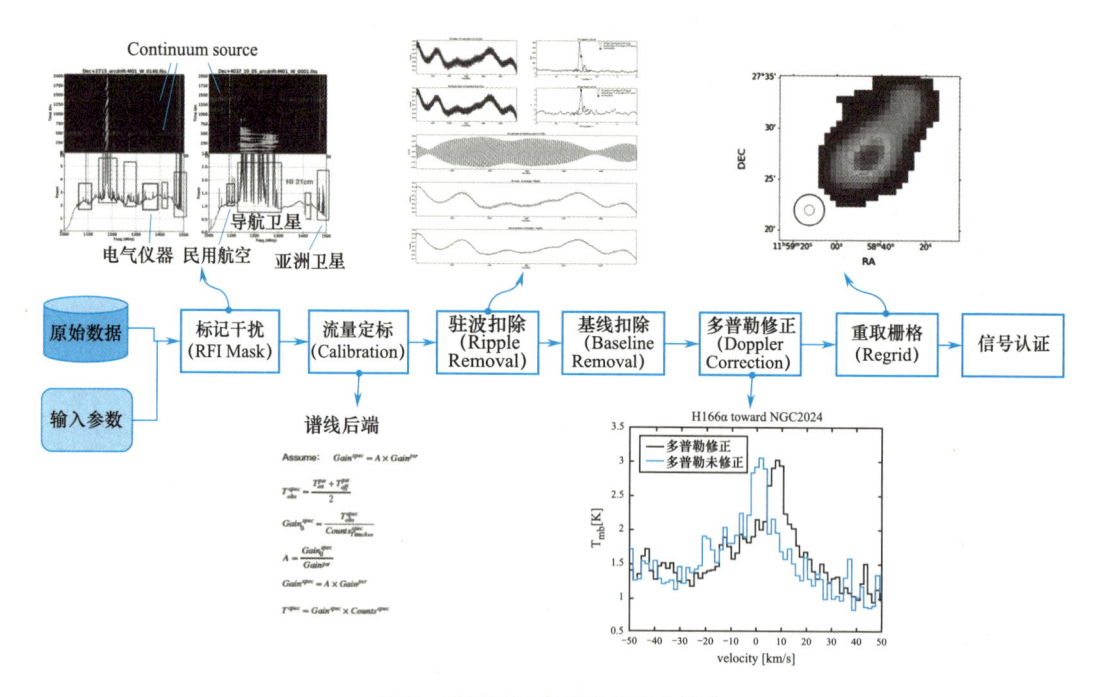

图 5　CRAFTS 谱线分析任务流程

2.2 可视化科学数据库

FAST 天文数据处理平台基于时间序列数据和频谱数据处理能力，已对外开放了多领域的可视化科学数据库，旨在协助科学家对动态宇宙监测、FRB 的起源与机制研究、星际化学与物理理论模型构建，以及中性氢与星际介质的观测分析等方面取得突破性进展。

2.2.1 快速射电暴数据知识库 Blinkverse

平台提供了全球规模最大、内容最完整的开放式快速射电暴数据知识库 Blinkverse[2]（见图 6）的对外服务功能。该数据库汇集了来自全球的快速射电暴数据，不仅收录了脉冲属性、动态谱图、源信息等相关数据，还覆盖了世界 99% 的快速射电暴数据。数据库提供规范统一的基础数据管理，支持数据可追踪、可检索和可引用，并针对后期的数据库维护工作提供可靠保障。

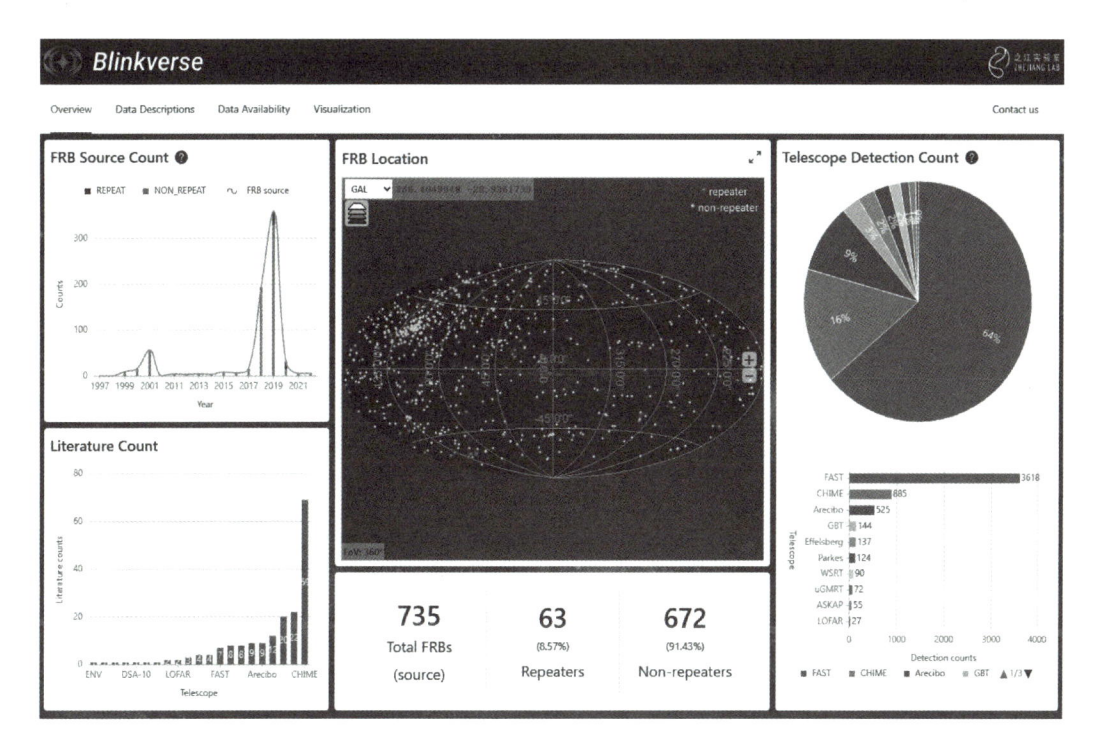

图 6 Blinkverse 页面展示

2.2.2 暂现源数据库 TransientVerse

TransientVerse 用于收录并整合多渠道暂现源报道，基于自然语言处理方法形成结构化报道收录到数据库中，并实时通知给天文订阅者，帮助他们及时利用手中望远镜资源对暂现源进行后随观测，推动暂现源的多波段观测研究（见图 7）。

2.2.3 CRAFTS 谱线数据开放共享平台 HIverse

HIverse 是 CRAFTS 巡天中谱线数据开放共享平台，提供数据产品的交互式检索、预览、下载，为全球射电天文学家借助 FAST 的超高灵敏度探索和揭示原子宇宙提供了高效可靠的数据获取入口（见图 8）。

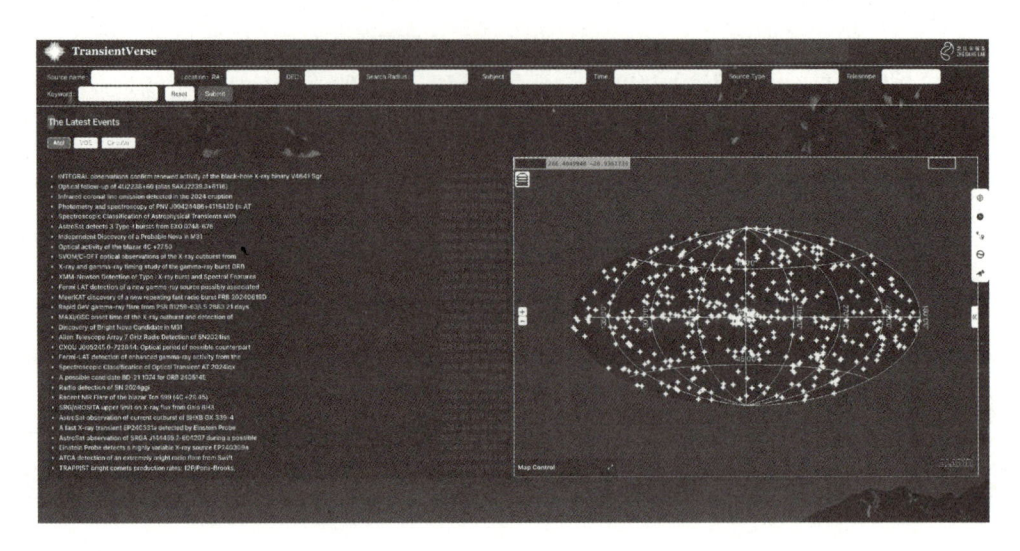

图 7　TransientVerse 页面展示

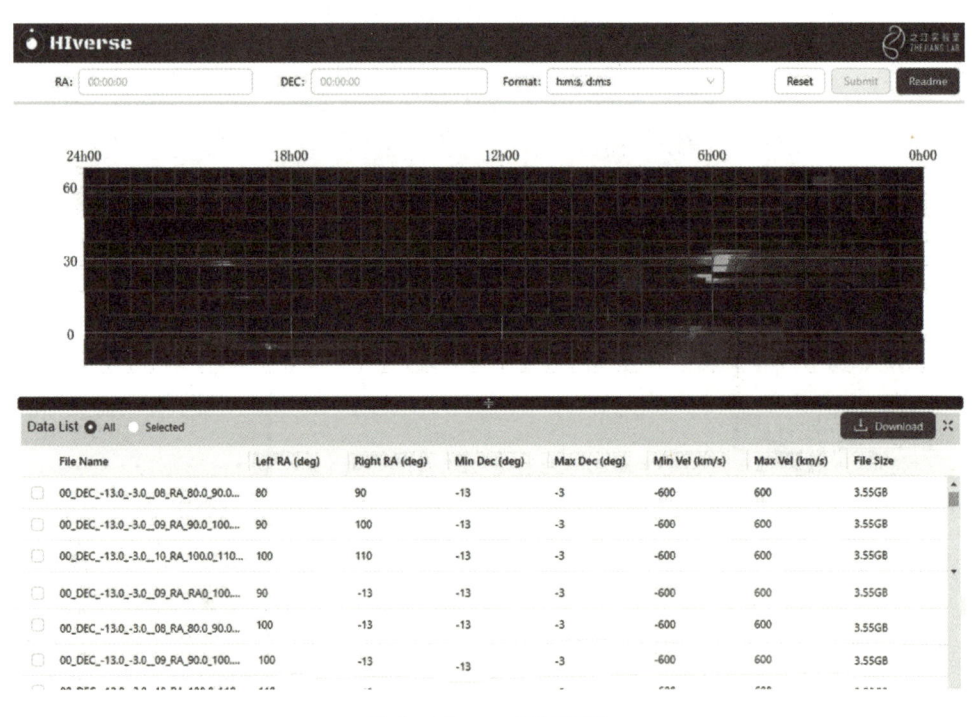

图 8　HIverse 页面展示

2.2.4　天体化学数据库 ChemiVerse

ChemiVerse 收录了上万个星际化学反应方程式，集成多环境参数下的反应数据，旨在为科研人员在天体化学理论模拟及星际环境化学演化等方面工作提供数据支撑，促进人们深入了解宇宙化学的基本原理和演化过程。同时，平台依据物种反应关系构建星际化学反应网络，可视化呈现物种间的形成和消耗关系（见图 9）。

图 9　ChemiVerse 页面展示

2.3　科学数据管理

面对观测数据量快速增长所带来的存储与检索挑战，科学数据管理聚焦高效处理大规模及多样化的数据集。平台采用包括 Hadoop 分布式文件系统（HDFS）和对象存储在内的分布式存储技术，以实现数据的高效存储与访问，并通过数据分区、压缩编码等手段优化存储空间并提高传输效率；设计了通用的数据模型来支持多种数据类型，并通过构建元数据管理系统来保障数据的安全性与合规使用。此外，平台还建立了多元索引，提供结构化查询语言（SQL）和非关系型的数据（NoSQL）查询接口，结合数据预处理与过滤技术显著提升了查询性能；利用缓存机制、并行计算以及分布式查询优化技术加快检索速度，为天文数据分析提供强有力的支持。

2.3.1　大数据传输与存储

平台通过制定数据传输和汇聚的策略，以及技术的优化，可以有效地保障 FAST 观测数据的安全性、完整性和高效性，为后续的数据分析和科学研究打下坚实的基础；通过打通多条与 FAST 数据中心和国家天文科学数据中心的数据传输管线，实现数据的无缝传输；采用综合的数据传输策略，结合数据卡车批量传输和端到端数据网络传输的优势，成功传输了近 6.3 PB 的数据。

平台主要的传输形式有以下三种。

（1）实时数据传输：对于一些重要且时效性强的观测数据，利用未来科学网等高速网络资源，实现端到端高速数据网络传输，确保数据能够快速、准确地到达数据中心。

（2）定期数据传输：对于一些非实时但重要的观测数据，考虑到实时数据传输的网速限制，采用数据卡车批量传输，将FAST现场的数据通过存储服务器中转的方式定期批量传输到数据中心。

（3）混合数据传输：对于一些重要且时效性强的观测数据，可采用混合数据传输策略，即先通过网络传输部分关键数据，然后再通过数据卡车批量传输剩余数据。

在数据分区与分布方面，根据天文数据的特点和访问模式，平台设计了合理的数据分区策略和分布规则，实现数据的均衡分布和高效访问。例如按照时间、空间、类型等维度进行分区，可以提高数据查询和分析的效率。通过分布式文件系统（如HDFS、Ceph等）和对象存储服务（如OSS等）的元数据管理和数据复制功能，实现数据的均衡分布和高效访问。在数据生命周期管理方面，为了节省存储成本和降低管理复杂性，平台设置了数据生命周期管理规则，自动删除过期或者不再需要的数据。同时，定期对数据进行归档和备份，确保数据的安全性和可恢复性。

2.3.2 元数据信息管理

平台基于元数据管理平台（Datahub）构建了一套强大的元数据管理系统，该系统不仅支持标准的FITS（Flexible Image Transport System）文件格式，还通过研发专门的FITS头解析任务，实现了对FITS文件元数据的自动化提取与入库操作。至今，已有超过40万份FITS文件成功接入元数据库中（见图10）。

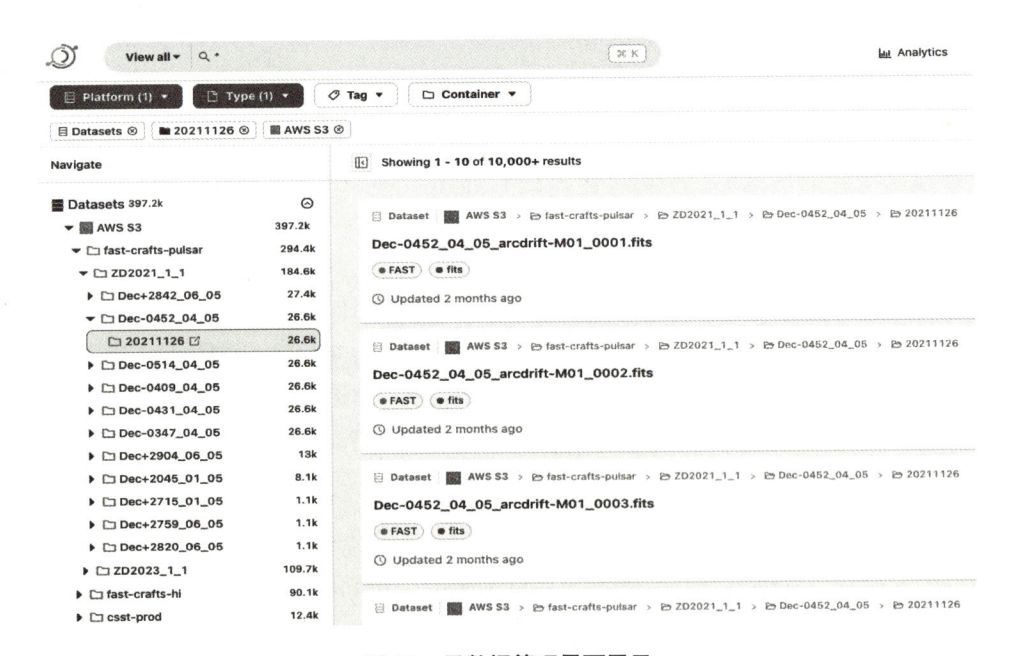

图10　元数据管理界面展示

元数据信息管理提供如下两项能力。

（1）自定义属性与标签：为了满足不同科学项目和研究领域对元数据的不同需求，

平台提供了高度灵活的自定义功能模块。研究人员可以根据具体的研究目的，自由定义属性字段、添加个性化标签以及设定独特的元数据提取逻辑。

（2）高性能查询接口：为确保能快速响应用户的查询请求，平台提供一种基于 Lucene 的搜索分析引擎（Elasticsearch，ES）和一种适用于 API 的查询语言（GraphQL）接口，支持用户执行复杂的全文检索及过滤操作。

3 智能探测和科学分析

平台在智能探测与科学分析领域的先进技术，涵盖了单脉冲及 FRB 搜索算法、脉冲星搜寻、数据模拟与标准数据集构建、能量与偏振定标以及谱线探测与 AI 定标等多个方面。通过高效的数据处理流程和机器学习方法的应用，FAST 不仅在快速射电暴和脉冲星的发现上取得了重要成果，还利用模拟技术和智能化手段提升了数据筛选与分析的效率和准确性，同时在射电天文观测的难点如偏振测量等方面进行了创新，从而促进了对宇宙现象更深刻的认识。

3.1 单脉冲和 FRB 搜索算法

单脉冲信号探测流程（见图 11）始于 FAST 望远镜收集的原始 FITS 文件。原始 FITS 文件经过 FRB 搜寻模块的初步处理，从中提取出可能的 FRB 样本。FRB 样本随后进入单脉冲分析模块进行详细分析。在这个阶段，每个单独的脉冲样本都会被仔细研究，以便确定其属性和特征。分析结果会被存入数据库，并进一步输入族群分析和多脉冲分析模块，进行更深入的统计和比较。最后，所有这些分析的结果都可以通过可视化模块展示出来，帮助研究人员理解和解释所观测到的现象。

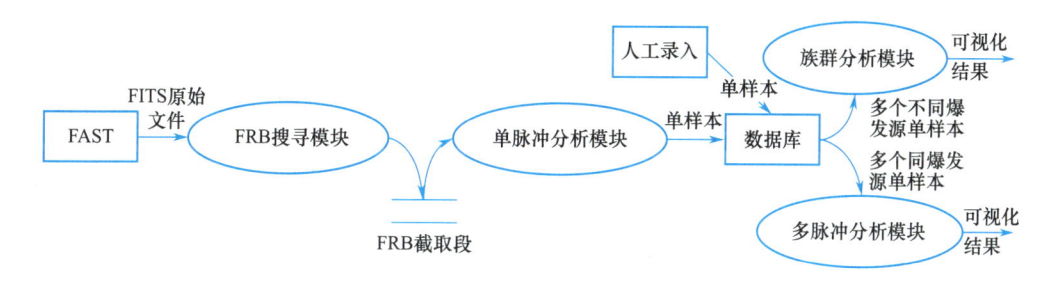

图 11　单脉冲信号探测流程

3.1.1 单脉冲分析算法

平台提供了多种单脉冲处理算法，包括消色散、消干扰、定标和物理参数分析等。平台还提供基于统计、聚类等方法的多样本智能分析处理，以挖掘射电观测数据中的深层次信息和规律，具体包括：通过对大量观测数据进行统计分析，发现数据的分布特性、相关性、趋势等信息，为后续的数据挖掘和建模提供依据；通过聚类算法将观测数据划分为不同的类别或簇，揭示数据之间的相似性和差异性，进一步理解宇宙的结构和演化。

3.1.2 FRB 搜寻算法

传统的 FRB 搜寻算法在处理大规模数据时暴露出一些明显不足。这些算法通常依赖基于消色散理论的软件，如 HEIMDALL（GPU accelerated transient detection pipeline for radio astronomy，射电天文暂现源 GPU 检测算法）、FDMT（Fast Dispersion Measure Transform，快速色散变换）、BONSAI（CHIME 树状去色散快速射电暴搜寻代码）和 PRESTO（PulsaR Exploration and Search Toolkit, 脉冲星探索和搜索工具包）用于自动化识别单脉冲事件。虽然它们在离线分析和较低数据速率条件下表现出色，但随着 FRB 观测数据量的激增，这些工具面临严峻挑战。此外，由于射频干扰（Radio Frequency Interference，RFI）、系统增益波动等因素，传统算法往往需要人工介入来筛选信号。在弱 FRB 信号的情况下，这种人工筛选变得异常复杂且耗时，极大地限制了搜寻效率和实时响应能力。为应对这一挑战，平台提供了两种自主研发的 AI 算法，旨在显著提升 FRB 搜寻的速度与准确性，有效处理海量数据。

1. RaSPDAM 算法

RaSPDAM（Single-Pulse Detection Algorithm Based on Visual Morphological Features）算法旨在通过计算机视觉机制来识别 FRB/Pulsar 信号，展现出显著的效率和准确性提升。在传统的搜寻机制中，寻找 FRB 的第一步通常是色散校正，这需要大量的时间和计算资源来进行快速傅里叶变换（FFT）。因此，FRB 搜寻变得既计算密集又耗时。而在 RaSPDAM 算法中（见图 12），观测数据被当作标准图像进行处理。信号序列被分割并转化为 512×512 尺寸的图像格式，这一图像作为语义分割模型的输入。该模型能够通过学习图像中的像素级特征来区分潜在的 FRB 信号和其他干扰或噪声。相较于传统方法，这种方法避免了大规模的 FFT 运算，从而大大减少了计算复杂性和时间消耗。

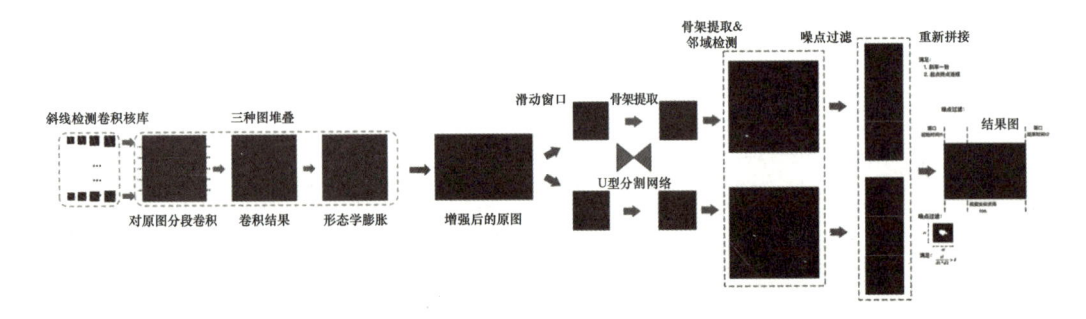

图 12　RaSPDAM 算法原理

2. DRAFTS 算法

DRAFTS 算法利用一种将图像划分为网格系统的对象检测算法——目标识别模型 YOLOv5 和二分类模型，采用深度为 50 层的卷积神经网络（ResNet50），进行快速射电暴的实时搜寻[3]。该算法（见图 13）放弃了传统的时间序列信噪比分析，改用时间-色散数据执行目标识别，并使用二分类模型替代人工筛查。相对于以往的快速射电暴搜寻方法，本算法减少了重复计算过程，提高整体的搜寻效率；同时，避免了假信号的干扰及数据基线变动的影响，提高了搜寻的速度、准确率和完备性。

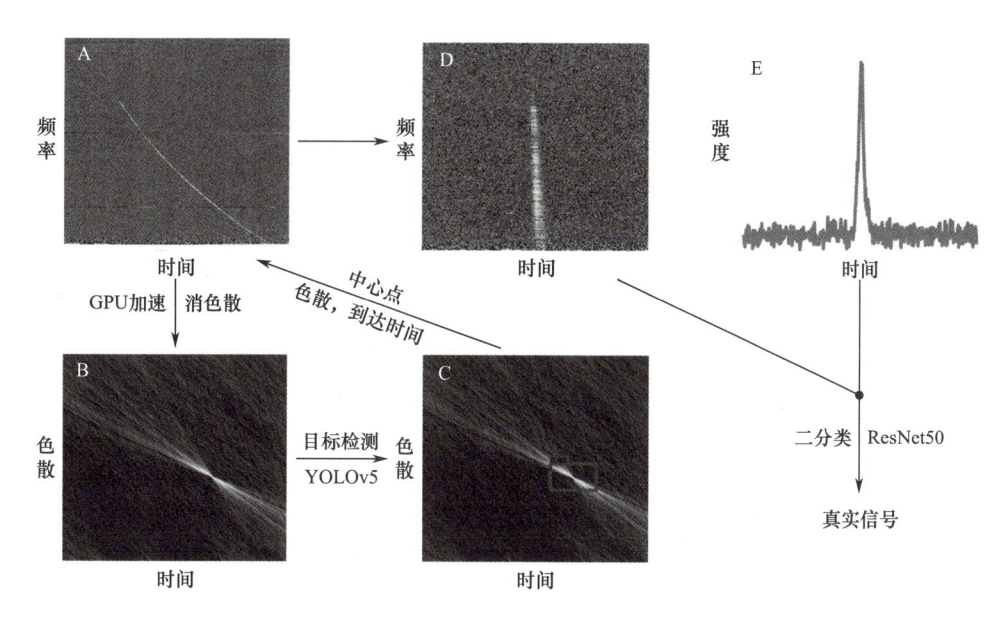

图 13 DRAFTS 算法处理流程

3.2 脉冲星搜寻

FAST 的核心科学目标之一是脉冲星搜寻。自 1967 年发现脉冲星以来，脉冲星相关观测已获得两次诺贝尔物理学奖，持续地为探索基本物理规律提供新的实验数据，并不断地拓展基本物理规律的应用参数空间。脉冲星搜寻的三个维度是灵敏度、双星轨道参数空间和观测时间分辨率和频率带宽。灵敏度依赖于高增益的大型射电望远镜，双星轨道参数空间依赖于计算机处理能力，而时间分辨率和频率带宽则取决于前端电子学系统。这三个维度的突破都将带来脉冲星搜寻的革命性进展。

FAST 是北半球最灵敏的单口径射电望远镜，适合脉冲星搜寻和测时。更高的灵敏度能够发现更为暗弱的脉冲星；更高的计算性能可以实现对极端双星轨道系统的搜寻；更高的观测带宽和时间分辨率有望找到特殊环境中的脉冲星。自 2017 年以来，科研人员依托于 FAST 的 CRAFTS 和银道面脉冲星巡天（Galactic Plane Pulsar Snapshot Survey，GPPS）开展了脉冲星搜寻，共发现超过 1000 颗新脉冲星，其中包括毫秒脉冲星、脉冲双星、蜘蛛类型脉冲星在内的各种特殊类型脉冲星。目前的瓶颈在于海量数据存储和处理，以及提高脉冲星疑似信号验证和智能检测效率。

目前，FAST 脉冲星巡天项目仅覆盖了较浅的非常有限的天区、一定深度的银盘、球状星团、高能点源和超新星遗迹。从现有发现来看，FAST 在脉冲星探测方面展现出巨大的潜力。通过提升脉冲星搜寻方法和双星轨道加速方法，结合低频观测及 X 射线、伽马射线等多波段独立观测协作，可促进脉冲星发现和认证。此外，缩短数据处理时间，扩展脉冲双星搜寻参数空间覆盖，提高疑似信号识别速度等方面都是热门的研究方向。

之江天文中心计算性能团队经过不懈努力，成功开源了最新优化的 GPU 版脉冲星搜寻工具 PrestoZL，可数十倍地提升 FRB/Pulsar 脉冲星搜寻速度，且搜寻参数越大性能提升越明显，结果与 Presto 等价。PrestoZL 是已知傅里叶域加速搜寻领域最快的 GPU 实现，部分解决脉冲星数据分析和处理的数据瓶颈。PrestoZL 算法通过优化加速搜索（Jerk Search）的 GPU 并行流程，缓解大量内存限制操作导致的 GPU 内核执行时间长和计算资源利用率低的问题；通过设计进程内的流水线并行机制来大幅减轻由 CPU 计算逻辑引起的 GPU 周期停滞问题，提高了处理吞吐量；并且大幅整合数据复制，缩减谐波求和 I/O 开销（见图 14）。

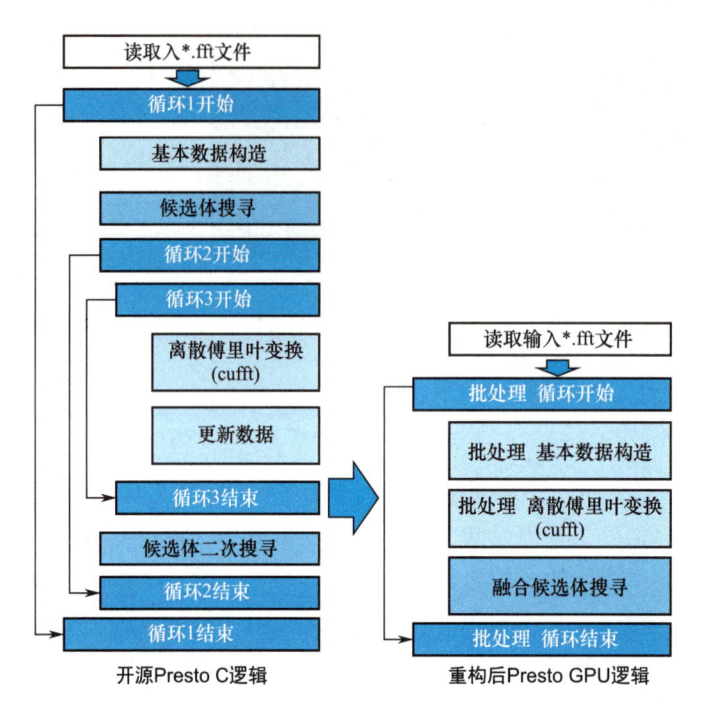

(a) PrestoZL的加速搜寻计算优化流程图

(b) 单进程(p=1)PrestoZL与PRESTO运行效率比较

图 14　脉冲星搜寻流程（PRESTO）的 GPU 优化（PrestoZL）及性能对比

222

3.3 数据模拟和标准数据集构建

3.3.1 数据模拟

FAST 数据模拟软件主要基于 C 语言和 Python 语言开发,生成脉冲星数据格式的 FITS 数据进行存储。模拟程序分为脉冲星单星、脉冲星双星和单脉冲模拟三种模式,可实现对脉冲星流量变化、脉冲轮廓展宽和调制、信号传播效应、基线调整、增加干扰等的模拟[4]。通过相关的模拟软件,可以预测 FAST 望远镜在实际观测中可能获得的数据特征,为观测计划的制订和数据处理算法的开发提供依据。

FAST 脉冲星巡天项目每天的观测一般可产生上百万幅数量的候选体,对于如此数量的结果数据,人工筛选这一传统方式已经不能满足需求了。将人工智能技术运用到候选体筛选上可以大幅减少人工投入,加快信息处理速度。脉冲星候选体识别方法采用真实脉冲星数据与 FAST 19 波束模拟数据相结合的方式进行。利用模拟软件生成包含不同特征脉冲星信号特征的数据文件,生成具有不同特征的脉冲星候选体[轮廓、时间–相位、频率–相位、色散曲线(Dispersion Measure,DM)],解决脉冲星候选体样本不均衡的问题,以及脉冲星样本不足的问题,提高脉冲星候选体识别技术和搜寻效率。

3.3.2 FRB 标准数据集

机器学习方法在天文学领域的广泛应用,为快速射电暴的探测提供了新的途径和更有效的实用方法。而机器学习模型的训练需要大量的样本数据。因此,使用 FAST 真实观测数据制作的 FRB 标准数据集,为 FRB 搜寻的机器学习算法提供了数据基础和测试基准。

FRB 标准数据集使用 FRB 20121102、FRB 20180301 和 FRB 20201124 三个 FRB 源的观测数据,精心选择了 600 个信号,并确保每个正样本仅包含一个 FRB 信号。这些信号在四个维度上广泛分布:①半高全宽(Full Width at Half Maximum,FWHM);②带宽(Bandwidth);③峰值流量密度(Peak Flux Density);④通量(Fluence),以此确保数据集中 FRB 信号的多样性(见图 15)。为了保持 FRB 信号的完整性,每个正样本文件的裁剪时长约为 6s。剔除真实信号后,提取了 1000 个与正样本相同时长的 RFI 和噪声制作负样本。

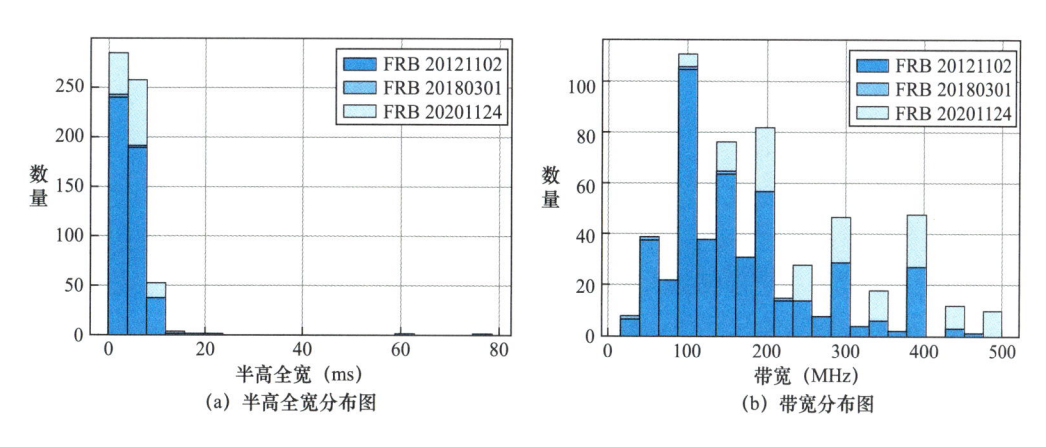

(a) 半高全宽分布图

(b) 带宽分布图

图 15 数据集参数分布

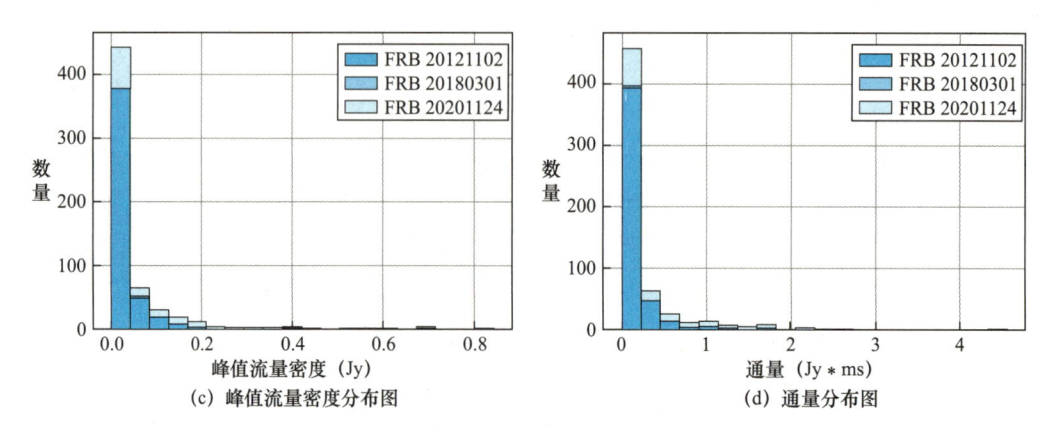

(c) 峰值流量密度分布图　　(d) 通量分布图

图 15　数据集参数分布（续）

FRB 标准数据集的基准测试使用 PRESTO（一款开源的脉冲星搜寻和分析软件）、Heimdall（一款开源的 GPU 加速脉冲搜寻软件）、RaSPDAM 和 DRAFTS 算法对数据集进行验证，并将结果记录在表 1 中。为了对比这些工具的性能，以 FRB 20121102 的单一样本文件为例：PRESTO 在单个 Intel(R) Xeon(R) Platinum 8358 CPU 上的平均处理时间为 141.96s；Heimdall 在单个 NVIDIA A40 GPU 上的平均处理时间为 6.98s；而 RaSPDAM 算法在单个相同 GPU 上的平均处理时间仅为 3.37s。

表 1　FRB 数据集的基准测试结果

软件	混淆矩阵							评价指标	
	N	P	N+P	TN	TP	FN	FP	召回率	精确度
PRESTO	1000	600	1600	3	472	0	26963700	0.7867	1.75047E-05
Heimdall	1000	600	1600	218	489	36	5854	0.8150	0.0771
RaSPDAM	1000	600	1600	989	466	128	6	0.7767	0.9873
DRAFTS	1000	600	1600	1000	346	254	12	0.5767	0.9665

根据基准测试结果可以发现：相较于传统的 PRESTO 和 Heimdall，采用机器学习技术的 RaSPDAM 和 DRAFTS 算法在处理快速射电暴数据时具有较高的精确度（Precision Rate），极大地降低了人工筛查的成本，同时在处理速度上也有提升，这对于提高实时或批量处理大量天文观测数据的效率至关重要。

3.4　能量和偏振定标

射电望远镜的偏振测量和定标历来都是射电天文领域的难点。能量和偏振定标需结合 FAST 望远镜设计，发展观测设计、精密定标校准和数据处理方法，用于实现在前景或背景辐射和热噪声中准确测量天体辐射微弱时频信号的流量和偏振特性。对于点源，包括：望远镜增益和指向稳定性的系统测量；干扰和前景识别与去除；电子噪声管的偏振标定和数据融合注入；定标源选择和射电流量密度定标；全斯托克斯参量的高精度偏振测量；海量数据处理。对于连续谱或 HI 等谱线研究，还将进一步包括高动态、大天区范围成图，谱线塞曼分裂的高分辨率圆偏振测量技术等。

3.5 谱线探测和 AI 定标

氢是构成星系的关键元素，尤其是中性氢（HI），它广泛存在于星系的不同演化阶段。中性氢对于研究星系的形成、演化和大规模结构至关重要。目前，自动化识别工具如 SoFiA（software for the detection and parameterization of sources in 3D spectral-line datasets，3D 谱线数据中源的检测和参数化软件）通过设定阈值搜索频谱数据以识别中性氢源。然而，在处理复杂噪声背景的大规模数据时，这些工具对参数设置非常敏感，容易产生大量假信号，导致精度低下且需要人工验证。为此，平台提供了一种基于 3D-Unet 网络模型（三维图像分割的卷积神经网络模型）的中性氢源识别与分割方法（见图 16），旨在提高识别效率和准确性。本算法使用特殊卷积核结构来优化模型性能，具体措施包括：设计适用于条状信号的卷积核，以更好地捕捉 HI 源的空间特征；引入专门模块或层来减少 RFI 对信号的影响，提高模型的鲁棒性和识别精度。

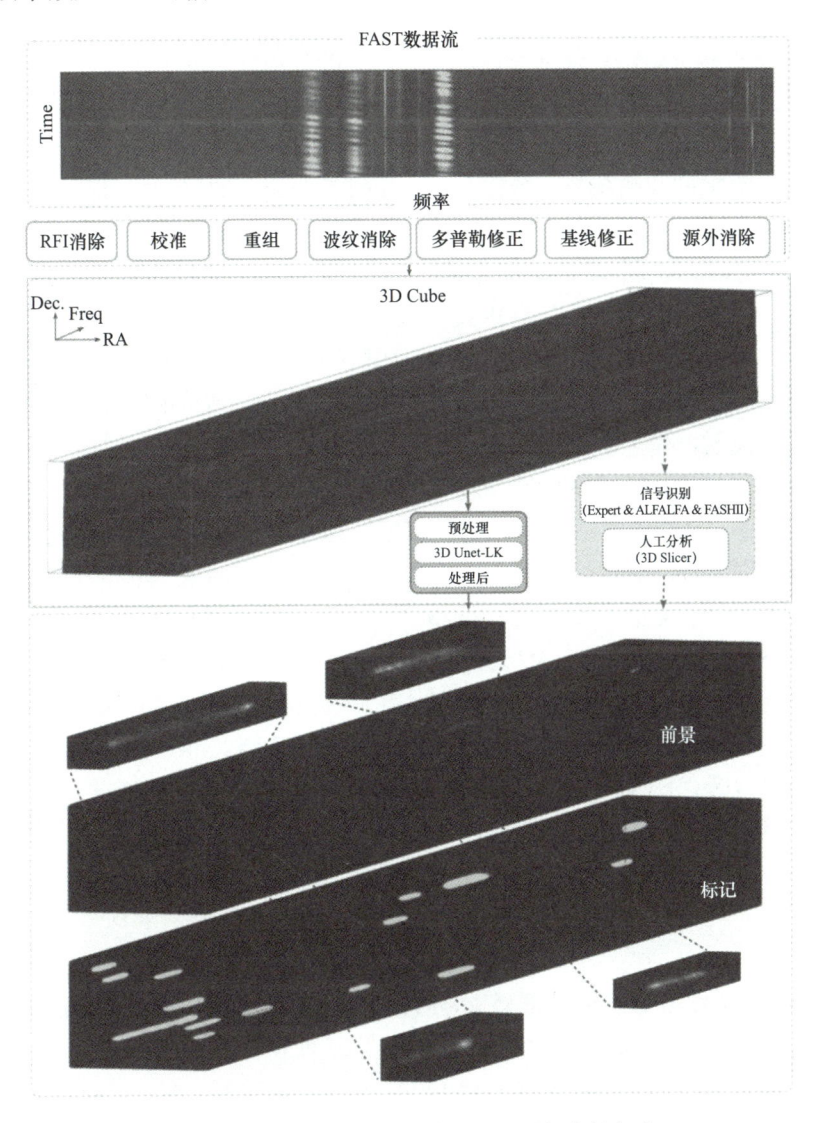

图 16　基于深度学习的中性氢源识别与分割方法

4 科学应用亮点成果

FAST 在观测活跃重复暴探究快速射电暴机制、中性氢谱线观测刻画河外河内星际气体的时域和频域研究方面，都取得了系列突破性进展。

4.1 FAST 发现首例持续活跃重复暴

快速射电暴是在无线电波段宇宙中最剧烈的爆发现象，其物理起源未知，是天文学领域重大热点前沿之一。2007 年，Lorimer 在 Parkes 望远镜的巡天数据中首次发现这一天文现象[5]。十余年来，学界提出了数十种可能的起源模型，但 FRB 的起源和辐射机制迄今没有共识的普适物理图像[6]，显示这一全新领域存在从根本上推进宇宙探索，甚至挑战基础物理的潜在可能。

FRB 领域兴起于 FAST 立项之后。清华大学讲席教授、国家天文台研究员李菂领导的研究团队充分利用 FAST 配备的 19 波束接收机和高灵敏度优势，独创地研发了多科学目标同时巡天 CRAFTS 的巡天模式，同时记录满足快速射电暴、脉冲星、中性氢等多种科学目标需求的观测数据，数倍提高了 FAST 的巡天效率[7]。截至 2024 年 12 月，CRAFTS 漂移扫描巡天已发表 4 例新发现非重复暴和一例重复暴[8,9]。

2019 年，该团队利用 CRAFTS 数据发现了世界首例持续活跃的快速射电暴 FRB 20190520B，并随即组织包括美国甚大天线阵（Very Large Array，VLA）、绿岸望远镜（Green Bank Telescope，GBT）等多国望远镜团队的国际合作，对该源进行精确定位和重复观测，确定其宿主星系和红移，并探测到与之对应的致密持续射电源（PRS）[10]。此前已经定位的快速射电暴色散值的河外成分与红移基本上具有线性相关性，称为 Macquart 色散–红移关系，表明色散值的河外成分主要由星系际介质贡献[11]。特别是其环境电子密度远超其他源，为已知最大的环境电子密度，远高于宇宙学物质分布模型估算的星系际介质的色散值贡献，挑战了 Macquart 关系（见图 17）[11]。这一重要发现已经催生了数篇精细分析和模型文章，如散射时标模型[12,13]、超新星爆炸解释[13,14]等。FRB 发现者 Lorimer 等人对此高度关注，认为"FAST 发现的重复暴 FRB 190520⋯是一个特别年轻的源，或者它处在一个非常极端的致密环境中"[13,14]。中国科学技术大学戴子高教授在评述中认为"此发现将非常有助于理解 FRB 起源和星周环境"[15]。FRB 20190520B 是迄今唯一持续活跃的重复暴，FAST 已经探测到数百次爆发，其持续活跃的特征对推进 FRB 多波段深度研究具有重要意义。FRB 领域观测突破性的进展将大幅推进对 FRB 起源认知前沿的理解。

4.2 FAST 推动重复 FRB 研究进入高统计性时代

2019 年，FAST 获取首例重复暴 FRB 20121102A，成为当时世界上最大的快速射电暴爆发样本[2]，成功捕捉到 FRB 20121102 极端活跃窗口，约 50 天内累计观测到 1652 个高信噪比爆发事件，最高达到每小时 122 次的超高爆发率，超过此前所有望远镜探测样本总和 3 倍，构成当时来自单一 FRB 的最大样本集，推动重复暴研究进入高统计性时代。首次测得爆发率的特征能量，首次发现爆发能量分布双峰结构，其低能端呈现正则对数分布，可能反映了爆发的随机性；其高能端呈现洛伦兹-柯西函数形式，可能反映了爆发中两个相关的随机过程。这一发现深度揭示了 FRB 的物理机制，论文于 2021 年 10 月 14 日发表在 Natare，相关成果入选国家自然科学基金委员会 2021 年度"优秀成果巡礼"亮点成果及 2021 年度"中国科学十大进展"（见图 18）。

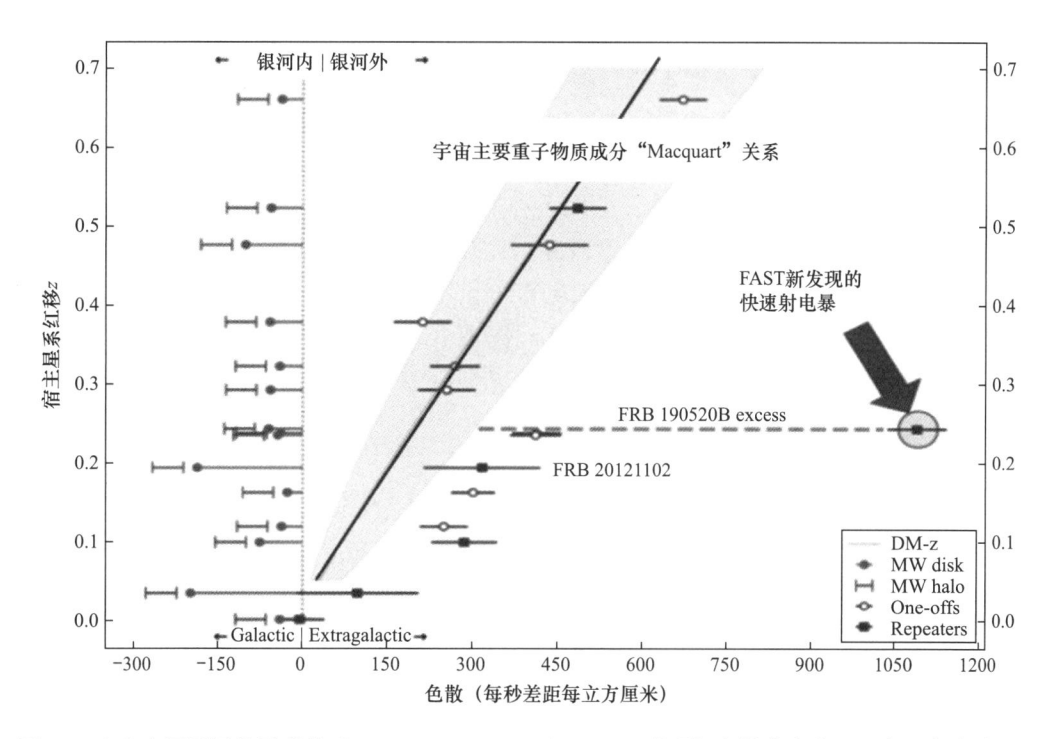

图 17　宇宙主要重子物质成分"Macquart Relation"，FAST 发现拥有最大宿主星系电子密度的 FRB

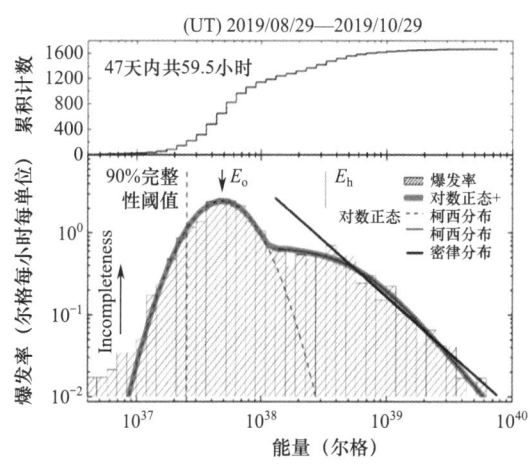

(a) FRB 20121102 平均每小时爆发的能量分布，首次在快速射电暴源中确认特征能量和双峰结构（该图来自本项目团队发表在 Nature 上的文章）

(b) 成果入选科技部高技术研究发展中心（基础研究管理中心）发布的 2021 年度"中国科学十大进展"

图 18　FAST 捕获重复射电暴 FRB 20121102 研究成果与学术奖励

4.3 FAST揭示快速射电暴近域环境的动态演化

FAST通过设立快速射电暴优先及重大项目，开展对FRB重复暴源或可能的重复暴源的定点跟踪观测研究。2021年开始，由国家天文台研究员、北京大学科维理天文与天体物理研究所研究员李柯伽领导的研究团队对重复暴FRB 20201124A开展了长期深度观测，获取到1863个脉冲样本并进行偏振分析，得到了当时最大的FRB偏振样本集[16]。在跨越54天的观测中，首次观测到该源在72小时内从高事件率的爆发期出现猝灭现象。团队基于该样本集获得了FRB 20201124A法拉第旋转量（RM）复杂动态演化的数据：在前36天的观测中，RM呈现无规律的短时标演化，但在随后的18天里几乎不变。与其他FRB显著不同，该源具有高度圆偏振，并且存在频率依赖的偏振振荡。系列现象表明，距该FRB 1个天文单位内的近域环境非常复杂且存在动态演化。团队使用Keck望远镜进行了深度观测，发现其宿主星系为银河系尺度大小、富金属的棒旋星系，并发现该FRB所在区域具有恒星密度较低、处于星系旋臂之间、距离星系中心中等距离的特征。排除了该FRB起源于大质量恒星极端爆炸导致的超亮超新星或伽马射线暴后形成的年轻磁星的模型，向着揭示快速射电暴中心引擎机制迈出重要一步。

4.4 提出统一解释重复暴偏振频率演化的机制

快速射电暴的偏振性质富含其爆发的本征特性及其环境信息，对快速射电暴偏振性质的精确测量将推进对快速射电暴环境及其起源的理解进程。清华大学讲席教授、国家天文台研究员李菂领导的研究团队基于FAST对FRB 20121102A、FRB 20190520B、FRB 20201124A的观测样本集组织国际合作，由GBT、VLA等多台望远镜协同FAST观测，精确测量了一批重复快速射电暴的偏振性质。团队分析发现，不同重复暴的线偏振度存在随频率降低而减小的统一趋势，如图19所示。团队据此首次提出重复暴偏振频率演化的统一机制，即重复暴信号会经历其周边复杂等离子体的多路径散射，并提出对该机制定量描述的单一参数"RM弥散（σ_{RM}）"[17]。快速射电暴的σ_{RM}越大，对应其周边环境变化越剧烈，因此也很可能越年轻，σ_{RM}很有可能成为辨识重复暴"身份证"的潜力。该机制支持重复暴处在类似超新星遗迹的复杂电离环境中，并且可以通过偏振观测确定其可能的演化阶段，排除了基于辐射区磁层高度变化的脉冲星偏振内禀频率演化的其他模型。团队还构建了基于多路径传播的磁化散射屏模型[18]，进一步限制FRB周围的复杂环境，包括湍流尺度、密度涨落、磁场构型等重要物理性质。

Caleb S. H. Y. Bennett博士在*Science*的特邀评述中对该工作给予了充分肯定，认为该工作"提供了探测FRB复杂环境独特的方法，并揭示FRB可能存在演化阶段"[19]。中国台湾中研院天文与天体物理研究所所长Ue-Li Pen教授在论述中评论称"论文证实了FRB只产生在宇宙中特殊位置。这是更好地理解爆发周边环境的重要一步"[20]。南京大学王发印教授指出，该研究"创新性地利用偏振频率演化关系研究快速射电暴周边环境，提出了能够解释重复快速射电暴偏振频率演化的统一机制，为最终确定FRB起源提供了关键观测证据"[21]。

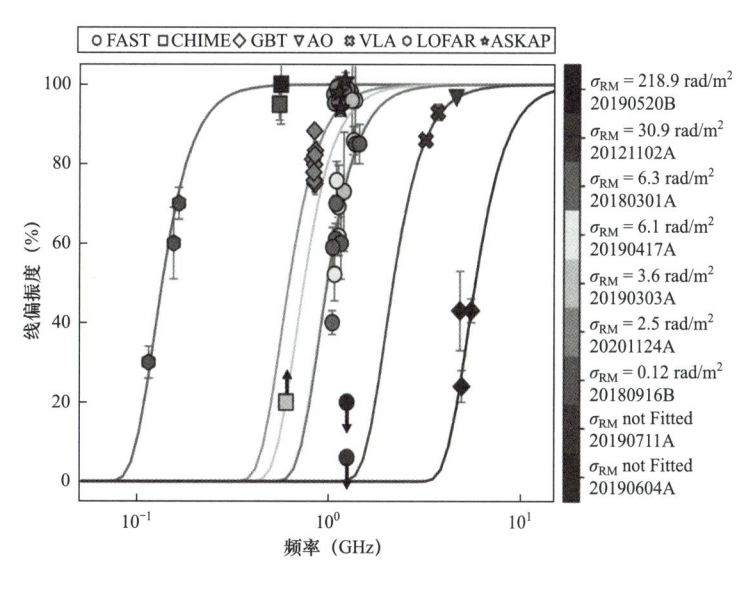

图 19　重复暴偏振频率演化的统一机制

4.5　利用中性氢谱线精细刻画河外河内星际气体

FAST 不仅在 FRB 的动态宇宙研究领域大显身手，在中性氢（HI）谱线观测领域，也为突破性发现提供观测基础。氢是宇宙中丰度最高的元素，中性氢是氢原子在宇宙中的主要形态之一。中性氢原子中的电子和质子因碰撞等原因而发生跃迁时，所发出的波长约 21cm 的谱线辐射，是示踪星系结构、运动和动力学演化的有力工具。

斯蒂芬五重星系（Stephan's Quintet）是由五个星系组成的致密星系群。这一致密星系群有着复杂的环境，存在着最大尺度的星系际激波、长潮汐尾及潮汐尾上的恒星形成、星系群际介质恒星形成、活动星系核外流与喷流等多波段观测现象，是研究星系相互作用的重要样本。

国家天文台徐聪研究员领导的国际团队一直致力于斯蒂芬五重星系早期形成历史的研究。徐聪团队利用 FAST 对斯蒂芬五重星系及周围天区的氢原子气体谱线进行了成像观测，在远离星系群中心的区域发现了一个尺度大约为 200 万光年的巨大稀薄原子气体结构，如图 20 中 A、B 区域所示[22]。这也是迄今为止在宇宙中探测到的最大的原子气体结构，很可能与斯蒂芬五重星系早期形成时星系间相互作用的历史有关。现有的星系及其气体演化理论很难解释星系周围为何仍存在未被紫外光背景辐射电离的大尺度稀薄原子气体结构。这一发现将推动对星系形成和演化中物理机制的理解进程。

磁场在星际介质演化和恒星形成中起着重要作用。恒星诞生于分子云中，分子云的致密区域在重力的作用下发生坍缩，最终形成恒星。磁场的标准模型认为，在恒星形成的过程中，磁场和重力相互抗衡，在分子云密度高的地方，重力越大，磁场也越强，这样的抗衡将贯穿长达上千万年的恒星形成过程。1896 年，荷兰物理学家塞曼发现，把产生光谱的光源置于足够强的磁场中，磁场作用于发光体使光谱发生变化，一条谱线会分裂成几条偏振化的谱线，即为塞曼效应。目前，直接测量星际介质磁场强度的方法仅有塞曼效应一种，根据光谱的变化可以反推磁场强度。由于其信号微弱，至今只有为数不多的高置信度结果。

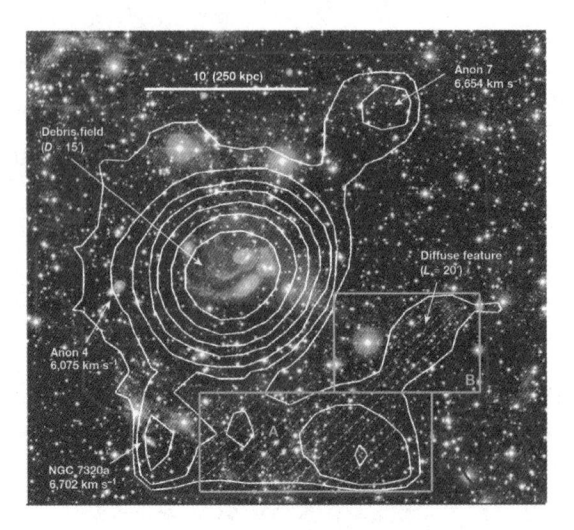

图 20　斯蒂芬五重星系团的 HI 发射等高线图

清华大学讲席教授、国家天文台研究员李菂领导的研究团队利用原创的中性氢窄线自吸收（HINSA）方法，开展了基于 HINSA 探针测量塞曼效应的实验。通过 FAST 对金牛座分子云前恒星核 L1544 的深度观测，首次探测到中性氢窄线自吸收塞曼效应的高置信度结果，（见图 21），该成果实现了利用原子辐射手段来探测分子云磁场的从 0 到 1 的突破。团队的分析显示，星际介质从冷中性气体到前恒星核具有连贯性的磁场结构，与标准模型预测的星际磁场明显不同[23]。这一发现将恒星形成的时间减少到百万年量级，对于理解恒星形成的天体物理过程至关重要。FAST 测量结果为解决恒星形成领域三大经典问题之一的"磁通量问题"提供了重要的观测基础，显示了 FAST 在解决重大天体物理问题方面的潜力。

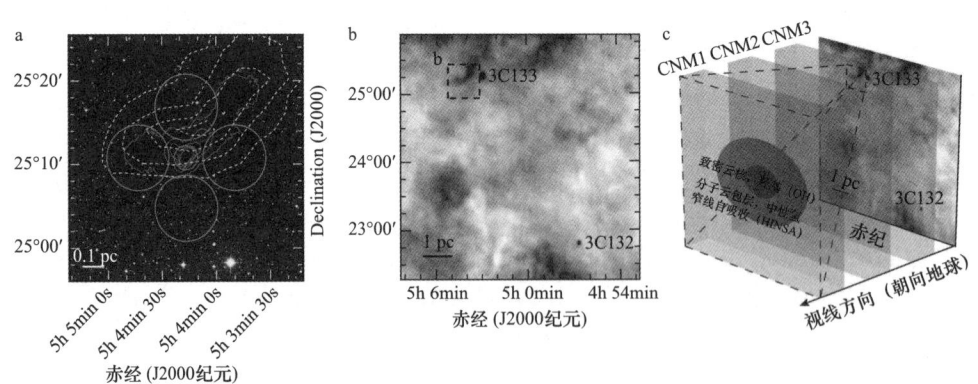

(a) L1544的HINSA（不规则虚线）和氢分子谱（不规则实线）的特征区域，圆圈代表了FAST（小圆圈上）、Arecibo（小圆圈下）与GBT（大圆圈）望远镜观测塞曼效应的区域

(b) L1544周围原子氢的合成图像

(c) 冷中性介质（CNM）、L1544的分子壳层及致密核心区域的示意图

图 21　L1544 区域的多波段观测与结构示意图

4.6 CRAFTS 中性氢巡天数据释放"CHINA"

中性氢的发现开启了现代射电天文学。Harold Irving Ewen 博士发展了创新的采样技术，充分利用宇宙电磁场的波动性，首次实现银河系中性氢探测，并使得中性氢巡天成为天文学基础数据。例如，2005 年发表的 LAB 巡天[23]和 2016 年发表的 HI4PI[24]被引用次数分别达到约 3000 次和 1000 次，数据应用于多个子领域。CRAFTS 利用场的数字性，在搜寻脉冲星、快速射电暴等暂现源的同时，以约 1% 的定标精度描绘中性氢天图，数倍优于已有巡天深度。2024 年 2 月，CRAFTS 巡天释放约 5000 平方度具备可发表质量的中性氢数据立方，项目名为"the CRAFTS HI-Narrow All-sky (CHINA) Survey"，目前数据有来自超过 20 个国家的 4000 次关注，以及超过 10 个国家的 3000 次下载。其中，猎户座区域的预发布数据也可在该链接中找到，速度范围为 $-100\sim+100$ km·s^{-1}（LSR）。目前，该区域最好的银河系 HI 图是 HI4PI 巡天所发布的，该巡天的波束大小约为 16.5 角分，而 FAST 的波束大小约为 3 角分，且具有更高的灵敏度和频谱分辨率。改进后的分辨率揭示了原本不可见的新细节，如精细的丝状结构、冲击波、HI 壳层、磁条纹、冷分子云中的 HI 窄自吸收现象，以及大尺度结构等。

5 总结和展望

天文研究正处于科学产出黄金期，快速射电暴是天文学的重大新前沿。21 世纪诺贝尔奖共有 7 次、10 项、19 人授予天文学，成为物理学领域无可争议的热点前沿。天文学正开始面对宇宙的"时间前沿"，即描述宇宙尺度结构或性质发生剧烈变化的时间尺度。"时间前沿"的代表性发现是快速射电暴。2023 年邵逸夫天文学奖颁发给了快速射电暴的发现。2024 年格罗斯曼奖颁发给了快速射电暴的深入研究，由 FAST 原首席科学家李菂教授和麦吉尔大学 Victoria Kaspi 教授分享。邵逸夫天文学奖自 2004 年设立以来，近半数获奖天文学家随后获得诺贝尔奖。侧重理论天体物理的格罗斯曼奖自 1985 年设立以来，先后颁发给包括杨振宁、李政道在内的 6 位诺贝尔奖得主。

根据 FAST 优先重大项目 CRAFTS 巡天的量化结果，快速射电暴的事件率下限达到全天 12 万个，但是 FAST 的窄视场限制了对这些现象的全面捕捉。目前，FAST 的快速射电暴发现效率仅为加拿大 CHIME 的约 1%。以大型智能计算为核心的新型"宇宙触角"探测器将实现前所未有的 10000 平方度超大视场，成数量级提高快速射电暴发现率。"宇宙触角"也帮助揭示宇宙大尺度结构，探索星际磁场与介质，全新的动态、极端宇宙现象。"宇宙触角"的发现结合 FAST 的精细刻画，有望全面引领快速射电暴这一有望冲击诺贝尔奖的前沿领域。

正如 FAST 工程首席科学家兼总工程师南仁东先生所说，"FAST 是中国射电天文学从领先到超越的一次尝试"，FAST 得天独厚的灵敏度优势正助力中国射电天文学者由跟跑转向领跑，产生具有突破性影响的成果。FAST 将更进一步与"宇宙触角"结合，在射电瞬变源和谱线探测方面具有重大潜力，有望在脉冲星搜寻和脉冲星物理、河内与河外中性氢星系、暂现源以及地外文明探索等方面取得更多突破性进展，最终将改变人类对宇宙的认识。

参 考 文 献

[1] CHING T C, LI D, HEILES C, et al. An early transition to magnetic supercriticality in star formation[J]. Nature, 2022, 601(7891): 49-52.

[2] XU J, FENG Y, LI D, et al. Blinkverse: A database of fast radio bursts[J]. Universe, 2023, 9(7): 330.

[3] ZHANG Y K, LI D, FENG Y, et al. DRAFTS: A Deep Learning-Based Radio Fast Transient Search Pipeline[J/OL]. arXiv:2410.03200, 2024.

[4] LI D, WANG P, ZHU W W, et al. A bimodal burst energy distribution of a repeating fast radio burst source[J]. Nature, 2021, 598: 267-271.

[5] LOIMER D R, BAILES M, MCLAUGHLIN M A, et al. A bright millisecond radio burst of extragalactic origin[J]. Science, 2007, 318(5851): 777-780.

[6] ZHANG B. The physical mechanisms of fast radio bursts[J]. Nature, 2020, 587(7832): 45-53.

[7] LI D, WANG P, QIAN L, et al. FAST in space: considerations for a multibeam, multipurpose survey using China's 500-m Aperture Spherical Radio Telescope(FAST)[J]. IEEE Microwave Magazine, 2018, 19(3): 112-119.

[8] ZHU W W, LI D, LUO R, et al. A fast radio burst discovered in FAST drift scan survey[J]. The Astrophysical Journal Letters, 2020, 895: L6.

[9] NIU C H, LI D, LUO R, et al. CRAFTS for fast radio bursts extending the dispersion-fluence relation with new FRBs detected by FAST[J]. The Astrophysical Journal Letters, 2021, 909(1): L8.

[10] NIU C H, AGGARWAL K, LI D, et al. A repeating fast radio burst associated with a persistent radio source[J]. Nature, 2022, 606(7916): 873-877.

[11] MACQUART J P, PROCHASKA J X, MCUINN M, et al. A census of baryons in the Universe from localized fast radio bursts[J]. Nature, 581: 391-395.

[12] OCKER S K, CORDES J M, CHATTERJEE S, et al. The Large Dispersion and Scattering of FRB 20190520B Are Dominated by the Host Galaxy[J]. The Astrophysical Journal, 2022, 931(2): 87.

[13] ZHAO Z Y, WANG F Y. FRB 190520B embedded in a Magnetar Wind Nebula and Supernova Remnant: a luminous persistent radio source, decreasing dispersion measure, and large rotation measure[J]. The Astrophysical Journal Letters, 2021, 923(1): L17.

[14] PETROFF E, HESSELS J W T, LOIMER D R. Fast radio bursts at the dawn of the 2020s[J]. The Astronomy and Astrophysics Review, 2022, 30(1): 2.

[15] DAI Z. A repeating fast radio burst with rapidly evolving rotation measure[J]. Science Bulletin, 2022, 67(15): 1517-1518.

[16] XU H, NIU J R, CHEN P, et al. A fast radio burst source at a complex magnetized site in a barred galaxy[J]. Nature, 2022, 609(7928): 685-688.

[17] FENG Y, LI D, YANG Y P, et al. Frequency-dependent polarization of repeating fast radio bursts—implications for their origin[J]. Science, 2022, 375(6586): 1266-1270.

[18] YANG Y P, LU W, FENG Y, et al. Temporal Scattering, Depolarization, and Persistent Radio Emission from Magnetized Inhomogeneous Environments near Repeating Fast Radio Burst Sources[J]. The Astrophysical Journal Letters, 2022, 928(2): L16.

[19] CALEB M. Unifying repeating fast radio bursts[J]. Science, 2022, 375(6586): 1227-1228.

[20] LING X. Depolarized waves point to the origin of fast radio bursts[J]. Physics Today, 2022(1): 0317a.

[21] 王发印. 重复快速射电暴的偏振频率演化规律 [J]. 科学通报，2022，67（21）：2450-2451.

[22] XU C K, CHENG C, APPLETON P N, et al. A 0.6 Mpc H I structure associated with Stephan's Quintet[J]. Nature, 2022, 610(7932): 461-466.

[23] KALBERLA P M W. The Leiden/Argentine/Bonn (LAB) Survey of Galactic HI. Final data release of the combined LDS and IAR surveys with improved stray-radiation corrections[J]. Astronomy and Astrophysics, 2005, 440(2): 775-782.

[24] HI4PI Collaboration. HI4PI: A full-sky H I survey based on EBHIS and GASS[J]. Astronomy and Astrophysics, 2016, 594 (A116): 116-121.

作者简介

李菂，清华大学讲席教授。发表论文 300 余篇，其中包括 Nature、Science 正刊 8 篇，Science Bulletin 封面文章 2 篇等亮点成果。科学成果包括发现星际氧气；命名中性氢窄线自吸收方法，基于此精确测量星际磁场登上 Nature 封面；深度刻画快速射电暴，连续入选科技部组织评选的 2021 年度、2022 年度"中国科学十大进展"。组织领导了 FAST 早期科学规划，提出了世界首创的多科学目标同时巡天模式，数倍提高 FAST 巡天效率。荣获中国科学院杰出科技成就奖，第三届全国创新争先奖及马塞尔·格罗斯曼奖（基于"领导最灵敏射电望远镜的科学规划，创新刻画动态宇宙等方面的开创性贡献"）。在国内外组织中担任领导或咨询角色，包括澳大利亚望远镜国家设施（ATNF）指导委员会、平方公里阵列（SKA）科学与工程咨询委员会等。

王培，中国科学院国家天文台青年研究员，2014 年于中国科学院近代物理研究所获得博士学位，2020 年入选中国科学院青年创新促进会会员。长期开展脉冲星和 FRB 等暂现源射电天文观测研究，在系统发现脉冲星和 FRB，精细测量 FRB 物理性质方面取得系列成果，包括 Nature 3 篇（共同第一作者）、《中国科学》封面文章 2 篇等，相关成果入选 2020 年度 Nature 评选的"十大科学发现"及 Science 评选的"十大科学突破"；2021 年度"中国科学十大进展"；作为"快速射电暴研究集体"成员，获 2022 年度"中国科学院杰出科技成就奖"（排名第二）及 2022 年度"北京市自然科学奖"一等奖（排名第三），2023 年度中国科学院青年科学家国际合作伙伴奖。

陈华曦，之江实验室高级工程师，高级工程专家。研究方向专注于天文大数据架构、AI for Astronomy 等领域，带领团队研发 FAST@LAB 平台，开展 FAST 海量观测数据处理方法研究，实现大规模分布式脉冲星/快速射电暴搜寻任务，研究并发布世界最大 FRB 数据库 Blinkverse、天体化学反应网络库 Chemiverse、瞬变源消息库 Transientverse 等开放数据科学基础设施。申请和获得国家发明专利 10 余项，主持科技部重点研发计划项目一项。曾任阿里巴

巴资深技术专家，在搜索、大数据等领域有深厚积累，主持或参与技术改造项目十余项，主持建设的智能引擎算法特征平台，支持淘宝、天猫、拍立淘等电商核心业务，获阿里云飞天奖，搜索技术百花奖，阿里云飞天十年成就奖。

郭雪蓉，之江实验室天文计算研究中心高级工程专员。毕业于华中科技大学计算机科学与技术专业，保送至本校计算机系统结构硕士。研究方向为云计算、大数据以及区块链。

缪晨晨，之江实验室天文计算研究中心博士后。2023年于中国科学院国家天文台获博士学位。研究方向为脉冲星搜寻，认证及脉冲星计时。

"大数据＋人工智能"驱动的生命科学范式变革及应用实践

李　鑫[1,2*]，**江海平**[1,2]，**刘文豪**[1,2]，**房　晨**[1,2]，
李　聪[1,2]，**王浩然**[1,2]，**马旭升**[1,2]，**武欢欢**[1,2]

（1. 中国科学院动物研究所；2. 北京干细胞与再生医学创新研究院）

摘　要

在人工智能（Artificial Intelligence，AI）和大数据的推动下，生命科学研究正从传统的实验科学和数据科学相结合的模式，转变为以实验科学为基础，由大数据和人工智能共同驱动的新范式。随着 AI 广泛应用于生命科学基础研究以及医疗健康、生态农业和生物制造等多个生物相关的下游应用场景，其不仅改变了生命科学的研究范式，还极大地推动了生物产业的创新与发展。然而，AI 与生物大数据的深度融合仍面临诸多挑战，包括多模态数据难以整合、生命科学大模型构建困难和生命系统模拟解析效果差等。本文概述了生命科学的发展历程及其研究范式的演变，同时详细阐述了"大数据 +AI"在生命科学领域中的应用实践，并探讨了其未来发展趋势。

关键词

研究范式；大数据；人工智能；生命科学

Paradigm Shift and Application of Life Science Driven by Big Data + Artificial Intelligence

Xin Li[1,2*], **Haiping Jiang**[1,2], **Wenhao Liu**[1,2], **Chen Fang**[1,2], **Cong Li**[1,2],
Haoran Wang[1,2], **Xusheng Ma**[1,2], **Huanhuan Wu**[1,2]

(1. Institute of Zoology, Chinese Academy of Sciences; 2. Beijing Institute for Stem Cell and Regenerative Medicine)

Abstract

Driven by advancements in artificial intelligence (AI) and big data, life science research is shifting from a traditional paradigm combining experimental and data science to a new paradigm based on experimental science mainly driven by AI and big data. AI's broad applications in fundamental research, healthcare, ecoagriculture, and biomanufacturing have not only transformed research approaches but also fueled innovation and growth in bio-related industries. However, integrating AI with biological big data remains challenging, with obstacles including multimodal data integration, constructing life science specific big models, and limited simulation resolution of life systems. This paper outlines the development of life sciences and research paradigms, highlights the practical applications of the "Big Data + AI" framework, and discusses future directions for the field.

Keywords

Research Paradigm; Big Data; Artificial Intelligence; Life Sciences

引言

在当今时代，人工智能（Artificial Intelligence，AI）的浪潮正在深刻重塑科学研究、产业发展以及社会生活的各个方面。凭借其强大的数据处理和模式识别能力，人工智能正在改变我们对世界的认知框架和互动方式。在众多学科中，生命科学因其与人类健康的紧密关联，成为 AI 技术应用的前沿领域。AI 的融入不仅加速了生命科学研究的步伐，也在很大程度上重新定义了该领域的研究范式。其在生命科学领域中的应用推动了基因组学、蛋白质组学等组学数据的深入分析，并在药物设计、精准医疗等领域展现出巨大潜力。AI 能够揭示海量生物数据背后的复杂模式，解析生命底层机制，为生命科学研究带来了革命性的进步。中国作为全球科技创新的关键力量，在 AI 赋能生命科学研究的浪潮中做出了巨大的贡献。本文将从"大数据 +AI"推动生命科学研究的范式革命，赋能生命科学研究的最新进展、应用实践和未来发展趋势等多个维度进行深入阐述。

1 "大数据 +AI"驱动生命科学研究范式变革

1.1 生命科学研究范式演变历程

生命科学的演进史是一个持续深化对生命系统认知的过程，大致可分为四个里程碑式的阶段。

第一阶段：表型观察与描述时期（古代至 19 世纪）。在生命科学的早期阶段，对生命体的观察主要集中在表型和行为。通过这些观察，人们开始勾勒出生命系统的宏观规律。例如，中国古代农业著作《夏小正》中记载了动物繁殖和迁徙与气候变化的关系。查尔斯·达尔文在《物种起源》中通过对动植物表型的深入观察和分析，提出了划时代的进化论[1]。然而，这一时期对生命系统的认知仍停留在表型层面，未能触及生命的微观基础。

第二阶段：细胞分子元件解析时期（19 世纪至 21 世纪初）。随着物理化学分析技术的进步，人类对生命系统的理解开始从宏观层面转向微观层面。19 世纪初，显微镜技术的进步使得生物学家能够观察到细胞层面，从而提出了细胞作为生命基本单元的理论。20 世纪中叶，生物化学和物理射线衍射技术的进步，促成了沃森和克里克对 DNA 双螺旋结构的发现，标志着分子生物学时代的开启[2]。基于此，生命系统的底层规律——中心法则的发现[3]，推动了遗传学、免疫学、胚胎学等生命科学的蓬勃发展。尽管如此，生命系统并非微观元件的简单组合，其不同尺度元件之间的相互作用涌现出宏观的因果规律，单一元件的解析无法实现对生命系统的全面理解。

第三阶段：元件整体描述时期（21 世纪初至今）。测序技术的飞速进步使得人类能够对生命系统的各个组成部分进行全面的识别和分类。人类基因组计划利用第一代基因组测序技术全面解析了人类基因组序列，极大地推动了组学测序技术的发展[4]。随着高通量的基因组、转录组、表观组等二代测序技术的发展，生物学家能够详细描绘生命系统在不同生理病理场景下的运行状态。然而，生命系统高度动态且多尺度互作，单一尺度的静态检测仍只是对生命系统的片面描述，无法全面整合生命系统的信息。此外，尽管组学数据量庞大，但其信息维度有限，生命的复杂规律隐藏在高维度的隐空间中，单纯的描述性分析难以揭示生命底层的规律。

第四阶段：系统解析与重构时期（当今至未来）。人工智能对复杂系统的强大模拟和解析能力成为解析高度复杂动态生命系统的关键。AlphaFold实现了对蛋白质结构的原子水平预测，解决了困扰生物界长达50年的蛋白质结构预测难题[5]。基于千万级基因组学数据构建的生物基础模型EVO，通过对基因组的高效模拟，解析生命的"密码全书"，实现从分子层面到整个基因组级别的DNA、RNA及蛋白质序列的解析和设计[6]。借助人工智能技术，生命系统的多尺度、多模态、时空动态、互联互通等挑战将被克服，从而实现对生命系统底层运行规律的彻底模拟和解析。

图灵奖得主吉姆·格雷提出的科学研究四范式理论被科研界广泛认可。格雷将科学研究的范式分为四类：第一研究范式以实验为基础，科学家通过实验和观测获得的数据归纳科学理论；第二研究范式基于理论推理，以牛顿三大运动定律对经典力学的阐述为代表；第三研究范式基于计算仿真，因为许多理论分析方法越来越复杂，需要借助计算机模拟仿真；第四研究范式由数据驱动，因计算仿真产生的数据量激增而出现。然而，该理论应用于生命科学领域时显示出其局限性。生命科学研究范式具有独特性，其主流仍旧是以实验为基础的第一研究范式。从16世纪安德烈·维萨里通过动物和人体解剖数据全面揭示机体结构[7]，到20世纪沃森和克里克构建DNA双螺旋结构[2]，再到生命信息中心法则的发现[3]，生命科学的进展始终以假设驱动加实验验证的研究范式为核心。生命科学领域缺乏基于理论的第二研究范式，其原因在于该领域缺少如物理学中的牛顿定律或麦克斯韦方程那样的基本定律，仅有的框架式中心法则难以支持逻辑理论推演。同样，由于缺乏明确的定律，基于计算仿真的第三研究范式在生命科学领域也较为罕见。随着组学技术的迅速发展，生物学家得以对生命系统的不同尺度、生理病理状态进行高通量、大规模的数据采集，并运用统计学、生物信息学等计算工具对这些数据进行分析，探索数据间的潜在关联和模式，这已成为21世纪初至今生命科学研究的主流趋势之一，也构成了数据驱动的第四研究范式。

综上所述，当前生命科学研究范式为实验科学和数据科学并存，缺乏理论科学和计算仿真。与其他学科一样，生命科学也面临着数据爆炸的挑战。不断生成的数据涉及生命系统不同场景和角度，而单批次数据却只能提供低维度的描述和解释，难以实现对生命系统的整体模拟和深入解析。因此，生物学家急需采用人工智能技术来整合不同层次、维度、类型的生物大数据，实现从基因组、转录组等低维数据到细胞、组织等高维复杂机制的跃升，进而揭示复杂生物过程的底层规律，推动生命科学向以实验科学为基础，由数据和人工智能共同驱动的研究新范式迈进。

1.2 "大数据+AI"驱动生命科学范式演变的发展历程

随着组学技术的进步，生命科学的数据量呈现爆发式增长。面对这一挑战，生物学家建立了一系列生物数据库以存储和整理这些数据。然而，生物数据的复杂性给数据分析和解析带来的挑战仍难以应对。近年来，以 ChatGPT、文心一言和紫东太初等为代表的人工智能大模型在自然语言处理、图像和视频生成等领域取得了巨大成就。在生命科学领域，以 AlphaFold 系列模型为代表的 AI 模型引发了新一轮科学革命。生命科学中蕴含的丰富生物大数据为 AI 解析复杂生命过程提供了坚实的基础，AI 技术的融合引领生命科学进入了全新的研究范式。这种由数据和智能共同驱动的新范式变革正在改变生命科学探索生命现象、本质及其规律的方式。

1.2.1 生物数据的生成与管理

生物数据的采集伴随着生命科学的发展而不断积累。在表型观察与描述及细胞分子元件解析时期，生物学家通过观察和实验，获得了物种分类和进化、器官结构和运行、细胞类型和形态，以及 DNA 结构和复制机制等多个尺度的数据。尽管这些数据对生命系统的表型和微观元件进行了描述和分析，但由于数据离散且数量有限，难以形成对生命系统的统一理论。自 1987 年人类基因组计划启动以来，该计划不仅成功揭示了人类遗传信息的蓝图，还为基因组学研究的深入发展奠定了坚实的基础[4]，中国于 1999 年成为人类基因组计划的第六个参与国，承担了 1% 的测序任务。随着二代测序技术的问世，基因测序的成本大幅降低，测序速度显著提升，生物数据的体量呈指数级增长。基因组数据已从最初的 GB 级增长至目前的 TB 乃至 PB 级别。单细胞和空间组学数据的加入，进一步丰富了数据的多样性，增加了分析的复杂性。大数据时代不仅带来了数据量的激增，也带来了数据整合的挑战。为了应对这一挑战，需要建立高效的数据存储和管理平台，以确保数据的一致性和完整性，并促进数据共享与协作。在国际上，如美国的 GenBank 和 PubMed、欧洲的 ENA 和 UniProt 等数据库提供了丰富的基因组、文献和蛋白质等信息资源。中国也建立了包括基因组数据存储和共享平台 GSA（Genome Sequence Archive）、国家基因库生命大数据平台 CNGB（China National GeneBank）和大规模多物种单细胞数据集 scCompass[8] 在内的重要数据库。这些数据库为国内外科研人员提供了宝贵的数据资源，推动了生命科学的研究和应用。

1.2.2 AI 与生命科学研究的融合发展

自 1956 年"人工智能"概念提出以来，AI 技术经历了从符号逻辑推理、机器学习、深度学习到大模型技术的演变，深刻影响了生命科学研究。20 世纪 50—80 年代，AI 以符号逻辑和专家系统为核心，这些系统通过规则推理解答复杂问题。这种方法被应用于模拟分子反应路径或疾病诊断的逻辑关系[9]。随着计算能力的提升，机器学习在 20 世纪 90 年代至 21 世纪初成为 AI 研究的新焦点，其中监督学习和非监督学习的方法在基因组分析、疾病预测等领域开始展现出应有潜力[10-14]。进入 21 世纪，深度学习的兴起标志着 AI 技术的第三次浪潮，为蛋白质结构预测、基因调控网络推断提供了高效的工具[15,16]。随着大数据和计算能力的飞速发展，人工智能技术进入"大模型时代"，并在生命科学领域取得了显著突破。基于大模型技术的 EVO[6]、Geneformer[17]、

GeneCompass[18]、AlphaFold[19] 等预训练模型极大地推动了生命科学研究的创新发展，尤其在精准医学和药物研发等领域发挥了重要作用。未来，跨组学数字细胞模型的建立可能成为下一步发展的关键。通过整合基因组、转录组、蛋白质组和代谢组等多层次数据，构建一个数字细胞模型，将能够模拟和预测细胞在不同生物环境中的行为和响应。这将为理解复杂的生物学过程、推动疾病机制研究及个性化治疗提供更加全面和精确的数字化工具。

2 "大数据 +AI"在生命科学领域的应用实践

在大数据和人工智能技术双重驱动下，生命科学研究范式正经历着深刻的变革。人工智能的应用揭示了生物大数据背后的复杂模式，推动科学家对生物系统进行从中心法则、细胞特征和行为到组织器官功能的跨尺度机制解析。基于此，"大数据 +AI"能够广泛赋能健康医疗、生态农业、生物材料、生态环境等生物应用场景，成为发展生物经济新质生产力的核心动力。

2.1 "大数据 +AI"赋能生命科学基础研究

2.1.1 "大数据 +AI"解析中心法则

在自然界中，无论是植物、动物还是人类，每个细胞内都包含有亿万计的分子。其中心法则包含的 DNA、RNA、蛋白质是维持生命活动和遗传信息传递的核心。精确解析生物大分子的结构和相互作用，对于揭示生命运行机制、疾病发生机理和药物设计等生物学领域至关重要。

DNA 作为生命的遗传密码和设计蓝图，对于理解生命的基本规律十分关键。美国斯坦福大学使用 270 万个原核生物和噬菌体的基因组进行预训练，开发出 DNA 基础模型 EVO[6]。该模型能够预测核苷酸序列变化对生物体适应度的影响，生成具有合理基因组架构的长 DNA 序列，以及生成和设计蛋白质 -RNA 的复合物。EVO 模型证明大模型技术能够从海量的基因组数据中学习到 DNA 序列中蕴含的生命语言信息，并实现了从 DNA 向蛋白质的尺度跨越。RNA 是中心法则的关键中间分子，在 DNA 与蛋白质之间充当桥梁。RNA 通过折叠形成二级和三级结构，在遗传编码、翻译、调控、基因表达等过程中发挥作用。香港中文大学和复旦大学等多个机构合作构建了一种用于预测 RNA 三维结构的模型 RhoFold+[20]。该模型在 2370 万个 RNA 序列上进行预训练，实现对 RNA 3D 结构自动化端对端预测。通过构建预训练的 RNA 大模型，将加速对 RNA 结构识别和功能的理解，并增强基于 RNA 的药物设计、合成生物学等下游应用。蛋白质作为基因功能的执行者，其结构和功能的预测对于生命功能的理解和改造至关重要。DeepMind 推出的 AlphaFold3[19] 模型采用 Transformer+Diffusion 架构，成功预测了所有生命分子的结构及其相互作用。中国的科研团队在蛋白质结构预测、基因组学研究等方面也取得了显著成就，如华深智药团队开发的 HeliXonAI 平台在全球蛋白质结构预测竞赛中打破了 AlphaFold2 的纪录。清华大学 AIR、北京大学、南京大学的联合研究团队提出 ESM-AA[21] 模型，具备同时处理不同尺度生物结构的能力。同济大学联合南京医科大学和浙江大学团队开发了领域内首个可用于识别具备自加工功能的 Cas12 蛋白的蛋白质序列 AI 大模型 CHOOSER[22]。为了打通 DNA、RNA 和蛋白质的尺度壁垒，构建能够模拟中心法则的基础模型，从而实现对生命底层机制更完整和深入的理解，阿里云飞天实验室发布了"LucaOne"模型[23]，这是业界首个联合 DNA、RNA、蛋白质的生物大模型。

中心法则是生命活动的基本驱动力，它从 DNA 起始，经过层层传递，最终转化为组织器官的功能。生命信息从低维度的核苷酸序列组合，逐步转化为高维度的生命机体活动规律。这种从低维度空间到高维度空间的跨越是非线性的，难以建立直接的因果关系。大模型通过在大规模的 DNA、RNA 和蛋白质数据集上进行训练，展现出强大的泛化能力和扩展能力。这种生物基础模型能够从序列数据中预测出 DNA 的编码和调控规律、RNA 和蛋白质的三维结构，从而实现从低维数据到高维结构和功能的跃升。这一过程为细胞和组织器官行为功能的预测提供了坚实的底层基础。

2.1.2 "大数据+AI"解析细胞特征和行为

细胞是生命的基本组成单元，其特征、行为和功能构成了组织、器官和机体生理病理活动的基石。随着单细胞测序技术的飞速进步，生物学家得以高效获取包括基因表达谱、表观遗传状态、空间分布在内的多维生物学数据。使用人工智能分析这些复杂的数据集并构建预测模型，研究人员能够更深入地探索细胞身份和功能的机制。

在单细胞数据分析领域，多种 AI 模型，如 Phenograph[24]、MAGIC、Seurat[29] 等，被用于构建细胞间的关系。scGNN 采用单细胞图神经网络架构来表达和聚合细胞间的关系，并使用混合高斯模型来模拟异质基因表达模式[27]。Nir Yosef 团队基于分层贝叶斯和深度神经网络模型构建的 scVI，在矫正单细胞数据批次效应、聚类以及可视化等任务中表现出高精度的性能[28]。在 AI 模型的助力下，模拟扰动基因并反馈于细胞表型成为可能，为湿实验的设置和指导提供了巨大的帮助。Fabian 团队基于对抗生成网络开发的 scGen 模型，提供了一种通过计算机模拟进行实验设计的工具，能够在疾病和药物治疗背景下筛选扰动反应[29]。国内指南针团队开发的 CellPolaris 模型，能够准确识别细胞命运转换的核心因子，并具备转录因子扰动模拟能力，在基因调控机制解析及致病基因发现方面展现出重要的应用价值[30]。

近年来，自然语言处理技术的突破为单细胞生物学带来了重要启示。多个国际研究团队受大语言模型训练框架的启发，利用数以千万计的人类单细胞转录组数据，结合庞大的算力资源和丰富的生物学知识，构建了具有理解基因动态关系能力的生命基础模型，例如 GeneCompass[18]、scGPT[31]、Geneformer[17] 和 scFoundation[32]。其中，中国科学院动物研究所的李鑫团队基于 1.2 亿个人类和小鼠单细胞转录组数据，创新性地嵌入四种生物学知识，采用自我监督的方式，加深了研究人员对基因调控机制的理解，有效发现了关键细胞命运调控因子和候选药物靶点[18]。由清华大学张学工教授团队研发的 scFoundation 细胞大模型，基于 5000 万个细胞的基因表达数据进行训练，拥有 1 亿个参数，能够同时处理约 2 万个基因[32]。此外，清华大学聂再清教授团队与水木分子公司构建的 LangCell 大模型，实现了单细胞数据和自然语言的统一表示，成为首个无须标注即可进行新细胞类型注释的模型[33]。这些模型利用 Transformer 等先进算法，将基因表达等底层生命活动信息作为输入，通过无监督或自监督学习建模复杂生物学过程，成功揭示了基因调控网络、细胞命运决定，以及疾病相关分子机制等核心问题。与传统 AI 模型相比，生命基础模型能够实现基因调控网络的全局性模拟、细胞命运转变预测和多个下游任务的高效迁移和泛化。

2.1.3 "大数据 +AI"解析组织器官功能

单细胞组学技术以其单细胞分辨率的检测能力而著称，但组织解离成单个细胞的过程会导致细胞空间信息的丢失，从而阻碍了研究人员对单个细胞的空间组织和细胞间相互作用的深入解析。随着空间转录组检测技术的不断发展迭代，大量空间转录组数据的产生使我们能够从时空尺度全面描述组织器官功能机制。这些空间组学数据蕴含着丰富的生物学知识，却往往无法直接被人类解读。AI 与空间转录组的结合可以揭示细胞在组织空间中的基因表达模式及其微环境的特性。目前，基于图神经网络、Potts 等训练的模型，如 SpaGCN[34]、BASS[35]、BayesSpace[36]、GraphST[37] 等，整合了空间转录组数据，有助于研究人员探究细胞表达的空间规律，并将探索焦点更集中于细胞与细胞、细胞与环境之间的相互作用。从二维到三维的转变，使科研人员能够从空间维度上更深入地理解每个基因和细胞的作用。然而，现有的空间转录组数据的三维整合算法忽视了空间信息或实验引起的扭曲，导致重建结果与体内细胞位置之间存在显著差异，进而影响下游分析的精确性。为了解决这一问题，中国华大团队开发了空间转录组数据三维整合算法 ST-GEARS[38]。同时，华大还与多家单位合作，借鉴了物理学、地理学、经济学等多个跨领域的数学模型，开创性地开发了三维时空建模工具包 Spateo[39]，使空间转录组学技术能够精细地重构器官三维结构、系统量化时空动态过程。该工具包的发布标志着时空组学研究迎来革新性突破，可全面支撑胚胎发育、脑科学、疾病等领域研究，为实现高精度时空生命全景观研究迈出了极为关键的一步。此外，基于大模型、跨模态的空间转录组基础模型，仍然是当前研究的重要热点方向。Fabian 团队开发的 Nicheformer 模型[40] 利用多平台空间转录组学数据结合单细胞转录组数据进行预训练，能够预测细胞微环境的密度和细胞组成成分。Jiliang Tang 团队开发的 CellPLM 模型[41] 将空间位置编码至 Embedding 中，联合单细胞转录组数据进行训练预测，同时通过注意力矩阵将细胞和细胞之间的互作进行可视化解释。在多细胞尺度研究中，AI 展现了巨大的潜力。结合多模态数据和复杂算法，AI 实现了从基因到组织层次的多尺度分析，推动了组织、器官乃至系统水平的生物学研究。

2.2 "大数据 +AI"赋能生物产业

2.2.1 "大数据 +AI"助力医疗应用

在医疗领域，"大数据 +AI"的结合正在引领疾病诊断和治疗的革新。AI 技术在病理状态模拟、疾病诊断、转移检测、癌症亚型分类、生存预测等多个场景中取得了相当大的进展。北京智源人工智能研究院开发了一套实时心脏电生理仿真系统。该系统包含 19 种细胞生理状态变量和 70 多个公式，不仅能够实时模拟心脏的 3D 电活动，还能通过多种参数的调节，深入探讨不同生理、病理因素对心脏功能的影响。东南大学顾忠泽团队利用深度学习算法开发了一种改进的人肺生理系统（Lung-MPS），该系统包含肺泡和支气管腔室，整合多种免疫细胞，可实现对肺部病理和炎症反应的实时监测[42]。香港科技大学成功研发四大AI医学模型，分别为MOME（乳癌诊断）、mSTAR（病理辅助工具）、MedDr（全科）、XAIM（可解释的人工智能），旨在协助全科及专科医生诊断。这些模型能够为30余种癌症及疾病提供诊断及预后评估，部分模型的准确度可与拥有5年或以上经验的专业医疗人员媲美，有望将医生的诊断时间缩短30%~40%。华大基因首次应用微调大语言模型来识别罕见遗传疾病的致病变异，并开发了大语言模型驱动的Genetic Transformer模型[43]。该模型在模拟样本和真实临床样本中分别达到99%和98%的致病变异召回率，同时分析效率提升了20倍。中国人民解放军总医院、中国医学科学院肿瘤医院、北京协和医院联合透彻影像发布了全球首个可应用于复杂器官临床病理诊断的人工智能系统[44]。该系统在解放军总医院超过3000张真实世界测试切片上达到了接近100%的灵敏度和80.6%的特异性。中国科学院深圳先进技术研究院李志成团队联合多个医院团队开发出新型的脑胶质瘤人工智能病理整合诊断系统。该系统以数字病理图像为输入，以2021年最新发布的第五版《世界卫生组织中枢神经系统肿瘤分类》为诊断标准，直接输出符合最新指南的整合诊断结果，精度达到可比拟人类病理学家的水平[45]。

在药物设计领域，武汉理工大学开发的Movable Type软件[46]，通过结合分子动力学模拟，显著提高了生物分子自由能计算的准确性和效率。华为盘古大模型在靶点口袋发现、分子对接等核心场景使药物设计效率大幅提升33%，分子结合能也提升40%以上。西安交通大学第一附属医院借此发现近40年来首个新靶点、新类别的抗生素，打破了传统抗生素研发僵局。东南大学顾忠泽团队与华为公司合作，研发了全球首个人体器官芯片医药大模型。英矽智能自主研发的AI小分子药物ISM001-055获批在中美两地开展国际多中心Ⅱ期临床试验，并已完成首批患者给药。这标志着全球首款由生成式AI完成新颖靶点发现和分子设计的候选药物已推进至Ⅱ期临床试验阶段。

"大数据+AI"的结合在医疗领域内发挥着革命性的作用，它通过提高诊断的准确性、效率和个性化治疗的水平，推动了对生理病理状态的深入理解和解析，为医疗健康领域带来了创新的解决方案，从而显著提升了疾病诊断、管理和治疗的整体水平。

2.2.2 "大数据+AI"助力农业应用

随着世界人口的快速增长，对粮食和就业的需求也在不断增加。传统农业方法已难以满足这些需求，而"大数据+AI"的融合为农业转型提供了创新路径。"智能农业"的兴起将有望显著提升农产品质量和产量。作物育种对于保障粮食安全和促进经济发展具有举足轻重的作用，而育种技术的进步则是提高育种效率的关键。西北农林科技大学开发了一套基于IPDB策略的AI育种体系CropGPT[47]。该体系通过整合和分析各类生物大数据，助力生物学家批量克隆功能基因，预测基因的关键功能位点，为育种家构建基因聚合的育种新材料提供参考靶点。为了提高作物产量，杂草控制和土壤营养控制是至关重要的因素，因为它们直接影响作物的生长周期。崖州湾国家实验室联合中国农业大学及上海人工智能实验室，共同推出了首个专注于种业的大型语言模型"丰登"（SeedLLM）。该模型对来自多元渠道的育种科研文献、技术资料和网络资源进行了深入的解析与索引，旨在为用户在品种选育、农艺性状描述、栽培技术推荐以及历史推广区域查询四大关键应用场景中提供详尽的解释和答案。在国内育种领域专家制定的标准评估中，"丰登"模型的表现显著超越了农学相关专业的本科生，其综合评分达到了本科生的 4.87 倍。此外，中国农业大学还发布了神农大模型 2.0 版本。该模型具有农业知识问答、农业文本语义理解、文本摘要生成、农业生产决策推理等多种功能，聚焦于农业产业链的关键环节，从育种、种植、养殖到遥感和气象监测，全方位赋能现代农业，推动农业向智能化、精准化发展。

2.2.3 "大数据+AI"助力生物制造应用

合成生物学利用工程学的设计原理改造和优化现有的自然生命体，是引领生物制造变革和生物经济发展的颠覆性技术。人工智能辅助合成生物学从海量复杂改造方案中寻找最优解。清华大学汪小我团队首次开发了 GAN 模型，用于设计全新的基因启动子[48]。GAN 模型从自然启动子中提取特征，生成数百万全新序列，经启动子活性预测模型过滤后，高达 70.8% 的 AI 设计启动子被证明具有功能，其中一些甚至比最活跃的天然启动子及其最强突变体活性更高。这些新型启动子与大肠杆菌基因组序列的全局序列相似性低，在高表达的 AI 生成启动子中发现非常规基序，为新型启动子设计提供了新的理论基础。此后，该团队继续开发出名为 DeepSEED 的 AI 辅助侧翼序列优化方法。通过整合专家知识与优化序列，采用类似于图像生成任务的技术来训练生成模型和预测网络，成功设计出大肠杆菌中的组成型启动子。该模型不仅增强了对序列功能性的深入理解，还为进一步的研究和优化提供了有价值的参考[49]。中国科学院微生物研究所的吴边团队通过使用人工智能计算技术，构建出一系列新型酶蛋白，实现了自然界未曾发现的催化反应。该团队还在世界上首次通过完全的计算指导，获得了工业级微生物工程菌株，实现了人工智能驱动生物制造在工业化应用层面的率先突破[50]。AI 在合成生物学领域的应用正在不断深入和拓展，从基础研究的创新到实际产品的商业化，各个方面都取得了显著的进展。这不仅为未来该领域的进一步发展奠定了坚实的基础，也为解决诸多生物医学、工业生产等方面的问题带来了新的希望。

2.2.4 "大数据+AI"助力环境保护应用

保护地球生态系统、确保资源的合理利用以及维护生物多样性是可持续发展的核心要素，为当代及未来世代的福祉奠定了基础。在生物多样性保护领域，深度卷积神经网络已成功应用于野生动物的识别、计数和描述，从而推动了动物分类及资源保护工作的进展[51,52]。此外，通过汇集爬行类、鸟类和哺乳类等动物的大量数据[53-55]，研究人员能够构建模型，分析大区域或全球的生态特征，预测影响动物多样性的因素，并据此制定保护策略。在环境污染监测与控制领域，基于大规模环境宏基因组数据建立的人工智能模型能够识别对污染物降解起关键作用的微生物群落，从而助力开发更有效的生物修复策略[56]。随机森林和支持向量机等机器学习算法也被用于预测土壤中重金属和有机污染物的存在[57,58]。人工智能还能优化土壤微生物组的组成，促进植物健康并提高作物产量，同时减少对化肥和农药的需求[59]。"大数据+AI"技术为生物环保领域带来了革命性的变化。它不仅提高了生物环境监测和管理的效率，还为生物环境的治疗与修复提供了强有力的技术支持，标志着环境保护工作迈入了一个新的时代。

3 "大数据+AI"应用于生命科学领域的未来发展趋势

3.1 开发高质量系统性生物大数据

生物大数据的复杂性和动态特征为数据处理带来了巨大挑战。这些数据涵盖了基因组、转录组、蛋白质组等多组学数据，以及医学影像、电子健康记录等多元化数据类型。数据量的庞大、快速增长及来源的广泛性，使传统数据分析方法难以应对。生命系统模拟的需求进一步体现了体系化生物大数据的重要性。为了深入模拟和解析多尺度、多模态、时空动态的生命系统，迫切需要模态对齐、高质量、体系化的数据资源。只有高质量系统性的数据，才能被高效转换为统一的AI-ready生物大数据，以支持生物大模型的建立。在中国，面对这些挑战已经采取了一系列措施来应对。例如，中国科学院启动了前瞻战略科技先导专项"生物大数据核心技术与系统研发"，旨在推动生物大数据技术、算法、数据库建设等方面的突破，以高标准、严要求完成各项任务与目标，为保障和推动国家生物信息中心建设作出贡献。此外，中国也在加快构建全国一体化大数据中心协同创新体系，以提升数据存储、传输、处理和分析的能力。未来，通过建立如人类器官生理病理模拟装置（HOPE）等生物学大装置，可以持续规模化生成基因组、转录组、代谢组、类器官等不同尺度的标准化生物大数据。这些标准化的数据将有助于减少数据变异性，提高数据分析的准确性和可靠性，为人工智能提供可靠的数据基础，减少噪声和偏差的影响，更好地捕捉复杂生命网络中的结构和规律。

3.2 构建大型AI-ready生物数据集

AI-ready数据指的是那些经过精心准备和优化，以满足人工智能模型训练和应用需求的数据集。这些数据不仅在质量和完整性上达到高标准，还具备良好的一致性、可访问性、互操作性和可重用性等特征，确保其能够有效支持生命科学领域中的复杂AI分析和预测任务。生命科学领域的数据类型多样，涵盖了从微观到宏观的不同尺度，这些数据是对生命系统的不同角度和尺度的观测和分析。它们不仅包含生命系统的部分特征，而且相互之间存在生物学意义上的因果关联和特征补充。将这些不同模态和尺度的生物数据整合成系统化的AI-ready数据集，对于构建一个能够理解多尺度复杂生命系统的框架至关重要。然而，将生物大数据转化为AI-ready数据面临着诸多挑战，包括生物数据维度高、数据稀疏性大、不同模态数据特征表示不一致、难以建立关联等。尽管如CZ CELLxGENE[60]和scCompass[8]等研究已经构建了亿级的高质量单细胞转录组数据集，并应用于Geneformer[17]和geneCompass[18]等转录组基础模型的构建，但这些数据集仍局限于单一模态的数据。生命系统多尺度、多模态、互动联通的特点要求AI-ready数据要足够丰富且对生命系统全面覆盖，这样才能够支持人工智能对生命系统信息的充分读取和解析。未来，需要生成和收集数量庞大且高质量的多模态生物数据，以实现对生命系统信息的高度覆盖；需要研究生物数据跨模态特征对齐技术，来捕获跨模态数据关联关系并实现数据统一表征；还需要开发高效多模态数据多层次跨模态融合方法，有效整合来自不同层次和不同尺度的 AI-ready 生物数据集。这些 AI-ready 生物大数据将为未来生命智能模拟提供坚实的数据基础。

3.3 建立生命基础大模型构架

目前，应用于生命科学的人工智能架构大多直接借鉴于计算科学领域，但生命系统独有的特点要求开发专门适配生命科学的人工智能架构。AlphaFold 之所以能够准确预测蛋白质的三维结构，其关键在于在强大的 Transformer 架构基础上，结合多序列比对、空间几何关系等多种模块构建新型模型架构[5]。然而，现有的基础模型大多仅针对单模态数据，且其核心架构多为 Transformer，这使其在处理生命系统多模态、关联互作且时空动态的挑战时力不从心，导致在模拟精度和泛化能力上表现不佳。例如，基因组基础模型 EVO[6]，基于 StripedHyena 的框架，混合了密集二次 Transformer 算子和次二次型 Hyena 算子以提高计算效率。该模型还扩增上下文窗口，显著提高模型识别基因与其他基因调控元件之间联系的能力。但 EVO 仍局限于基因组水平的理解，对于转录、翻译及更高维度的细胞组织特征无能为力。未来，需要针对生命系统的特点，设计能够融合多种模态数据、高效读取不同类型数据生物信息的技术体系，建立统一生命模态生命基础大模型，实现不同尺度间生命系统的因果关联和涌现。

3.4 搭建生命科学创新研究新范式

传统的"湿实验"作为生命过程的直接信息来源，构成了生命科学研究的坚实基石。然而，湿实验往往耗时多、成本高，且数据获取的维度相对有限。与此相比，"干实验"通过计算机模拟和数据分析，能够高效处理和分析海量数据，揭示数据背后的深层模式和规律。干实验的优势在于其快速性和预测能力，但其局限性在于对数据质量和模型准确性的高度依赖。通过构建生命基础大模型，研究人员能够在统一框架下，将湿实验的实证数据与干实验的计算分析相结合，推动生命科学研究范式从"湿实验"和"干实验"的各自独立运作向计算和理论驱动的"干湿结合"转变。此外，结合自动化实验技术，实现从数据采集到分析的全流程自动化，不仅提高了实验效率和精度，还使大规模、高通量、体系化的实验成为可能。这种融合"人工智能＋湿实验验证＋自动化"的研究新范式，将实现生命基础大模型"模拟—预测—验证—反馈"的自迭代进化，推动生命科学更深入地解析生命现象，揭示生命过程的本质规律。

4 总结

随着 AI 和大数据技术的融合与广泛应用，生命科学的研究范式正从传统实验科学与数据科学的结合，向一个全新的、以实验为底座、由人工智能和大数据共同驱动的范式转变（见图1）。这一转变不仅极大地提升了生命科学研究的效率和深度，而且为人类在医疗健康、生态农业、生物材料及环境保护等领域面临的重大挑战提供了创新的解决策略和方法论。在"大数据+AI"赋能生命科学的浪潮中，中国在全球科技创新版图中扮演着日益重要的角色，国家高度重视科学研究和大数据发展，并努力加速推动大数据和AI技术在生命科学领域的应用，以期为人类社会的可持续发展贡献中国智慧和中国方案。

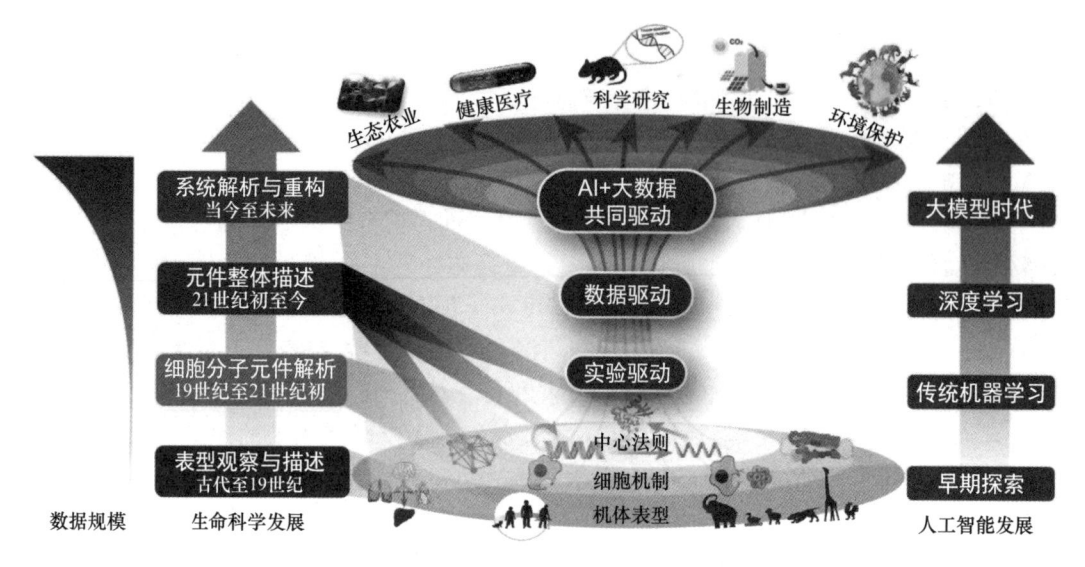

图1 生命科学研究范式变革及应用实践

参 考 文 献

[1] CHARLES D. The Origin of Species[M]. London: John Murray, 1859.

[2] WATSON J D, CRICK F H C. Molecular Structure of Nucleic Acids: A Structure for Deoxyribose Nucleic Acid[J]. Nature, 1953, 171(4356): 737-738.

[3] CRICK F H. On protein synthesis[J]. Symposia of the Society for Experimental Biology, 1958, 12: 138-163.

[4] LANDER E S, LINTON L M, BIRREN B, et al. Initial sequencing and analysis of the human genome[J]. Nature, 2001, 409(6822): 860-921.

[5] JUMPER J, EVANS R, PRITZEL A, et al. Highly accurate protein structure prediction with AlphaFold[J]. Nature, 2021, 596(7873): 583-589.

[6] NGUYEN E, POLI M, DURRANT M G, et al. Sequence modeling and design from molecular to genome scale with Evo[J]. Science, 2024, 386(6723): eado9336.

[7] ANDREAS V. De Humani Corporis Fabrica[M]. Basel: Andreas Oporinus, 1543.

[8] WANG P, LIU W, WANG J, et al. scCompass: An integrated cross-species scRNA-seq database for AI-ready[A/OL]. bioRxiv, 2024: 2024.11.12.623138.

[9] VAN MELLE W. MYCIN: a knowledge-based consultation program for infectious disease diagnosis[J]. International Journal of Man-Machine Studies, 1978, 10(3): 313-322.

[10] GOLUB T R, SLONIM D K, TAMAYO P, et al. Molecular Classification of Cancer: Class Discovery and Class Prediction by Gene Expression Monitoring[J]. Science, 1999, 286(5439): 531-537.

[11] KULP D, HAUSSLER D, REESE M G, et al. A generalized hidden Markov model for the recognition of human genes in DNA[J]. Proceedings. International Conference on Intelligent Systems for Molecular Biology, 1996, 4: 134-142.

[12] ALTSCHUL S F, GISH W, MILLER W, et al. Basic local alignment search tool[J]. Journal of Molecular Biology, 1990, 215(3): 403-410.

[13] JANSEN R, YU H, GREENBAUM D, et al. A Bayesian networks approach for predicting protein-protein interactions from genomic data[J]. Science, 2003, 302(5644): 449-453.

[14] 王化军，陈润生，倪向善，等 . 预测蛋白质二级结构的人工神经元网络方法 [J]. 生物物理学报，1989（4）：422-427.

[15] XU Z, WANG W, YANG T, et al. STOmicsDB: a comprehensive database for spatial transcriptomics data sharing, analysis and visualization[J]. Nucleic Acids Research, 2024, 52(D1): D1053-D1061.

[16] LI H, SUN Y, HONG H, et al. Inferring transcription factor regulatory networks from single-cell ATAC-seq data based on graph neural networks[J]. Nature Machine Intelligence, 2022, 4(4): 389-400.

[17] THEODORIS C V, XIAO L, CHOPRA A, et al. Transfer learning enables predictions in network biology[J]. Nature, 2023, 618(7965): 616-624.

[18] YANG X, LIU G, FENG G, et al. GeneCompass: deciphering universal gene regulatory mechanisms with a knowledge-informed cross-species foundation model[J]. Cell Research, 2024.

[19] ABRAMSON J, ADLER J, DUNGER J, et al. Accurate structure prediction of biomolecular interactions with AlphaFold 3[J]. Nature, 2024, 630(8016): 493-500.

[20] SHEN T, HU Z, SUN S, et al. Accurate RNA 3D structure prediction using a language model-based deep learning approach[J]. Nature Methods, 2024: 1-12.

[21] ZHENG K, LONG S, LU T, et al. ESM All-Atom: Multi-Scale Protein Language Model for Unified Molecular Modeling[C]. Forty-first International Conference on Machine Learning, 2024.

[22] LI W, JIANG X, WANG W, et al. Discovering CRISPR-Cas system with self-processing pre-crRNA capability by foundation models[J]. Nature Communications, 2024, 15(1): 10024.

[23] HE Y, FANG P, SHAN Y, et al. LucaOne: Generalized Biological Foundation Model with Unified Nucleic Acid and Protein Language[A]. Bioinformatics, 2024.

[24] LEVINE J H, SIMONDS E F, BENDALL S C, et al. Data-Driven Phenotypic Dissection of AML Reveals Progenitor-like Cells that Correlate with Prognosis[J]. Cell, 2015, 162(1): 184-197.

[25] BUTLER A, HOFFMAN P, SMIBERT P, et al. Integrating single-cell transcriptomic data across different conditions, technologies, and species[J]. Nature Biotechnology, 2018, 36(5): 411-420.

[26] VAN DIJK D, SHARMA R, NAINYS J, et al. Recovering Gene Interactions from Single-Cell Data Using Data Diffusion[J]. Cell, 2018, 174(3): 716-729.e27.

[27] WANG J, MA A, CHANG Y, et al. scGNN is a novel graph neural network framework for single-cell RNA-Seq analyses[J]. Nature Communications, 2021, 12(1): 1882.

[28] LOPEZ R, REGIER J, COLE M B, et al. Deep generative modeling for single-cell transcriptomics[J]. Nature Methods, 2018, 15(12): 1053-1058.

[29] LOTFOLLAHI M, WOLF F A, THEIS F J. scGen predicts single-cell perturbation responses[J]. Nature Methods, 2019, 16(8): 715-721.

[30] FENG G, QIN X, ZHANG J, et al. CellPolaris: Decoding Cell Fate through Generalization Transfer Learning of Gene Regulatory Networks[A]. bioRxiv, 2023: 2023.09.25.559244.

[31] CUI H, WANG C, MAAN H, et al. scGPT: Towards Building a Foundation Model for Single-Cell Multi-omics Using Generative AI[R]. Bioinformatics, 2023.

[32] HAO M, GONG J, ZENG X, et al. Large-scale foundation model on single-cell transcriptomics[J]. Nature Methods, 2024, 21(8): 1481-1491.

[33] ZHAO S, ZHANG J, WU Y, et al. LangCell: Language-Cell Pre-training for Cell Identity Understanding[A/OL]. 2024: arXiv: 2405.06708.

[34] HU J, LI X, COLEMAN K, et al. SpaGCN: Integrating gene expression, spatial location and histology to identify spatial domains and spatially variable genes by graph convolutional network[J]. Nature Methods, 2021, 18(11): 1342-1351.

[35] LI Z, ZHOU X. BASS: multi-scale and multi-sample analysis enables accurate cell type clustering and spatial domain detection in spatial transcriptomic studies[J]. Genome Biology, 2022, 23(1): 168.

[36] ZHAO E, STONE M R, REN X, et al. Spatial transcriptomics at subspot resolution with BayesSpace[J]. Nature Biotechnology, 2021, 39(11): 1375-1384.

[37] LONG Y, ANG K S, LI M, et al. Spatially informed clustering, integration, and deconvolution of spatial transcriptomics with GraphST[J]. Nature Communications, 2023, 14(1): 1155.

[38] XIA T, HU L, ZUO L, et al. ST-GEARS: Advancing 3D downstream research through accurate spatial information recovery[J]. Nature Communications, 2024, 15(1): 7806.

[39] QIU X, ZHU D Y, LU Y, et al. Spatiotemporal modeling of molecular holograms[J]. Cell, 2024, 187(26): 7351-7373.e61.

[40] SCHAAR A C, TEJADA-LAPUERTA A, PALLA G, et al. Nicheformer: a foundation model for single-cell and spatial omics[A/OL]. bioRxiv, 2024: 2024.04.15.589472.

[41] WEN H, TANG W, DAI X, et al. CellPLM: Pre-training of Cell Language Model Beyond Single Cells[A]. Bioinformatics, 2023.

[42] CHEN Z, HUANG J, ZHANG J, et al. A storm in a teacup—A biomimetic lung microphysiological system in conjunction with a deep-learning algorithm to monitor lung pathological and inflammatory reactions[J]. Biosensors and Bioelectronics, 2023, 219: 114772.

[43] LIANG L, CHEN Y, WANG T, et al. Genetic Transformer: An Innovative Large Language Model Driven Approach for Rapid and Accurate Identification of Causative Variants in Rare Genetic Diseases[A/OL]. medRxiv, 2024: 2024.07.18.24310666.

[44] SONG Z, ZOU S, ZHOU W, et al. Clinically applicable histopathological diagnosis system for gastric cancer detection using deep learning[J]. Nature Communications, 2020, 11(1): 4294.

[45] WANG W, ZHAO Y, TENG L, et al. Neuropathologist-level integrated classification of adult-type diffuse gliomas using deep learning from whole-slide pathological images[J]. Nature Communications, 2023, 14(1): 6359.

[46] LIU W, LIU Z, LIU H, et al. Free Energy Calculations Using the Movable Type Method with Molecular

Dynamics Driven Protein-Ligand Sampling[J]. Journal of Chemical Information and Modeling, 2022, 62(22): 5645-5665.

[47] ZHU W, HAN R, SHANG X, et al. The CropGPT project: Call for a global, coordinated effort in precision design breeding driven by AI using biological big data[J]. Molecular Plant, 2024, 17(2): 215-218.

[48] WANG Y, WANG H, WEI L, et al. Synthetic promoter design in Escherichia coli based on a deep generative network[J]. Nucleic Acids Research, 2020, 48(12): 6403-6412.

[49] ZHANG P, WANG H, XU H, et al. Deep flanking sequence engineering for efficient promoter design using DeepSEED[J]. Nature Communications, 2023, 14(1): 6309.

[50] CUI Y, WANG Y, TIAN W, et al. Development of a versatile and efficient C-N lyase platform for asymmetric hydroamination via computational enzyme redesign[J]. Nature Catalysis, 2021, 4(5): 364-373.

[51] THALOR M A, NAGABHYRAVA R, RAJKUMAR K, et al. Deep learning insights and methods for classifying wildlife[C]. 2023 3rd International Conference on Advance Computing and Innovative Technologies in Engineering (ICACITE), 2023: 403-407.

[52] NOROUZZADEH M S, NGUYEN A, KOSMALA M, et al. Automatically identifying, counting, and describing wild animals in camera-trap images with deep learning[J]. Proceedings of the National Academy of Sciences, 2018, 115(25): E5716-E5725.

[53] OSKYRKO O, MI C, MEIRI S, et al. ReptTraits: a comprehensive dataset of ecological traits in reptiles[J]. Scientific Data, 2024, 11(1): 243.

[54] CHIA S Y, FANG Y T, SU Y T, et al. A global database of bird nest traits[J]. Scientific Data, 2023, 10(1): 923.

[55] DING C, LIANG D, XIN W, et al. A dataset on the morphological, life-history and ecological traits of the mammals in China[J]. Biodiversity Science, 2022, 30(2): 21520.

[56] GAO Y Z, LIU H, CHAO H J, et al. Constitutive Expression of a Nag-Like Dioxygenase Gene through an Internal Promoter in the 2-Chloronitrobenzene Catabolism Gene Cluster of Pseudomonas stutzeri ZWLR2-1[J]. Applied and Environmental Microbiology, 2016, 82(12): 3461-3470.

[57] PALANSOORIYA K N, LI J, DISSANAYAKE P D, et al. Prediction of Soil Heavy Metal Immobilization by Biochar Using Machine Learning[J]. Environmental Science & Technology, 2022, 56(7): 4187-4198.

[58] WU G, KECHAVARZI C, LI X, et al. Machine learning models for predicting PAHs bioavailability in compost amended soils[J]. Chemical Engineering Journal, 2013, 223: 747-754.

[59] MO Y, BIER R, LI X, et al. Agricultural practices influence soil microbiome assembly and interactions at different depths identified by machine learning[J]. Communications Biology, 2024, 7(1): 1-16.

[60] ABDULLA S, AEVERMANN B, ASSIS P, et al. CZ CELLxGENE Discover: a single-cell data platform for scalable exploration, analysis and modeling of aggregated data[J]. Nucleic Acids Research, 2024, 53(D1): D886-D900.

作者简介

李鑫，中国科学院动物研究所、北京干细胞与再生医学创新研究院双聘研究员，博士生导师，2022年入选国家海外优秀青年学者计划。2015年毕业于东北农业大学八年制"国家理科基地班"（中国科学院动物研究所联合培养）获得发育生物学博士学位，随后于加州大学圣地亚哥分校以及麻省理工学院著名癌症生物学家Robert Weinberg实验室进行博士后研究工作。2021年12月全职加入中国科学院动物研究所。主要从事人工智能生物学、干细胞与发育、衰老以及癌症转移等方向研究和转化应用。以第一作者（含共同第一）或通讯作者身份在 Cell、Science、Cell Research、Nature Cell Biology、Cell Stem Cell 等著名刊物发表多篇重要论文。代表性工作包括建立首例大鼠单倍体及大小鼠跨物种异源二倍体胚胎干细胞，并对干细胞多形性维持及基因调控的进化差异等重要科学问题进行了研究（Cell Stem Cell 2014，Cell 2016）；揭示了哺乳动物获得性代谢异常性状可以通过tsRNA为载体的跨代遗传机制以及表观遗传与脂代谢调控衰老机制（Science 2016，Nature Cell Biology 2018，STTT 2022），该工作同时入选2016年度中国科学十大进展；构建了世界首个跨物种生命基础模型（Cell Research 2024 封面）和基于迁移学习的基因调控网络生成模型。目前担任东北农业大学博士生导师、中国老年学和老年医学学会抗衰老分会委员、中国遗传学会衰老遗传学分会委员。

江海平，中国科学院动物研究所博士后。主要研究领域：衰老、癌症和人工智能。

刘文豪，中国科学院动物研究所/东北农业大学联培博士在读。主要研究领域：生命数据科学、生物信息和人工智能。

房晨，中国科学院动物研究所博士在读。主要研究领域：生命科学人工智能基础大模型。

李聪，中国科学院动物研究所博士在读。主要研究领域：生命科学人工智能基础大模型。

王浩然，中国科学院大学前沿交叉科学学院（中国科学院动物研究所联合培养）博士在读。主要研究领域：深度学习、癌症和衰老。

马旭升，中国科学院动物研究所硕士在读。主要研究领域：生命科学与人工智能。

武欢欢，中国科学院大学前沿交叉科学学院（中国科学院动物研究所联合培养）博士在读。主要研究领域：人工智能与衰老。

材料科学领域数据与人工智能模型发展与创新应用

刘　淼[1]，王宗国[2]，王彦棡[2]，孟　胜[1]，芦腾龙[1]，万　萌[2]，陈子逸[2]，袁　扬[2]

（1. 中国科学院物理研究所；2. 中国科学院计算机网络信息中心）

摘　要

材料是经济社会发展的重要基石，人工智能（AI）技术的融入为材料科学研究带来了新机遇。本文综述了材料领域数据与人工智能大模型的发展与应用创新。文章首先介绍了材料科学领域中数据库的进展与发展趋势，介绍了国际知名数据库及其应用，展现了数据驱动的材料研发的研究案例；接着阐述了材料物性、力场、哈密顿量的预测模型，强调了多种人工智能模型与平台在材料研究中的关键作用，同时还探讨了大语言模型、知识图谱技术和增强搜索在材料科学领域中的应用，如垂类语言模型助力科研、知识图谱挖掘潜在联系、增强搜索优化信息获取等；详细介绍了中国科学院开发的MatChat预测化合物合成路径、GPTFF人工智能力场大模型等多个案例的创新应用成果；最后对材料科学领域数据与人工智能技术未来的发展进行了展望。数据与人工智能模型在材料科学领域的发展虽然仍面临诸多挑战，但未来发展前景广阔，数据与人工智能技术的应用势必将进一步推动材料科学研究与产业发展。

关键词

材料科学；大模型；数据库；人工智能

Development and Innovative Applications of Data and AI Models in Materials Science

Miao Liu[1], Zongguo Wang[2], Yangang Wang[2], Sheng Meng[1], Tenglong Lu[1], Meng Wan[2], Ziyi Chen[2], Yang Yuan[2]

(1. Institute of Physics, Chinese Academy of Sciences; 2. Computer Network Information Center, Chinese Academy of Sciences)

Abstract

Materials are a fundamental cornerstone of economic and social development, and the integration of artificial intelligence (AI) has created new opportunities for research in materials science. This paper reviews the advancements and innovative applications of data and large AI models in the field of materials science. It begins by discussing the progress and trends in materials science databases, highlighting internationally renowned databases and their applications, along with case studies showcasing data-driven materials research and development. The paper then explores prediction models for material properties, force fields, and Hamiltonians, emphasizing the critical roles of various AI models and platforms in materials research. Furthermore, it examines the applications of large language models, knowledge graph technology, and enhanced search capabilities in the field of materials science, such as vertical language models supporting research, knowledge graphs uncovering latent connections, and enhanced search optimizing information retrieval. Detailed examples include innovative applications like MatChat, developed by the Chinese Academy of Sciences, for predicting compound synthesis pathways, and GPTFF, a large AI model for force field predictions. Finally, the paper reflects on the future development of data and AI technologies in materials science. Although challenges remain in advancing these technologies, the field holds immense potential, and their applications are set to drive further progress in materials science research and industrial development.

Keywords

Materials Science; Fundamental Models; Database; AI

材料科学是社会发展的动力，是科技进步的物质基础。随着科技的不断进步，材料领域的研究也在不断深入，近年兴起的人工智能（Artificial Intelligence，AI）技术正从多层面深入赋能材料科学发展，为新材料的创新发展带来了新的机遇。

在当今时代，信息化技术正以前沿之势赋能材料科学，开启全新篇章。通过大数据精准挖掘材料特性与性能，加速了新型材料的研发进程；借助人工智能模拟复杂材料结构演变过程，助力优化材料设计；以云计算高效整合分散的材料科技资源，推动了全球科研协作共享。这些技术的融合不仅突破传统材料科学研究的时空局限，更让材料的微观世界在数字视角下清晰呈现。AI大模型凭借其强大的数据处理和学习能力，能够快速分析材料的各种性能参数、结构特征以及合成路径之间的复杂关系，极大地缩短了新材料研发的周期，并提高了研发的精准度。AI在材料科学中的应用正不断成熟，已然成为当前材料科学研究中最具活力与潜力的前沿方向，推动材料领域朝着数字化、智能化的未来大步迈进，有望在众多关键技术领域催生突破性的创新成果，重塑全球材料科技的竞争格局。

在材料科学数字化的征程中，全球科研界开展了诸多开创性工作。劳伦斯伯克利国家实验室的Materials Project[1]犹如一座数据宝库，率先对材料数据进行大规模整合与挖掘，为后续发展指明了方向。随着数字化浪潮的推进，科技巨头们接踵而至，强势发力。DeepMind的GNoME借助先进的人工智能算法[2]，在海量数据的滋养下，深度预测新材料结构，展现出惊人的创新能力；微软（Microsoft）凭借其技术实力，推出MaterSim和Mattergen[3,4]，在材料模拟与生成领域取得显著成效；Meta公司的OMat24数据集[5]为整个材料科学领域贡献了丰富多元的数据资源，促进了知识的共享与交流。

在材料科学数字化的全球浪潮中，我国展现出强劲的实力与蓬勃的创新活力。中国科学院物理研究所与中国科学院计算机网络信息中心合作在该领域取得了一系列令人瞩目的进展，合作团队构建的Atomly材料科学数据库[6,7]，通过高通量计算收集、整理与深度分析各类材料数据，构建起一个全面且精细的材料信息库，为材料研究提供了海量数据支撑；推出的MatChat无机材料合成路径预测模型利用先进的算法与丰富的数据训练，能够精准预测无机材料的合成路线，极大地提高了材料合成的效率与成功率，减少了不必要的实验摸索；GPTFF材料科学通用AI力场的诞生[8]，则为材料的微观结构模拟与性能计算提供了强大的工具，能够帮助科研人员深入探究材料在原子尺度的奥秘，为新型材料的设计与优化开辟了新路径。这些成果不仅彰显了我国在材料科学数字化领域的深厚积淀与卓越智慧，更是整个行业迈向更高层次发展的关键基石与不可或缺的核心力量。

当然，大模型在材料科学领域的应用仍然面临着一些挑战。例如，垂直领域大模型虽在驱动基础科研范式变革领域的潜力已经彰显，但行业落地整体仍处于探索前期，还不能完全解决研发痛点，未来仍需围绕错误数据、缺失数据、模型幻觉等问题全面发力，持续迭代升级。

本文通过深入回顾其发展历程，梳理从早期科研探索萌芽到如今科技巨头纷纷入局的关键节点，探讨理念突破与技术革新，重塑材料研究新范式；同时细致总结现有材料领域的丰富数据集，剖析各类前沿技术，展示关键基础设施；最后展望了AI与材料科学深度融合的未来发展趋势，为科研人员、政策制定者及从业者提供参考。

1 材料科学数据库进展及发展趋势

在当今数字化时代，材料科学数据库的兴起为材料研究、开发和应用带来了新的机遇和挑战。了解其兴起及国际背景，对于推动材料科学的发展具有重要意义。随着信息技术的飞速发展，材料科学研究逐渐从传统实验驱动向数据驱动转变。材料科学数据库的出现，为研究人员提供了大量的实验数据、理论计算结果和文献资料，使其能够更高效地进行材料设计、性能预测和优化。由此应运而生的材料信息学，是一门将信息科学与材料科学相结合的新兴学科，旨在利用信息技术手段对材料数据进行收集、整理、分析和应用。材料科学数据库是材料信息学的重要组成部分，可为材料信息学的发展提供数据基础和技术支持。材料研发是一个复杂而漫长的过程，需要大量的实验和测试。材料科学数据库可以为材料研发人员提供参考，减少实验次数和成本，提高研发效率和成功率。

1.1 材料科学数据库的发展背景

在材料科学领域，随着大数据、人工智能、机器学习（Machine Learning，ML）等先进技术的发展，材料科学数据库已成为推动材料研究的重要力量，它提供了丰富的实验数据和计算数据，为材料的设计、性能预测和应用创新打下了坚实的基础。

材料科学的研究高度依赖大量的实验数据和理论计算数据。然而，材料的性质是多维度的，涉及化学成分、结构、性能、环境影响等多个因素，数据来源分散且庞大。为了实现高效的材料研发和性能优化，学者们逐渐意识到需要构建一个系统化、标准化的数据管理平台，集成各类数据，以便于快速查询和分析。随着数据量的迅猛增长，材料科学数据库逐步从简单的实验记录演变为集成化的大型数据库，涵盖了材料的成分、结构、性质、制造工艺等多方面的信息，不仅储存传统的实验数据，还包括了高通量计算、机器学习等新型技术获得的预测数据。材料科学数据库的发展方向之一是实现开放共享，推动全球范围内的数据交流和合作，通过开放数据库，研究人员可以在已有数据的基础上进行二次开发和研究，推动跨学科的创新。

美国的材料基因组计划（Materials Genome Initiative，MGI）于 2011 年启动[9]，旨在通过加速材料的发现和优化，提升材料研究的效率和创新能力。MGI 的核心思想是通过大数据和计算建模，加速材料从研发到应用的进程。为此，MGI 推动了大量材料数据库的建设，其中包括 Materials Project[1]，这是一个基于高通量计算的数据库，提供了材料的结构、性质和性能数据。此外，AFLOWlib 和 Open Quantum Materials Database（OQMD）等也为研究人员提供了重要的数据支持[10,11]。在欧洲，多个合作项目致力于材料数据的共享和整合，欧洲的 Horizon 2020 项目为材料数据库的发展提供了资金和技术支持，推动了多学科、多领域的合作。

我国在材料科学领域数据库建设方面也取得了显著进展。中国启动了材料基因组计划，旨在通过数据库的建设加速新材料的研发进程。科技部设立了相关专项，并由北京科技大学牵头建立相关材料科学数据库；北京市与中国科学院共建的怀柔材料基因组研究平台，是集材料计算、大数据处理、高通量材料合成与表征、高通量技术研发等功能于一体的材料探索、基础和应用研究的先进平台，有力推动材料科学研究与应用发展；中国科学院建设的科学数据银行（ScienceDB）作为全新的科学数据管理和计算平台[12]，以独特的数据建模、存储和计算方式，以及强大的并行计算、弹性扩展等功能推动科学数据的高效管理、分析和共享，对加速材料等各学科领域的科研创新与发展具有重大意义。

1.2 世界知名材料科学数据库简介

数据资源是大模型训练与应用的基础，材料数据库及数据质量是材料大模型构建的关键要素。当前，数据不仅是信息的载体，更是推动科技创新与竞争的重要动力，尤其是在材料科学领域，随着新材料的不断涌现，如何高效利用和管理数据资源，成为研究者和企业面临的重要挑战。

国外具有代表性的权威数据库主要有如下几个：SpringerMaterials，由施普林格自然集团提供的世界最大的关于材料性质的高质量数值型数据库之一；Total Materia，全球最全面的材料数据和跨国标准对比的材料数据库之一；MatNavi[13]，日本国立材料科学研究院(NIMS)组建的免费数据库；Materials Project[1]，劳伦斯伯克利国家实验室和麻省理工学院共同开发维护的材料计算数据分析库；OQMD（Open Quantum Materials Database）[11]，西北大学开发的开源量子材料数据库；AFLOW[10]，由杜克大学（Duke）和 AFLOW 联盟共同开发；以及面向开发者的简单数据库迁移工具 NOMAD[14]，高通量计算数据库及工作流管理系统 AiiDA[15]，由德国 FIZ Karlsruhe 提供的世界上最大的无机晶体结构数据库（Inorganic Crystal Structure Database，ICSD）[16] 等。科技巨头也在这一领域崭露头角，Meta 公司发布的 OC20、OC24 及 OMat24 数据集是一系列重要的材料科学领域的开源数据集[5,17]。

国内材料科学数据库的发展较晚，但也有弯道超车的典型案例。目前在世界知名度较高的典型代表有中国科学院物理研究所和松山湖材料实验室联合研发的，具有自主知识产权的世界级材料科学数据平台 Atomly[6]，该数据平台包含了 30 多万个无机化合物、原子结构、电子结构、热力学稳定性、X射线衍射图样等信息。

以上可见，当前以第一性原理计算为基础的数据生产模式已经在这个领域占据重要地位。这也使算力和高度自动化的计算工作流成为材料领域内的核心生产力。数据是最重要的资产，目前在材料科学领域内积累数据的主要方式包括实验和理论计算两种途径。但目前材料科学实验数据库的量级尚不能与计算数据库相比，还有很大的难度，同时也具有较大的发展空间。实验数据库的建设并不是简单地把众多实验数据收集起来，而是要经过较长周期的积累和人工处理，使得数据实现统一化、标准化，因此实验途径累积的数据在短期内是无法企及理论计算途径的。经过几十年的发展，以密度泛函理论为代表的理论计算方法已经发展得非常成熟，能够以较高的效率提供大量高精度、高标准化的数据，天然契合了机器学习模型对数据集的要求。当前，在国际范围内针对建立高质量、大型材料计算数据库的工作正在如火如荼地开展，我国尚需要在该领域内积蓄力量，大力发展拥有自主知识产权的、立足于世界前列的计算数据库。

2 材料科学领域人工智能模型与平台

人工智能技术的快速发展为材料科学研究方式带来了深刻变革。通过应用深度学习、神经网络等先进算法，AI在材料预测、设计、优化及实验等方面发挥了重要作用。材料科学不仅需要海量的数据支持，还依靠强大的计算能力和精确的模型，这使得AI成为推动材料研发的重要动力。材料科学中的AI模型依赖于大量材料数据的训练，通过分析材料的结构、组成、性能等多个维度，能够有效预测新材料的性质及其潜在应用。同时，材料科学领域的开放平台也在加速AI模型的实际应用，这些平台通过集成计算资源、自动化实验设备和智能工具，推动材料科学研究进入一个高效、精准和智能化的新阶段。下面，我们将深入探讨材料科学中应用的几种主要人工智能模型，并分析它们在提升材料研究的效率和精准度方面的潜力及应用方式。

2.1 材料科学领域物性、力场、哈密顿量预测模型

2.1.1 材料物性预测模型

材料物性预测的一个关键是如何准确获取材料信息描述符，在此领域科研人员经过不懈研究，涌现了大量的创新性工作。代表性的网络和模型主要集中在以下几种。

（1）CGCNN（Crystal Graph Convolutional Neural Network），是基于晶体图的图卷积神经网络[18]，通过构建晶体结构的图表示，将原子及其化学键信息编码为图数据，然后借助图卷积操作深度提取晶体结构的内在特征。

（2）CrabNet（Compositionally Restricted Attention-Based Network），是基于独特的成分限制注意力机制的网络[19]，能有效捕捉不同元素之间的相互作用，通过化学式直接预测材料属性，具有高准确性和可解释性。

（3）MEGNet（MatErials Graph Network），是一种通用材料图网络模型，用于分子和晶体的准确性能预测[20]。

（4）TiraCGCNN（Tripartite Interaction Representation Algorithm-Enhanced Crystal

Graph Neural Networks），是一种对三体交互作用特征显式编码的晶体图卷积神经网络模型[21]，整合了原子信息、键长和键角信息，明确描述了原子和边之间的向量关系。

（5）Universal formation energy model，该模型是一个基于大量数据训练而成的用于预测无机化合物形成能的模型[22]，其创新之处在于设计了一系列与结构紧密相关的描述符。这些描述符着重考虑了电负性差异及配位数量等关键因素，从而精准捕捉材料原子间相互作用的本质特征，使得模型具备卓越的预测性能。

（6）SteelBERT，是一种基于大语言模型、从海量历史文本知识中定量预测材料性能的端到端策略[23]。该策略由材料自然语言编码器和多模态深度学习框架组成，以成分和工艺文本为输入，定量预测力学性能。

2.1.2 原子尺度的力场模型

物质科学的核心问题是理解原子之间的相互作用，原子尺度的通用力场模型为模拟物质科学提供重要利器。随着人工智能技术的发展，原子尺度的高精度力场模型为材料领域的计算模拟方式带来深刻变革。国内外在材料模拟中广泛应用的代表性力场模型主要有以下几种。

（1）DeepMD/DPA1/DPA2[24]，是一种用于表示多体势能的深度学习方法。它通过将系统势能分解为原子能量贡献之和，并构建原子环境描述符输入深度神经网络来计算原子能量，可用于分子动力学模拟。但因采用开源数据集，模型能力受到一定制约。

（2）M3GNet[25]，是一种基于图神经网络且考虑三体相互作用的通用原子间势函数模型，用于描述原子间的势能面。其架构通过构建包含原子坐标和晶格矩阵等信息的材料图，融入多体相互作用，利用高效的球面贝塞尔函数和球谐函数基组扩展三体角相互作用，并经多步更新迭代优化。它基于 Materials Project 十年来大规模结构弛豫计算数据训练，能准确预测多种材料的能量、力和应力，在结构弛豫、动力学模拟和性能预测等方面有广泛应用。

（3）CHGNet[26]，是一种用于原子尺度建模的预训练通用机器学习原子间势函数模型。它基于图神经网络，通过对材料结构中的原子、化学键等信息构建图结构来描述原子间相互作用。其特点是能利用从 Materials Project Trajectory Dataset（包含约 150 万个无机结构的 DFT 计算数据）中学习到的能量、力、应力和磁矩等信息，特别是通过磁矩推断原子电荷，从而更好地捕捉电子相互作用，这有助于在原子尺度模拟中区分不同价态离子的行为。

（4）MACE[27]，是一种用于计算化学和材料科学领域的新型神经网络模型。它基于等变消息传递神经网络（MPNNs）架构，通过创新的消息构建机制，采用分层体序扩展来传递高阶消息，解决了传统 MPNNs 中因仅传递二体消息而导致的模型表达能力受限以及计算成本高的问题。

（5）SevenNet[28]，是在分子动力学模拟领域极具创新性的成果。它聚焦于解决图神经网络原子间势（GNN-IPs）在分子动力学（MD）模拟时所面临的并行化困境。其核心的空间分解并行算法基于 NequIP 架构构建。在这个架构下，模拟单元被巧妙地划分成多个子域，每个子域分配给不同的 GPU 进行处理。在消息传递环节，SevenNet 精准地交换原子位置、节点特征及梯度信息，从而有效地减少了相邻处理器之间的通信范围,极大地提升了计算效率。

(6) GPTFF[8],由中国科学院物理研究所和松山湖材料实验室联合开发,基于图神经网络(GNNs)构建。它将晶体结构中的原子依据元素类型投影到高维空间,以嵌入向量表示原子,用连接原子的边向量表示原子间的几何结构(如键长),并通过拼接形成原子和边的向量表示。同时,融入与三体相互作用相关的键角信息,将键角的余弦值映射到高维,使模型学习不同原子节点和边向量间的相互作用关系,提升预测能力。GPTFF作为通用力场,可快速优化给定晶体结构,适用于未知结构的快速筛选和弛豫,其精度良好且能普遍应用于各类系统的平衡结构和能量预测,是我国在此行业中的佼佼者。

2.1.3 哈密顿量预测模型

深度学习技术在材料科学领域被迅速应用,其中哈密顿量预测模型为加速材料电子结构计算提供全新途径,尤其在处理复杂材料体系和避免传统昂贵计算过程方面,展现出明显的优势。这些模型的成功应用标志着深度学习与材料科学结合的巨大潜力,为高效预测和设计新材料提供了强有力的工具。

(1) 深度学习密度泛函理论哈密顿量(DeepH)[29],是由清华大学物理系徐勇、段文晖研究组开发的一种深度学习第一性原理计算方法。该方法从密度泛函数据中学习,给定材料结构并准确预测其 DFT 哈密顿量,实现多种材料性质的准确计算。DeepH 的核心在于利用三维欧几里得群[E(3) 群]下协变的神经网络预测微观原子结构对应的 DFT 哈密顿量,从而加速第一性原理电子结构计算,尤其是在处理复杂材料体系的电子结构预测方面展现了较强的优势。

(2) HamGNN(Hamiltonian Graph Neural Network)[30],是由复旦大学向红军、龚新高教授研究团队开发的一种图神经网络模型,旨在高效预测材料的电子哈密顿量。该模型结合机器学习技术,能快速构建任意组分和晶体结构的电子哈密顿量矩阵,避免了传统电子结构计算中代价昂贵的自洽过程。HamGNN 的核心特点在于其 E(3) 对称性,确保了模型在处理不同材料时的准确性和泛化能力。通过预训练和微调的两步训练流程,HamGNN 能够达到与第一性原理相当的精度。

2.2 语言模型、知识图谱及增强搜索在材料科学中的应用

2.2.1 材料科学垂类语言模型的开发与应用

材料科学垂类语言模型旨在专门处理与材料相关的文本数据,如学术论文、专利文献、实验报告等。其开发通常需构建大规模材料科学语料库,收集各种权威数据源的材料科学文本(包括经典教材、前沿研究期刊及行业报告等),为该模型训练提供了丰富且专业的数据基础。

由中国科学院计算机网络信息中心人工智能技术与应用发展部联合物理研究所研发的 MatChat 模型是此类模型中的早期经典案例之一,它基于 LLaMA2-7B 微调训练[31],是专注于无机材料合成路径预测任务且已上线开放使用的大语言模型。中国科学技术大学研发的 Chem-GPT 是由化学数据驱动的模型,通过结合化学家知识训练,提供初步实验建议。该模型基于 GPT 架构进行训练,专注于化学品的研发[32]。

2.2.2 知识图谱技术赋能材料科学发现

知识图谱通过构建实体（如材料、元素、性能、制备工艺等）与实体之间的关系网络，将分散在大量文献和数据中的材料科学知识进行整合，实现结构化表示。在构建材料科学知识图谱时，首先需要对各种数据源进行信息抽取，识别出其中的关键实体和关系。例如，从材料科学论文中抽取材料名称、组成成分、晶体结构、力学性能等属性信息与作者信息，揭示它们之间的相互关系。然后构建相应的知识体系，挖掘更深层次的关系。例如，通过材料信息与作者的关联，探究材料发展的重要里程碑和趋势。

2.2.3 增强搜索在材料科学中的开发与应用

增强搜索技术在材料科学中的应用，致力于提升研究人员精准获取材料科学信息的能力。一方面，引入语义理解技术，使搜索系统深入理解搜索关键词的语义，不局限于关键词的字面匹配；另一方面，结合用户行为分析和个性化推荐技术，通过分析用户的历史搜索记录、浏览行为及对搜索结果的反馈，系统能够逐渐掌握用户的研究兴趣和偏好，为用户提供个性化的搜索结果排序和推荐内容。

2.3 人工智能开放平台

材料模型的应用离不开强大算力的支持，为了突破超级计算与云计算异构资源调度技术的限制，中国科学院计算机网络信息中心研发了人工智能开放平台（VenusAI）[33]，为材料科学研究提供了全面且多样化的智能服务，涵盖材料合成、性能预测到设计的全流程，显著提升了科研效率与成果转化能力（见图1）。VenusAI作为中国科技云的重要组成部分，已持续服务于材料科学领域的200余个科研团队（包括高校、研究所和企业）。通过全面集成智能工具与大规模计算资源，人工智能开放平台正推动材料科学研究迈入高效、精准与智能化的新阶段。

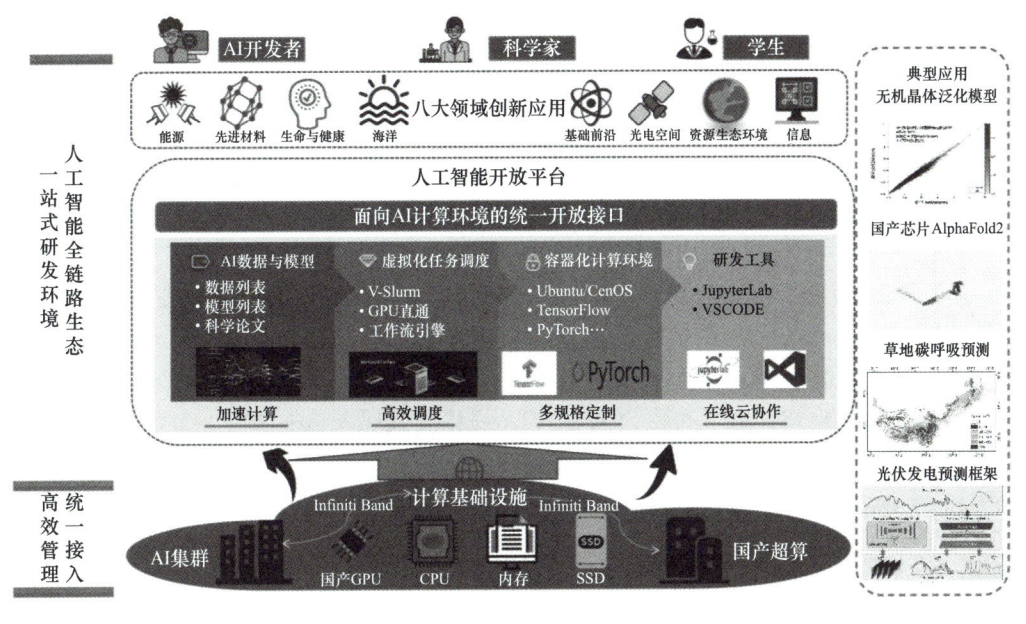

图 1 人工智能开放平台架构图

3 材料科学领域创新应用案例

3.1 "大数据 + 人工智能"赋能新材料发现

1. 三元氮化物材料的发现 [34]

人类过去 70 年，平均每年发现 3.3 个氮化物晶体，而加州大学伯克利分校的 Ceder 团队，通过高通量第一性原理计算构建了一个大型的交互式三元氮化物稳定性数据库。该数据库通过计算材料发现和信息学工具，将三元氮化物聚类为具有不同稳定性和亚稳定性的化学家族，在一年内发现了 92 种该类材料，并成功通过实验合成了其中 7 种，大幅加速了新材料的发现过程。

2. 储能新材料的发现 [35]

美国能源部成立的 JCESR 能源研究中心，深入开展储能技术的研究，以满足未来能源转型和可持续发展的需求。在其多价态离子电池的发现研究工作中，研究人员从 Materials Project 数据库出发，仅花费一年半左右时间，从上万个候选材料中，成功找到了尖晶石型的 $MgTi_2S_4$ 镁离子正极材料，并得到了实验证实。在此之前，镁离子正极材料的储能本领较低，且在近 20 年内都没有显著突破。尖晶石型的 $MgTi_2S_4$ 的出现，将此前镁离子正极材料储能本领的世界纪录提升了一倍，由此可见材料数据驱动方法的强大威力。

3. GNoME 与 A-Lab 协作发现的新材料 [2,36]

DeepMind 开发的材料领域深度学习工具 GNoME，是研究人员使用材料项目十多年来开发的工作流和数据训练而成，并通过主动学习不断改进算法。研究人员使用 GNoME 最终生成了 220 万个晶体结构，其中 38 万个结构预测为稳定结构，使其在未来技术中具有潜在的用途。加州大学伯克利分校的 Ceder 团队开发了一个将机器人技术与人工智能相结合的自主新材料发现合成系统 A-Lab，该系统可用于设计材料配方。在 GNoME 预测结果基础上，A-Lab 开展实验合成，形成材料发现协作系统，仅用 17 天时间尝试合成了 58 个目标化合物，其中包含 41 种新型人类未知化合物。

4. 量子、超导等材料的发现 [37-39]

借助 Atomly 材料科学数据库和第一性原理计算，中国科学院物理研究所团队"地毯式"地搜索超导材料，从 18 万个无机材料中逐级搜索得到了若干"类 MgB_2"结构的超导材料。理论预测发现搜索的材料中 CaB_2 具有较高的超导转变温度（T_c=9.4～28.6 K）；发现若干新超导材料，如 $SrGa_2$、$BaGa_2$ 等。合作者通过实验证实了 $BaGa_2$ 中的超导电性，实现了材料搜索到实验验证的"端到端"模式。

基于 Atomly 数据库，研究所团队还系统性地探索了 1386 个"类 CsV_3Sb_5"笼目材料的热力学稳定性及电子结构特征，并筛选出 25 个热力学稳定的新型材料。预测结构中的 $CsTi_3Bi_5$、$RuTi_3Bi_5$ 已被实验合成，证实了方法的有效性。

此外，借助高通量计算，研究团队快速搜索了 Lu-H-N 体系的化合物相图，发现

10GPa 内无稳定三元相；对比发现 Dias 等人的 XRD 结果为 LuH$_2$ 和 LuN 的混合相[40]，为厘清超导材料中的虚假论文提供了理论证据。

5. 全固态电池涂层材料的高通量筛选[41]

全固态电池是未来发展趋势，其可大幅改善电池的安全性能和储能密度，"固固界面"是这类应用中的核心科学问题。为解决硫化物–磷酸铁锂界面稳定性问题，中国科学院物理研究所团队借助 Atomly 数据库对磷酸铁锂全固态电池体系进行了探索。该团队从材料电子电导率、热力学稳定性、电化学窗口、界面化学稳定性及锂离子电导率五个维度出发，最终从 Atomly 数据库的 54005 个具体材料中筛选得到 41 种有应用前景的镀层材料。这些镀层材料不仅有效避免了硫化物电解质和磷酸铁锂间的直接接触，还保持了锂离子传输性能，为进一步优化全固态电池提供了指导。

3.2 MatChat 大模型应用

为了推进大型语言模型在材料科学中的创新应用，中国科学院物理研究所和计算机网络信息中心合作，精心构建了 MatChat 无机材料合成路径预测模型[42]。研究团队采用 LLaMA2-7B 模型作为预训练模型[31,42]，其数据集来源于 400 多万篇论文中提取的 35675 个无机材料固相反应合成过程，经进一步筛选、去重和清洗，获取了 13878 条高可信度合成路径描述作为训练集，经过对数据集进行预处理，将其整合成指令问答形式（见图 2）。MatChat 可实现通过提问某种材料的合成方式，给出材料反应的化学表达式、合成条件等。

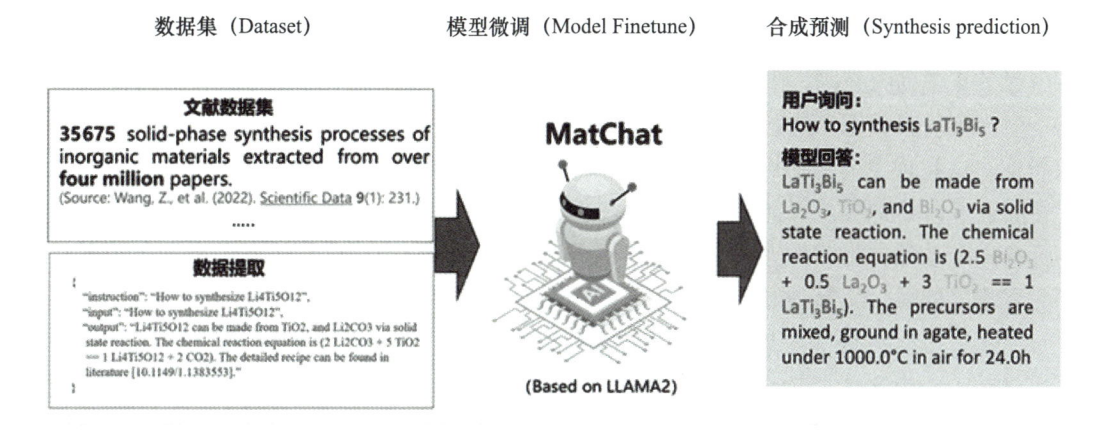

图 2 MatChat 大模型工作示意图

目前，该模型已经上线运行，并为材料领域科研人员提供服务（见图 3）。该模型基本具备材料合成领域知识的生成和推理能力，经实验验证，该模型在复杂无机材料合成预测中，超过了 ChatGPT 的表现性能。

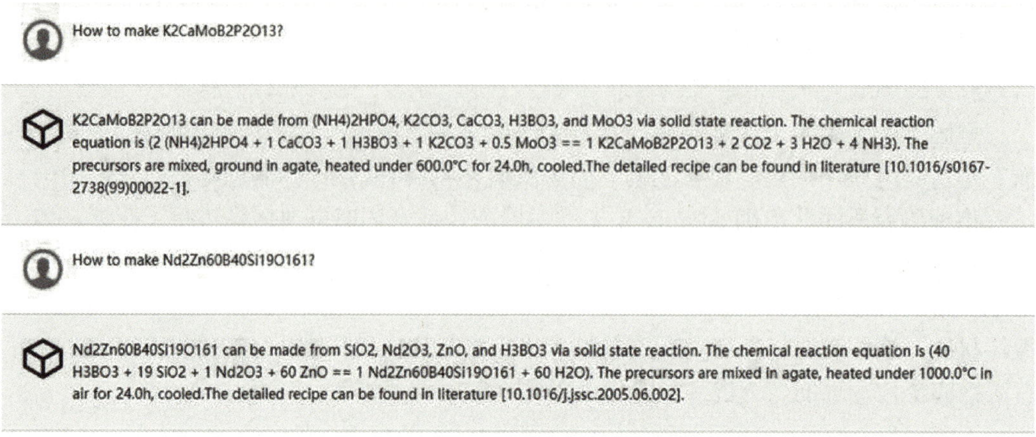

图 3　MatChat 大模型使用界面

4　总结与展望

在材料科学领域，随着大数据与人工智能技术的不断发展，材料发现和优化设计过程正变得更加快速和精准。然而，这些先进技术的普及和应用仍面临诸多挑战。为进一步推动材料科学的发展，仍需从以下几方面开展深入研究并发展新技术，从而产生更多创新性材料的发现和应用。

1. 持续推动材料科学高质量数据库建设

尽管已有如 Atomly 和 Materials Project 等高质量计算数据库提供了丰富的材料数据，但许多材料数据库的数据质量不一致，且缺乏统一的标准，导致数据碎片化和孤岛化严重。这种现象使跨平台数据的对比和使用变得困难，并且实验数据更新周期较长，往往滞后于科研进展。因此，需要进一步提升数据清洗和预处理技术，并制定统一的行业标准，推动数据格式标准化和验证机制的建立，结合自动化更新机制，有助于数据共享与交流。同时，应鼓励开放平台，以促进更多科研人员贡献和共享数据。

2. 构建高效的材料人工智能预测模型

目前，深度学习和图神经网络等技术已广泛应用于材料科学，但模型应用仍处在"黑盒"阶段，缺乏足够的可解释性。此外，构建高效的材料预测模型通常需要大量计算资源，而计算能力的限制使其应用受到限制。未来 AI 模型应朝着更加透明和易于解释的方向发展，并通过优化算法、分布式计算和量子计算等前沿技术，降低对计算资源的依赖，以提升模型的实用性和泛化性。

3. 深化自动化实验室与智能体（AI Agent）应用

未来的自动化材料科学实验室将不再局限于单一设备的自动化，而是实现整个实验流程的集成化自动化。从材料的合成、加工、表征、性能测试到数据分析，将全面实现自动化和集成化。通过结合先进的 AI 驱动模型（如 MatChat 和 GPTFF）与高通量实验设备，可以实现数据生成、分析与模型验证的闭环。此外，随着 AI 技术的不断进步，AI Agent 在材料设计、性能预测、实验自动化和制造工艺优化等材料科学领域中的应用前景广阔。在传统材料研发中，研究人员往往依赖经验和手工试错的方式，这种方法效率低下且容易受到偏见的影响。AI Agent 可以通过机器学习和深度学习，从大量现有的材料数据中提取潜在规律，预测哪些材料可能具备特定的物理、化学或机械性能。未来，AI Agent 势必在高效材料筛选、自动化材料设计、逆向材料设计等方面发挥重要作用。

致谢

中国科学院网络安全和信息化专项应用示范项目（CAS-WX2022SF-0101）。

参 考 文 献

[1] JAIN A, ONG S P, HAUTIER G, et al. Commentary: The Materials Project: A materials genome approach to accelerating materials innovation[J]. APL Materials, 2013, 1(1): 011002.

[2] MERCHANT A, BATZNER S, SCHOENHOLZ S S, et al. Scaling deep learning for materials discovery[J]. Nature, 2023, 624(7990): 80-85.

[3] YANG H, HU C, ZHOU Y, et al. MatterSim: A Deep Learning Atomistic Model Across Elements, Temperatures and Pressures[J/OL]. arXiv preprint, 2024, arXiv:2405.04967.

[4] ZENI C, PINSLER R, ZÜGNER D, et al. MatterGen: a generative model for inorganic materials design[J/OL]. arXiv preprint, 2023, arXiv:2312.03687.

[5] BARROSO-LUQUE L, SHUAIBI M, FU X, et al. Open Materials 2024 (OMat24) Inorganic Materials Dataset and Models[J/OL]. arXiv preprint, 2024, arXiv:2410.12771.

[6] 刘淼，孟胜. Atomly.net 数据平台及其在无机化学中的应用 [J]. SCIENTIA SINICA Chimica，2022，53（1）：19-25.

[7] LU T, WANG Y, CAI G, et al. Synthesizability of transition-metal dichalcogenides: a systematic first-principles evaluation[J]. Materials Futures, 2023, 2(1): 015001.

[8] XIE F, LU T, MENG S, et al. GPTFF: A high-accuracy out-of-the-box universal AI force field for arbitrary inorganic materials[J]. Science Bulletin, 2024, 69(22): 3525-3532.

[9] DE PABLO J J, JACKSON N E, WEBB M A, et al. New frontiers for the materials genome initiative[J]. npj Computational Materials, 2019, 5(1): 41.

[10] CURTAROLO S, SETYAWAN W, HART G L W, et al. AFLOW: An automatic framework for high-throughput materials discovery[J]. Computational Materials Science, 2012, 58: 218-226.

[11] KIRKLIN S, SAAL J E, MEREDIG B, et al. The Open Quantum Materials Database (OQMD): assessing the accuracy of DFT formation energies[J]. npj Computational Materials, 2015, 1(1): 15010.

[12] LC C Z, HOU Y F, LI J H, et al. ScienceDB: A Public Multidisciplinary Research Data Repository for eScience[C]. Auckland, New Zealand, IEEE, 2017.

[13] TANIFUJI M, MATSUDA A, YOSHIKAWA H. Materials data platform-a fair system for data-driven materials science[C]. 2019 8th International congress on advanced applied informatics (IIAI-AAI).

IEEE, 2019: 1021-1022.

[14] SCHEIDGEN M, HIMANEN L, LADINES A N, et al. NOMAD: A distributed web-based platform for managing materials science research data[J]. Journal of Open Source Software, 2023, 8(90): 5388.

[15] PIZZI G, CEPELLOTTI A, SABATINI R, et al. AiiDA: automated interactive infrastructure and database for computational science[J]. Computational Materials Science, 2016, 111: 218-230.

[16] ZAGORAC D, MÜLLER H, RUEHL S, et al. Recent developments in the Inorganic Crystal Structure Database: theoretical crystal structure data and related features[J]. Journal of Applied Crystallography, 2019, 52(5): 918-925.

[17] CHANUSSOT L, DAS A, GOYAL S, et al. Open Catalyst 2020 (OC20) Dataset and Community Challenges[J]. ACS Catalysis, 2021, 11(10): 6059-6072.

[18] XIE T, GROSSMAN J C. Crystal Graph Convolutional Neural Networks for an Accurate and Interpretable Prediction of Material Properties[J]. Physical Review Letters, 2018, 120(14): 145301.

[19] WANG A Y T, KAUWE S K, MURDOCK R J, et al. Compositionally restricted attention-based network for materials property predictions[J]. npj Computational Materials, 2021, 7(1): 77.

[20] CHEN C, YE W, ZUO Y, et al. Graph Networks as a Universal Machine Learning Framework for Molecules and Crystals[J]. Chemistry of Materials, 2019, 31(9): 3564-3572.

[21] YUAN Y, CHEN Z, FENG T, et al. Tripartite interaction representation algorithm for crystal graph neural networks[J]. Scientific Reports, 2024, 14(1): 24881.

[22] LIANG Y, CHEN M, WANG Y, et al. A universal model for accurately predicting the formation energy of inorganic compounds[J]. Science China Materials, 2023, 66(1): 343-351.

[23] TIAN S, JIANG X, WANG W, et al. Steel design based on a large language model[J]. Acta Materialia, 2024, 285: 120663.

[24] WANG H, ZHANG L, HAN J, et al. DeePMD-kit: A deep learning package for many-body potential energy representation and molecular dynamics[J]. Computer Physics Communications, 2018, 228: 178-184.

[25] CHEN C, ONG S P. A universal graph deep learning interatomic potential for the periodic table[J]. Nature Computational Science, 2022, 2(11): 718-728.

[26] DENG B, ZHONG P, JUN K, et al. CHGNet as a pretrained universal neural network potential for charge-informed atomistic modelling[J]. Nature Machine Intelligence, 2023, 5(9): 1031-1041.

[27] BATATIA I, KOVÁCS D P, SIMM G N C, et al. MACE: Higher Order Equivariant Message Passing Neural Networks for Fast and Accurate Force Fields[J]. Advances in Neural Information Processing Systems, 2022, 35:11423-11436.

[28] PARK Y, KIM J, HWANG S, et al. Scalable Parallel Algorithm for Graph Neural Network Interatomic Potentials in Molecular Dynamics Simulations[J]. Journal of Chemical Theory and Computation, 2024, 20(11): 4857-4868.

[29] LI H, WANG Z, ZOU N, et al. Deep-learning density functional theory Hamiltonian for efficient ab initio electronic-structure calculation[J]. Nature Computational Science, 2022, 2(6): 367-377.

[30] ZHONG Y, YU H, SU M, et al. Transferable equivariant graph neural networks for the Hamiltonians of

molecules and solids[J]. npj Computational Materials, 2023, 9(1): 182.

[31] TOUVRON H, MARTIN L, STONE K, et al. Llama 2: Open Foundation and Fine-Tuned Chat Models[J]. arXiv preprint, 2023, arXiv: 2307.09288.

[32] ZHAO H, CHEN W, HUANG H, et al. A robotic platform for the synthesis of colloidal nanocrystals[J]. Nature Synthesis, 2023, 2(6): 505-514.

[33] YAO T, WANG J, WAN M, et al. VenusAI: An artificial intelligence platform for scientific discovery on supercomputers[J]. Journal of Systems Architecture, 2022, 128: 102550.

[34] SUN W, BARTEL C J, ARCA E, et al. A map of the inorganic ternary metal nitrides[J]. Nature Materials, 2019, 18(7): 732-739.

[35] LIU M, JAIN A, RONG Z, et al. Evaluation of sulfur spinel compounds for multivalent battery cathode applications[J]. Energy & Environmental Science, 2016, 9(10): 3201-3209.

[36] SZYMANSKI N J, RENDY B, FEI Y, et al. An autonomous laboratory for the accelerated synthesis of novel materials[J]. Nature, 2023, 624:86-91.

[37] YU Z, BO T, LIU B, et al. Superconductive materials with MgB_2-like structures from data-driven screening[J]. Phys. Rev. B, 2022, 105(21): 214517.

[38] JIANG Y, YU Z, WANG Y, et al. Screening Promising CsV_3Sb_5-Like Kagome Materials from Systematic First-Principles Evaluation[J]. Chinese Physics Letters, 2022, 39(4): 047402.

[39] XIE F, LU T, YU Z, et al. Lu-H-N Phase Diagram from First-Principles Calculations[J]. Chinese Physics Letters, 2023, 40(5): 057401.

[40] DASENBROCK-GAMMON N, SNIDER E, MCBRIDE R, et al. RETRACTED ARTICLE: Evidence of near-ambient superconductivity in a N-doped lutetium hydride[J]. Nature, 2023, 615(7951): 244-250.

[41] LU T, MENG S, LIU M. Electrochemically and Chemically Stable Electrolyte-Electrode Interfaces for Lithium Iron Phosphate All-Solid-State Batteries with Sulfide Electrolytes[J]. Journal of Materials Chemistry A, 2024, 12(7): 3954-3966.

[42] CHEN Z Y, XIE F K, WAN M, et al. MatChat: A large language model and application service platform for materials science[J]. Chinese Physics B, 2023, 32(11): 118104.

作 者 简 介

刘淼，现任中国科学院物理研究所／松山湖材料实验室研究员、博士生导师。主要研究方向"材料大数据＋人工智能"，运用高通量第一性原理计算为领域构建业界顶级数据库，将海量科学数据带到科研人员手中。他创建的 Atomly 材料科学数据库的数据数量和质量已经比肩世界顶尖的同类数据库。

王宗国，副研究员，现任中国科学院计算机网络信息中心人工智能技术与应用发展部应用软件研发实验室副主任，中国科学院青年促进创新会会员，第八届金砖国家青年科学家论坛中国代表队成员，主要从事人工智能在学科领域的应用研究。作为负责人主持国家、科学院、地方等项目课题 10 余项。在材料领域发布了无机材料合成大语言模型 MatChat；研制的中子输运方程大规模求解软件 ANT-MOC 在国际第 35 届超算大会 SC23（CCF A 类）获得 Best Paper 提名。

王彦棡，博士，研究员，现任中国科学院计算机网络信息中心人工智能技术与应用发展部主任。主要从事人工智能计算与数据服务平台建设，面向科学发现的人工智能应用软件与并行应用软件研究。在 PPoPP、SC 等国际会议/期刊上发表学术论文 80 余篇，授权专利 30 余项，出版著作 3 部。主持国家重点研发计划项目、中国科学院先导（B 类）专项项目、中国科学院信息化专项项目等。

孟胜，现任中国科学院物理研究所研究员、中国科学院大学岗位教授及表面物理国家重点实验室主任。研究方向聚焦于激发态量子动力学、能量转化和存储微观机制、表面量子作用等多个方面。发展出包含激发态效应和核量子效应的第一性原理计算新方法，并开发相关算法和软件，在诸多科研领域成果丰硕，在 *Nature*、*PRL* 等国际知名期刊发表学术论文 200 余篇。入选国家杰青、美国物理学会会士。

芦腾龙，中国科学院物理研究所博士后，获博士学位。主要研究方向为基于数据驱动的能源、功能材料研究，以及机器学习在材料科学中的应用研究。本科毕业于北京师范大学物理系，2024 年博士毕业于中国科学院物理研究所。大型无机材料科学数据库 Atomly 核心开发人员。

万萌，中国科学院计算机网络信息中心工程师。主要研究方向为异构资源调度、人工智能云平台，以及时间序列预测。本科毕业于北京邮电大学计算机学院，硕士毕业于英国南安普顿大学 ECS 学院。MatChat 材料大语言模型开发核心成员之一。

陈子逸，中国科学院计算机网络信息中心硕士研究生。主要研究方向为基于生成模型的材料逆向设计算法研究。本科毕业于大连理工大学软件学院。MatChat 材料大语言模型开发核心成员之一。

袁扬，中国科学院计算机网络信息中心硕士研究生。主要研究方向为面向科学发现的人工智能应用技术研究。本科毕业于天津工业大学计算机学院。

紫东太初多模态大模型的探索与实践

王金桥 [1,2]，杨蓓莹 [1]

（1. 中国科学院自动化研究所紫东太初大模型研究中心；2. 中国科学院大学人工智能学院）

摘　要

在人工智能驱动科技创新的新时代，大模型技术正在引领科研范式发生革命性转变。作为我国在大模型领域的重要探索，紫东太初多模态大模型技术研发和探索的历程，彰显了我国人工智能领域自主创新的坚实步伐。本文系统梳理了紫东太初多模态大模型的技术发展脉络与创新成果，详细阐述了该模型在跨模态自监督学习、国产化算子适配、多模态技术演化等方面的突破性进展，重点展现从三模态到全模态，再到智能体的技术跨越；探索多模态大模型在多个行业和场景的落地实践，深入分析其在工业制造、医疗健康、智慧教育等领域的典型应用案例；探讨以紫东太初多模态大模型为核心的产业生态协同创新模式，揭示大模型技术推动传统产业智能化升级的实践路径。

关键词

多模态大模型；自监督学习；跨模态学习

Exploration and Practice of Zidongtaichu Multimodal Large Language Model

Jinqiao Wang[1,2], Beiying Yang[1]

(1. Foundation Model Research Center, Institute of Automation, Chinese Academy of Sciences;
2. School of Artificial Intelligence, University of Chinese Academy of Sciences)

Abstract

In the new era of AI-driven technological innovation, large language models (LLMs) are leading a revolutionary transformation in scientific research paradigms. As a significant initiative in China's LLM sector, the development trajectory of the Zidongtaichu Multimodal Large Language Model demonstrates substantial progress in indigenous innovation within China's artificial intelligence domain. This paper presents a comprehensive overview of the technological evolution and innovative achievements of the Zidongtaichu Multimodal Large Language Model. It elaborates on the breakthrough advancements in cross-modal self-supervised learning, adaptation of domestically developed operators, and the evolution of multimodal technologies, with particular emphasis on the technological progression from tri-modal to comprehensive modal capabilities. The study provides an in-depth analysis of representative applications across industrial manufacturing, healthcare, and education sectors. Finally, it examines the collaborative innovation ecosystem model centered around the Zidongtaichu Multimodal Large Language Model, elucidating the practical implementation pathway for intelligent transformation of traditional industries through large model technology.

Keywords

Multimodal Large Language Model; Self-supervised Learning; Cross-modal Learning

在人工智能驱动科技创新的新时代，大模型技术正引领科研范式发生革命性转变。习近平总书记强调，加快发展新一代人工智能是我们赢得全球科技竞争主动权的重要战略抓手，也是推动我国科技跨越发展、产业优化升级、生产力整体跃升的重要战略资源。放眼全球，人工智能竞争越来越激烈，世界主要大国纷纷将人工智能提升为国家战略，争夺人工智能领域的领导权和标准制定权。

作为聚焦跨模态智能国际前沿研究方向的新型研发机构，中国科学院自动化研究所积累了二十多年的人工智能技术，在多模态大模型领域进行了系统性创新探索。紫东太初大模型中心团队在国际上首次提出了全新的多任务多模态自监督学习框架，在令牌、模态与样本三个级别层面实现了深度融合和跨模态对齐。从技术架构看，紫东太初大模型实现了从1.0多模态大模型到2.0全模态大模型，再到3.0多模态智能体大模型的重要演化，创新性地提出了统一原生编码机制，无须显式的模态关联融合过程，直接实现了多模态能力的自然涌现。在数据处理层面，建立了弱关联多模态数据的语义统一表示方法，支持三种或任意两种模态数据的混合训练。同时，通过引入基于行为对齐的多模态学习范式，打破了传统基于语音识别、图像描述等单任务跨模态学习的局限，实现跨模态任务泛化与混合模态的同步理解。这些创新探索不仅展示了我国在人工智能领域的创新实力，也是通用智能技术路径的重要探索。

基于上述创新探索，本文系统梳理了紫东太初多模态大模型的技术发展历程与创新成果，深入分析其在基础理论创新、技术架构演化和产业实践等方面的突破。在技术层面，详细阐述了该模型在跨模态自监督学习、国产化算子适配、多模态技术演化等方面的突破性进展，重点展现了从三模态到全模态，再到智能体的技术演进路径。在应用实践方面，系统剖析了模型在工业制造、医疗健康、智慧教育等领域的创新应用。同时，本文探讨了以紫东太初大模型为核心的产业生态协同创新模式，揭示了大模型技术推动传统产业智能化升级的实践路径。

1 多模态人工智能的发展现状

1.1 多模态人工智能技术

近年来，新一代人工智能已成为世界各国的竞争焦点，抢占未来技术战略制高点意义重大。在此背景下，多模态预训练大模型技术作为人工智能领域的前沿探索，已成为学术界和产业界关注的焦点。随着研究的深入，人工智能领域正经历从单一模态监督学习向多模态无监督学习的重要转变。

当前，超过90%的网络数据由图像和视频组成，其中蕴含着丰富的知识资源。人类在信息获取、环境感知、知识学习和表达等方面，普遍采用跨模态的交互方式。然而，现有的单模态预训练模型在处理大规模数据集和提升模型性能方面遇到了巨大的挑战。这些模型通常只能处理互联网数据中的单一模态信息，而未能充分利用和学习包含文本、语音、图像、视频等多种模态的数据。此外，人类的认知和交流过程本质上是多模态的，这要求人工智能系统应具备处理和理解多模态信息的能力。

因此，为了构建更通用的人工智能模型，预训练模型正从单模态向多模态方向演进。这要求模型能够整合文本、语音、图像、视频等多种模态的信息，并深入研究这些模态之间的关联特性及跨模态的信息转换问题。多模态人工智能已成为推动人工智能技术创新的关键领域。

多模态预训练模型架构与GPT（Generative Pre-Trained Transformer）[1]和BERT（Bidirectional Encoder Representations from Transformers）[2]类似，也基于自注意力机制的Transformer深度学习模型，其最大特点是模型的输入由单一模态的文本拓展到文本、语音、图像、视频等多个模态数据。多模态大模型主要指输入包括两种及以上模态且参数量大于亿级的深度学习网络模型。单模态大模型主要是指模型输入只包括一种模态（如语音、图像或文本）且参数量规模大的深度神经网络模型。一个关键的科学问题是如何设计神经网络模型并使其具有强大的无监督学习与通用知识迁移能力，使不同领域任务在统一框架下实现基于低标注代价的性能提升。一种可行的路径是通过跨模态语义关联，提升多模态融合理解及跨模态转换与生成性能。多模态预训练模型通常采用无监督学习方法进行大规模训练，预训练数据来自互联网上大量的多模态数据（如网页、视频等），无须人工标注，从而具有良好的扩展性和通用性。在不微调或仅用少量数据微调的情况下，多模态预训练模型可直接用于处理不同类型的多模态数据问题，例如，为视频自动添加字幕、声音，输入声音和文本自动生成图像或视频片段等。

1.2 国内外多模态大模型的技术现状

1.2.1 基于Transformer编码器（Encoder）的多模态理解模型

随着基于Transformer编码器（Encoder）的BERT[2]的出现，基于大规模数据的自监督预训练模型显示出卓越性能，除了在自然语言处理领域得到广泛应用，在多模态领域也逐渐被应用。基于Transformer编码器（Encoder）的多模态理解模型主要采用Transformer的Encoder部分作为模型架构，用于学习多模态数据的语义及其关联。当前研究方法可以分为单流和双流两类。单流类方法将视觉和文本模态一起输入编码器，代表性工作包括VL-BERT（Visual-Linguistic BERT）[3]、VideoBERT[4]、UNITER（UNiversal Image-TExt Representation）[5]等。VL-BERT提出一种基于"图像+文本"的多模态预训练模型，将图像的文本描述与视觉区域特征共同输入BERT架构，通过随机掩码（Mask）遮盖部分文本单词及图像区域，以增强模型对跨模态关系的建模能力。VideoBERT首次提出"视频+文本"的预训练模型，将融合文本信息和视频序列作为输入。UNITER提出了一种多任务的多模态预训练方法，相对其他方法，增加了图文匹配模块，以进一步建立图像与文本之间的联系。双流类方法先对多个模态先单独编码，学习各自的特征表示，再通过跨模态交互对齐各个模态。代表性工作包括 ViLBERT（Visual-and-Language BERT）[6]、LXMERT（Learning Cross-Modality Encoder Representations from Transformers）[7]、CLIP（Contrastive Language-Image Pre-Training）[8] 等。ViLBERT 提出使用 Transformer Block 进行单模态独立编码与多模态交互编码的交叠结构；为预训练提出掩码预测和图文匹配预测两种任务。LXMERT 呈现出与 ViLBERT 类似的双流结构，主要区别在于 LXMERT 引入视觉问答作为预训练任务，因而在下游视觉问答任务中能够实现比 ViLBERT 更高的性能。CLIP[8] 模型是双塔结构，一条分支使用 ResNet（Residual Neural Network）/ ViT（Vision Transformer）进行图像特征编码，另一条分支使用 BERT 进行文本特征编码，最后使用对比学习损失（Contrastive Loss）学习不同模态的语义对齐。该模型在上亿量级的图文数据上进行预训练，在下游检索任务中展现非常强的零样本（Zero-shot）性能。

1.2.2 基于 Transformer 解码器（Decoder）的多模态生成模型

随着 GPT 系列模型[9,10] 的发展，其强大的文本生成能力受到越来越多的关注。该系列模型采用 Transformer 的解码器部分。GPT-3 表明，语言可以用来指导大型神经网络执行各类文本生成任务。受此启发，研究者开始研究大规模预训练的多模态生成模型。近期，OpenAI 机构发布了基于大规模预训练的文本到图像生成模型 DALL-E（Digitally Altered Likenesses·EVERYTHING）[11]。该模型使用了 GPT-3 的 120 亿参数版本，可以通过文本直接生成对应图像，被称为图像版 GPT。同时，DALL-E 能够对生成图像中的物体进行操作和重新排列，也能创造出一些根本不存在的东西，如鳄梨形状的扶手椅。虽然 DALL-E 在一定程度上实现了对少量物体属性和位置的控制，但其成功率取决于文字的措辞。当引入更多对象时，DALL-E 容易混淆对象及其颜色之间的关联，导致成功率急剧下降。同期，清华大学和智源研究院提出的 CogView 模型[12]，采用与 DALL-E 类似的结构（VQVAE+GPT），该模型在量化指标 FID、IS 上取得比 DALL-E 更好的结果，且只需要微调就能执行超分辨率、风格迁移等一系列任务。

1.2.3 基于 Transformer 编解码器（Encoder-decoder）的多模态模型

基于 Transformer 编解码器（Encoder-decoder）的多模态模型通过引入解码器结构实现生成式预训练，能够更好地学习不同模态之间的关联，提升理解判别能力。代表性工作有 VL-T5[13]、E2E-VLP[14]、M6[15] 等。VL-T5 使用编解码器结构，将一系列多模态任务统一建模为文本生成任务；E2E-VLP 在编码器端使用传统的掩码语言预测和图文匹配的预训练任务，在解码器端则联合目标检测和语义描述作为预训练任务；阿里巴巴达摩院提出 M6 模型，共享编码器和解码器参数，通过控制注意力掩码（Attention Mask）来控制不同的预训练任务。

从技术发展趋势来看，多模态人工智能正经历深刻的技术变革。传统的独立编码架构难以充分挖掘模态间的深层语义关联[8,11]，构建统一的原生编码机制、实现多模态数据的端到端学习已成为突破技术瓶颈的重要方向。同时，为解决标注数据稀缺的问题，基于自监督学习的训练方法得到深化应用[5,7]，通过设计多任务预训练目标，使模型能够从海量未标注数据中学习通用特征表示。在此基础上，多模态模型的生成能力从单一的文本生成扩展到"文本–图像"和"语音–文本"等多种形式[11][12]，并通过统一序列建模框架和多模态统一嵌入空间，突破了传统基于单任务的跨模态学习局限。随着模型参数规模持续增长，构建高效的通用多模态架构成为关键技术挑战，推动着统一框架、模型优化等方向的深入探索。这些技术趋势的演进，正推动多模态人工智能向更高效、更通用的方向发展。

2 紫东太初大模型的技术创新与实践

2.1 跨模态自监督学习

在人工智能领域，跨模态理解与生成能力已成为大模型的核心竞争力。自监督学习是一种新的深度学习技术，其数据标注不依赖人工，而是源于数据本身，通过学习得到通用的特征表征用于下游任务，可以自动补全信息，进而解决传统监督学习数据量大、需要人工标注、理解能力差等弊端。

紫东太初大模型在跨模态自监督学习领域进行了深入探索，提出了系统性的技术方案，实现了模态间的深度语义理解与交互生成。这一突破性进展不仅彰显了我国在人工智能领域的强大研发实力，更标志着我国在人工智能核心技术方面取得了重大突破。在跨模态自监督学习领域，相比于现有的 CLIP[8]、DALL-E[11] 等模型，紫东太初大模型首次提出了一个全新的多任务多模态自监督学习框架，如图1所示。该框架在令牌、模态与样本三个级别层面实现了深度融合，构建了系统的跨模态多任务自监督学习理论体系。

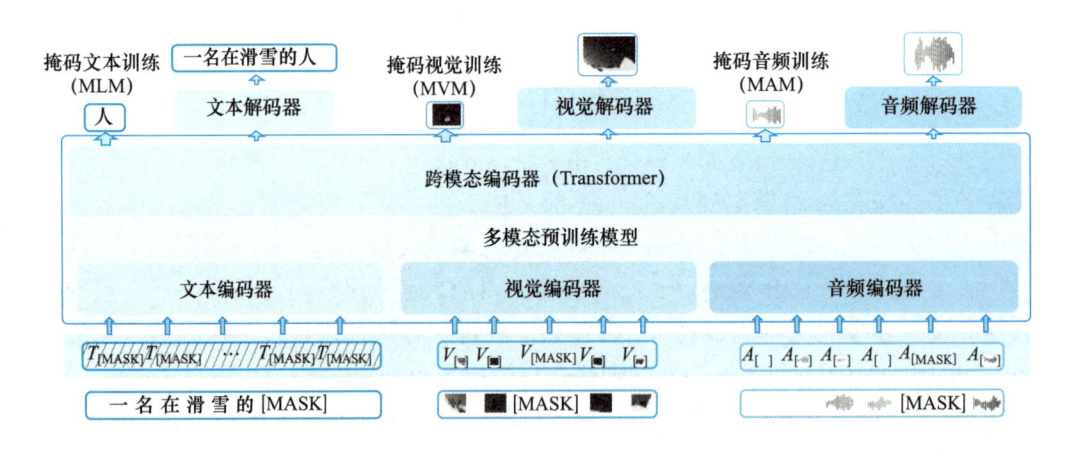

图 1　紫东太初大模型示意图

在数据处理层面，紫东太初建立了弱关联多模态数据的语义统一表示方法。该方法支持三种或任意两种模态数据的混合训练，大幅降低了数据收集和清洗成本。其设计的三模态预训练模型，包含文本编码器、视觉编码器和音频编码器，实现了不同模态数据的统一表示。在应用范围上，紫东太初开拓性地实现了图像、文字、语音等不同模态数据之间的统一表示和互相生成能力。这种能力涵盖了跨模态检索、多模态分类、语音识别、文本生成、图像生成、音频合成等多个领域的理解与生成任务。通过跨模态编码器（Transformer）的设计，模型可以同时处理样本级、模态级和标记级的多层次特征，从而支持更加复杂的多模态任务。为了提升模型的协同能力，紫东太初在不同模态之间构建了高效协同机制。这种机制使得文本、视觉和语音三种模态可以进行深度交互，支持诸如机器翻译、以文生图、语音混合、视觉描述、以图生音等复杂的跨模态转换任务。通过样本级的对齐学习和模态级的特征融合，模型实现了更自然、更准确的多模态理解和生成能力。

这些创新性的技术突破使紫东太初成为业内首个实现多模态统一表示和生成的大模型系统，为下一代人工智能技术的发展指明了方向。

2.2 国产化算子和模型适配优化

在推进人工智能技术自主可控的进程中，紫东太初大模型在国产化算子适配和训练优化方面进行了系统性探索。通过自主创新和优化，紫东太初实现了千亿规模多模态大模型在国产化平台上的高效部署与训练。

在基础软硬件体系构建方面，团队通过与华为昇腾 AI 训练卡和昇思 Mindspore 框架的深度协同，成功搭建了全栈国产化的基础软硬件体系。在此过程中，团队完成了 200 多个算子的国产化适配与优化工作，为大规模模型训练奠定了坚实的基础；通过设计创新的超大规模跨模态分布式训练加速技术，结合数据并行、模型并行等软硬件协同加速核心技术，显著提升了训练效率。这些技术突破了国产化硬件的训练瓶颈，使得千亿级模型的训练时间从原本的 4 个月大幅缩减至 4 周，极大地提高了模型迭代和优化的效率。在训练优化方面，研究团队提出了新颖的周期性矩衰减优化方法（Periodic Momentum Decay LAMB，PMD-LAMB）[16]，摆脱滞后历史梯度的负面影响，加快模型收敛速度。该方法首次将单次检测批次扩大到 1000 以上，并保证精度基本不下降。在实际应用中，将 MS COCO 目标检测训练时间缩短至 12 分钟，将实例分割训练时间缩短至 17 分钟，实现了模型的分钟级迭代。

通过这些关键技术的突破，紫东太初大模型成功实现了在国产计算平台上的高效运行，不仅解决了大模型国产化适配的技术难题，也为后续的规模化应用奠定了坚实的技术基础。这些创新成果标志着我国在大模型技术自主创新道路上取得了重要进展，对推动人工智能技术的国产化发展具有重要意义。

2.3 多模态大模型技术演化

从整体发展趋势来看，人工智能正在经历从感知理解到生成创造的技术演化，大模型技术已成为通用智能技术的主流探索方向。在此过程中，多模态大模型的技术演进展现出独特的轨迹。

在技术架构方面，早期的人工智能算法采用"一个场景一个模型"的设计思路，不同场景对应不同的小模型。在这种模式下，模型参数量少且泛化性差，具体表现为模型参数规模为 1000～20000 个。2008—2020 年，系统经历了从零开始、独立调优、艰难迭代甚至推倒重来的过程。

2021年，团队转向集团式攻关，紫东太初1.0在1月完成了百亿参数模型的研发，7月成功完成千亿参数模型的调试，并在9月的全球HC大会上首次发布。2023年6月，全模态大模型紫东太初2.0实现了对文本、语音、图像、视频、3D、信号等多种模态数据的处理，支持多模态输入和输出。该版本成功实现了多模态大模型对海量知识的吸收，突破了此前一个场景对应一个模型的限制，发展为多个场景共用一个模型的范式，显著增强了模型的泛化能力。2024年11月，多模态智能体大模型紫东太初3.0带来了技术架构的革新，如图2所示。该版本实现了从模态独立编码到统一原生编码的升级，创新性地引入了基于行为对齐的多模态学习范式，实现了多模态能力的自然涌现。相较于2.0版本，3.0版本在智能体方面实现了从原来支持工具加工处理到现在记忆、规划、思考的跨越，从原来的感知、认知到现在的协作、推理和思考，实现了多模态复杂任务的推理和求解，更接近人类的理解、推理和思考能力。这种设计不仅支持音频、图像、文本、视频、3D、信号等多种输入模态的处理，还实现了包括音频生成、图像生成、文本生成、视频生成、3D生成和信号生成在内的多模态输出能力。同时，团队搭建了紫东太初大模型开放服务平台，在产业落地方面取得显著进展。依托北京-武汉算力中心布局，紫东太初大模型已在汽车制造质检、媒体服务、文化旅游、手语教育、纺织生产质检、医疗器械等十余个领域实现规模化应用。

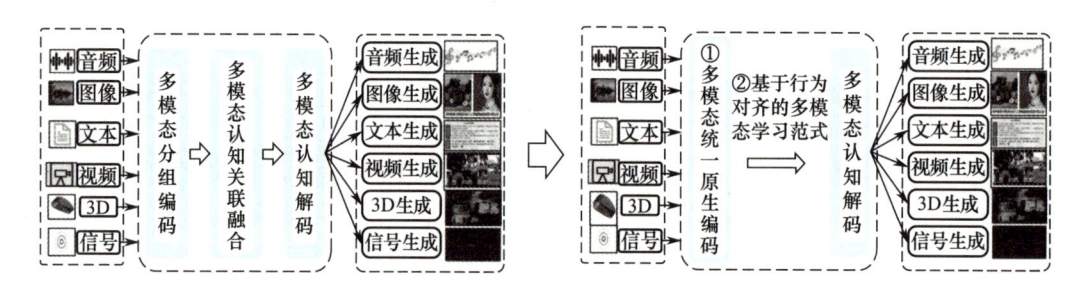

图2 紫东太初大模型基座

这一系列技术演进不仅体现了多模态人工智能的快速发展，更为通用智能技术的未来发展指明了方向。紫东太初的实践表明，通过模型架构的持续创新和算力体系的不断完善，多模态大模型正逐渐成为推动人工智能技术进步的核心驱动力。

3 紫东太初的产业应用案例分析

3.1 工业制造的智能化升级

在制造业转型升级的新形势下，人工智能技术正加速与传统制造业深度融合。紫东太初多模态大模型凭借其强大的多模态理解和生成能力，在推动制造业数字化转型方面发挥了重要作用。通过与多家制造企业的深度合作，该模型在智能制造、质量控制、生产效率提升等方面均取得了显著成效。

紫东太初大模型团队与华工科技联合打造的"基于工业大模型的智能焊缝引导与识别检测系统"成功入选工业和信息化部电子信息领域典型案例，这标志着大模型技术在制造业领域的落地应用取得重要进展。该系统针对复杂场景下装备制造生产线焊接存在的准确性差、稳定性差和效率低等问题，创新性地采用了基于工业大模型的焊缝跟踪技术。紫东太初多模态大模型作为智能底座，替代传统的计算机视觉小模型，赋能工业行业的焊缝跟踪场景，实现高精度、高效率的实时焊缝跟踪技术。该模型可实时捕捉焊缝数据，不受外部影响并能迅速响应（响应时间为毫秒级），通过算法自动生成精确路径，引导机器人进行高精度焊接，相比传统计算机视觉方法，精准度更高，稳定性更强，识别效率提升了50%。预计在2025年，我国焊接材料行业市场规模将突破400亿元。激光焊接是智能制造的关键核心技术，其中焊缝的智能识别、跟踪和检测技术非常重要。焊缝引导与识别检测系统的应用，可以大幅提高生产效率，惠及建筑、造船、装备制造、汽车、化工等多个下游行业，具有极大的推广应用价值。

紫东太初大模型通过不断深化产学研协同创新，推动大模型技术与传统制造业深度融合，为制造业的智能化转型升级提供强有力的技术支撑。

3.2 医疗健康精准诊断与治疗

在人工智能技术快速发展的背景下，医疗健康领域的智能化转型成为必然趋势。紫东太初大模型凭借其强大的多模态理解和推理能力，在医疗健康领域展现出独特优势，为精准医疗的发展提供了有力的技术支撑。紫东太初大模型协助医疗工作者实现医学知识传递和医疗诊疗的智能化，通过并行处理各类医疗检测文本、医学图像、医疗语音等信息，提供全方位的医学知识和诊疗支持，帮助医患更深入地理解和解决复杂医疗问题。

在骨科手术器械管理领域，紫东太初团队与九州通医疗器械集团展开深度合作，成功开发了"骨科嫦娥"智慧系统。该系统采用先进的多模态识别技术，实现了对骨科复杂植入物和手术工具的智能识别与全程追踪，覆盖了术前、配送、术中、术后全流程系统管控。系统投入使用后，显著提升了工作效率，将手术订单出库时间由此前的半小时缩短至几分钟，有效突破了骨科服务中的效率瓶颈。这一突破性进展充分展现了人工智能在解决医疗服务痛点方面的巨大潜力。

在手术辅助领域，北京协和医院基于紫东太初大模型开发了颅内手术多模态智能助手系统。该系统创新性地整合了视觉与触觉信息，通过实时语音交互为手术团队提供精准指导。系统能够有效预警潜在的神经和血管损伤风险，为手术过程提供实时的阶段理解和决策支持，显著提升了手术安全性。这一创新应用展现了人工智能技术在提升医疗安全性方面的重要价值。

紫东太初大模型在医疗健康领域已展现出良好的应用前景。通过与医疗机构的深度合作，其正在为医疗健康领域的智能化转型提供重要的技术支持。

3.3 教育大模型与个性化学习

随着人工智能技术的快速发展，大模型在教育领域展现出巨大的应用价值和发展潜力。紫东太初大模型依托其强大的多模态理解与生成能力，对语音、图像、文本等多数据模态进行并行处理和融合，实现教育知识的融会贯通。结合数字人技术，其广泛应用在教案自动生成、数字教师、出题解题、个性化作业批改等方面，实现更加全面、准确的教育智能化。

在教育领域的具体实践中，紫东太初团队与华中师范大学开展深度合作，基于紫东太初大模型探索人工智能赋能教育的创新路径。双方围绕教案生成、作业评价、多元辅导等核心场景展开合作，通过大模型技术重塑教育教学流程，提升教学效率与学习效果。在教学场景中，紫东太初大模型可根据具体的教学目标和学生特点，智能生成个性化的教案内容；在作业评价环节，能够实现智能批改与精准点评，有效减轻教师工作负担；同时借助数字人虚拟教师技术，为学生提供全天候的个性化学习辅导。

为深入推进教育场景变革，紫东太初团队与创而新（北京）科技有限公司联合开发了面向教育领域的专属应用。大模型通过对海量教育数据的深度学习和语义理解，可以准确识别每个学生的学习特点和知识掌握程度，进而为其提供个性化学习建议和辅导方案。人工智能和教育双向赋能，在促进教育变革的同时，推动人工智能的演进。这种双向赋能的探索模式，不仅推动了教育教学方式的创新，也为人工智能技术的迭代优化提供了丰富的实践案例。

在实际应用效果方面，教育大模型显著提升了教育教学质量和学习效率。对教师而言，大模型技术减轻了大量常规性工作负担，使其能够将更多精力投入教学创新和学生个性化指导；对学生而言，其从大模型中获得了更加灵活和个性化的学习支持，学习积极性和效果得到显著提升。这种人工智能赋能教育的创新模式，正在推动教育理念和教学方式发生深刻变革。

紫东太初大模型在教育领域的探索实践，为推动教育信息化和智能化发展提供了有益借鉴。人工智能技术与教育场景的深度融合，使教育质量和效率不断提升，促进了教育公平，实现因材施教和个性化学习的教育理想。这种实践创新对于推动教育现代化发展具有重要的示范意义。

3.4 其他领域的探索与实践

随着人工智能技术的快速发展，紫东太初多模态大模型不仅在工业制造、医疗健康、智慧教育等传统优势领域取得突破，在智慧城市、法律服务、土地资源管理等新兴领域也展现出强大的创新潜力。通过深入探索和实践，大模型技术的应用边界不断拓展，为产业数字化转型注入新动能。

在智慧城市建设方面，紫东太初团队针对武汉空港新城片区开展了系统性探索。武汉人工智能研究院基于紫东太初大模型构建了智慧城市综合管理运营平台，融合了大模型、数字人、多模态交互等先进技术。该平台通过整合城市管理、智慧交通、智慧工地、智慧园区、智慧环卫、桥隧坡监测、危险源在线监测等多维度数据，构建"AI+一网统管"的城市治理新范式。该范式打破了传统针对不同场景定制模型的低效模式，转向"大模型+定向精调"的高效开发模式，实现城市管理问题的"及时发现、精准定位、快速处置"。这一创新实践为智慧城市建设提供了可复制、可推广的经验。

在法律服务创新领域，紫东太初团队聚焦中国律师资源匮乏、服务成本高等行业痛点，开发了基于紫东太初大模型的法律案件智能分析系统。该系统通过学习法律案例、法律法规及案卷材料等法律相关数据，进一步强化了模型能力，从而实现通用大模型在专业领域"说"专业语言。该系统通过智能拆解和关键事件提取技术，大幅压缩案件分析时间。以交通事故案件为例，将事故相关资料输入基于紫东太初大模型的法律案件智能分析系统中，仅需 0.546 秒即可完成推理，系统就能完成责任认定、法律关系判定等复杂分析，充分展现了人工智能在提升法律服务效率方面的巨大潜力。

土地资源智慧管理是紫东太初大模型的另一个重要应用场景。紫东太初团队以基本永久农田和高标准农田监管为切入点，构建了违法占用耕地行为智能预警系统。通过整合视频数据、卫星数据、无人机数据等多源信息，该系统能够识别 15 种违法占用耕地场景，实现了从"单一"到"综合"、从"静态"到"动态"、从"平面"到"立体"的监管升级，形成了"早发现、早制止、早处置"的智慧监管闭环。

在供应链服务领域，紫东太初团队与湖北港口开展深度合作，着力构建多模态数据融合、具备极强泛化能力、业务高效协同的供应链通用人工智能底座。基于紫东太初预置大模型的精调方案，仅需 20 余个样本的标注训练，就能快速构建特定类型的单据识别算法模型，实现物流行业 100 多种票证类型的精准识别，有效解决了传统方案训练成本高、效率低的问题。

在政务服务领域，团队开发的政务公文 AI 纠错智能体堪称数字政务创新的典范。该系统接收公文输入后，可精准处理约 30 种错误类型，涵盖字词错用、语法瑕疵、格式偏差、逻辑不畅等多个维度，为提升政务工作效率和质量提供了强有力的技术支撑。

这些创新实践充分展示了紫东太初多模态大模型在新兴领域的广阔应用前景。随着技术的持续演进和应用的不断深化，大模型在推动行业数字化转型、提升社会治理效能方面的作用将更加凸显。未来，紫东太初将继续深化技术创新，拓展应用场景，为经济社会高质量发展注入新动能。

4 结论与展望

本文全面介绍了紫东太初多模态大模型在人工智能领域的探索历程及实践成果，作为大模型领域的重要探索，紫东太初多模态大模型展现了我国在人工智能领域的自主创新能力。通过理论创新与产业实践的深度融合，紫东太初多模态大模型在跨模态智能、技术应用等方面取得了显著成果。在技术突破方面，紫东太初多模态大模型实现了从三模态到全模态再到智能体的跨越，为人工智能领域创新发展注入新动能。模型具备全模态理解能力、生成能力和关联能力，支持多轮问答、文本创作、图像生成、3D 理解、信号分析等全场景问答任务，拥有更强的认知、理解、创作能力。在推动产业发展方面，紫东太初多模态大模型通过开放服务平台，有效解决了企业在模型开发效率、训练成本、通用能力、应用落地等方面的难题。在生态构建方面，通过组建多模态人工智能产业联合体，吸纳百余家成员单位，构建了完整的模型创新应用生态。同时推出"江城洛神"AI 创作平台、数字人平台等创新产品，让人工智能技术更好地服务文化创意、政务服务等领域。

当前，以多模态大模型为代表的人工智能技术正引领科技创新范式发生革命性变革。紫东太初多模态大模型团队作为科技创新的排头兵，肩负着引领人工智能产业高质量发展的重任，其将紧密结合本地资源优势、产业底蕴和科研实力，通过科技创新为人工智能产业的蓬勃发展注入强大动力。在技术创新方面，将准确把握国内外人工智能发展方向，持续提高大模型技术能力，坚定不移地开展全栈国产化多模态大模型的攻关工作；重点突破跨模态自监督学习、国产化算子适配等关键技术，不断增强多模态大模型的理解、关联和生成能力。在产业赋能方面，将积极开展与各产业单位的合作，在智能制造、智慧医疗、智能城市、智能驾驶、智慧文旅、智慧教育等重点领域打造标杆性应用。深入推进大模型在汽车制造质检、媒体信息服务、文化旅游、手语教育、纺织生产质检、医疗器械等领域的规模化应用，促进人工智能与实体经济深度融合。

展望未来，紫东太初多模态大模型将持续深化技术创新，不断提升模型能力，坚持全栈国产化路线，保持技术自主可控。同时，将进一步整合高校、企业和行业资源，发挥多模态人工智能产业联合体的作用，促进产学研深度融合，培育引进更多人工智能企业，构建更加开放共赢的产业生态。通过技术创新与产业实践的良性互动，推动人工智能与实体经济深度融合，为区域经济高质量发展注入持久动力。

参 考 文 献

[1] RADFORD A, NARASIMHAN K. Improving Language Understanding by Generative Pre-Training[EB/OL]. OpenAI Blog, 2018.

[2] DEVLIN J, CHANG M W, LEE K, et al. BERT: Pre-training of deep bidirectional Transformers for language understanding[J/OL]. arXiv:1810.04805, 2018.

[3] SU W, ZHU X, CAO Y, et al. VL-BERT: Pretraining of Generic Visual-Linguistic Representations[J/OL]. arXiv preprint, arXiv:1908.08530, 2019.

[4] SUN C, MYERS A, VONDRICK C, et al. VideoBERT: A joint model for video and language representation learning[C]. Proceedings of the IEEE/CVF International Conference on Computer Vision, 2019: 7464-7473.

[5] CHEN Y C, LI L, YU L, et al. UNITER: Universal image-text representation learning[C]. Proceedings of the European Conference on Computer Vision (ECCV). Springer, Cham, 2020: 104-120.

[6] LU J, BATRA D, PARIKH D, et al. VILBERT: Pretraining task-agnostic visiolinguistic representations for vision-and-language tasks[J/OL]. arXiv preprint, arXiv:1908.02265, 2019.

[7] TAN H, BANSAL M. LXMERT: Learning cross-modality encoder representations from Transformers[J/OL]. arXiv preprint, arXiv:1908.07490, 2019.

[8] RADFORD A, KIM J W, HALLACY C, et al. Learning transferable visual models from natural language supervision[C]. International Conference on Machine Learning, PMLR, 2021: 8748-8763.

[9] RADFORD A, WU J, AMODEI D, et al. Better language models and their implications[EB/OL]. OpenAI Blog, 2019.

[10] BROWN T B, MANN B, RYDERN, et al. Language models are few-shot learners[J/OL]. arXiv

preprint, arXiv:2005.14165, 2020.

[11] RAMESH A, PAVLOV M, GOH G, et al. Zero-shot text-to-image generation[J/OL]. arXiv preprint arXiv:2102.12092, 2021.

[12] DING M, YANG Z, HONG W, et al. CogView: Mastering Text-to-Image Generation via Transformers[J/OL]. arXiv preprint, arXiv:2105.13290, 2021.

[13] CHO J, LEI J, TAN H, et al. Unifying vision-and-language tasks via text generation[J/OL]. arXiv preprint arXiv:2102.02779, 2021.

[14] XU H, YAN M, LI C, et al. E2E-VLP: End-to-End Vision-Language Pre-training Enhanced by Visual Learning[J/OL]. arXiv preprint, arXiv:2106.01804, 2021.

[15] LIN J, MEN R, YANG A, et al. M6: A Chinese multimodal pretrainer[J/OL]. arXiv preprint, arXiv:2103.00823, 2021.

[16] WANG T, ZHU Y, ZHAO C, et al. Large batch optimization for object detection: Training COCO in 12 minutes[C]. Proceedings of the 16th European Conference on Computer Vision (ECCV). Glasgow, UK: Springer International Publishing, 2020: 481-496.

作者简介

王金桥，中国科学院自动化研究所副总工程师，紫东太初大模型研究中心常务副主任，研究员，博士生导师，武汉人工智能研究院院长，中国科学院大学人工智能学院岗位教授，多模态人工智能产业联盟秘书长，主要从事多模态大模型、视频分析与检索、大规模目标识别等方面的研究。发表国际权威期刊和会议论文300余篇，其中，国际期刊50余篇，国际会议论文250余篇。参与制定国家、行业、团体标准16项，申请发明专利50余项，获得20项国际算法竞赛冠军；荣获北京市科技进步一等奖、北京市自然科学二等奖、吴文俊人工智能科技进步奖、华为天才少年桃李奖、中国发明创新银奖、祖冲之创新奖；获得新时代中国经济创新人物、中国科学院科苑名匠团队、武汉楷模、北京市高聚领军人才、广州市创新团队领军人才、山东省泰山领军人才和光谷3551领军人才等荣誉称号。

杨蓓莹，中国科学院自动化研究所紫东太初大模型研究中心，研究方向为多模态大模型、视频分析与检索。

盘古气象大模型的探索和实践

谢凌曦，乔 楠，毕恺峰，田 奇[*]

（华为技术有限公司）

摘 要

近年来，人工智能（Artificial Intelligence，AI）取得了举世瞩目的进展，基于大数据和深度学习的范式也日渐成熟。随着传统学科的数据规模逐渐增加，人工智能也逐渐被应用于这些领域，并取得一系列研究成果。本文主要介绍华为盘古气象大模型在气象预报上的探索和实践经验。气象预报对科学和社会都有重要意义。此前最准确的预报系统是数值气象预报模式，该方法将大气状态表示为离散化的网格，构建偏微分方程来描述这些状态之间的转换过程，并通过数值求解偏微分方程。这种算法需要大量的算力，且在预报精度提升方面遇到了瓶颈。来自华为的研究团队基于人工智能方法，研发推出了盘古气象大模型，其可用于准确地进行中期全球气象预报。盘古气象大模型配备了具有地球先验的三维深度神经网络，采取层次化时域聚合策略以处理天气数据中的复杂模式，同时降低中期预报中的累积误差。在39年的全球气象数据上训练之后，盘古气象大模型在再分析数据上获得了更准确的确定性预报结果，所有测试变量的预报准确性都超越了当前全球顶尖的欧洲气象中心集成预报系统的数值气象预报方法，并且在台风预报、暴雨预报、环境感知等多项气象预报中取得了实际应用。

关键词

人工智能；科学计算；盘古气象大模型；气象预报

Exploration and Practice of the Pangu Weather Model

Lingxi Xie, Nan Qiao, Kaifeng Bi, Qi Tian[*]

(Huawei Technologies Co., Ltd)

Abstract

Recent years have witnessed a rapid development of artificial intelligence (AI), which mainly relies on the paradigm of large data and deep learning. With the growth of data in traditional science fields, the application of AI in these areas has led to a series of products. In this article, we mainly introduce the exploration and practice of Huawei's Pangu Weather Model in the area of weather forecasting. Weather forecast is of great significance to both science and society. Previously, the most accurate forecast system was numerical weather prediction model, in which atmospheric states are represented as discretized grids, and partial differential equations are established and numerically solved to describe the transition process between these states. This algorithm is computationally expensive and encounters a bottleneck in improving the prediction accuracy. Based on artificial intelligence, Huawei' researchers proposed Pangu Weather Model for accurate medium-range global weather forecasting. Pangu Weather Model is a set of 3D deep neural network equipped with Earth-specific priors to deal with complex patterns in weather data. It also adopts a hierarchical temporal aggregation strategy to reduce the cumulative error in medium-range forecasts. After being trained on 39 years of global weather data, Pangu Weather Model has achieved more accurate deterministic forecast results on reanalysis weather data, surpassing the world's best numerical weather prediction method in all tested variables, the integrated forecast system of the European Centre for Medium-range Weather Forecasts. Pangu Weather Model has been applied in many scenarios based on weather forecasting including typhoon forecasting, heavy rain forecasting, and environmental perception.

Keywords

Artificial Intelligence; Scientific Computing; Pangu Weather Model; Weather Forecasting

1 人工智能科学大模型简介

人工智能（Artificial Intelligence，AI）正式提出于 1956 年的达特茅斯会议，是计算机科学与心理学、认知科学等学科交叉的产物。人工智能的目标在于设计数学模型和计算机程序，以模拟或者复现人类的智能行为。在数十年的发展过程中，人工智能几经沉浮，演化出多个技术流派。在人工智能发展的早期，符号主义曾经占据较为重要的位置，但学者们迅速认识到它的局限性。随着计算机性能的不断提升和各类数据的不断增加，数据驱动的算法逐渐占据领导地位，并发展出一系列实际应用。数据驱动的高峰是深度学习算法，即构建人工神经网络以近似输入信号和输出信号之间的数学关系。在大数据的推动下，端到端的深度学习网络和算法在各类问题上取得了长足的进展，并逐渐成为人工智能领域的标准计算模型。

2018 年以来，深度学习逐渐发展出一类被称为大模型的计算范式。大模型的思路在于，通过足够多的训练数据来优化一个具有大量参数的神经网络模型，使得这个模型在下游任务中体现出优秀的泛化性能。大模型最初发源于自然语言处理领域，随后被应用于计算机视觉、语音识别等其他人工智能领域，进而外延至其他人工智能的应用，包括人工智能科学领域，即使用人工智能方法解决传统科学问题的新尝试。

上述方法论已经在多个科学领域取得了突破，其中较为知名的包括用于棋类博弈问题的 AlphaGo 和 AlphaZero 系列算法[1,2]、用于蛋白质结构预测的 AlphaFold 算法[3]、用于数学计算优化的 AlphaTensor 算法[4] 等，以及用于控制核聚变反应装置的算法[5]、短临气象预报算法[6] 等。这些算法共同的特点是，利用深度学习方法和大量训练数据，构建了与传统方法不同的计算模型；这些计算模型虽然具有不可解释性，但在预测精度和速度方面显著超越传统方法，也在可验证场景上取得了无可辩驳的成果。

1.1 数值气象预报的背景介绍

数值气象预报理论起源于 20 世纪初。1904 年，挪威科学家 Vilhelm Bjerknes 首次提出通过求解描述大气运动变化的数学物理方程来预知未来天气，但受限于算力而无法实现。1922 年，英国气象学家 Lewis Fry Richardson 组织人力，花费 6 周时间，以纸笔计算的方式完成了 6 小时数值气象预报。1950 年，美国气象学家 Jule Charney 借助电子计算机花费 24 小时完成了 24 小时数值气象预报，该成果轰动一时。随着计算机性能的不断提升，特别是高性能计算系统的发展，数值气象预报的速度和准确度不断提升，不仅预报时效从 1 天逐渐延长至 5～7 天，预报空间分辨率也从几百千米提高至几十千米。

数值气象预报的基本原理是，先将多种观测资料（包括雷达、卫星等资料）整合为网格化的温度、气压、湿度、风速等气象变量，再基于大气动力学建立起描述这些要素相互作用的偏微分方程，最后以数值方法模拟它们的演进[7-9]。但近年来，这种方法遇到了精度和速度方面的瓶颈。在精度方面，根据欧洲气象中心的数据，在过去十年间，多个主要气象要素的 3～7 天预报误差仅下降了不到 5%，这是由于传统的数值气象算法在很大程度上依赖近似和参数化，而这种方式可能引入累积误差[10,11]。在速度方面，即使在具有数千个节点的超级计算机上，一次全球范围内的 7 天数值气象预报也需要花费数小时[12]，这极大地影响了气象预报的时效性。

1.2 基于人工智能的数值气象预报方法

人工智能的蓬勃发展，特别是深度学习理论[13]的成熟，为数值气象预报带来了新的可能。事实证明，神经网络具有很强的学习能力，在没有显式定义大气动力学方程的情况下，也能够通过学习大量历史数据，建立起当前时刻与未来时刻的气象变量间的复杂关系。在气象预报领域，人工智能的方法首先被应用于基于雷达数据[14-15,6]或卫星数据[11,17]的降水预测，并逐渐取代了受初始条件影响较大的传统方法。这些成功案例使人们认识到了深度神经网络强大的学习能力，促进了人们采用人工智能的模型替代中期天气预报的数值模型[18,14,19-24]。最先进的深度学习方法主要依赖于大模型，即构建具有大量可学习参数的模型，以从训练数据中学习复杂模式。人工智能方法的计算代价很低，仅需数秒即可完成全球 7 天高分辨率数值天气预报，这比传统方法快了近万倍。然而，采用人工智能方法的预报精度依然不足，专家表示"需要一些基本突破"来超越传统方法[25]。

随着神经网络结构与训练方法的进步，人工智能方法在气象预报方面的应用逐渐展现出超越传统方法的能力。2022 年 2 月，英伟达提出 FourCastNet[18]，首次将人工智能方法的预报分辨率提升至 0.25°。2022 年 11 月和 12 月，华为和谷歌先后提出盘古气象大模型[26]和 GraphCast[27]，两者均在再分析数据上超越了欧洲中期气象预报中心（简称欧洲气象中心）的集成预报系统。2023 年 4 月和 6 月，上海人工智能实验室和复旦大学相继发布风乌[28]和伏羲[29]，其预报精度均超越了传统数值方法。除了上述中期气象预报方法，清华大学和中国气象局还发布了短临气象预报算法 NowcastNet[30]，谷歌也发布了 MetNet-3[31]以增强高分辨率气象预报能力。

2 盘古大模型在 AI 气象预报方面的探索

天气预报对科学和社会都有重要意义。目前最准确的预报系统建立在数值气象预报（NWP）方法之上[32]，这种方法不仅需要大量的算力，且在预报精度提升方面遇到了瓶颈。近年来，人工智能在气象预报领域展现出速度上的优势，但其预报精度仍明显低于传统数值方法的预报精度。在此背景下，华为提出盘古气象大模型，用于准确地进行中期全球天气预报。基于深度神经网络和39年全球气象训练数据，盘古气象大模型在再分析数据上超越了世界上最好的数值气象预报系统，即欧洲气象中心的综合预报系统（IFS）[33]，且在极端气象预报和集成预报中表现良好。

2.1 盘古气象大模型的方法论

盘古气象大模型建立在深度学习方法论之上，其核心是训练深度神经网络（一个层次化的复杂数学函数），以给定时间点的再分析气象要素[34]作为输入，并以未来特定时间点的再分析气象要素作为输出。该神经网络的架构如图1（a）所示。研究人员将所研究的气象变量（包括13个高空层和地表的气象变量），送入一个深度神经网络中，使用区块嵌入来降低空间分辨率，并将下采样的数据组合成一个三维数据体。神经网络的主体部分是典型的编码器-解码器架构，共有16个基本计算单元，其中每个单元都采用了 Swin Transformer[35]（标准视觉 Transformer[36]的变体，以降低运算复杂度）。编码器-解码器的输出，通过区块恢复（区块嵌入的反向操作），恢复至原始分辨率，作为最终输出。以下阐述该神经网络模型的三个重要设计理念。

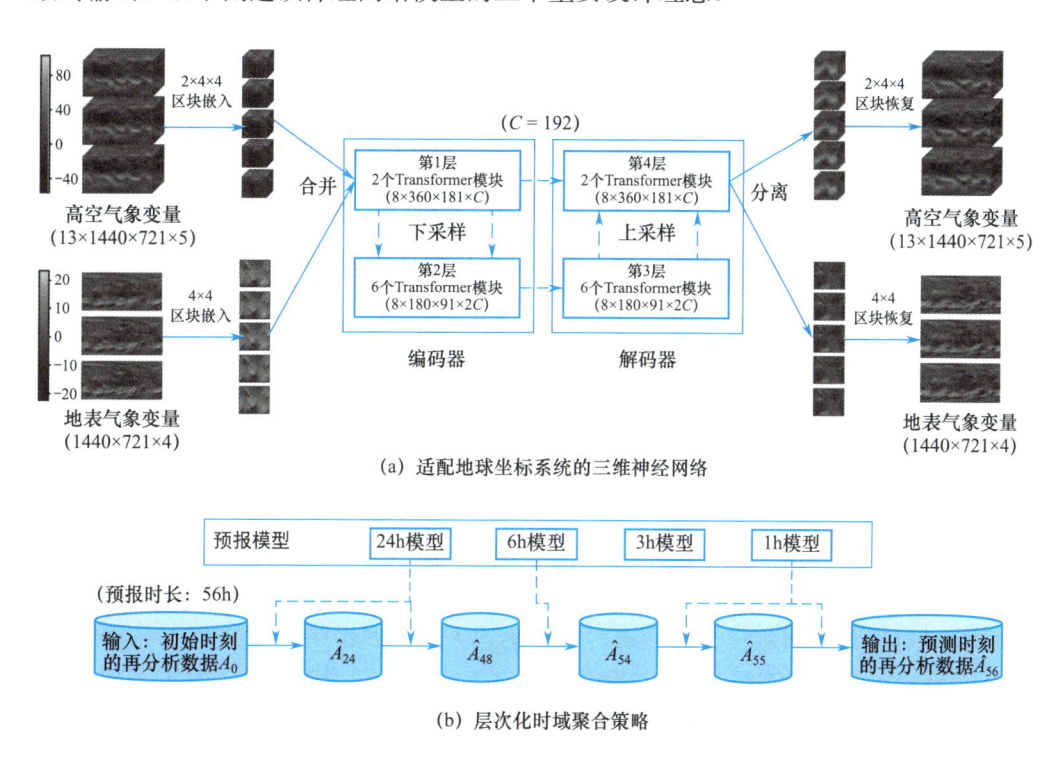

图 1 盘古气象大模型的整体设计

（1）使用三维神经网络。具体地说，将高度信息——气压层集成到一个单独的维度中，使得神经网络的输入和输出可以显式地感知高度概念。相较而言，同期工作大多采用二维神经网络，即将不同高度（不同气压层）的气象变量单独处理后拼接成输出结果。实验表明，三维神经网络模型能够更好地捕捉不同气压层气象要素间的关系，特别是扩散、对流等只在三维空间中才能完整建模的大气动力学过程，从而显著地提升了模型的准确率。

（2）引入地球坐标系。具体地说，设计了一种与地球坐标系相关的绝对位置偏置算法，通过在 Transformer 中计算神经元间注意力所需的变量，取代 Swin Transformer 的相对位置偏置算法。这种设计考虑到了地球坐标系中经度的对称性，以及纬度、高度的不对称性，使神经网络中的每个神经元都能够感知其绝对位置，进而加速了神经网络的收敛速度。虽然引入绝对坐标使得位置偏置参数量增加了 527 倍，但神经网络的整体参数量并未显著增加，且神经网络的计算复杂度与原模型完全相同。

（3）采用层次化时域聚合策略。现代气象预报往往要求最小预报时间单元为 1 小时，同时预报时长在 7 天甚至 10 天以上。注意到同期方法往往使用固定的单步预报时长，即输入时刻和输出时刻的时间差，此时若时长较小，如 6 小时，则中期预报需经历多次迭代，容易带来累积误差；若时长较大，如 24 小时，则难以在较小时间单元内进行预报。本研究训练了预报时长分别为 1 小时、3 小时、6 小时、24 小时的 4 个神经网络模型，并采用层次化聚合策略，以尽可能减少预报的迭代次数。这是一种贪心算法，始终调用当前允许的最大预报时长的深度网络，从数学上可以证明，该算法可使迭代次数最小化。图 1（b）展示了一个例子，当预报时长为 56 小时时，算法执行 24 小时预报模型 2 次，6 小时预报模型 1 次，1 小时预报模型 2 次。如此，算法只需 7 次迭代即可完成全球 7 天气象预报，不仅迭代误差降低约 10%，而且预报速度提升为原先的 4 倍。

盘古气象大模型使用了欧洲气象中心的第 5 代再分析数据集（ERA5 再分析数据[32]），它被普遍认为是大多数大气变量的最佳估计[37,38]，适用于研究预报算法。本研究选取 1979—2017 年的数据用于训练，2019 年的数据用于验证，2018 年、2020 年、2021 年的数据用于测试。本研究选取了 69 个气象要素，包括 13 个气压层（50 百帕、100 百帕、150 百帕、200 百帕、250 百帕、300 百帕、400 百帕、500 百帕、600 百帕、700 百帕、850 百帕、925 百帕和 1000 百帕）上的 5 个高空变量（重力位势、比湿、温度、U 风速和 V 风速）和 4 个地表变量（2 米温度、10 米 U 风速、10 米 V 风速、平均海面气压）。

ERA5 再分析数据的时间分辨率为 1 小时，因而在 1979—2017 年间，共有 341880 个时间点，它们构成了一轮迭代的训练数据。本研究分别训练了四个神经网络模型，其预报时长分别为 1 小时、3 小时、6 小时和 24 小时。为了降低过拟合的风险，在每轮迭代开始时，所有数据的顺序都被随机打乱。上述 4 个神经网络模型都经历了 100 轮迭代训练，其中每个模型需要在由 192 块英伟达 V100 型 GPU 组成的集群上训练 16 天左右。这 4 个模型共同构成了盘古气象大模型。

盘古气象大模型的推理速度很快。当以任意时刻的全球再分析数据作为输入时，模型只需要在单块英伟达 V100 型 GPU 上运行 1.4 秒，即可完成一轮迭代。举例来说，为了进行未来 7 天的全球气象预报，只需要调用 24 小时模型 7 次，总共花费不到 10 秒时间，比传统数值气象预报方法快了近万倍，功耗则降低至原先的数十万分之一。

下面将分别展示盘古气象大模型确定性气象预报、以台风预报为代表的极端气象预报、集成气象预报上的能力。

2.2 盘古气象大模型的确定性预报结果

将盘古气象大模型基于 2018 年 ERA5 再分析数据的确定性预报结果，与最优的传统数值气象预报方法（欧洲气象中心的 IFS 系统），以及最优的 AI 方法（英伟达的 FourCastNet[18]）进行对比。其中，IFS 的预报结果选用从 TIGGE 存档[33]下载的数据。所有预报的空间分辨率均为 0.25°×0.25°。盘古气象大模型的最小预报间隔为 1 小时，而 FourCastNet 的为 6 小时。在对再分析数据进行测试时，主要考虑两个指标，即均方根误差（RMSE）和异常相关系数（ACC），前者越小、后者越大，说明预报结果越精确。

2018 年的整体预报结果如图 2 所示。对于每个测试变量（包括高空和地表变量），盘古气象大模型的预报结果均优于 IFS 和 FourCastNet。就均方根误差而言，盘古气象大模型的平均误差比 IFS 低 10%，比 FourCastNet 低 30%。例如，对于 500 百帕的重力位势（Z500），盘古气象大模型的 5 天预报 RMSE 为 296.7（单位：m^2/s^2），显著低于 IFS 的 333.7 和 FourCastNet 的 484.5；对于 850 百帕的温度（T850），盘古气象大模型的 5 天预报 RMSE 为 1.78（单位：K），显著低于 IFS 的 2.04 和 FourCastNet 的 2.48。这种优势在所有预报时长（从 1 小时到 7 天，即 168 小时）中都持续存在，且对于某些变量（如 Z500 和 T850），优势随着预报时长的增加变得更加显著。在最近的调研报告[25]中，研究人员曾经认为 AI 方法超过 NWP 方法还需时日，而本研究加速了这一进程。

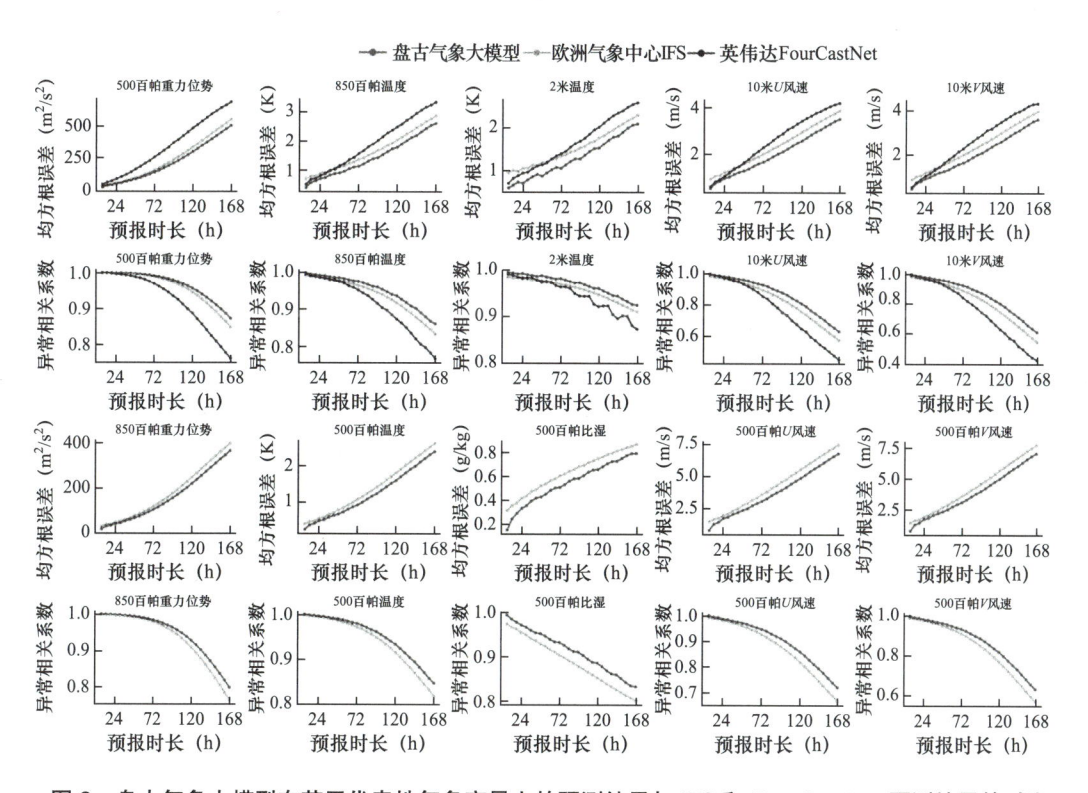

图 2 盘古气象大模型在若干代表性气象变量上的预测结果与 IFS 和 FourCastNet 预测结果的对比

盘古气象大模型在确定性预报上的能力，还可以通过以下几个方面来体现。

（1）预报时长增益：在预报准确度相同时，盘古气象大模型相较于欧洲气象中心的IFS系统和英伟达的FourCastNet在预报时长上具有更大的优势。相较于IFS，盘古气象大模型的预报时长增益为10～15小时，对于某些变量（如比湿），预报时长增益超过24小时，这表明传统数值方法在预测特定气象变量时存在局限性，而AI方法则能够从丰富的训练数据中习得更强的预报能力。相较于FourCastNet，盘古气象大模型的预报时长增益为40小时左右，如此显著的优势主要源于更先进的模型设计，尤其是3D神经网络和层次化时域聚合策略。

（2）区域稳定性：盘古气象大模型在不同区域［包括热带地区（南北纬20度之间的区域）、北半球（不含热带）、南半球（不含热带）］的预报能力。分析表明，盘古气象大模型在热带地区的准确率优势要大得多，这表明AI方法能够克服传统数值方法难以建模的气象过程，也对应了盘古气象大模型在追踪热带气旋上的良好表现。

（3）时间稳定性：盘古气象大模型在不同年份（如2018年、2020年、2021年）保持稳定的预报能力。分析表明，其预报准确度均显著超过欧洲气象中心的IFS和英伟达的FourCastNet。

图3展示了盘古气象大模型的可视化结果，包括两个高空气象变量——Z500和T850，并将结果与欧洲气象中心的IFS系统和ERA5再分析数据进行比较。盘古气象大模型和IFS的结果与真实值都十分接近，但二者存在明显差异。盘古气象大模型产生了更平滑的等值线，表明AI模型倾向于在相邻区域做出相近的预测，这是包括深度神经网络等任何AI方法在内的一般属性。相比之下，IFS通过求解带有初始条件的偏微分方程组来估算每个网格单元的气象要素值，而大气系统的混沌性质及初始条件的不精确性，可能导致预报结果存在统计不确定性。

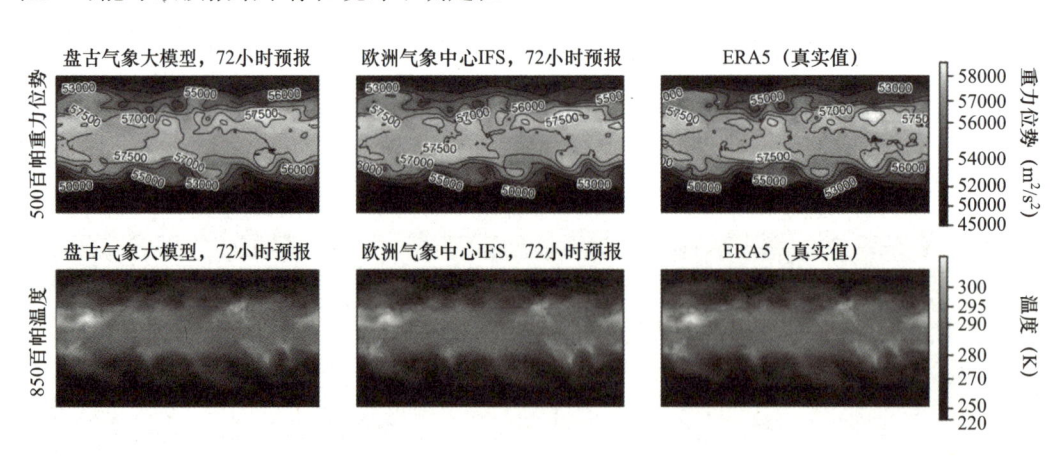

图3 在Z500和T850变量上，盘古气象大模型和欧洲气象中心IFS系统的预报结果与真实值（ERA5数据）的对比

2.3 盘古气象大模型的集成预报结果

作为一种基于人工智能的方法，盘古气象大模型比欧洲气象中心IFS系统的数值气

象预报方法快了上万倍。这使研究人员能够用较小的计算成本进行多成员集成气象预报。本研究采用了一种简单的集成预报方法：使用 Perlin 噪声生成 99 个随机扰动，将其添加到未扰动的初始气象变量中，并分别调用盘古气象大模型进行预报。本研究使用两种方法评估集成预报的质量。一是对 100 个成员的预报结果简单地取平均值。如图 4 所示，对于每个变量，在 1 天的短期预报中，集成预报的均方根误差略高于单成员方法，但在预报时长增加至 5～7 天时，集成预报的均方根误差则显著更低。这表明集成气象预报在单模型准确性较低时特别有用，但也可能给短期预报引入额外噪声。此外注意到，集成气象预报对于如 Q500（500 百帕比湿）和 U10（10 米 U 风速）的非平滑变量更有效。二是考察成员预报结果的分散程度。如图 4 所示，盘古气象大模型的散度–能力比值[42] 小于 1，表明当前的集成预报方法在某种程度上缺乏分散性。与传统数值预报方法相比，盘古气象大模型显著降低了集合预报的成本，气象学家能够运用专业知识及盘古气象大模型来设计和验证集成预报方法，进而提高集成预报的准确性和可用性。

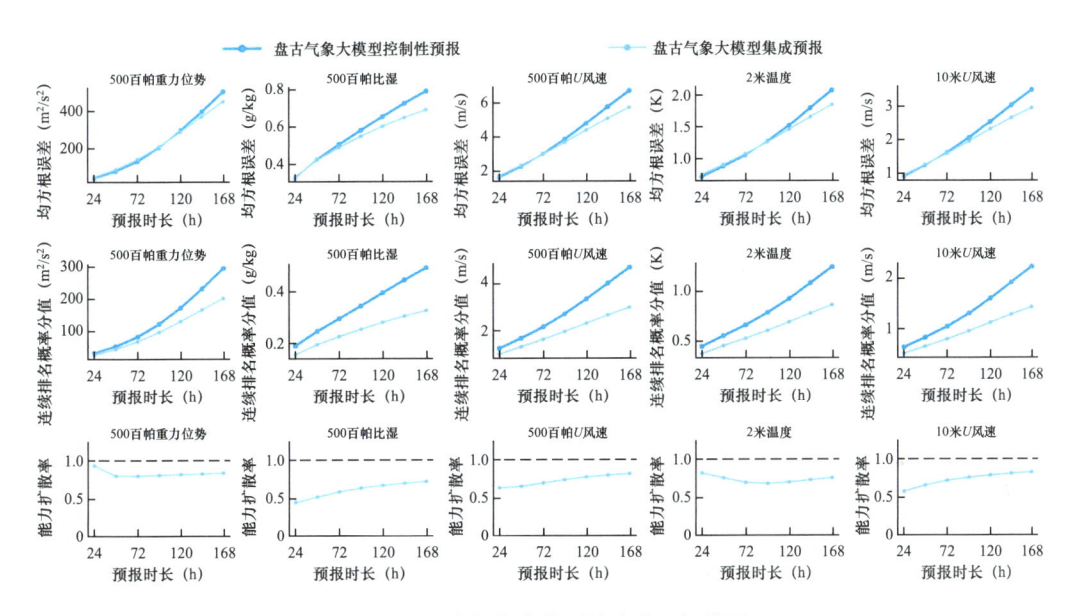

图 4　盘古气象大模型的集成预报结果

3　盘古气象大模型的实践案例

3.1　台风预报结果

盘古气象大模型在追踪热带气旋方面取得了优异的成果。在给定初始时刻的情况下，研究人员将预报时长设置为 6 小时，并调用相应的盘古气象大模型来预测未来气象要素。台风眼的位置往往对应平均海面气压（MSLP）的局部极小值。研究团队[39] 提出了一种简单有效的追踪算法：给定起报时刻的气象变量（包含某个台风眼的位置），算法迭代预报未来（如每 6 小时）的气象变量，并在前一时刻台风眼的附近寻找平均海平面气压的局部极小值，并将其作为新的台风眼位置。为了评估盘古气象大模型的追踪结果，本研究使用了国际气候监护最佳轨迹存档（IBTrACS）项目[40-41]提供的数据，其中包含了热带气旋的最佳位置估计。与确定性预报对应，研究团队考察了 2018 年发生的 88 个命名热带气旋，它们同时出现于 IBTrACS 和欧洲气象中心的高分辨率预报系统（HRES）中，其中后者使用了 9km×9km 分辨率的集成预报方法，是已知最好的基于数值气象预报的热带气旋追踪方法。如图 5 所示，盘古气象大模型报告了比 HRES 更准确的气旋跟踪结果。其中，对于气旋中心的 3 天和 5 天平均绝对位置误差，盘古气象大模型报告的结果分别为 120.29 千米和 195.65 千米，显著小于 HRES 的 162.28 千米和 272.10 千米，而随着预报时长的增加，盘古气象大模型的优势更加显著。盘古气象大模型还测试了 2018 年西太平洋最强的两个台风"康妮"和"玉兔"的跟踪结果。在这两个强台风的预报中，HRES 的预测结果都出现了较大偏差：对于台风"康妮"，HRES 预测其将登陆中国，但实际上并没有；对于台风"玉兔"，HRES 预测其将向东北转向，但其并未转向，而是向西登陆菲律宾群岛。相较而言，盘古气象大模型都能提前 48 小时以上做出正确的路径预测。

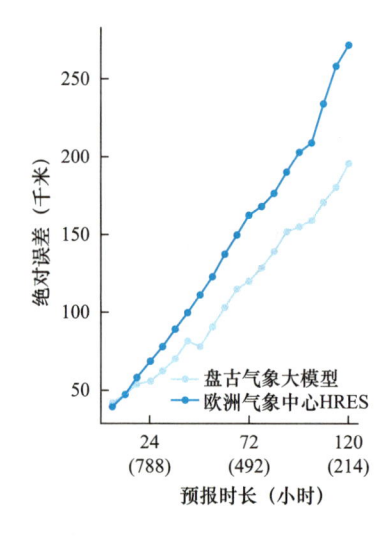

图 5　盘古气象大模型在 2018 年 88 个台风上的平均预报误差

3.2　香港天文台暴雨预测

2023 年 10 月 27 日，华为云的盘古气象大模型正式在香港天文台的"地球天气"产品中投入使用。如今，用户可以查看未来 15 天的风向、风速、气温和海平面气压的预报。香港天文台的研究人员和华为专家使用盘古气象大模型对 2023 年香港发生的两次大暴雨进行了案例研究（见图 6、图 7），研究结果发现，盘古气象大模型可以提前 1～2 天对即将发生的暴雨进行预测。

"Recent 4" runs of Pangu. Past 24-hour precipitation by 2023-09-08 18Z.

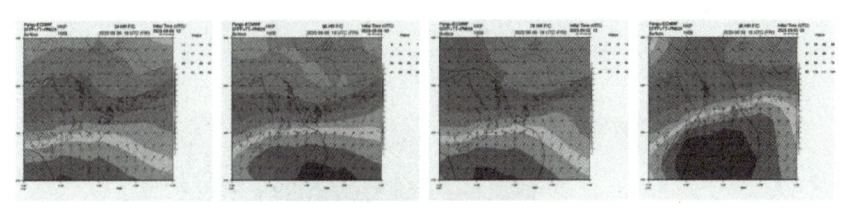

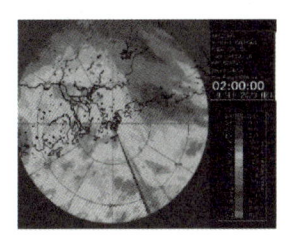

图 6　2023-09-08 暴雨预测

"Recent 3" runs of Pangu. Past 24-hour precipitation by 2023-10-08 18Z.

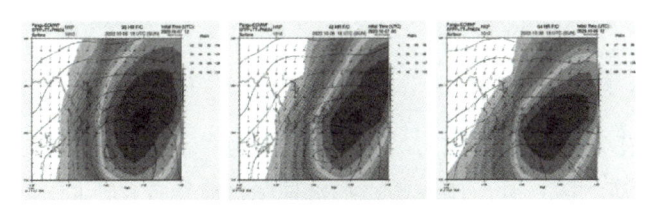

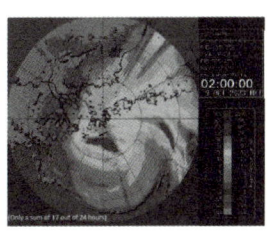

图 7　2023-10-08 暴雨预测

3.3　高精度区域气象预报大模型

2024 年 3 月，华为云与深圳气象局携手，发布首个人工智能区域预报模型"智霁"。"智霁"区域预报模型基于华为云的盘古气象大模型，结合区域内高质量的气象数据集，能够快速生成未来 5 天深圳及其周边地区的气象预报。这些预报的空间分辨率达到 3 千米，涵盖气温、降雨、风速等关键气象要素。

在研究中，联合团队克服了三大技术挑战：首先，成功实现了对多源和多尺度数据的融合处理，包括输入 3 千米和 25 千米不同尺度的再分析数据及多源观测数据；其次，创新性地结合全球预报模型与区域预报模型的融合架构，更好地处理区域边界，充分考虑区域外信息对区域内预测的影响（见图 8）；最后，采用 3DEST 神经网络自监督学习特征，对全量数据集进行预训练，显著提升了预报的精度。

图 8　高精度区域气象预报大模型

3.4　环境感知预测

在2024华为开发者大会（HDC）上，华为常务董事、华为云CEO张平安宣布，盘古气象大模型再次升级，其应用范围已经延伸至行业服务，扩展到污染物预测、农业生产指导等多个领域，成为支撑各行各业决策的重要工具。

在环境治理方面，天融环境与华为云结合全国历史污染物数据和华为云盘古气象大模型技术，合作研发天融环境感知大模型，构建首个全国尺度的大气污染物预测大模型。该模型能以网格化输出 $PM10$、$PM2.5$、SO_2、N_2O、O_3、CO 等主要大气污染物的污染浓度和传输影响值，将污染六项的预测准确度全面提升10%以上，并且将预测窗口从3天提前至7天，增强了环保部门的中长期天气预警能力，有助于更高效地进行污染源的定位与治理（见图9）。

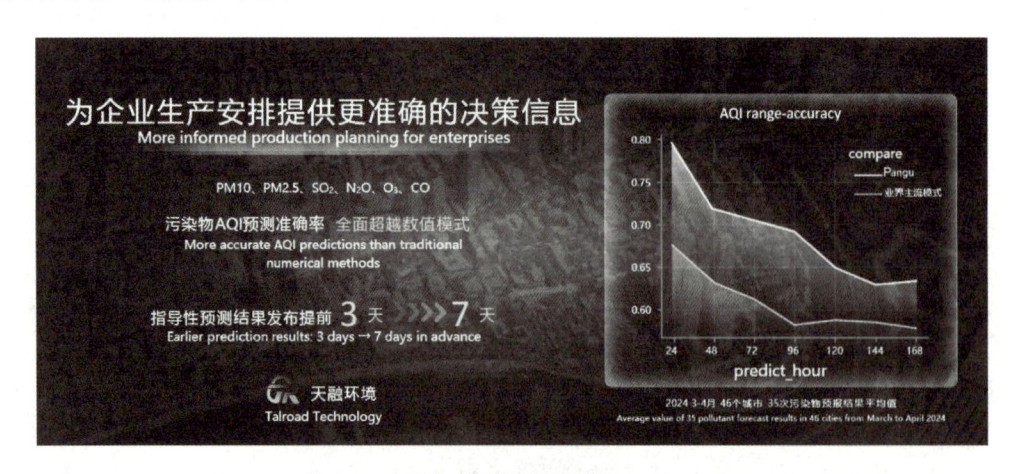

图 9　环境感知预测

4 结论与展望

本文介绍了华为盘古气象大模型在气象预报领域的研究和实践经验。盘古气象大模型是一个基于人工智能的系统，其核心是训练深度神经网络以实现快速准确的数值天气预报。相较于其技术贡献，本研究更重大的意义在于论证了深度神经网络在数值气象预报方面的可行性和优越性。通过在39年的全球气象数据上训练，盘古气象大模型在再分析数据上比最强的IFS传统数值气象预报模式产生了更优的确定性预报结果，同时预报速度提升了3~4个数量级。此外，盘古气象大模型在预测极端气象过程和集成气象预报方面表现出色，揭示了利用大型预训练模型进行各种气象预报应用的潜力，这一现象与计算机视觉、自然语言处理、跨模态理解等其他人工智能领域的趋势一致。

尽管盘古气象大模型表现出令人期待的预报准确性，但它依然存在局限性。首先，它是在再分析数据上进行训练和测试的，但实际预报模型需要建立在观测数据之上，这些数据源之间可能存在差异，因此其在各种实际应用中的表现需要进一步观察。其次，本文未调查某些重要的气象要素（如降水量）这可能导致当前模型缺乏某些能力，例如，精确预测短时强降水这样的小尺度极端天气事件。再次，基于人工智能的方法会产生更平滑的预报结果，从而增加低估极端气象事件强度的风险。另外，本文只研究了热带气旋一个特殊场景，未来还需要验证更多场景。最后，盘古气象大模型使用了不同预报时长的模型，这可能会引入时域上的不一致性，而如何更高效地引入时域特征，是一个具有挑战性且值得进一步研究的课题。

展望未来，无论是人工智能方法还是传统数值方法，都有很大的改进空间。尤其在人工智能方面，可以通过增加更多的垂直层次和大气变量，更好地整合时间维度，使用更深和更宽的网络，或者简单地增加训练时长来进一步提高性能。所有这些研究都需要具有更大内存和更高算力的GPU集群，而这正是当前人工智能领域的发展趋势。在可预见的将来，人工智能方法和传统数值方法将会深度融合，演化出更强大的数值气象预报系统。

致谢

感谢为本文提供支持的华为同事，特别是华为云平台提供的计算资源。感谢编辑和审稿人的建议，使得文章更加完善。

参 考 文 献

[1] SILVER D, et al. Mastering the game of Go with deep neural networks and tree search[J]. Nature, 2016, 529: 484-489.

[2] SILVER D, et al. Mastering the game of go without human knowledge[J]. Nature, 2017, 550: 354-359.

[3] JUMPER J, et al. Highly accurate protein structure prediction with AlphaFold[J]. Nature, 2021, 596: 583-589.

[4] FAWZI A, et al. Discovering faster matrix multiplication algorithms with reinforcement learning[J]. Nature, 2022, 610: 47-53.

[5] DEGRAVE J, et al. Magnetic control of tokamak plasmas through deep reinforcement learning[J]. Nature, 2022, 602: 414-419.

[6] RAVURI S, et al. Skillful precipitation nowcasting using deep generative models of radar[J]. Nature, 2021, 597: 672-677.

[7] SKAMAROCK W C, et al. A description of the advanced research WRF version 2[R]. National Center For Atmospheric Research Boulder Co Mesoscale and Microscale Meteorology Div, 2005.

[8] MOLTENI F, BUIZZA R, PALMER T N, et al. The ECMWF ensemble prediction system: Methodology and validation[J]. Quarterly Journal of the Royal Meteorological Society, 1996, 122: 73-119.

[9] RITCHIE H, et al. Implementation of the semi-Lagrangian method in a high-resolution version of the ECMWF forecast model[J]. Monthly Weather Review, 1995, 123: 489-514.

[10] ALLEN M R, KETTLEBOROUGH J A, STAINFORTH D A. Model error in weather and climate forecasting[C]. In ECMWF Predictability of Weather and Climate Seminar, 2002: 279-304.

[11] PALMER T N, et al. Representing model uncertainty in weather and climate prediction[J]. Annual Review of Earth and Planetary Sciences, 2005, 33: 163-193.

[12] BAUER P, et al. The ECMWF scalability programme: Progress and Plans[R]. European Centre for Medium Range Weather Forecasts, 2020.

[13] LECUN Y, BENGIO Y, HINTON G. Deep learning[J]. Nature, 2015, 521: 436-444.

[14] SHI X, et al. Convolutional LSTM network: A machine learning approach for precipitation nowcasting[C]. Proceedings of Advances in Neural Information Processing Systems, 2015 (28): 802-810.

[15] SHI X, et al. Deep learning for precipitation nowcasting: A benchmark and a new model[C]. Proceedings of Advances in Neural Information Processing Systems, 2017 (30): 5617-5627.

[16] LEBEDEV V, et al. Precipitation nowcasting with satellite imagery[C]. In Proc. ACM SIGKDD International Conference on Knowledge Discovery and Data Mining, 2019: 2680-2688.

[17] SØNDERBY C K, et al. Metnet: a neural weather model for precipitation forecasting[J]. arXiv preprint, arXiv: 2003.12140 (2020).

[18] PATHAK J, et al. Fourcastnet: A global data-driven high-resolution weather model using adaptive Fourier neural operators[J/OL]. arXiv preprint, arXiv: 2202. 11214, 2022.

[19] WEYN J A, DURRAN D R, CARUANA R. Can machines learn to predict weather? Using deep learning to predict gridded 500-hPa geopotential height from historical weather data[J]. Journal of Advances in Modeling Earth Systems, 2019, 11: 2680-2693.

[20] SCHER S, MESSORI G. Weather and climate forecasting with neural networks: Using general circulation models (GCMs) with different complexity as a study ground[J]. Geoscientific Model Development, 2019, 12: 2797-2809.

[21] RASP S, et al. WeatherBench: A benchmark data set for data-driven weather forecasting[J]. Journal of Advances in Modeling Earth Systems, 2020, 12: e2020MS002203.

[22] WEYN J A, DURRAN D R, CARUANA R, et al. Sub-seasonal forecasting with a large ensemble of deep-learning weather prediction models[J]. Journal of Advances in Modeling Earth Systems, 2021, 13: e2021MS002502.

[23] KEISLER R. Forecasting Global Weather with Graph Neural Networks[J/OL]. arXiv preprint, arXiv: 2202.07575, 2022.

[24] HU Y, CHEN L, WANG Z, et al. SwinVRNN: A Data-Driven Ensemble Forecasting Model via Learned Distribution Perturbation[J/OL]. arXiv preprint, arXiv: 2205.13158, 2022.

[25] SCHULTZ M G, et al. Can deep learning beat numerical weather prediction?[J]. Philosophical Transactions of the Royal Society A, 2021, 379: 20200097.

[26] BI K, et al. Accurate medium-range global weather forecasting with 3D neural networks[J]. Nature, 2023, 619: 533-538.

[27] LAM R, et al. Learning skillful medium-range global weather forecasting[J]. Science, 2023, 382(6677): 1416-1421.

[28] CHEN K, et al. Fengwu: Pushing the skillful global medium-range weather forecast beyond 10 days lead[J/OL]. arXiv preprint, arXiv: 2304.02948, 2023.

[29] CHEN L, et al. FuXi: A cascade machine learning forecasting system for 15-day global weather forecast[J/OL]. arXiv preprint, arXiv: 2306.12873, 2023.

[30] ZHANG Y, et al. Skilful nowcasting of extreme precipitation with NowcastNet[J]. Nature, 2023, 619: 526-532.

[31] ANDRYCHOWICZ M, et al. Deep learning for day forecasts from sparse observations[J/OL]. arXiv preprint, arXiv: 2306.06079, 2023.

[32] BAUER P, THORPE A, BRUNET G. The quiet revolution of numerical weather prediction[J]. Nature, 2015, 525: 47-55.

[33] BOUGEAULT P, et al. The THORPEX interactive grand global ensemble[J]. Bulletin of the American Meteorological Society, 2010, 91: 1059-1072.

[34] HERSBACH H, et al. The ERA5 global reanalysis[J]. Quarterly Journal of the Royal Meteorological Society, 2020, 146: 1999-2049.

[35] LIU Z, et al. Swin transformer: Hierarchical vision transformer using shifted windows[C]. Proceedings of International Conference on Computer Vision, 2021.

[36] DOSOVITSKIY A, et al. An image is worth 16×16 words: Transformers for image recognition at scale[J/OL]. arXiv preprint, arXiv: 2010.11929, 2020.

[37] BETTS A K, CHAN D Z, DESJARDINS R L. Near-surface biases in ERA5 over the Canadian Prairies[J]. Frontiers in Environmental Science, 2019, 7: 129.

[38] JIANG Q, et al. Evaluation of the ERA5 reanalysis precipitation dataset over Chinese Mainland[J]. Journal of Hydrology, 2021, 595: 125660.

[39] MAGNUSSON L, et al. Tropical cyclone activities at ECMWF[R]. Reading: European Centre for Medium Range Weather Forecasts, 2021.

[40] KNAPP K R, KRUK M C, LEVINSON D H, et al. The international best track archive for climate stewardship (IBTrACS) unifying tropical cyclone data[J]. Bulletin of the American Meteorological Society, 2010, 91: 363-376.

[41] KNAPP K R, DIAMOND H J, KOSSIN J P, et al. International best track archive for climate stewardship (IBTrACS) project, version 4[R]. NOAA National Centers for Environmental Information, 2018.

[42] GARG S, RASP S, THUEREY N. WeatherBench probability: a benchmark dataset for probabilistic medium-range weather forecasting along with deep learning baseline models[J/OL]. arXiv preprint, arXiv: 2205.00865, 2022.

作者简介

谢凌曦，华为公司高级研究员，2010 年和 2015 年于清华分别大学获本科和博士学位，2015—2019 年在美国加州大学洛杉矶分校和约翰霍普金斯大学担任博士后研究员。谢凌曦博士的研究兴趣覆盖计算机视觉的各个方向，主要包括统计学习方法和深度学习模型的应用，并积极推动自动机器学习算法和视觉基础模型在上述领域的应用。谢凌曦博士在国际顶级的学术会议和期刊上发表超过 100 篇论文，谷歌学术引用超过 10000 次。

乔楠，华为云 AI 科学计算总经理、医疗首席科学家。乔楠博士在中国科学院获得生物信息学博士学位，博士毕业后加入诺华制药，从事抗肿瘤药物的研发。2015 年加入埃森哲，成为埃森哲中国的首席科学家，领导成立了埃森哲中国人工智能实验室。2019 年加入华为，带领团队研发面向 AI 科学计算和医疗领域的人工智能产品、服务和解决方案，研发的产品包括华为云基因平台、盘古辅助制药平台、盘古医学大模型、盘古气象大模型。

毕恺峰，华为公司高级研究员，2020 年于清华大学获得本科学位。毕恺峰的研究兴趣是人工智能方法在科学计算领域的应用，于 2023 年在国际顶级学术期刊 *Nature* 上发表论文，首次使人工智能气象预报的精度超越传统数值预报方法，在业界引起轰动，得到欧洲气象中心等权威机构的正面评价。该成果入选 *Science* 期刊 2023 年全球十大科学进展和 2023 年中国十大科技进展。

田奇，华为终端 BG 人工智能领域首席科学家，1993 年于清华大学获得本科学位，2002 年于美国伊利诺伊大学香槟分校获博士学位。田奇博士是业界知名的人工智能学者，研究兴趣覆盖计算机视觉、多媒体信息检索等方向，是华为盘古系列大模型的奠基人。田奇博士在国际顶级的学术会议和期刊上发表超过 800 篇论文，谷歌学术引用超过 60000 次。田奇博士是 IEEE Fellow、CAAI Fellow、国际欧亚科学院院士，并获得吴文俊人工智能杰出贡献奖等荣誉。

知识图谱技术在农作物基因知识发现中的应用研究

赵瑞雪 [1,2]，孙　坦 [3,4]，张丹丹 [1,2*]

（1. 中国农业科学院农业信息研究所；2. 国家新闻出版署农业融合出版知识挖掘与知识服务重点实验室；3. 中国农业科学院；4. 农业农村部农业大数据重点实验室）

摘　要

在农作物育种科学研究中，性状主要受控于关键基因，培育聚合多种优异性状的作物新品种一直是育种学家努力的方向。因此，发现农作物基因知识，即与农作物基因相关的学科知识，可以为解析农作物性状分子调控机制提供新的研究思路，将有效助力农作物新品种培育。在 AI for Science 科研范式的时代背景下，人工智能技术成为助力农作物育种科研创新发展的引擎。知识图谱技术作为人工智能领域的一项知识组织技术，可以捕获跨物种基因与性状间的复杂关联关系，促进农作物基因相关学科知识的发现。本文在深入剖析农作物基因知识发现服务需求的基础上，结合多维度农作物育种科学数据的关联特征，选取 PubMed 科技文献数据库与八个领域科学数据库作为数据获取来源，采用多路径知识抽取的方式构建跨物种多维度科学数据融合的知识图谱，并基于该知识图谱构建了农作物基因知识发现模型，实现了优异基因及基因功能知识的发现。最后，本文从建设支撑 AI4S 的知识底座、打造智能计算的技术体系、构建"数据 +AI"驱动的知识服务模式对人工智能技术赋能农业科学研究进行了展望。

关键词

学科知识发现；农作物基因知识；知识图谱；链路预测

Research on the Application of Knowledge Graph Technology in the Discovery of Crop Gene Knowledge

Ruixue Zhao [1,2], Tan Sun [3,4], Dandan Zhang [1,2*]

(1. Agricultural Information Institute, Chinese Academy of Agricultural Sciences; 2. Key Laboratory of Knowledge Mining and Knowledge Services in Agricultural Converging Publishing, National Press and Publication Administration; 3. The Chinese Academy of Agricultural Sciences; 4. Key Laboratory of Agricultural Big Data, Ministry of Agriculture and Rural Affairs)

Abstract

In the scientific research of crop breeding, traits are mainly controlled by key genes, and the cultivation of new crop varieties with the aggregation of a variety of elite traits has always been the direction of breeders. Therefore, the discovery of crop gene knowledge, that is, the knowledge related to crop genes, can provide new research ideas for the analysis of the molecular regulation mechanism of crop traits, and will effectively help the cultivation of new crop varieties. In the context of the scientific research paradigm of AI for Science, artificial intelligence technology has become the engine to help the innovation and development of crop breeding scientific research. As a knowledge organization technology in the field of artificial intelligence, knowledge graph technology can capture the complex correlation between genes and traits across species, and trigger the discovery of knowledge related to crop genes. Based on the in-depth analysis of the demand for crop gene knowledge discovery services, combined with the correlation characteristics of multi-dimensional crop breeding scientific data, selected the PubMed scientific literature database and eight field scientific databases as data acquisition sources, and used multi-path knowledge extraction to construct a knowledge graph of cross-species and multi-dimensional scientific data fusion. Based on the knowledge graph, a crop gene knowledge discovery model was constructed, and the discovery of elite genes and gene function knowledge was realized. Finally, from the perspective of building a knowledge base supporting AI4S, building a technical system for intelligent computing, and building a knowledge service model driven by "data + AI", the empowerment of artificial intelligence technology in agricultural scientific research is prospected.

Keywords

Subject Knowledge Discovery; Crop Gene Knowledge; Knowledge Graph; Link Prediction

智能化科研（AI for Science，AI4S）作为"AI"和"科研"深度融合的新兴科技形态，能够打破科学家的认知局限，已经成为提升科研效率，以及推进科学发现和科技创新的重要驱动力量[1]。在作物育种科学研究中，培育聚合多种优异性状的作物新品种一直是育种学家努力的方向。作物育种经历了驯化育种、杂交育种、分子标记辅助育种到计算育种的发展阶段后，传统的科学研究范式已经难以在日益增多的生物大数据中揭示出作物性状分子调控机制的本质规律。科学家获取知识的逻辑正从假设驱动的被动探索转向由数据驱动的主动知识发现。然而，基因和性状之间关联假设的产生，往往需要组织分析多维度的科学数据。现有的混池分组分析定位（Bulk Segregant Analysis，BSA）方法[2]、数量性状位点定位（Quantitative Trait Locus，QTL）方法[3]和全基因组关联分析（Genome Wide Association Study，GWAS）方法[4]无法同时关联分析跨物种基因与性状间多维度的科学数据，阻碍了已有农作物育种知识的迁移复用与数据价值的最大化发挥，未形成作物育种科学研究合力，导致农作物基因知识发现困难。知识图谱作为人工智能领域中的一项知识组织技术，在本体层可对多维度作物育种科学数据复杂关联关系进行科学表示，在数据层可关联融合多源作物育种知识，并可在其基础上构建基因知识发现模型，以捕获跨物种基因与性状间的复杂关联关系，触发农作物基因相关学科知识的发现。由此可见，知识图谱技术可突破现有方法仅能针对单一维度科学数据关联分析的局限，为农作物基因知识发现提供新契机。

近年来，国内外学者在生命科学领域开展了大量知识图谱应用研究。Alshahrani等采用特征学习嵌入实体向量的方法研发了知识图谱驱动的疾病基因嵌入语义模型（Semantic Disease Gene Embeddings，SmuDGE），旨在为疾病相关的基因进行科学排序[5]。Peng等基于构建好的疾病知识图谱（Case Annotations and Disorder Annotations，CADA），利用网络表示学习与链路预测相结合的方式实现致病基因优先级排序的预测[6]。Choi等提出了一种基于卷积神经网络的知识图谱嵌入模型（Knowledge Graph-Embedding Model，KGED），利用KGED推断的基因-基因关系生成了每种癌症类型的基因相互作用网络，以挖掘高度相关的癌症基因[7]。英国洛桑研究所基于所构建的领域知识图谱KnetMiner，实现基因调控网络的知识体系查询[8]。法国农业国际合作研究发展中心（French Agricultural Research Centre for International Development，CIRAD）构建了融合多个植物领域科学数据集的知识图谱（Agronomic Linked Data，AgroLD），以支持植物复杂性状相关科学假设的提出[9]。由此可见，知识图谱作为一种基于图结构，对多来源、多类型科学数据进行关联融合的知识组织技术，可以在其基础上应用知识推理、链路预测等方法获取知识的内在关联性，实现学科新知识的发现。然而，现有的作物领域知识图谱缺少跨物种基因和性状间多维度科学数据组织关联的层级知识结构，使得跨物种的多维度科学数据间缺乏有效的关联融合，阻碍了已有作物育种知识的迁移复用，未形成作物育种研究合力，为农作物基因知识发现带来了挑战[10]。

本文面向农作物基因知识发现的需求，具体而言，针对跨物种基因层级知识关联发现效率低、优异基因发现困难与基因功能预测知识获取效率低的局限，基于作物性状调控基因知识发现方法框架[10]，分析了农作物基因知识发现服务需求，详细阐述了需求导向的领域知识图谱本体层、数据层以及知识图谱驱动的基因知识发现模型构建方法，并选取嵌入作物育种科学研究过程中的知识发现应用场景，阐述了深层次农作物基因知识发现结果，以期为相关领域人员提供参考。

1 农作物基因知识发现服务需求分析

在作物育种科学研究中，培育聚合多种优异性状的作物新品种一直是育种学家所努力的方向。作物性状主要受控于关键功能基因，然而，调控不同性状的基因之间常常存在此消彼长的权衡效应，这些优异性状难以兼得。挖掘同时调控抗盐、抗虫等多个性状的优异基因并进行性状分子调控机制的解析能够平衡这种权衡效应，是培育高产、优质作物新品种的关键。因此，发现农作物基因知识（与农作物基因相关的学科知识，包括跨物种基因层级知识高效关联发现、目的性状优异基因发现与跨物种基因功能高效预测），将有效助力农作物新品种培育。随着技术的推动，传统科学研究范式已经难以在日益增多的生物大数据中揭示出生命的本质规律。面向农作物基因知识发现的服务需求，本文深入剖析了跨物种基因层级知识高效关联发现、优异基因发现与跨物种基因功能高效预测的知识发现服务需求，旨在为科研人员提供嵌入科学研究全流程的农作物基因知识发现服务[10]。

（1）跨物种基因层级知识高效关联发现。当前，科研人员需要跨越多个科学数据库来获取以基因为中心的层级学科知识，还需要对跨物种同源基因进行分步检索，以获取其他物种中同源基因的相关学科知识，这一过程耗时且烦琐[10]。面向跨物种基因层级知识高效关联发现的服务需求，需要实现跨物种间多维度科学数据的关联检索，从而提高跨物种间学科知识的发现效率。具体而言，以某一基因 ID 为检索词，不仅可以获取该基因在基因水平的知识，还可以通过跨物种间基因的关联，获取其他物种中与之同源的基因在基因水平、蛋白水平和富集通路水平上不同科学数据维度的学科知识，进而实现以基因为中心的层级知识高效关联发现。

（2）目的性状优异基因发现。在作物育种科学研究中，育种学家一直致力于培育具有多种优异性状聚合的作物新品种。因此，发现能同时调控抗虫、抗盐等多个性状的优异基因，对培育高产优质作物新品种至关重要。面向目的性状优异基因发现的服务需求，需要发现同时调控多个优异性状的功能基因，为科研人员提供目的性状的优异基因潜在发现[10]。具体而言，根据目的性状检索关键词，如"drought resistance"和"plant height"，通过跨物种基因和性状间的多维度科学数据关联，发现同时调控抗旱和株高的优异基因，并对所发现的优异基因赋予具体的权重分值，以进行优异基因推荐结果的可视化解释。

（3）跨物种基因功能高效预测。作物性状的分子调控机制解析是一个复杂的动态过程，涉及转录、翻译与修饰的整个过程。基因作为调控性状的功能单位，深入理解基因的分子生物学功能不仅有助于科研人员有针对性地进行科学的基因编辑，而且对促进作物育种目标性状的精准改良有着重要的指导意义。面向基因功能高效预测的服务需求，需要对目的基因进行分子生物学功能的预测解析，为科研人员提供跨物种基因功能的高效预测[10]。具体而言，以目的基因 ID 为搜索词，通过跨物种基因和性状间的层级知识组织体系，为科研人员提供跨物种中现有已知同源基因的分子生物学功能信息，为新基因（目的基因 ID）的研究提供科学的借鉴和试验的指导。

2 农作物基因知识图谱本体层构建

作物性状分子调控机制的解析涉及多样的科学数据类型，且其相互关联关系复杂。因此，在深度剖析多维度科学数据之间的关联关系后，利用本体技术科学地表述其逻辑关联，可为学科内的知识发现奠定坚实的语义支撑。本体层作为知识图谱的核心语义框架，主要包含实体类型、数据属性以及实体之间的对象属性。作为后续学科知识发现的重要语义框架，本体层能够显著提升知识图谱的构建效率，并为后续知识图谱的构建提供关键的语义基础。

2.1 本体概要模型设计

本体概要模型描述了多维度作物育种科学数据复杂关联关系间的逻辑。本研究团队以农作物基因相关知识发现为应用需求导向，在充分参考主要数据来源的基础上，以基因、蛋白和性状为核心实体，通过科学定义对象属性，关联融合不同数据类型维度的科学数据。所构建的本体概要模型如图 1 所示，最终构建了涵盖 13 种实体和 14 个对象属性的多维度科学数据关联语义模型[11]。

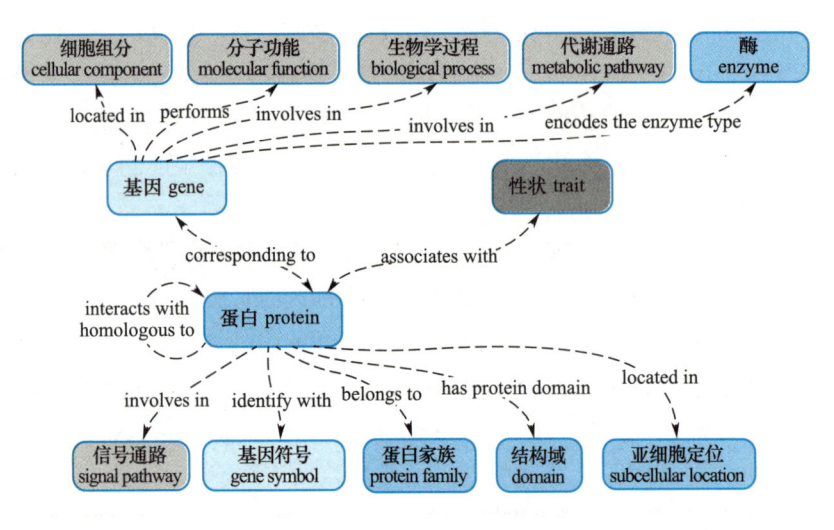

图 1 多维度科学数据关联语义模型

2.2 核心实体及层次结构的定义

在知识图谱本体层中，实体用于描述具有相同属性的一类概念的集合，是本体语义模型中的重要组成部分。在确定本体语义模型中核心实体类型后，需要进一步定义模型中的实体层次结构。本研究团队以"性状"（trait）、"基因"（gene）和"蛋白"（protein）为核心实体，定义了10种关联实体，具体包括：基因水平层面的"基因符号"（gene symbol）实体；蛋白水平层面的"蛋白家族"（protein family）、"结构域"（domain）、"亚细胞定位"（subcellular location）和"酶"（enzyme）实体；代谢富集通路层面的"细胞组分"（cellular component）、"分子功能"（molecular function）、"生物学过程"（biological process）、"代谢通路"（metabolic pathway）和"信号通路"（signal pathway）实体[11]。

2.3 实体核心属性的定义

为了规范本体层的构建与管理流程，在确立了实体类型及其层次结构之后，需要进一步细化实体的内在数据属性以及实体间相互关联的对象属性。这些属性信息共同构成对实体本质特征及其相互关系的全面描述，以实现对专业领域知识组织体系的科学表示。

（1）实体数据属性的定义

实体数据属性即实体自身所具有的特征，如果一个实体具有某一属性，则该实体类型中的所有实体均具有此属性。通过实体数据属性可以对实体的自身特征进行更全面的描述。针对本体概要模型中定义的13种实体类型，结合农作物基因知识发现的应用需求，优先选择与其他实体类型关联的数据属性进行保留。例如，对于基因类，基因及其对应的基因唯一标识符、所属物种、序列长度等都可以作为基因类的数据属性。但是，需要去掉一些无关紧要的数据属性。在筛选每个实体的数据属性时，基于农作物基因知识发现服务需求，考虑到知识图谱数据层构建的快捷性，优先保留了与其他实体关联的数据属性。最终，保留了蛋白首次被发现时间、基因标识符、功能描述以及影响表型描述等相关数据属性[11]。

（2）实体对象属性的定义

实体对象属性能够科学表示两个实体之间的语义关系，决定了领域知识图谱的丰富程度和应用效果。根据农作物基因知识发现服务的需求，以基因、蛋白和性状为核心实体，首先，聚焦性状实体，通过"有关"（associates with）对象属性将性状实体与蛋白实体链接，建立性状与蛋白间的关联关系；通过"同源"（homologous to）对象属性建立跨物种蛋白之间的关联关系，作为本体层中的关键对象属性，也是实现跨物种多维度科学数据关联融合的重要基础；通过"表达于"（located in）、"属于"（belongs to）和"有蛋白结构域"（has protein domain）对象属性分别与亚细胞定位、蛋白家族和结构域之间的关联；通过"互作"（interacts with）对象属性建立互作蛋白间的关系；通过"一致"（identify with）对象属性建立蛋白和基因符号间的关联关系，成为跨物种间基因功能知识发现的关键；通过"相对应"（corresponding to）对象属性构建蛋白和基因间的关联关系。其次，聚焦基因实体，通过"行使功能"（performs）、"参与"（involves in）和"表达于"（located in）对象属性，分别建立起基因与分子功能、生物学过程和细胞组分之间的关联；通过"参与"（involves in）对象属性建立基因和代谢通路的关联；通过"编码酶的类型"（encodes the enzyme type）建立基因和酶之间的关联关系[10]。

3　农作物基因知识图谱数据层构建

知识图谱数据层构建的核心任务是基于本体层所定义的实体及其关系的语义框架，抽取实体及关系并存储至图数据库中。相较于通用知识图谱，领域知识图谱的构建对数据源的科学严谨性和准确性有更为严格的要求，必须全面考量数据来源的权威性及知识抽取的精确性。科技文献作为科研人员获取学科前沿知识的主要渠道，蕴含着学科领域内最新的研究成果，从中抽取的知识反映了学科的最新发展动态。同时，由专家参与构建的领域科学数据库也包含了大量系统化、专业化的学科知识。因此，对这些多源异构的多维度作物育种科学数据进行有效抽取、重新整合与融合，有助于激发新的学科知识发现。然而，在当前作物领域知识图谱数据层的构建中，科技文献中的作物育种知识与领域科学数据库中的相关知识缺乏有效的关联揭示，这给农作物基因知识的发现带来了困难。针对当前作物领域知识图谱数据层构建方法的局限性，为了实现作物育种知识的迁移复用，最大化发挥多维度作物育种科学数据的价值，选择科技文献与领域科学数据库作为关键数据的获取来源，采用多路径知识抽取、多源知识关联融合的知识图谱数据层构建方法，技术路线如图 2 所示[10]。

```
┌─────────────────────────────────────────────────────────────┐
│ 数据      │              多源数据库                          │
│ 获取来源  │ KEGG      Phytozome   UniProt    RGAP           │
│           │ Ensembl plants  GO    STRING    Pfam    PubMed  │
└─────────────────────────────────────────────────────────────┘
                            ↓
┌─────────────────────────────────────────────────────────────┐
│ 数据      │ 结构化数据      半结构化数据      非结构化数据    │
│ 采集      │ Excel/TXT/TSV   XML/FASTA         Text           │
└─────────────────────────────────────────────────────────────┘
                            ↓
┌─────────────────────────────────────────────────────────────┐
│ 多路径   │             │ 基于Kettle的    │ 基于深度学习     │
│ 知识抽取 │  规则映射    │ XML数据解析     │ 的知识抽取       │
│          │             │ 基于BLAST的     │ 基于大模型       │
│          │             │ FASTA数据解析   │ 的生成式抽取     │
└─────────────────────────────────────────────────────────────┘
                            ↓
┌─────────────────────────────────────────────────────────────┐
│ 多源知识  │           实体映射、特定属性关联                  │
│ 关联融合  │                                                   │
└─────────────────────────────────────────────────────────────┘
```

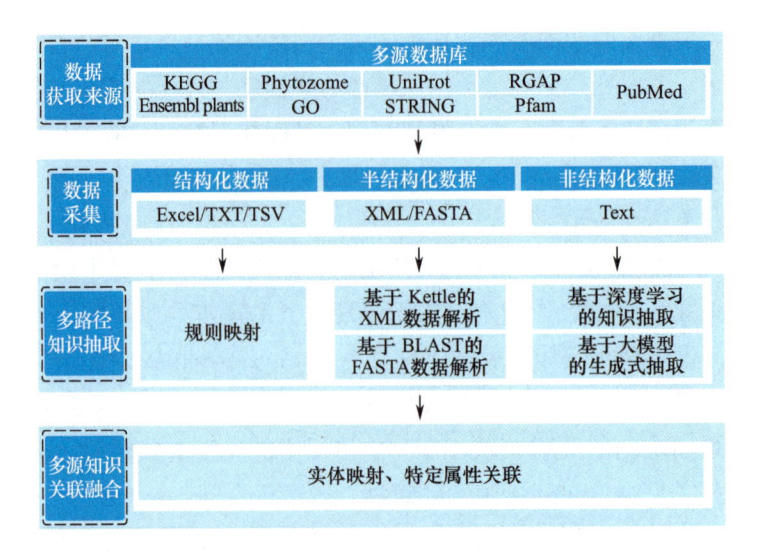

图 2　多源知识融合的数据层构建技术路线

3.1 选定数据获取来源

从作物育种科学数据分布情况与领域科学数据库权威性等方面综合分析后，以模式植物拟南芥和主粮作物水稻、玉米、小麦为数据采集对象，选取 PubMed 文献数据库作为构建领域知识图谱的科技文献数据来源。同时，选取其他 8 个领域科学数据库作为数据来源，包括 Ensembl（European Molecular Biology Laboratory's European Bioinformatics Institute）plants（4 个物种的基因组信息）、Phytozome（4 个物种的基因组信息）、水稻数据库 RGAP（Rice Genome Annotation Project）、UniProt（Universal Protein，4 个物种的蛋白注释信息）、Pfam（Protein family analysis and modeling，4 个物种的蛋白家族信息）、STRING（4 个物种的蛋白互作信息）、GO（Gene Ontology，4 个物种的通路注释信息）和 KEGG（Kyoto Encyclopedia of Genes and Genomes，4 个物种的通路注释信息）[10]。

3.2 多路径知识抽取

在选定数据获取来源后，进一步分析各数据源之间的关联关系，解读与分析各数据源中的科学数据结构。进一步明晰数据源中所选取的数据格式类型，主要有：以 Excel、TXT、TSV 格式为主的结构化数据，以 XML、FASTA 格式为主的半结构化数据，以 Text 格式为主的非结构化数据。综合考虑知识抽取的效率和准确率，采用多路径知识抽取的方式对不同数据格式的多源科学数据分别进行实体及关系的抽取[10]。

（1）面向结构化数据的知识抽取。结构化知识大多来自关系数据库中的数据，在此领域中，研究者主要聚焦如何将数据库数据转化为 RDF 数据、OWL 本体等[12]。代表性语言有 DM（直接映射）和 R2RML 语言。这两种语言用于定义关系数据库中的数据如何转换为 RDF 的各种规则。面向结构化数据的知识抽取，由于领域科学数据命名的特殊性，主要利用 pandas 工具对结构化数据进行格式转换和数据清洗，并进一步采用规则映射的方式获取满足存储格式的规则数据。

（2）面向半结构化数据的知识抽取。百科类数据、网页数据是典型的半结构化数据。以维基百科为例，词条页面中包含词条标题、词条摘要等半结构化数据，可以为大规模知识图谱的构建提供数据来源。经典的基于维基百科构建的知识库有 Dbpedia[13]、Yago[14] 等。面向半结构化数据的知识抽取，主要利用了生物学领域中序列相似度计算工具 BLAST 对 FASTA 格式的蛋白序列数据进行蛋白同源关系的知识获取；此外，采用 ETL 流程化工具 Kettle 对 XML 格式的半结构化数据进行数据解析，并基于规则进行了相关学科知识的抽取。

（3）面向非结构化数据的知识抽取。农业数据具有分散复杂、多源异构等特点，从非结构化数据中抽取相关的农业学科知识极为复杂。近年来，一些典型的机器学习方法（如决策树、支持向量机、条件随机场等）被逐渐地应用于农业知识抽取，其中，利用 BiLSTM-CRF 模型在作物病虫害、畜禽疫病数据中进行抽取，取得了较好的效果[15]。近年来，注意力机制的盛行又带来了深度学习领域的变革，Transfomer 模型解决了循环神经网络长距离依赖难以处理、并行训练困难的问题[16]。因此，BERT-LSTM-CRF 模型也成为众多研究者青睐的模型[17]。随着大模型的流行，生成式的知识抽取成为另一研究热点，如 InstructIE、UIE 等，基于大模型的生成式方法与少样本提示学习能力进一步降低了知识抽取的技术门槛，并且可以进一步提升模型输出的表现。面向非结构数据的知识抽取，本研究团队主要采用基于传统深度学习模型和基于大模型生成式知识抽取相结合的方式，选用 BERT-BiLSTM-CRF 系列模型基座，首先使用 NLTK 包对文献进行分句处理，然后加载 BERT 的预训练模型权重，对文献中的生物学实体进行标注以实现相关知识抽取。此外，选用开源的 Baichuan-7B、Qwen-7B 等大模型，并利用提示词工程赋予大模型学科领域的先验知识，指示模型按预先确定的实体和关系类型识别出文本中的实体或三元组。

3.3 多源知识关联融合

多源知识关联融合是对所涉及的实体、实体数据属性及对象属性抽取结果的关联整合，这对构建知识图谱至关重要，并为后续的学科知识发现提供了重要的数据支撑。该过程的核心挑战在于如何高效且准确地合并不同来源中关于同一实体或实体间关系的描述信息，以降低冗余。为实现这一目标，首先需要对抽取的数据进行清洗，将文献中抽取的多维度科学数据实体与领域知识库中的相应实体进行辨析与整合，剔除重复、错误或不完整的信息，从而确保科学数据的精确性和可信度。在实体概念的消歧合并方面，依据本体层中的语义关联关系，采用映射策略对不同来源的实体概念进行统一处理。在实体对象属性的关联融合方面，基于对不同科学数据源之间关联特性的分析，将科学数据库共有的蛋白标识符（Protein ID）和基因标识符（Gene ID）作为映射基准，对通过多路径知识抽取获得的科学数据进行相关实体及其实体对象特性的映射，以实现知识图谱数据层中多类型三元组的关联融合[10]。最终，形成了涵盖 13 种实体、16 种数据属性和 14 个对象属性，共计 125591 个节点和 547591 条语义关系的知识图谱[18]。

4 农作物基因知识发现模型构建与场景应用

知识图谱作为一种典型的语义表示模型，可以通过关系图结构清晰展现学科领域内的知识，为各类知识赋予科学的语义关联和层次结构。其中，知识实体能够通过一个或多个中间知识实体构建起复杂的间接联系，进而产生多条关联路径。这些关联路径可以揭示知识实体之间发生关联的"知识路线"，为基于知识推理、链路预测等领域知识发现模型的构建提供有力支撑。因此，在已构建好的领域知识图谱基础上，可以通过构建领域知识图谱驱动的知识发现模型来发现一些潜在的"知识路线"，深入剖析这些"知识路线"，即可实现学科新知识的发现。

在新知识的产生过程中，专家先验知识可以为知识发现模型提供宝贵的约束条件和特征关系，帮助解释和理解作物育种多维度科学数据间的复杂特征关联关系。因此，构建知识挖掘方法原理与专家先验知识相融合的农作物基因知识发现模型，能够打破作物育种科学家的认知局限，有效支撑多维度科学数据寻证分析的农作物基因知识发现。本文基于所构建的跨物种基因层级知识关联模型、基因调控性状预测模型[18]与基因功能预测模型[11]，旨在实现嵌入作物育种科学研究过程的跨物种基因层级知识关联发现、目的性状优异基因发现与基因功能高效预测。

4.1 跨物种基因层级知识关联发现

在知识图谱中，路径发现是指从复杂网络中发现关键路径的方法，可用于知识图谱中知识实体之间复杂路径的分析和发现，判断在指定路径长度范围内两个看似无关的知识实体之间是否存在隐含关系[19,20]。在作物育种科学研究中，基因和性状间多维度科学数据的复杂关联关系为解析作物性状分子调控机制提供了重要的数据基石。因此，跨物种基因层级知识关联发现能够为作物性状分子调控机制的研究路径提供重要的试验思路。本文基于路径发现知识挖掘方法原理构建了跨物种基因层级知识关联模型，可实现基因层级知识的高效关联发现。基于该模型不仅可以检索出包含检索关键词的内容，还能细致地展示检索词及与之相关的对象属性和关联实体，从而获取基因和性状之间多维度科学数据的层级知识结构，提高学科知识检索与发现的效率。跨物种基因层级知识关联模型的公式如下：

IF gene1-[corresponding]-protein1-[homologous]-protein2-[corresponding]-gene2-[]-entity1

Then gene1-[]-entity1

基于跨物种基因层级知识关联模型可实现跨物种基因层级知识关联发现，即通过跨物种间基因层级知识关联检索，能够获取以基因实体为核心的知识层级体系，从不同分子水平对基因层级知识进行可视化展示。此外，可分别从基因水平、蛋白水平、富集通路水平3个不同科学数据类型维度，对基因实体的层级知识进行关联检索与发现；也可以基因 ID、蛋白 ID、亚细胞定位等任意实体名称为检索词，实现基因和性状间多维度科学数据的关联发现，获取与检索词相关的层级知识体系。如图 3 所示，以玉米基因 *Zm00001d026139* 为检索词，不仅能获取该基因在基因水平的知识，包括其所属的细胞组分、所具有的分子功能、所参与的生物学过程及所编码的酶的类型，还能通过跨物种间基因的关联，获取与之同源的水稻基因 LOC_Os04g47300 在基因水平、蛋白水平和富集通路水平上不同科学数据维度的知识，进而实现玉米基因 Zm00001d026139（检索词）相关知识的关联检索发现。

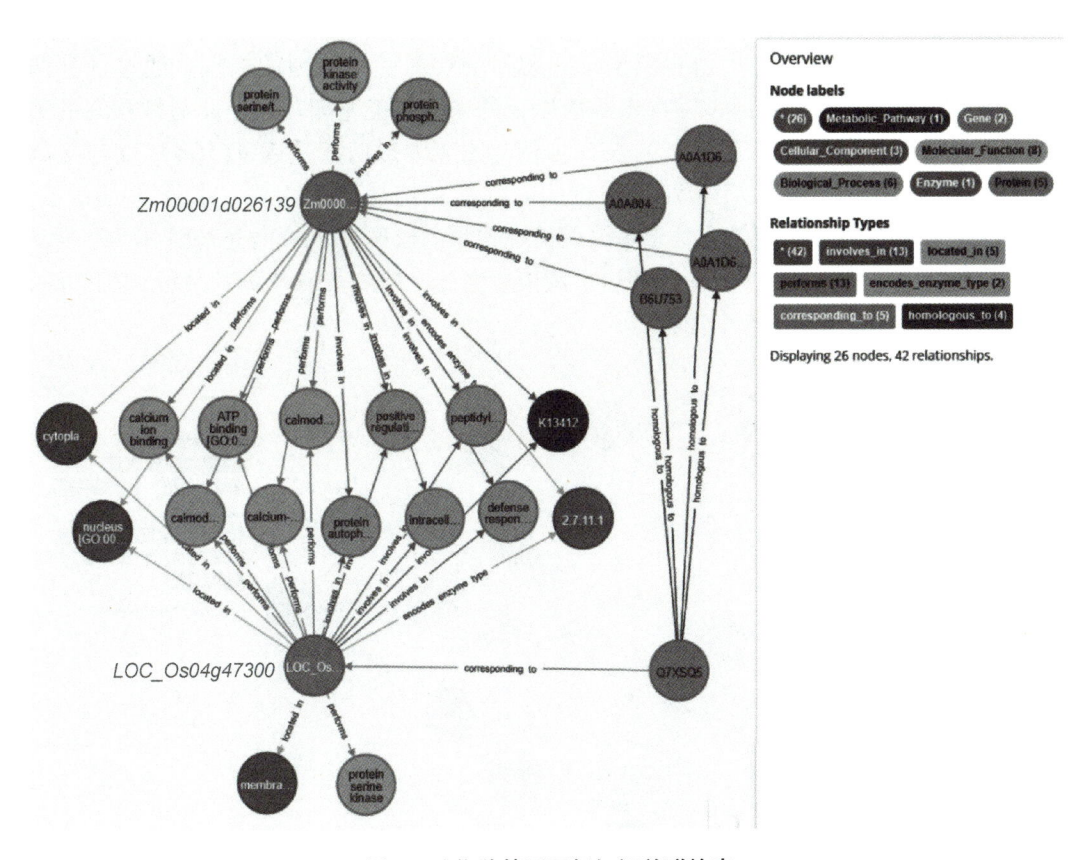

图 3　跨物种基因层级知识关联检索

4.2　目的性状优异基因发现

在知识图谱中，当知识实体间的关系缺失或暂时没有被发现时，链路预测可以通过计算两个知识实体间的紧密度，来预测它们之间产生"新链接"的可能性。链路预测的核心在于通过评分函数衡量两个实体节点间存在潜在关联的可能性。评分数值越高，表明这两个实体节点之间建立关联的可能性越大。在作物育种科学研究中，功能基因通过编码蛋白质来调控作物的性状。两个功能基因在基因组及蛋白组层面呈现的特征越相似，则调控相同性状的可能性越大。本文基于基因调控性状预测模型可实现优异基因的挖掘[18]。该模型的核心是针对某些未知功能基因（基因和性状间的关系缺失），采用基于相似性的链路预测知识挖掘方法来计算未知功能基因和已知功能基因（基因和性状间的关系存在）实体之间的紧密度，根据已知功能基因调控的性状预测未知功能基因与性状之间产生"新链接"的可能性[18]。该模型中定义的基因实体间相似度计算公式为

$$S(g1,g2)=C(k)\cdot D(k)\cdot S(p1,p2)$$

式中，$S(g1,g2)$ 表示未知基因与已知基因之间的相似度；$g1$ 是已知性状调控基因，$g2$ 是未知性状调控基因；$S(p1,p2)$ 表示两个蛋白实体之间的序列相似度；$p1$、$p2$ 分别是 $g1$、$g2$ 所对应的蛋白质；$k=N(g1) \cap g2$，$N(x)$ 是与节点 x 基因相邻的节点集合；$C(k)$ 是节点集合的实体个数；$D(k)$ 是节点集合的实体类别数量。

基于上述基因调控性状预测模型可实现目的性状优异基因的挖掘。通过计算两个基因实体间的相似度分值，筛选出阈值以上的未知功能基因，建立起与性状间的关联关系。以优异基因 *AT1G77450* 的发现为例，图4中拟南芥基因 *AT5G64530* 与株高性状相关，拟南芥基因 *AT5G08790* 与抗病、抗旱和抗盐性状相关，水稻基因 *LOC_Os03g21060* 与粒重性状相关。基于基因调控性状预测模型[18]，拟南芥基因 *AT1G77450* 与以上3个基因间的相似度分值均超过了阈值。因此，预测基因 *AT1G77450* 调控株高、抗病、抗旱、抗盐和粒重5个性状。

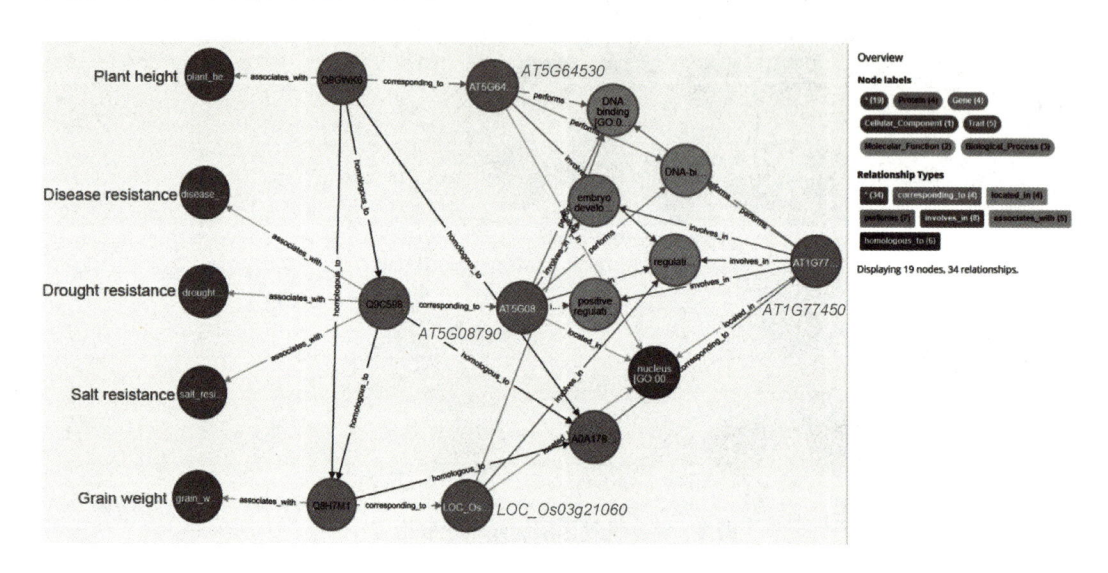

图4 优异基因发现

4.3 基因功能高效预测

在知识图谱中，若知识实体之间的路径较短，规则推理可发挥关键性的作用。因此，可以依据实体间的语义关系，构建一系列知识推理规则，旨在探索实体间可能潜藏的关联性。这一探索过程高度依赖知识图谱中已有实体信息及语义关系，通过制定精准的知识推理规则来描述实体之间的关联关系，进而发掘知识图谱中隐藏的新知识和新关系。在作物育种科学研究中，拟南芥植物因其植株矮小且具有生育周期短的优势特征，被视为植物研究中的典型模式植物。拟南芥中的大多数基因与其他复杂作物基因具有很高的同源性，常被用来为其他作物功能基因研究提供高质量的基因功能注释，以指导作物的育种研究。为了实现已知功能基因相关科学知识的迁移复用，方便跨物种领域科学数据库之间的检索，往往依基因功能来命名基因符号，即功能相同或相似的基因有相同的基因符号。这一专家先验知识被作为基因功能预测模型构建的关键。本文基于基因功能预测模型实现跨物种基因功能的高效预测[11]。该模型关联规则的核心逻辑是：如果基因 A 与蛋白质 A 相对应，并且根据蛋白质 A 的功能将其定义为基因符号 S；同时，基因 B 与蛋白质 B 相对应，并且蛋白质 B 同样被定义为基因符号 S，则可以推断出基因 A 与基因 B 具有相同或相似的分子生物学功能[11]。其 function identified with 关联推理规则为：

IF gene1-[corresponding to]-protein1-[identify with]-gene symbol S and
gene2-[corresponding to]-protein2-[identify with]-gene symbol S
Then gene1-[function identified with]-gene2

基于上述基因功能预测模型可以实现跨物种基因功能的高效预测，即基于跨物种间同源已知功能基因相关信息，对目标基因的分子生物学功能进行高效预测。以小麦基因 *TraesCS5B02G094600* 的分子生物学功能预测为例，阐述跨物种基因功能高效预测的过程。如图 5 所示，以小麦基因 *TraesCS5B02G094600* 为检索词，基于基因功能预测模型在所构建的知识图谱中进行关联检索发现。已知分子生物学功能的玉米基因 *Zm00001d041606* 和玉米基因 *Zm00001d030614*，其基因符号（MCM7）、细胞组分、分子功能、生物学过程、代谢通路和酶等实体类型都具有共联的实体节点。此外，未知功能的小麦基因 *TraesCS5B02G094600* 与以上的已知功能基因具有相同的基因符号 MCM7。结合所制定的关联推理规则，根据已知基因的功能注释及已知基因之间共联的节点信息，可以对未知功能的小麦基因 *TraesCS5B02G094600* 提供多维度科学数据支撑的分子生物学功能预测。

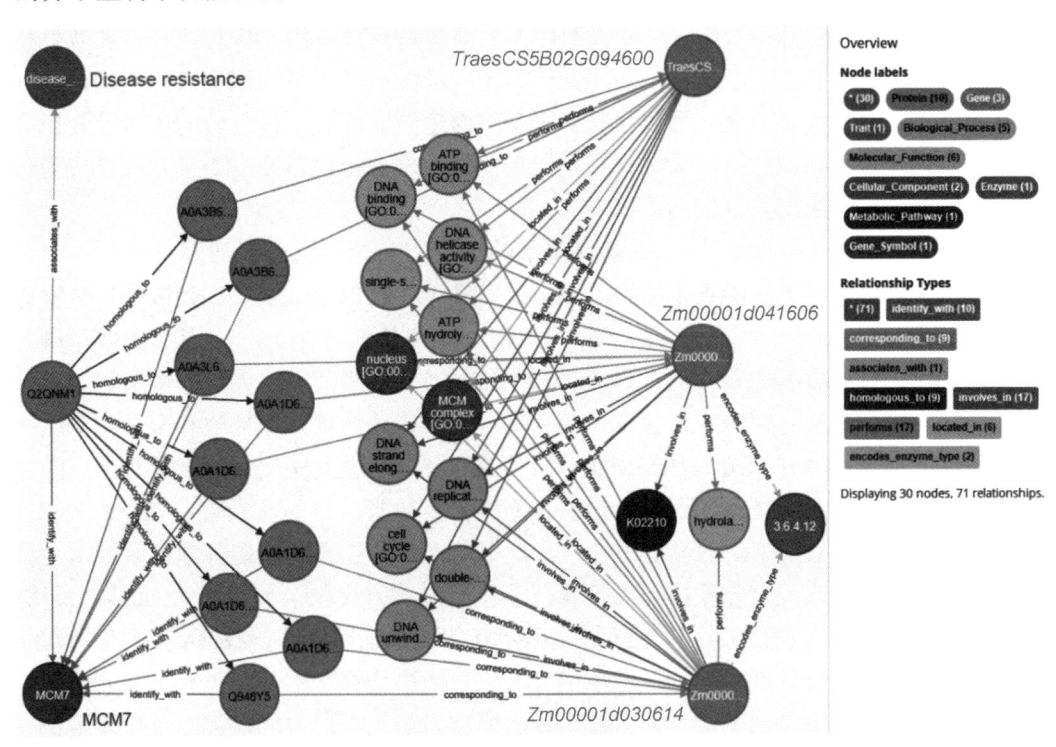

图 5 跨物种基因功能预测

5 总结与展望

现有的基因挖掘方法，如全基因组关联分析方法、数量性状位点定位方法和混合分组分析定位方法，仅能将相关的基因位点定位到包含多个候选基因的区段内，且无法提供数值化的优异基因挖掘排名推荐[21-23]。基因调控性状预测模型综合考虑了基因和性状间多类型科学数据语义关联特征和图结构特征，融合了基因节点自身属性信息与基因节点关系拓扑结构信息，可提供融合多维度科学数据分析计算的基因调控性状可能性分值预测结果，实现优异基因挖掘与推荐。本研究将知识图谱技术有效地应用于农作物基因知识发现，实现了计算机科学与育种科学的交叉融合，将现有表型驱动的被动基因知识发现转变为数据驱动的主动基因知识发现，为作物优异基因挖掘与功能解析提供了新的研究思路。

在 AI4S 时代背景下，以场景需求为导向，以多维度科学数据为知识底座，以人工智能技术赋能为动力的知识服务新范式，必将成为推动领域科学研究创新发展的新引擎。知识服务模式也将从服务前沿领域转向主动探索前沿研究，从跟踪学科前沿转向发现学科前沿知识，由理解领域认知转向突破领域认知局限。未来，研究团队将持续建设支撑 AI4S 的知识底座，打造智能计算的技术体系，构建"数据 +AI"驱动的知识服务模式，为农业科研效率的提升与科学研究的创新突破提供新的动能。

建设支撑 AI4S 的知识底座，为科技知识服务创新提供重要的数据基石，有效支撑 AI 模型训练的全面性和准确性。汇聚整合多源异构、多类型（科技文献、科学数据、科技政策等）、多模态（图片、视频、课件等）高质量科技资源，构筑综合性农业科技大数据中心；建立主题词、分类体系、百科等高质量大规模语料知识库内容体系，为细粒度知识发现与知识计算提供重要的语料基础；构建面向垂直学科领域的本体及知识图谱，形成农业科技知识网络，为知识推理、智能知识服务提供重要的语义基础，成为破解数智环境知识生成幻觉危机的重要支撑。

突破现有知识图谱、大模型等新兴技术的限制和瓶颈，融合新的算法和学科专业领域模型，打造智能计算的技术体系。加强最富知识要素的全文资源、领域特色数据等多源采集汇聚、深度碎片加工、语义知识组织、本地长期存储、标注训练数据等研究工作，推动跨领域多模态科技资源融合处理效能的提升；研发文本大数据挖掘与知识计算、一站式知识图谱协同构建与管理等系列平台，实现多粒度知识抽取和全景式深层次关联整合，助力提升知识组织和知识服务智能化水平；推进大模型在垂直学科领域的深化应用，挖掘高质量的潜在知识，为知识服务注入新动能。

构建"数据 +AI"驱动的知识服务模式，推动人工智能技术赋能各学科领域重大科学问题解决的新范式。充分发挥人工智能技术在文献数据获取、实验预测、结果分析等方面的作用，实现对科研数字化、网络化和智能化的全面赋能，支撑理论−实验的在线迭代。构建深度融合领域多维度科学数据和人工智能模型算法的安全可靠、开放协同的新型数字科研计算平台，提供算力支撑、算法模型运行、科研协同攻关以及智能知识服务。面向垂直领域知识发现服务，打造嵌入科研场景全过程的领域学科知识发现服务体系，助力领域科学研究取得新突破。

参 考 文 献

[1] 孙蒙鸽，黄雨馨，韩涛，等.科研智能化新趋势下知识服务的挑战与机遇[J].情报杂志，2022，41（6）：173-181，107.

[2] YU X, LI Y, CUI X, et al. Simultaneously mapping loci related to two plant architecture traits by phenotypic recombination BSA/BSR in peanut (Arachis hypogaea L.) [J]. Theor Appl Genet, 2023, 136(6): 144.

[3] SONAH H, O'DONOUGHUE L, COBER E, et al. Identification of loci governing eight agronomic traits using a GBS-GWAS approach and validation by QTL mapping in soya bean [J]. Plant Biotechnol. J, 2015, 13(2): 211.

[4] LIU Y, SHEN K, YIN C, et al. Genetic basis of geographical differentiation and breeding selection for wheat plant architecture traits [J]. Genome Biology, 2023, 24(1): 114.

[5] ALSHAHRANI M, HOEHNDORF R. Semantic Disease Gene Embeddings (SmuDGE): Phenotype-based disease gene prioritization without phenotypes [J]. Bioinformatics, 2018, 34: i901-i907.

[6] PENG C, DIECK S, SCHMID A, et al. CADA: Phenotype-driven gene prioritization based on a case-enriched knowledge graph [J]. NAR Genomics Bioinf, 2021, 3: 1-7.

[7] CHOI W, LEE H. Identifying disease-gene associations using a convolutional neural network-based model by embedding a biological knowledge graph with entity descriptions [J]. PLOS One, 2021, 16(10): 1-27.

[8] HASSANI-PAK K, SINGH A, BRANDIZI M, et al. KnetMiner: A comprehensive approach for supporting evidence-based gene discovery and complex trait analysis across species [J]. Plant Biotechnol. J, 2021, 19(8): 1670-1678.

[9] LARMANDE P, TAGNY N G, VENKATESAN A, et al. AgroLD: A knowledge graph database for plant functional genomics [J]. Methods Mol. Biol, 2022, 2443: 527-540.

[10] 张丹丹.基于知识图谱的作物性状调控基因知识发现研究[D].北京：中国农业科学院，2024.

[11] 张丹丹，赵瑞雪，鲜国建，等.融合跨物种科学数据的性状调控基因本体模型构建及应用[J].生物技术通报，2024，40（2）：313-324.

[12] 曹雨晴，鲜国建，黄永文，等.全景式多路径知识图谱构建研究——以水稻粒型基因领域为例[J].数字图书馆论坛，2022（4）：25-34.

[13] AUER S, BIZER C, KOBILAROV G, et al. Dbpedia: A nucleus for a web of open data[C]. Heidelberg: Springer Berlin Heidelberg, 2007: 722-735.

[14] SUCHANEK F M, KASNECI G, WEIKUM G. Yago: A core of semantic knowledge[C]. Banff, Alberta, Canada: IEEE., 2007, 697-706.

[15] 程名，于红，冯艳红，等.融合注意力机制和BiLSTM+CRF的渔业标准命名实体识别[J].大连海洋大学学报，2020，35（2）：296-301.

[16] VASWANI A, SHAZEER N, PARMAR N, et al. Attention is all you need[C]. California: Curran Associates Inc, 2017: 6000-6010.

[17] HU X, ZHANG H, HU S. Chinese named entity recognition based on BERT-based-BiLSTM-CRF model[C]. Zhuhai: IEEE, 2022: 100-104.

[18] ZHANG D D, ZHAO R X, XIAN G J, et al. A new model construction based on the knowledge graph

for mining elite polyphenotype genes in crops[J]. Front Plant Science, 2024, 1: 361-716.

[19] CHEN C. Searching for Intellectual Turning Points: Progressive Knowledge Domain Visualization [J]. Proceedings of the National Academy of Sciences, 2004, 101(S1): 5303-5310.

[20] SONG M, HEO G E, DING Y. SemPathFinder: Semantic Path Analysis for Discovering Publicly Unknown Knowledge [J]. Journal of Informetrics, 2015, 9(4): 686-703.

[21] GARCIA M, ECKERMANN P, HAEFELE S, et al. Genome-wide association mapping of grain yield in a diverse collection of spring wheat (Triticum aestivum L.) evaluated in southern Australia [J]. PLOS One, 2019, 14(2): 1-19.

[22] LIU J, QIAO Y, LI C, et al. The NAC transcription factors play core roles in flowering and ripening fundamental to fruit yield and quality [J]. Front Plant Science, 2023, 14: 1095967.

[23] JIANG T, ZHANG C, ZHANG Z, et al. QTL mapping of maize (*Zea mays* L.) kernel traits under low-phosphorus stress [J]. Physiol. Mol. Biol. Plants, 2023, 29(3): 435-445.

作者简介

赵瑞雪，管理学博士，二级研究员，博士生导师。现任中国农业科学院农业信息研究所副所长，中国农业科学院大数据与知识服务创新团队首席，国家新闻出版署农业融合出版知识挖掘与知识服务重点实验室主任。兼任中国农学会图书情报分会主任、中国科学技术情报学会常务理事、中国图书馆学会专业图书馆分会副主任委员、全国图书馆标准化技术委员会委员、国际图联（IFLA）科学技术图书馆委员会委员等。长期从事农业信息化、数字图书馆、知识组织与知识服务、农业科学数据管理等方面的科研和教学工作。主持或参与国家科技支撑计划、国家"863计划"、"新一代人工智能"重大项目、科技部基础性项目、中国工程院以及其他任务等50多项，获北京市科技进步奖及部院级科技成果奖10项，登记计算机软件著作权40多项。公开发表科技论文100多篇，授权发明专利3项，出版专著15部。曾被授予中国农业科学院"巾帼建功"标兵。

孙坦，管理学博士，博士生导师。现任中国农业科学院副院长、党组成员。长期从事数字信息描述与组织、智慧农业、大数据治理等研究，近年来主持国家重点研发计划项目、国家社会科学基金项目等10余项国家级、省部级项目，发表学术论文130余篇，主编、参编著作8部，获授权专利10余项。2005年荣获国务院政府特殊津贴，2014年被评为"全国优秀科技工作者"，2016年入选中国农业科学院青年英才计划，2018年入选中国农业科学院农科英才领军人才C类。

张丹丹，管理学博士，中国农业科学院农业信息研究所助理研究员。2018年和2024年分别获理学硕士学位和管理学博士学位，主要从事农作物功能基因挖掘、知识组织和学科知识发现等方面的研究。先后参与国家重点研发计划课题"杂粮作物品质机理形成与调控"、科技创新2030–新一代人工智能重大项目"农业智能知识服务平台研发与应用示范"等多项科研项目的研究工作。发表学术论文9篇，其中发表SCI一区论文2篇；授权发明专利3项；主编、参编著作2部。

人工智能时代的社会科学转向

彭绪庶，端利涛，班元浩

（中国社会科学院数量经济与技术经济研究所）

摘　要

人工智能（Artificial Intelligence，AI）在深刻影响经济社会发展的同时，也在深刻影响社会科学发展。本文以生成式人工智能为例，从人工智能的理论逻辑、社会科学研究对象、研究范式和社会科学工作者的转向等方面，探讨了人工智能对社会科学研究的深远影响，并对未来趋势进行了展望。研究认为，生成式人工智能对社会科学的影响呈现以下几种趋势。一是社会科学研究不可替代。尽管人工智能在某些领域可能超过人类智能，但社会科学仍是人类智慧的体现，人工智能生成内容无法完全替代社会科学研究。二是社会科学研究者分层加速。人工智能的引入将促使社会科学研究者之间出现"智能鸿沟"，能有效利用 AI 工具的研究者将更快产生高质量成果。三是学科加速走向交叉融合。人工智能发展为社会科学研究带来新课题，推动不同学科加快交叉融合。四是数据驱动研究。大数据的崛起将使数据驱动成为社会科学的重要研究范式，改变传统的定性和定量研究方法，为社会科学研究开辟新的道路。

关键词

人工智能；社会科学研究；数据驱动；生成式人工智能

Research on Social Science Issues in the Age of Artificial Intelligence

Xushu Peng, Litao Duan, Yuanhao Ban

(Institute of Quantitative Economics and Technological Economics,
Chinese Academy of Social Sciences)

Abstract

Artificial Intelligence (AI) is profoundly impacting not only the economic and social development but also the advancement of social sciences. Taking generative AI as an example, this paper explores the far-reaching influence of AI on social science research from the perspectives of theoretical logic, research subjects, paradigms, and the transformation of social science practitioners, and provides an outlook on future trends. The study posits that the impact of generative AI on social sciences tends to manifest in several ways. First, social science research is irreplaceable. Although AI may surpass human intelligence in certain domains, social sciences remain an embodiment of human wisdom, and AI-generated content cannot fully substitute for social science research. Second, the stratification of social science researchers is accelerating. The introduction of AI will lead to an "intelligence divide" among social science researchers, with those who can effectively utilize AI tools producing high-quality outcomes more rapidly. Third, the acceleration of interdisciplinary integration. The development of AI brings new topics to social science research, promoting the swift integration of different disciplines. Fourth, data-driven research. The rise of big data will make data-driven approaches a significant research paradigm in social sciences, altering traditional qualitative, quantitative methods and paving new paths for social science research.

Keywords

Artificial Intelligence; Social Science Research; Data-Driven; Generative AI

人工智能被认为是与基因工程和纳米科学并列的 21 世纪三大重要科技之一，也是近年来科技发展最引人关注、最激动人心的领域之一。近年来，以 ChatGPT（Chat Generative Pre-trained Transformer）为代表的生成式人工智能不断取得突破性进展，众多观点认为人工智能可能正在迎来"技术奇点"，出现智能涌现[1]，甚至有的观点认为很可能在未来十年实现通用人工智能。不同于基因工程和纳米技术，人工智能是典型的通用目的技术，不仅可以与经济社会发展深度融合，广泛应用于生产生活的众多领域，影响、改变甚至颠覆人类生产生活方式，同样在深刻影响人类科学研究[2]。随着学科和科学技术不断交叉融合，人工智能不仅成为科学研究的对象，也成为研究工具，从科学研究对象到研究方式，甚至科研人员在研究中的角色，都将因人工智能而被颠覆。人工智能与科学是学界研究关注的热点，"智能化科研"（Artificial Intelligence for Research，AI4R）正在成为"第五科研范式"[3]。

生成式人工智能的知识生成模式与社会科学的研究范式高度类似，模拟社会科学研究生成内容的技术门槛也相对更低，因此，需要更加科学地分析和准确把握社会科学转向的新特征和新趋势。在此背景下，本文分别从生成式人工智能影响社会科学研究的理论逻辑，以及人工智能时代的社会科学研究对象、社会科学研究范式和社会科学工作者转向 4 个角度阐述，并对未来做出展望。

1 生成式人工智能影响社会科学研究的理论逻辑

1.1 人工智能的技术变迁

自 20 世纪 50 年代人工智能概念诞生开始，技术探索一直围绕认识和模仿人脑机制而展开。20 世纪 50—80 年代的第一代人工智能通常利用大量专业知识构建知识库，利用模仿人脑的人工神经网络和经验推理模型模拟人类的某些智能行为，如机器定理证明、机器翻译和简单的人机对话等，IBM 公司的 Watson 是典型例证。这类人工智能也被称为符号主义人工智能，主要通过知识归纳和推理，构建人工智能学习机制。尽管理解和运用自然语言在解决军事、教育、金融、医疗等问题上发挥了重要作用，但由于默认信息充分且固定，这类人工智能只能在简单的任务规划与调度甚至问题诊断方面较好地发挥作用，因此无法处理复杂问题，尤其是无法解决信息不充分条件下的复杂任务[4]。

从 20 世纪 80 年代开始，随着计算机技术的发展，在神经网络和反向传播算法基础上构建深度学习模型，人工智能通过模拟人类大脑神经元连接方式，通过大量数据学习获得智能行为能力，联结主义人工智能开始逐步占据主导地位。这一时期，尽管人工智能在语音和图像识别、自然语言处理等领域不断取得突破性进展，且具备了一定的学习能力和预测能力，但效率仍然很低，且存在不可靠、不安全等问题，无法大规模使用。

进入 21 世纪以来，特别是自 2011 年开始，随着数据挖掘技术、多层次神经网络和深度学习模型不断完善，以及计算能力和可供深度学习模型训练学习的数据规模越来越庞大，建立在逻辑学、概率论等基础上的行为主义人工智能开始占据主流，人工智能迎来新的发展高潮。尤其是自 2017 年以后，大语言模型的发展显著提速。这些模型利用海量文本数据进行训练，能够生成自然语言文本或理解自然语言文本，并在数据、算法和算力的支撑下，根据学习内容生成文本、图片、代码或视频等多种内容。以 ChatGPT-4 为代表的生成式人工智能大模型，已经实现了文本与图像等多模态数据的输入与输出。这标志着人工智能在理解和推理能力、生成效率与实时性，以及生成内容的准确性与创新性方面均取得了显著提升，表明生成式人工智能正加速迈向实用化阶段。随着生成式人工智能在学习、感知、预测和决策能力方面的不断增强，其影响力持续扩大，这一技术进步被广泛视为人工智能发展进入关键跃迁阶段的标志，开启了技术变革和广泛应用的新篇章。

1.2 生成式人工智能的形成与实现过程

赫布（Donald Hebb）早在 1994 年就发现并解释了大脑神经元的学习和记忆机制，即大脑由众多神经元组成，学习就是反复刺激神经元的皮质，而不断刺激神经元可以改变其共生机制，在大脑中生成新的信息。因此，模仿人脑神经元的运作方式是研究人员在人工智能从诞生之初就很自然想到的研究技术路线。罗森布拉特（Rosenblatt Frank）[5] 最早提出参数可变的单层神经网络模型，通过对知识的数据学习调整参数并建立映射关系，第一次将人类的学习功能用算法模型表现出来，也是第一次赋予计算机系统通过数据学习的能力[6]。

神经网络模型的发展也成为人工智能发展的重要驱动力。生成式人工智能的发展得益于深度学习领域取得的突破性进展。以 ChatGPT 等为代表的大语言模型，本质上是一种预训练模型（Pre-training Model），即利用深度神经网络，通过大规模的数据集训练，学习并抽象出数据的概率分布和本质规律，进而自主生成与输入相关或相似的新内容，完成模仿人脑的知识内容创造过程。因此，生成式人工智能开发和应用通常需要如下几个步骤。

第一，开发或者选择合适的生成模型。目前，通常利用循环神经网络（Recurrent Neural Network，RNN）或变换器（Transformer），结合开发相应的算法构建不同规模参数的神经元网络，形成各自的生成模型。

第二，准备数据并训练模型。收集各种文本、图像和音视频等数据，并对数据进行预处理，再利用数据对前述模型进行训练，让模型学习输入数据的序列结构和概率分布特征，进而掌握数据特征。

第三，训练反馈和参数调优。在训练过程中，需要根据模型随机生成内容的准确性等指标对训练结果进行评估，并据此调整模型的相关参数。这一过程全面模拟了人类反馈中的强化学习机制，通过迭代优化提高模型的生成性能。

第四，模型评估与调优。在模型训练生成内容和实际应用生成内容的反馈基础上，根据相关指标对神经网络模型、模型结构和训练反馈机制进行全面评估，并据此进行优化调整，从而确保模型性能的持续改进和实际应用的有效性。

第五，应用提示和内容生成。在人工智能应用过程中，系统根据用户或自身感知的输入数据，包括但不限于自然语言文本、图像和音视频，激发生成相关的回应内容。这个过程可能是一次性的，也可能是反复修改、迭代升级完善的过程。

1.3 生成式人工智能影响社会科学研究的作用机制

人工智能诞生的初衷就是用机器模拟人脑。美国国家标准与技术研究院（National Institute of Standards and Technology，NIST）将人工智能定义为一种结合软件和／或硬件的复杂系统，具备"学习、解决复杂问题、预测，以及执行需要视觉、语言和触觉等人类感官支持的任务，如感知、认知、规划、学习、交流与身体运动"等能力。从早期的专家系统到当下的生成式人工智能，人工智能已发展为涵盖计算机科学、心理学、物理学、数学等自然科学与社会科学的多学科综合集成创新领域。这一发展不仅为人工智能在模拟甚至超越部分人类智能方面奠定了坚实的科学基础，也为颠覆性变革社会科学研究提供了深远的可能性与契机。

人工智能本质上是模拟人类智能的理论和技术，旨在使计算机系统执行类似于人类的思维和决策。社会科学研究是指在前期学习人类知识积累的基础上，结合进一步的文献和调研来收集数据，按照一定的方法分析文献与数据，参考已有理论知识，通过人脑思考、整合，提出新的理论或解决方案。从上述生成式人工智能的实现过程来看，人工智能训练需要大量书籍、期刊和百科等数据（见表1），这是制约人工智能适应能力和准确性的关键，也是社会科学研究的必要数据。人工智能利用大数据的训练过程类似于从事社会科学研究的学习过程、文献收集和调研过程。生成式人工智能就是依据机器学习算法，模拟人类生物神经元网络构建的计算机神经网络的深度学习机制，利用大数据结合超强算法算力，逐步实现自主学习、规律识别和判断决策，生成新的知识内容，将计算机系统的自动化能力推向更高层次和更智能化领域。由此可见，生成式人工智能的知识生成模式与社会科学研究范式在逻辑和方法论上具有高度相似性。与此同时，社会科学研究通常不依赖大规模实验和复杂工程验证，这使得人工智能在模拟社会科学研究内容生成方面的技术门槛相对较低。因此，人工智能对社会科学研究的影响更加直接而深远，不仅为社会科学研究带来了新的工具和视角，也在一定程度上重塑了研究的流程和方法。

表1 不同人工智能大模型的训练数据来源及参数规模[7]　　　单位：GB

大模型种类	维基百科	书籍	学术期刊	Reddit	Common crawl	其他	总计	参数规模
GPT-1		4.6					4.6	
GPT-2				40			40	
GPT-3	11.4	21	101	50	570		753	175B
The Pile V1	6	118	244	63	227	167	825	
Megatron 11B	11.4	4.6		38	983	127	1374	
MT-NG	6.4	118	77	63	983	127	1374	530B
Gopher	12.5	2100	164.4		3450	4823	10550	280B

2　人工智能时代社会科学研究对象转向

2.1　人工智能时代社会科学研究对象的拓展

人工智能时代，社会科学研究的方法与工具正经历着深刻变革，推动了社会科学研究领域和研究对象的进一步扩展。长期以来，社会科学主要关注人类行为、社会结构、文化机制、政治制度和经济活动等传统领域，研究对象涵盖从个体行为到群体关系、从社会规范到经济运行规律的多层次内容，集中于对社会行为、经济现象以及背后驱动因素的探索。这些研究通常以定性分析和小规模定量研究为主要方法，旨在揭示社会系统内部的运行逻辑和规律。然而，受技术条件和数据获取手段的限制，传统社会科学研究在处理复杂社会现象、动态社会变化及多维交互关系时存在一定局限性。社会科学研究对象逐渐从传统的社会行为与经济现象，扩展到技术与人、技术与社会之间的复杂互动，以及由此衍生的新现象和新问题。人工智能技术带来的算法治理、平台经济、智能化社会治理等新课题，不仅重塑了社会科学研究范式，还推动研究对象朝着多元化、复杂化的方向不断拓展，为社会科学提供了更加丰富和多样的研究可能性。

在经济学领域，传统研究对象主要是供需分析、市场均衡等，方法上以抽样调查和统计分析为主。在人工智能时代，研究对象拓展到了大数据分析、行为经济学、金融科技、劳动力市场动态等新领域。大数据和机器学习让经济学研究从小样本转向海量数据和大模型，提升了研究的精度和深度，更好地刻画复杂经济系统的特征和运行规律[8]。例如，利用机器学习算法分析海量的消费者交易数据，可以更准确地预测市场需求，优化企业的生产和营销策略，提高资源配置效率。然而，大量使用算法和大数据进行经济分析，可能导致市场不平等和信息垄断。这主要源于算法在处理数据时，可能无意中强化了既有的社会偏见，导致对某些群体的不公平对待。这也促使经济学研究进一步关注算法伦理、数据隐私保护和模型可解释性，探讨如何构建既高效又公正的经济分析工具。

在社会学领域,传统研究对象集中于社会结构、社会关系和社会变迁,方法上以问卷调查和深度访谈为主。随着人工智能和大数据技术的发展,社交媒体数据、智能终端数据以及大规模社会网络分析,使社会学家能够以前所未有的广度和深度研究社会互动和结构变化。机器学习算法可用于分析社交网络中的群体行为、社会影响力和社会资本的形成过程,揭示社会关系中的潜在规律[9]。社会学研究对象也随之扩展到虚拟社交空间、在线行为模式和数字社会等新领域,如通过分析微博或微信等平台的数据,可以研究网络舆情的形成与传播,助力社会治理。然而,利用个人数据进行社会研究可能侵犯隐私权和导致数据安全隐患,使数据收集和分析的伦理问题日益突出。社交媒体平台的数据分析可以揭示用户的社交关系、兴趣偏好和行为模式,但如果缺乏适当的隐私保护措施,可能导致个人敏感信息的泄露和滥用。此外,算法推荐机制可能造成信息茧房效应,强化用户的既有偏见,限制用户多元信息的获取,加剧社会分化。

在法律领域,传统研究对象是法律条文解释、司法案例分析和法律制度建设,方法上以文本分析和案例研究为主。人工智能技术的引入,使研究对象拓展到人工智能生成内容、智能合同、法律科技(Legal Tech)等新领域。自然语言处理技术使对法律文本的自动化分析成为可能,法律学者可以利用人工智能对海量判例和法规进行系统整理与比较,更好地理解法律适用中的规律和偏差。此外,人工智能生成的模拟场景可用于法律实验研究,探讨不同法律制度在特定情境下的效果。法律研究对象因此拓展到应对人工智能带来的新型法律问题,如数据隐私保护、算法透明性与公平性、自动驾驶责任认定等[10]。具体而言,使用人工智能辅助判决,如果算法存在偏见或缺陷,可能导致错误的司法决定,而责任主体难以界定。此外,自动驾驶汽车发生交通事故时,责任应归于车主、制造商还是算法开发者等,这些都是现有法律体系尚未完全解决的问题。

在哲学领域,传统研究对象是存在论、认识论、伦理学和美学等基本问题。人工智能的发展促使研究人员重新思考人与机器的关系,以及人类存在的意义。人工智能在创造性领域的应用部分地替代了人类的智力活动,如艺术创作、文学写作,对人类主体性提出新的挑战。哲学研究需要审视人类与智能机器之间的伦理关系,思考技术进步对自由意志、责任感和人类幸福的影响。人工智能是否可能拥有意识、如何界定机器的伦理地位等问题,成为新的重要讨论议题。然而,人工智能的快速发展也对人类主体性、自由意志和道德责任提出了挑战。如果机器能够模拟或超越人类的智力活动,那么人类的独特性何在?人工智能是否应当承担道德责任?这些问题引发了关于技术伦理和人类本质的深层次思考。哲学研究需要重新审视人类与技术的关系,探讨在技术高度发达的社会中,人类如何保持自身的价值和尊严。

2.2 人工智能时代经济社会发展面临的新问题新挑战

人工智能的快速发展正以空前的速度重塑经济社会格局,带来深刻的变革和全新的发展趋势。从经济发展方式来看,智能制造与个性化定制、数据驱动的决策机制变革,以及产业跨界融合与创新,成为这一时代的重要标志。例如,智能制造的兴起正在取代传统的大规模生产模式,机器人和自动化设备的广泛应用不仅提升了生产效率,降低了成本,还实现了生产管理的智能化与精细化[11]。企业通过大数据分析和机器学习算法,可精准预测消费者偏好,进而实现全链条的个性化定制,既提升了消费者满意度,也为自身开辟了新的增长空间。与此同时,数据驱动的决策机制成为数字经济时代的核心特征。大数据和人工智能技术的应用使企业从庞大的数据资源中提取洞见,优化决策过程,提高决策效率,并推动商业模式创新[12]。此外,产业跨界融合成为人工智能时代最引人瞩目的趋势之一,例如,互联网与制造业融合形成了工业互联网,金融科技的兴起重塑了金融服务模式,教育与人工智能的结合推动了个性化学习与在线教育的普及[13]。这些趋势不仅催生了新业态和商业模式,也加速了技术迭代与经济社会转型[14]。显然,人工智能的广泛应用正在改变经济社会发展的底层逻辑,数据已成为新的关键生产要素,算法与算力成为推动经济增长的核心驱动因素[15]。

人工智能技术革命带来了生产力提升,但也伴随着劳动力市场的变革、数据安全与隐私保护以及道德与法律规范滞后等问题和挑战。首先,人工智能发展带来了劳动力市场变革与社会不平等问题。自动化和智能化在制造业、物流和金融等多个领域逐渐替代了传统的人工劳动,许多重复性和低技能的工作岗位正逐渐被智能机器和算法替代。同时,人工智能的发展催生了新兴职业和新技能需求,对劳动者的素质提出了更高的要求,促使其不断学习和提升,以适应新的技术环境。由于技术红利往往优先惠及高教育和高技能水平劳动力,这种劳动力市场结构性失衡可能进一步加剧社会不平等[16]。其次,数据安全与隐私保护成为人工智能时代的核心挑战。人工智能依赖海量数据收集,企业在商业应用中深度挖掘用户行为数据,以实现精准营销,但数据泄露和滥用风险也随之增加。公共治理领域的大规模数据采集可能侵害公民隐私,一旦数据被不当利用,不仅影响个人利益,还威胁社会稳定,因此亟须完善数据保护法规和技术保障体系[17,18]。最后,道德与法律规范的滞后性是人工智能时代需要面对的另一大挑战。人工智能技术的发展速度远超现有伦理道德和法律规范的应对能力。例如,自动驾驶技术在交通事故中的责任认定、人工智能生成内容的版权归属、智能决策中的算法偏见等问题,均涉及复杂的伦理和法律考量。现有法律体系和道德规范尚难以全面涵盖这些新兴技术带来的问题,这导致在技术应用过程中出现法律空白和道德争议。综上,人工智能时代为社会科学带来了前所未有的机遇和挑战。社会科学研究需要顺应技术发展,拓展研究对象和方法,加强跨学科合作,同时必须警惕新技术可能带来的伦理、隐私和安全问题。只有在坚持科学性和伦理性的前提下,社会科学才能更好地服务于人类社会的发展和进步。

3　人工智能时代社会科学研究范式转向

"范式"的概念最早由托马斯·S.库恩(Thomas S. Kuhn)提出,被描述为"科学实践的公认范例,为特定、连贯的科学研究提供模型",是某一领域的研究者接受并遵循的基本规范和方式[19]。社会科学研究范式(Social Science Research Paradigm)是研究社会现象和人类行为的基本方法、理论框架和学术规范的集合,为社会科学研究提供系统的思维方式和方法论指导,使研究者能够在特定的理论和方法体系内理解和解释复杂的社会现象。然而，受制于严格的理论假设，以及有限的样本数据和单一的研究对象，社会科学的传统研究范式在认知准确性方面饱受争议[20]。人工智能的发展使社会科学的传统研究范式再次受到挑战。数据的高维度、模型的高参数、系统的高复杂性，使社会科学研究在广度与深度上产生了质的飞跃，理论基础、研究范围、复杂程度和研究方法的边界进一步拓展，社会科学研究逐步向学科交叉的趋势发展，形成了人工智能驱动的社会科学研究范式变革，并开拓了计算社会科学研究的新空间[21,22]。

3.1 从理论驱动转向"数据–模型"驱动

社会科学研究通常基于经典理论框架展开，如经济学中的市场理论、社会学中的结构功能理论等，虽然经济学研究也会基于数据和数学模型进行实证分析，但受到数据规模和模型参数的限制，研究范式总体上聚焦于"社会现象分析"，属于典型的理论驱动型。社会科学研究受到文化、宗教、国情、政治体制、民族等诸多因素影响，对于同一个学科往往存在诸多理论解释同一种情况，甚至不同理论对同一件事情或同一个结果的解释南辕北辙，经济学领域尤甚。例如，凯恩斯主义和奥地利学派关于经济的争论。这种理论驱动的社会科学研究不免会陷入盲人摸象式的自说自话。大数据和人工智能时代的到来为弥补这一缺陷提供了潜在的解决方法，推动社会科学研究从理论驱动转向"数据–模型"驱动[8,20]。

人工智能大语言模型问世之后，其基于上千亿甚至上万亿个参数和海量数据的支持，可以更加全面地对一个问题进行阐释，显著提升了人类对社会问题的分析和洞察能力[21]。第一，研究数据由原来的低维结构化数据转为高维非结构化数据。传统的社会科学研究一般只依靠小规模低结构化的数值数据（如经济数据、统计数据等），生成式人工智能可以充分利用互联网海量的文本、图像、音频、视频等多模态非结构化数据进行信息提取和建模分析[23]。第二，拓宽了社会科学研究数据的来源。社会科学研究需要大量的调研数据，传统的研究囿于数据处理能力不足，更多采用结构化数据，从而导致调研数据采集方式受限。基于人工智能的数据处理放宽了对数据的要求，从而为调研数据的采集拓宽了渠道。第三，更全面的文献数据。社会科学研究离不开文献综述，大语言模型不仅显著提升了文献阅读和整理的能力，还可以对某个问题的文献进行自行搜索与系统性整理，形成智能科研新范式[24]。

在大数据和大模型的支撑下，社会科学研究一方面由数据驱动，另一方面科研人员通过大模型和社交网络与数据、文献、事件进行模拟互动，社会科学逐步转向计算社会科学[25]。

3.2 从专注传统社会学分析转向多学科交叉分析

作为一种新质生产力，人工智能技术的快速发展及其在各行各业的逐步渗透，催生了一些新的社会现象[26]、生产方式[22]、组织形式[27]，且涉及多个领域。这促使对社会科学的研究不能只局限于从社会学的角度分析问题，还必须充分考虑这些社会现象及其背后的技术根源。特别地，基于人工智能的社会科学研究需要综合使用各种信息技术，这使得社会科学研究天然地与计算机学科、信息经济学科和物理学等学科分不开。因此，在人工智能时代，社会科学的研究必然从单一学科转向交叉学科。

传统社会科学的学科边界本就模糊不清，如经济学与政治学、经济学与社会学、社会学与历史学、历史学与政治学等，人工智能的发展进一步强化了这种模糊性。当前的经济学正在进一步向技术经济学深化，不仅涉及新古典经济学、古典政治经济学、宏观经济学等传统意义上的经济学科，也离不开管理学、计算机科学、控制论等诸多学科的支撑。第一，人工智能带来的新社会现象需要多学科共同解释。每次科技革命都必然带来一些新问题，例如，工业革命引发的卢德主义[28]，无人驾驶引发的伦理争论[29]，ChatGPT引发的学术不端问题[30]，这些问题往往无法从单一的学科找出解释。例如，人工智能带来的著作权归属问题，必须充分结合计算机科学、法学和社会学的理论进行应对。第二，人工智能带来的新生产方式需要多学科共同解释。在人工智能时代，智能技术和智能算法将数据作为社会大生产的关键生产要素，这种转变节省了大量劳动力，容易引发失业危机，同时会造成一定程度上的社会不公平，如算法歧视[28,31]，但更重要的是，这种转变使脑力劳动和体力劳动分工加快，致使社会出现"逆分工"的现象，细化分工的、创造性低的人类劳动将大规模地被大模型和自主智能体等取代，促使人类劳动逐步向创造性方向转变。此外，人工智能也在不断创造新的价值链，如网络文学、网络短剧、数字主播、文生视频等。这就使得对生产方式的研究必然需要结合经济学、社会学、哲学等诸多学科。第三，人工智能促成的新组织形式需要多学科共同解释。在群体组织层面，互联网平台和人工智能算法一方面通过利益引导促进了人与人之间的联系，另一方面加剧了社群的巴尔干化[32]，而且已经引发了网络上言论的极端化对立现象。"技术中性"和"算法中性"问题不得不慎重考虑。在组织的分工层面，互联网平台和人工智能算法使企业的管理逐渐由以往的金字塔层级结构转变为扁平结构，直接改变了组织内部的沟通方式和决策程序。这种改变一方面直接影响了企业的决策效率，另一方面重塑了企业管理的逻辑。支撑人工智能技术不断进化的则是计算机科学和控制论等学科的发展。

3.3 从线性单因果研究转向多因素复杂性研究

社会科学自创立之初就存在于牛顿机械论范式统治下寻找其科学合法性的问题。这并不意外，因为在牛顿机械论体系内，这种社会科学观建立在线性思维和机械决定论基础上，忽视社会实在的真实复杂性，侧重于在单向因果关系和机制的指导下，对实在进行还原式、碎片化的研究。随着人工智能技术的发展，"社会现象往往是复杂系统的产物"这一结论被越来越多的社会科学研究者所承认，具有多因多果、非线性动态演化等特征。这使得社会科学研究不得不从更为综合的视角来研究社会现象，借鉴复杂系统理论，以理解社会现象背后的复杂机制。这一转变不仅是方法论上的进步，也反映了认识论上的深刻变革，推动社会科学研究向更加综合、动态的方向发展。这种转变也要求社会科学研究在认识论和方法论上做出调整，不再仅在社会建构论与社会实在论之间摇摆，也不再拘泥于方法论个体主义或整体主义，而是要在复杂系统的视角下，综合运用多种理论和方法，深入理解和解释社会现象的复杂性。

第一，对非线性动态变化的重视。传统的社会科学研究往往采用线性因果模型，而在复杂系统视角下,研究者可以充分利用大模型更加关注多重因素的交互作用及其对社会现象的影响,这种方法更能反映现实社会的动态与复杂性。以金融市场波动为例,市场中的个体交易行为、宏观经济因素以及政策调控等因素相互作用,形成不可预见的波动模式。在这种情况下,线性的单一因果关系已不足以解释市场波动的复杂性。利用大数据分析与机器学习模型,可以捕捉这些因素之间的非线性关系,从而更贴切地模拟市场波动的真实动态。第二,从局部分析向全局分析转变。人工智能技术的发展和渗透使社会科学中的一些新现象表现为一个整体的复杂系统,表现出涌现特性(Emergent Properties)——当一个系统的复杂性达到一定程度时就会产生超越系统元素简单叠加的整体特征[33],如大规模的跨时区项目管理。在大型分布式团队中,个体的贡献初期可能是独立且分散的,如各自完成任务分工。然而,随着人工智能协同工具(如智能调度、实时协作和数据分析工具)的加入,团队整体的工作效率可能会远远超出个体贡献的简单叠加。具体而言,人工智能技术通过动态优化资源分配、预测潜在问题、自动生成解决方案等功能,促使团队形成一种自适应的协同机制。这种系统性协同效应不仅提高了整体绩效,还展现出个体无法单独实现的创新能力。第三,对海量数据的依赖。随着人工智能和大数据技术的发展,社会科学研究越来越依赖实时数据分析和动态决策支持系统,这使研究能够更迅速地响应社会变化。此外,社会科学研究者也需要使用人工智能技术对复杂社会现象进行建模与模拟,以探索在不同条件下社会系统的可能行为及其影响。以在线舆论研究为例,在突发事件(如疫情、自然灾害)中,在线谣言往往迅速传播,造成社会恐慌。研究者利用大数据技术监测谣言传播的动态过程,结合社会网络模型分析谣言传播的关键节点和加速因素,如高关注用户或热门话题的介入,并据此开发实时舆情监测系统,通过情感分析和文本挖掘技术对谣言进行早期识别。

4 人工智能时代社会科学工作者转向

在人工智能迅速发展的背景下,经济学家、社会学家和政治学家等传统社会科学工作者逐步从传统的学术研究路径向更加依赖技术和注重跨学科融合的方向转变。他们开始系统学习数字技术,并深度应用人工智能的工具与方法,以提升对当代社会、经济及政治复杂问题的理解能力和应对水平。

4.1 学术角色的重塑:从传统知识生产到技术赋能的知识生产

一是跨界探寻技术合作。传统社会科学工作者通常在社会科学领域内进行研究,较少跨界寻求技术合作,而在人工智能时代,当代社会科学工作者将与计算机科学家、数据工程师及人工智能专家进行更紧密的合作,探讨社会问题。例如,他们可以与计算机科学家合作研究算法偏见及其对弱势群体的影响,或者与数据科学家共同分析大规模社交媒体数据,以探讨公众舆论和社会行为的变化。这种合作不仅打破了学科壁垒,也为社会科学工作者带来了新的挑战与机遇。在这一过程中,他们需要在传统社会科学方法与技术工具之间找到平衡,既保持对社会现象的敏锐洞察,又具备技术分析能力,以应对日益复杂的社会技术问题。通过这种方式，社会科学工作者能够更全面地理解技术与社会之间的互动。

二是利用人工智能发掘暗知识。一般来讲，知识生产以人为主体，在总结新的实践经验的基础上，反思已有的学术思想、学术观点、学术命题，赋予已有的学术体系以新的思想内涵、时代内涵和文明内涵，以新的思想平台构建新的学术体系及其新的话语体系[34]。但这种形式的知识生产并不足以描述实践经验，"轮扁斫轮""庖丁解牛""只可意会不可言传"等则是对这种传统知识生产方式不足的最好注解。在人工智能时代，技术的辅助拓展了社会科学工作者作为知识生产者的边界。人工智能技术的突破使埋藏在海量数据中的暗知识（Tacit Knowledge）被发掘[35]。麻省理工学院的研究者通过分析2006—2017年推特上约12.6万条新闻传播数据，利用人工智能模型揭示了假新闻传播的规律。他们发现，假新闻比真实新闻传播得更快、更广，尤其在政治新闻领域最为显著。研究团队通过 AI 模型对新闻情感、结构和传播路径进行分析，提供了新的社会传播理论和治理策略[36]。

三是辨别知识幻觉。人工智能的普及使研究者能够更便捷地获取和分析信息，并将其总结为知识，但也带来了对研究者思考和创造力的新挑战。从目前大语言模型的技术逻辑来看，人工智能的"知识幻觉"无法根除[37]。人工智能在进行探索和创新的同时极有可能表现出"一本正经地胡说八道"的情况。社会科学工作者需要在这一新环境中，承担起审视和验证这些结果的责任，主动理解和评估人工智能生成的内容，尤其是在涉及复杂社会问题和伦理考量时，研究者必须深入理解 AI 的工作原理和局限性，确保其研究的有效性和可靠性。此外，依赖人工智能的知识生成可能导致研究的同质化，使得不同研究者的工作在内容和思路上趋于一致。因此，社会科学工作者面临着如何在 AI 的辅助下保持独创性和创造力的挑战。这要求他们不仅要善于使用技术工具，还需要在研究中注入更多的人文关怀和社会洞察，以推动真正的创新。

4.2 学术研究与社会现实的互动日益增加

一是社会科学工作者的研究成果越来越多地关注其社会影响力，而非仅限于学术讨论。这一转变使得研究不仅为学术界提供理论支持，也直接影响政策制定和社会实践。例如，关于算法歧视、隐私保护及人工智能对就业市场的影响等研究，已为政府制定技术监管政策提供了重要的理论依据[38]。此外，这些研究对公众舆论也产生了深远的影响。由此可见，社会科学工作者在技术变革中逐渐扮演了关键角色，其研究为社会提供了新的知识框架，帮助公众和决策者更有效地理解和应对人工智能带来的挑战。

二是社会科学工作者的角色正从传统的研究者向政策顾问过渡。越来越多的学者通过媒体、智库和政府咨询等渠道，积极参与公共政策讨论，为应对人工智能技术带来的复杂挑战提供支持[39]。例如，在涉及人工智能引发的失业、算法透明性和平台垄断等议题上，许多社会科学工作者积极发声，提供有价值的见解与建议。这一转向表明，社会科学工作者不再局限于象牙塔式的学术环境，而是逐步成为社会变革的重要推动者，体现了学术界对社会责任的高度重视。

此外，学术界与社会之间的互动也促进了新的研究方向和方法论的发展。未来，随着人工智能技术的不断发展，学术界利用人工智能技术与社会的互动必然更加频繁，社会科学工作者需要继续拓展其研究领域，以应对技术变革带来的新挑战。同时，建立更加高效的学术与社会合作机制，将有助于形成更为有效的知识传播和政策反馈机制，从而推动社会的可持续发展。人工智能时代的社会科学工作者正逐渐从传统的学术研究者转变为技术与社会交汇领域的探索者，成为理解和引导技术变革对社会影响的重要力量。这种转变既反映了人工智能和数字技术对社会科学的深刻影响，也为把脉社会科学发展和人工智能技术发展提供了新的视角。

5 趋势与展望

英国皇家学会认为，人工智能技术的快速发展可能使社会进入一个新的转折点，人工智能不仅为科学研究提供了新工具，也在改变科学发展格局，科学发展面临着新的机遇与挑战。社会科学研究人类行为、人类社会经济发展、人与人及人与自然之间的关系。人工智能正在颠覆人类生产生活方式，深刻影响人与技术、人与自然的关系，甚至正在挑战人类自身发展的伦理道德。因此，人工智能对社会科学也将产生全面而深刻的影响。展望未来，人工智能对社会科学发展的影响至少存在如下 4 个发展趋势。

首先，人工智能无法完全替代和消灭社会科学。曾有业界预言，随着生成式人工智能参数规模的增长，人工智能训练将很快穷尽人类已经产生的知识，超越人类智慧的通用人工智能将很快产生。然而，社会科学是人类知识的重要结晶，开展社会科学研究是人类特有智慧的体现。人类创造人工智能的目的是解放和帮助人类，而不是替代和消灭人类，包括完全替代人类智慧。人类大脑的神经元细胞规模庞大，其智能创造活动的生物学机制复杂。人工智能可能在计算、逻辑推理等部分领域超过人类智能，但至少在短期内无法完全通过数学模型构建的电子神经网络模拟和复制人脑的智能创造活动。更重要的是，人工智能训练所学习的数据完全是人类发展中的显性知识，大量无法显性化的隐性知识无法传递给人工智能工具，而后者在人类自身和未来经济社会发展中可能更加重要[40]。

其次，人工智能将加速社会科学研究者的分层。尽管当前人工智能尚无法完全替代社会科学家，但毫无疑问人工智能正迅速成为大多数社会科学领域中的重要新型研究工具。借助人工智能，不仅可以发现新的研究问题，规范研究范式，还能显著提高研究效率。因此，精通人工智能技术与具备卓越研究能力将日益密不可分。正如人工智能可能在不同地区、不同群体之间产生"智能鸿沟"，它也很可能在社会科学研究者之间产生类似的"鸿沟"，即能更早、更好地利用先进人工智能工具的研究者将加速成长，更早、更多产生高质量研究成果，在各个学科都将涌现新的 AI 技术驱动研究群体。

再次，人工智能将加速科学交叉融合发展。人工智能技术的进步不仅深刻影响着经济社会的发展，也为社会科学研究带来了全新的研究议题和对象，推动各类社会科学聚焦于新技术、新模式和新业态驱动的学科演进与创新。同时，作为一种通用目的的技术，人工智能为社会科学领域提供了强大的研究工具支持。AI 经济学、计算社会学和计算语言学等近年涌现的新学科都反映了社会科学与自然科学、工程技术科学及社会科学内部的交叉融合，未来这种趋势将越来越明显。

最后，数据驱动将成为社会科学的重要研究范式。传统社会科学的研究方法主要包括定性分析、定量分析和仿真研究等。然而，随着大数据的发展，社会的复杂性能通过足够规模的数据揭示其内在联系和规律性。大语言模型的发展将改变社会科学研究的认识论与方法论，传统社会科学基于问题的研究、基于事件的研究，将更多建构在基于数据的研究上，数据驱动的大模型不仅为社会科学研究提供了新的视角，也为探索社会科学的深层次问题开辟了全新的路径。

参 考 文 献

[1] KURZWEIL R. The Singularity Is Nearer: When We Merge with AI[M]. New York：Random House, 2024.

[2] 端利涛. ChatGPT类技术对我国影响的简要分析 [J]. 互联网周刊，2023（8）：16-20.

[3] 李国杰. 智能化科研（AI4R）：第五科研范式 [J]. 中国科学院院刊，2024，39（1）：1-9.

[4] 张钹. 人工智能发展的回顾与展望 [R]. 北京：清华大学"人文清华讲坛"演讲，2024.4.

[5] ROSENBLATT F. The perceptron: A theory of statistical separability in cognitive systems[R]. Washington: United States Department of Commerce, Office of Technical Services, 1958.

[6] 郭毅可. 论人工智能历史、现状与未来发展战略 [J]. 人民论坛·学术前沿，2021（23）：41-53.

[7] 姚前. ChatGPT类大模型训练数据的托管与治理 [J]. 中国金融，2023（6）：51-53.

[8] 洪永淼，汪寿阳. 人工智能新近发展及其对经济学研究范式的影响 [J]. 中国科学院院刊，2023，38（3）：353-357.

[9] 雅薇，周源，陈璐怡. 我国人工智能产业技术创新路径识别及分析——基于专利分析法 [J]. 科技管理研究，2019，39（10）：210-216.

[10] CALO R. Robotics and the Lessons of Cyberlaw[J]. California Law Review, 2015, 103(3): 513-563.

[11] DONG X, MCINTYRE S H. The Second Machine Age: Work, Progress, and Prosperity in a Time of Brilliant Technologies[J]. Quantitative Finance, 2014, 14(11): 1895-1896.

[12] MCAFEE A, BRYNJOLFSSON E, DAVENPORT T, et al. Big data: The management revolution[J]. Harvard Business Review, 2012, 90: 61-67.

[13] ALMASRI F. Exploring the Impact of Artificial Intelligence in Teaching and Learning of Science: A Systematic Review of Empirical Research[J]. Research in Science Education, 2024, 54(5): 977-997.

[14] XU M, DAVID J M, KIM S H. The Fourth Industrial Revolution: Opportunities and Challenges[J]. International Journal of Financial Research, 2018, 9(2): 90-95.

[15] 郭朝先，方澳. 人工智能促进经济高质量发展：机理、问题与对策[J]. 广西社会科学，2021（8）：8-17.

[16] FRANK M R, AUTOR D, BESSEN J E, et al. Toward understanding the impact of artificial intelligence on labor[J]. Proceedings of the National Academy of Sciences of the United States of America, 2019, 116(14): 6531-6539.

[17] ACQUISTI A, BRANDIMARTE L, LOEWENSTEIN G. Privacy and human behavior in the age of information[J]. Science, 2015, 347(6221): 509-514.

[18] WEST S M. Data Capitalism: Redefining the Logics of Surveillance and Privacy[J]. Business and Society, 2019, 58(1): 20-41.

[19] KUHN T S. 科学革命的结构 [M]. 张卜天，译. 北京：北京大学出版社，2012.

[20] 蔡跃洲，万相昱. 大数据时代的社会科学研究新范式 [N]. 中国社会科学报，2019-11-06（3）.

[21] 杨永恒. 人工智能时代社会科学研究的"变"与"不变"[J]. 人民论坛·学术前沿，2024（4）：96-105.

[22] 孙美娟. 开拓计算社会科学研究新空间 [N]. 中国社会科学报，2022-06-15（1）.

[23] 洪永淼，汪寿阳. 大数据如何改变经济学研究范式？[J]. 管理世界，2021，37（10）：40-55，72，56.

[24] 颜世健，喻国明. 智能方法作为"第五范式"：人工智能时代科研范式的"新物种"[J]. 学术探索，2024（1）：34-43.

[25] 郦全民. 当人工智能"遇见"计算社会科学 [J]. 人民论坛·学术前沿，2019（20）：6-12.

[26] 管其平. 智能社会学：智能时代社会学研究的新方向 [J]. 华南理工大学学报（社会科学版），2022，24（3）：1-9.

[27] 罗文豪，霍伟伟，赵宜萱，等. 人工智能驱动的组织与人力资源管理变革：实践洞察与研究方向 [J]. 中国人力资源开发，2022，39（1）：4-16.

[28] 谢榕. 从卢德工人、新卢德派到数字工人——技术批判的建构主义思路探析 [J]. 自然辩证法通讯，2022，44(4)：80-89.

[29] 李震国，端利涛，吕本富. 智能化系统建设中的实用伦理规则设计原则 [J]. 中国行政管理，2022（6）：41-48.

[30] 王少. ChatGPT 与学术不端治理：挑战与应对 [J]. 科技进步与对策，2023，40（23）：103-110.

[31] 端利涛，吕本富. 在线购物是否存在"反戴蒙德悖论"现象？[J]. 管理评论，2022，34（9）：134-146.

[32] 刘建明，张琰. 数字区隔与邻里分化：社区信息空间"巴尔干化"及其治理 [J]. 东岳论丛，2023，44（9）：67-77，191.

[33] 江旭. 社会科学的复杂性转向——基于埃德加·莫兰的复杂性理论 [J]. 系统科学学报，2018，26（3）20-24，42.

[34] 孙正聿. 中华民族现代文明与中国自主哲学知识体系 [J]. 中国社会科学，2023（8）：22-27.

[35] 王维嘉. 暗知识 [M]. 北京：中信出版社，2019.

[36] VOSOUGHI S, ROY D, ARAL S. The spread of true and false news online[J]. Science, 2018, 359(6380): 1146-1151.

[37] 陈万球，罗一人. 生成式人工智能的"知识幻觉"及其风险治理探论 [J]. 上海市社会主义学院学报，2024（4）：38-51.

[38] 刘朝. 算法歧视的表现、成因与治理策略 [J]. 人民论坛，2022（2）：64-68.

[39] 夏子叶，霍国庆. 智库数字化转型与数字智库 [J]. 智库理论与实践，2024，9（2）：22-28.

[40] 龙泰格，庞琴. 人工智能时代下，我们如何进行社会科学研究 [N]. 中国社会科学报，2023-12-22（5）.

作者简介

彭绪庶，中国社会科学院数量经济与技术经济研究所信息化与网络经济研究室主任、研究员，中国社会科学院大学教授、博士生导师，主要研究方向为数字技术创新、数字经济。

端利涛，中国社会科学院数量经济与技术经济研究所副研究员，主要研究领域包括信息化、信息技术经济、平台经济和数字经济等，在中文核心期刊发表论文10余篇、英文论文5篇。

班元浩，中国社会科学院数量经济与技术经济研究所助理研究员，主要研究方向为数字经济。

反侵权盗版声明

电子工业出版社依法对本作品享有专有出版权。任何未经权利人书面许可，复制、销售或通过信息网络传播本作品的行为；歪曲、篡改、剽窃本作品的行为，均违反《中华人民共和国著作权法》，其行为人应承担相应的民事责任和行政责任，构成犯罪的，将被依法追究刑事责任。

为了维护市场秩序，保护权利人的合法权益，我社将依法查处和打击侵权盗版的单位和个人。欢迎社会各界人士积极举报侵权盗版行为，本社将奖励举报有功人员，并保证举报人的信息不被泄露。

举报电话：（010）88254396；（010）88258888
传　　真：（010）88254397
E-mail：　dbqq@phei.com.cn
通信地址：北京市万寿路173信箱
　　　　　电子工业出版社总编办公室
邮　　编：100036